现代量子化学导论

蒋　鸿　编著

北京大学出版社

图书在版编目(CIP)数据

现代量子化学导论 / 蒋鸿编著．— 北京：北京大学出版社，2022.12
北京大学化学专业课教材
ISBN 978-7-301-33606-9

Ⅰ.①现… Ⅱ.①蒋… Ⅲ.①量子化学－高等学校－教材 Ⅳ.① O641.12

中国版本图书馆 CIP 数据核字(2022)第 217515 号

书　　名　现代量子化学导论
　　　　　XIANDAI LIANGZI HUAXUE DAOLUN
著作责任者　蒋　鸿　编著
责 任 编 辑　郑月娥　王斯宇
标 准 书 号　ISBN 978-7-301-33606-9
出 版 发 行　北京大学出版社
地　　址　北京市海淀区成府路 205 号　100871
网　　址　http://www.pup.cn　新浪微博：@北京大学出版社
电 子 信 箱　zye@pup.pku.edu.cn
电　　话　邮购部 010-62752015　发行部 010-62750672　编辑部 010-62767347
印 刷 者　北京市科星印刷有限责任公司
经 销 者　新华书店
　　　　　787 毫米×1092 毫米　16 开本　13.25 印张　330 千字
　　　　　2022 年 12 月第 1 版　2022 年 12 月第 1 次印刷
定　　价　49.00 元

前　言

本书是根据笔者近年来在北京大学化学与分子工程学院讲授量子化学课程的讲课笔记整理而成。该课程是物理化学和无机化学专业研究生的必修课, 同时也是高年级本科生的选修课。选修该课程的, 既有有志于从事理论与计算化学研究的学生, 也有来自或即将加入实验课题组、主要对实验化学研究感兴趣的学生。后者实际上占更大的比例, 而他们的数学物理基础和对量子化学的需求, 显然和以理论化学为主要兴趣的学生有很大的差别。如何兼顾不同兴趣学生的需求, 是笔者准备课程内容时的重要考虑因素, 也是编写这本教材的重要原因。

量子化学, 也称电子结构理论, 是理论化学的核心组成部分, 正日益成为实验化学工作者日常科研工作中的必备工具。越来越多的前沿探索依赖于实验与理论的紧密结合。当前, 量子化学计算软件日益普及, 也日趋 "黑箱" 化, 一方面大大降低了初学者使用量子化学工具的门槛, 但另一方面也造成了很多对量子化学的 "误解" 和 "误用" 。从应用量子化学的角度, 有必要对常用量子化学方法的理论基础有一定的理解, 了解其基本的理论近似、影响其精度的关键参数、实际应用中的优势和局限性等。对于有志于从事理论化学研究的初学者来说, 还应该进一步在理论推导方面获得充分的训练。这既是为了更扎实地掌握现有方法, 也是发展新理论新方法所必须具备的基本功。

在准备本课程讲义时, 笔者翻阅了多本国内外的量子化学教材或专著, 注意到很多以 "量子化学" 为题的教材, 超过一半甚至更多的内容其实是量子力学。在目前北京大学化学与分子工程学院的课程体系中, 系统性的量子力学内容讲授已包括在本科生高年级选修课中级物理化学中, 因此本教材不再重复 (感兴趣的读者可参看赵新生、蒋鸿编著的《中级物理化学 (第二版)》, 北京大学出版社, 2019)。本教材重点是对目前已被广泛应用于实际体系计算的量子化学方法原理进行系统讨论。下面对各章内容作简单介绍。

第一章为数学基础, 主要涵盖了线性代数和泛函基础知识, 其中线性代数部分除了矩阵和行列式外, 也较为详细地讨论了线性矢量空间的知识。

第二章为量子力学基础, 通过简述量子力学基本假设引出薛定谔方程和多电子波函数的交换反对称性, 并对量子力学基本近似方法 (微扰论和变分法)做了较为详细的论述。

第三章是对多电子量子力学方程求解问题的一般性讨论, 论述了基态多电子波函数求解的基本策略, 并简单讨论了量子多体问题的二次量子化表示和约化密度矩阵理论。

第四章涵盖了Hartree-Fock (HF)方法的理论基础与具体实现, 详细推导了一般情形中的HF方程及其在自旋限制和自旋非限制条件下的具体形式及其实际求解过程, 讨论了各种原子轨道基组的分类和HF方法对各种分子化学性质的预测精度。

第五章涵盖了常用的超越HF近似的波函数方法, 详细地论述了组态相互作用、多体微扰理论和耦合簇方法, 并简单介绍了多组态波函数方法的基本思想。

第六章涵盖了密度泛函理论, 较为系统地讨论了其理论基础 (Hohenberg-Kohn定理和Kohn-Sham方法)和常用的各种密度泛函近似, 包括一些最新进展。

编写本书过程中, 笔者参考了多本国内外量子化学教材和专著, 应特别列出的是如下几本:

徐光宪, 黎乐民, 王德民, 量子化学 —— 基本原理和从头计算法 (第二版). 科学出版社, 2007。

A. Szabo, N. S. Ostlund. Modern Quantum Chemistry: Introduction to Advanced Electronic Structure Theory. McGraw-Hill, Inc, 1989.

L. Piela. Ideas of Quantum Chemistry (2nd Ed.). Elsevier, 2014.

T. Helgaker, P. Jorgensen, J. Olsen. Molecular Electronic Structure Theory. John Wiley & Sons, 2000.

R. McWeeny. Methods of Molecular Quantum Mechanics (2nd Ed.). Academic Press, 1992.

F. Jensen. Introduction to Computational Chemistry (2nd Ed.). John Wiley & Sons, 2007.

其他参考文献在文中也都有显式的引用。

最后衷心感谢所有对本讲义形成过程中给笔者很多帮助的师长、同事、同行和学生。首先感谢在笔者学术生涯成长过程中给予无数指导、帮助和支持的师长, 特别是北京大学赵新生教授和黎乐民教授、美国杜克大学杨伟涛教授、德国法兰克福大学 Eberhard Engel 教授、柏林弗里兹 · 哈勃研究所 Matthias Scheffler 教授。感谢电子结构理论领域的很多同行和同事, 特别是刘文剑教授、李新征教授、任新国研究员、索兵兵教授、兰峥岗教授等, 与他们的讨论让笔者受益良多。感谢 2019 年以来选修量子化学课的研究生和本科生, 以及笔者课题组的成员, 他们对课程内容和讲授方法也都提出了非常有帮助的意见和建议。这里要特别感谢谭淞宸同学, 他用 Markdown 做的课堂笔记也是笔者准备这本教材的起点。非常感谢历年来担任量子化学课程研究生助教的张旻烨、栾东、张宁、蒲之琛和张腾等同学, 他们在尽职尽责完成助教任务的同时也对课程内容提出了很多宝贵意见。感谢北京大学出版社郑月娥、王斯宇等编辑老师对本书所做的精心细致的审改。感谢北京大学教材建设项目给予本书出版的经费支持。最后, 感谢笔者的家人对本书编写工作的全力支持, 他们的爱与理解是笔者的工作动力源泉。

最后, 限于笔者能力, 本书无论在整体内容还是具体论述等方面都还存在很多需要改进完善的地方, 敬请专家、同行和读者多多指正。

目　录

第 1 章　数学基础

本章讨论对量子化学最为重要的数学工具 —— 线性代数、泛函与变分法的基本概念。线性代数部分与赵新生和蒋鸿编著的《中级物理化学 (第二版)》[1] 第一章的内容有较大重叠。关于量子化学所需要的数学方法, 更系统深入的讨论可参看文献 [2]。

1.1　矩阵和行列式

矩阵与行列式是线性代数的重要组成部分, 虽然本书中只会用到非常基本的线性代数运算, 但对简单的矩阵运算技巧还是应该掌握。矩阵计算是实际量子化学软件中最核心的部分。

1.1.1　矩阵的定义及其运算规则

矩阵是按矩形排列的一组数, 一个 m 行 n 列 (记为 $m \times n$) 的矩阵表示为

$$\boldsymbol{A} \equiv [A_{ij}]_{m\times n} = \begin{bmatrix} A_{11} & A_{12} & \cdots & A_{1n} \\ A_{21} & A_{22} & \cdots & A_{2n} \\ \vdots & \vdots & \ddots & \vdots \\ A_{m1} & A_{m2} & \cdots & A_{mn} \end{bmatrix} \tag{1.1}$$

这里 (m, n) 定义了矩阵的形状。其中 $m = 1$ 的矩阵称为**行矩阵**, 也称**行矢** (row vector); $n = 1$ 的矩阵称为**列矩阵**, 也称**列矢** (column vector), 简称**矢量**。$m = n$ 的矩阵称为**方阵**。在实际应用中最重要的矩阵形式是方阵, 因此在很多语境下, 矩阵即是指方阵, 本书也将采用这个约定。

对于矩阵可以定义如下基本**运算规则**。

• **矩阵相等**: 两个相同形状的矩阵 $\boldsymbol{A}$ 和 $\boldsymbol{B}$, 如对任意 i, j 都有 $A_{ij} = B_{ij}$, 则称这两个矩阵相等。

• **矩阵与数的乘积**:

$$\alpha\boldsymbol{A} \equiv \boldsymbol{A}\alpha \equiv [\alpha A_{ij}]_{m\times n} = \begin{bmatrix} \alpha A_{11} & \alpha A_{12} & \cdots & \alpha A_{1n} \\ \alpha A_{21} & \alpha A_{22} & \cdots & \alpha A_{2n} \\ \vdots & \vdots & \ddots & \vdots \\ \alpha A_{m1} & \alpha A_{m2} & \cdots & \alpha A_{mn} \end{bmatrix} \tag{1.2}$$

如上式所示, 矩阵和数的乘积具有可交换性。

• **矩阵的加和**: 两个相同形状的矩阵可以定义它们的加和操作

$$\boldsymbol{A} + \boldsymbol{B} \equiv \boldsymbol{B} + \boldsymbol{A} \equiv [A_{ij} + B_{ij}]_{m\times n} \tag{1.3}$$

显然, 矩阵相加满足交换律和结合律。

• **矩阵的乘积**: $m \times p$ 的矩阵 $\boldsymbol{A}$ 与 $p \times n$ 的矩阵 $\boldsymbol{B}$ 之间的乘积得到的新的 $m \times n$ 矩阵 $\boldsymbol{C}$

$$C_{ij} = \sum_{k=1}^{p} A_{ik} B_{kj} \tag{1.4}$$

简化起见, 在不引起歧义的情况下, 下文对 $\sum\limits_{k=1}^{p}$ 这类加和表示简写为 $\sum\limits_{k}$。矩阵的乘积满足结合律, 即 $(\boldsymbol{AB})\boldsymbol{C} = \boldsymbol{A}(\boldsymbol{BC})$。但是矩阵乘积一般不满足交换律, 即矩阵乘积操作一般而言是不可交换的。显然, 对于 m, n 和 p 不相等的情形, $\boldsymbol{A}$ 与 $\boldsymbol{B}$ 乘积可以定义, 而 $\boldsymbol{B}$ 和 $\boldsymbol{A}$ 乘积就没有定义。当 $\boldsymbol{A}$ 和 $\boldsymbol{B}$ 是相同形状的方阵时, $\boldsymbol{AB}$ 与 $\boldsymbol{BA}$ 都可以定义, 但两者一般不相等, 如果 $\boldsymbol{AB} = \boldsymbol{BA}$, 则称这两个矩阵**对易** (commute)。两个矩阵的**对易子** (commutator) 定义为

$$[\boldsymbol{A}, \boldsymbol{B}] \equiv \boldsymbol{AB} - \boldsymbol{BA} \tag{1.5}$$

当一个 n 维的行矩阵 (行矢) 和一个 n 维的列矩阵 (列矢) 按照矩阵乘积的方式相乘, 便得到一个 1×1 的矩阵, 也即是一个数 (即**标量**)。反之, 一个 n 维列矩阵 (列矢) 和一个 n 维的行矩阵 (行矢) 按矩阵乘积的规则相乘, 得到一个 $n \times n$ 的矩阵。

下面定义一系列特殊矩阵以及矩阵之间的关系。

对角矩阵 (diagonal matrix): 即非对角矩阵元 (A_{ij}, $i \neq j$) 均为零的方阵。

单位矩阵 (unit matrix): 对角矩阵元均为 1 的对角矩阵, 单位矩阵一般记为 $\boldsymbol{I}$。容易证明, 对于任意与单位矩阵 $\boldsymbol{I}$ 有相同维度的方阵 $\boldsymbol{A}$, 都有 $\boldsymbol{AI} = \boldsymbol{IA} = \boldsymbol{A}$。单位矩阵的矩阵元表示为

$$I_{ij} = \delta_{ij} \equiv \begin{cases} 1 & (i = j) \\ 0 & (i \neq j) \end{cases} \tag{1.6}$$

上式引入了**克罗内克** (Kronecker) δ **符号**, 有时也称为克罗内克 δ 函数。这可以看作一个离散函数。后面我们会将其推广到连续函数的形式, 也就是著名的**狄拉克** (Dirac) **δ-函数**。

块对角矩阵 (block-diagonal matrix): 具有如下形式的方阵被称为块对角矩阵

$$\begin{pmatrix}
\begin{matrix} A_{11} & \cdots & A_{1m} \\ \vdots & \ddots & \vdots \\ A_{m1} & \cdots & A_{mm} \end{matrix} & 0 & 0 & 0 \\
0 & \begin{matrix} B_{11} & \cdots & B_{1n} \\ \vdots & \ddots & \vdots \\ B_{n1} & \cdots & B_{nn} \end{matrix} & 0 & 0 \\
0 & 0 & \begin{matrix} C_{11} & \cdots & C_{1p} \\ \vdots & \ddots & \vdots \\ C_{p1} & \cdots & C_{pp} \end{matrix} & 0 \\
0 & 0 & 0 & \ddots
\end{pmatrix} \equiv \boldsymbol{A} \oplus \boldsymbol{B} \oplus \boldsymbol{C} \oplus \cdots \tag{1.7}$$

上式也给出了**矩阵直和**的定义。

上三角矩阵和下三角矩阵: 如下所示对角线以下矩阵元均为零的矩阵称为**上三角矩阵** (upper triangular matrix)

$$\boldsymbol{A} \equiv [A_{ij}]_{n\times n} = \begin{bmatrix} A_{11} & A_{12} & A_{13} & \cdots & A_{1n-1} & A_{1n} \\ 0 & A_{22} & A_{23} & \cdots & A_{2n-1} & A_{2n} \\ 0 & 0 & A_{33} & \cdots & A_{3n-1} & A_{3n} \\ \vdots & \vdots & \vdots & \vdots & \vdots & \vdots \\ 0 & 0 & 0 & \cdots & 0 & A_{nn} \end{bmatrix} \tag{1.8}$$

反之, 对角线以上矩阵元均为零的矩阵为**下三角矩阵** (lower triangular matrix)。

矩阵的逆: 对于矩阵 $\boldsymbol{A}$, 如果存在另外一个矩阵 $\boldsymbol{B}$, 使得 $\boldsymbol{AB} = \boldsymbol{BA} = \boldsymbol{I}$, 就称矩阵 $\boldsymbol{B}$ 是 $\boldsymbol{A}$ 的逆, 记为 $\boldsymbol{A}^{-1}$。不是所有矩阵都存在相应的逆矩阵。如果一个矩阵的逆矩阵不存在, 称其为**奇异** (singular) **矩阵**, 反之就是**规则** (regular) **矩阵**。容易证明, 如果 $\boldsymbol{A}$ 和 $\boldsymbol{B}$ 都是规则矩阵, 则有

$$(\boldsymbol{AB})^{-1} = \boldsymbol{B}^{-1}\boldsymbol{A}^{-1} \tag{1.9}$$

矩阵的转置 (transpose): 将矩阵 $\boldsymbol{A}$ 的行列互换得到的新矩阵称为 $\boldsymbol{A}$ 的转置矩阵, 一般标记为 $\boldsymbol{A}^{\mathrm{T}}$

$$(\boldsymbol{A}^{\mathrm{T}})_{ij} \equiv A^{\mathrm{T}}_{ij} = A_{ji} \tag{1.10}$$

矩阵的厄米共轭: 将矩阵 $\boldsymbol{A}$ 的行列互换, 并对每个矩阵元取复共轭, 所得的新矩阵称为 $\boldsymbol{A}$ 的**厄米共轭矩阵**或**伴随** (adjoint) **矩阵**, 一般记作 $\boldsymbol{A}^{\dagger}$ (读作 A dagger)

$$(\boldsymbol{A}^{\dagger})_{ij} \equiv A^{\dagger}_{ij} = A^{*}_{ji} \tag{1.11}$$

容易证明

$$(\boldsymbol{AB})^{\dagger} = \boldsymbol{B}^{\dagger}\boldsymbol{A}^{\dagger} \tag{1.12}$$

基于以上矩阵之间的关系, 可以定义**幺正矩阵** (unitary matrix) 和**厄米矩阵** (Hermitian matrix)。

幺正矩阵: 如果矩阵 $\boldsymbol{A}$ 的厄米共轭矩阵等于 $\boldsymbol{A}$ 的逆矩阵, 即 $\boldsymbol{A}^{\dagger}\boldsymbol{A} = \boldsymbol{A}\boldsymbol{A}^{\dagger} = \boldsymbol{I}$, 就称该矩阵为幺正矩阵 (有些中文教材也称为**酉矩阵**)。幺正矩阵常用 $\boldsymbol{U}$ 表示。矩阵元均为实数的幺正矩阵也称作**正交矩阵** (orthogonal matrix)。可以看出, 幺正矩阵的任意两行或两列都满足如下正交归一关系

$$\sum_k A^{*}_{ki}A_{kj} = \sum_k A^{*}_{ik}A_{jk} = \delta_{ij} \tag{1.13}$$

厄米矩阵: 如果矩阵 $\boldsymbol{A}$ 的厄米共轭矩阵等于自己本身, $\boldsymbol{A}^{\dagger} = \boldsymbol{A}$, 就称该矩阵为厄米矩阵, 也称**自伴矩阵** (self-adjoint matrix)。矩阵元都为实数的厄米矩阵也称为**对称矩阵** (symmetric matrix)。

矩阵的迹: 关于方阵的一个非常重要的概念是迹 (trace), 定义为矩阵对角元的加和, 记作

$$\mathrm{Tr}\boldsymbol{A} \equiv \sum_i A_{ii} \tag{1.14}$$

容易证明矩阵的迹具有如下性质

$$\mathrm{Tr}\,(\boldsymbol{AB}) = \mathrm{Tr}\,(\boldsymbol{BA}) \tag{1.15}$$

相似变换、幺正变换和正交变换: 对于矩阵 $\boldsymbol{A}$, $\boldsymbol{B}$, 如果存在一个非奇异的矩阵 $\boldsymbol{T}$, 使得 $\boldsymbol{A} = \boldsymbol{T}^{-1}\boldsymbol{BT}$, 则称 $\boldsymbol{A}$ 是 $\boldsymbol{B}$ 的相似变换 (similarity transform), 或说它们之间具有相似变换关系; 如果 $\boldsymbol{T}$ 是个幺正矩阵, 则称 $\boldsymbol{A}$ 是 $\boldsymbol{B}$ 的幺正变换 (unitary transform); 如 $\boldsymbol{T}$ 是个正交矩阵, 则称 $\boldsymbol{A}$ 是 $\boldsymbol{B}$ 的正交变换 (orthogonal transform)。

矢量的内积和正交性: 前面提到, 列矩阵很多时候被称为矢量 (vector), 两个相同维度的矢量 $\boldsymbol{u}$ 和 $\boldsymbol{v}$, 可以定义其**内积** (inner product) 为

$$\boldsymbol{u} \cdot \boldsymbol{v} \equiv \boldsymbol{u}^\dagger \boldsymbol{v} = \sum_i u_i^* v_i \tag{1.16}$$

如它们的内积为零, 则称这两个矢量**正交** (orthogonal)。显然, 一个矢量和其自身的内积必定有 $\boldsymbol{u} \cdot \boldsymbol{u} \geqslant 0$。**矢量的模** (norm) 定义为 $|\boldsymbol{u}| \equiv \sqrt{\boldsymbol{u} \cdot \boldsymbol{u}} \equiv \sqrt{\boldsymbol{u}^2}$。矢量的模有时被称为矢量的长度。模为零的矢量称为**零矢量**, 显然零矢量的所有元素都为零。

【练习】

1. 证明式 $\mathrm{Tr}(\boldsymbol{AB}) = \mathrm{Tr}(\boldsymbol{BA})$。
2. 证明如果 $\boldsymbol{T}^{-1}\boldsymbol{BT} = \boldsymbol{A}$, 则有 $\mathrm{Tr}\,(\boldsymbol{B}) = \mathrm{Tr}\,(\boldsymbol{A})$。

1.1.2 行列式

行列式 (determinant) 可看作方阵的一个性质, 记作 $\det \boldsymbol{A} = |\boldsymbol{A}|$。对于 2×2 矩阵, 其行列式定义为

$$\det \boldsymbol{A} \equiv |\boldsymbol{A}| \equiv \begin{vmatrix} A_{11} & A_{12} \\ A_{21} & A_{22} \end{vmatrix} \equiv A_{11}A_{22} - A_{12}A_{21} \tag{1.17}$$

而 3×3 矩阵的行列式定义为

$$\begin{aligned} \det \boldsymbol{A} \equiv |\boldsymbol{A}| \equiv &\begin{vmatrix} A_{11} & A_{12} & A_{13} \\ A_{21} & A_{22} & A_{23} \\ A_{31} & A_{32} & A_{33} \end{vmatrix} \\ \equiv &A_{11}A_{22}A_{33} + A_{21}A_{32}A_{13} + A_{31}A_{12}A_{23} - A_{31}A_{22}A_{13} - A_{21}A_{12}A_{33} - A_{11}A_{32}A_{23} \end{aligned} \tag{1.18}$$

为了将以上定义推广到任意的 $n \times n$ 方阵, 有必要引入**排列或置换** (permutation) 的概念。自然数 $1, 2, 3, \cdots, n$ 的一个排列是指这组数的一种重新排序。将这组数从自然顺序 $1, 2, 3, \cdots, n$ 到给定某种排列 (记为 I) 的变换操作, 用**排列算符** $\mathcal{P}_I$ 来表示

$$\mathcal{P}_I\,(1, 2, \cdots, n) = (I_1, I_2, \cdots, I_n) \tag{1.19}$$

另外, 对这组数中的任意两个数交换位置的操作, 用**互换** (transposition) **算符**表示

$$\mathcal{P}_{ij}\,(\cdots, i, \cdots, j, \cdots) = (\cdots, j, \cdots, i, \cdots) \tag{1.20}$$

很容易看出, 任意一个排列算符 $\mathcal{P}_I$ 都可以分解为一系列互换算符的乘积, 互换操作的次数记作 P_I。比如 (1,2,3) 的一个排列 (3,1,2), 可表示为 $\mathcal{P}_{(3,1,2)} = \mathcal{P}_{12}\mathcal{P}_{13}$, 相应的 $P_{(3,1,2)} = 2$, 对于排列 (1,3,2), 则有 $\mathcal{P}_{(1,3,2)} = \mathcal{P}_{23}$, $P_{(1,3,2)} = 1$。包含偶/奇数次互换的排列称为**偶/奇排列** (even/odd permutation)。

基于排列算符, 任意 $n \times n$ 维方阵的行列式定义为

$$
\begin{aligned}
\det(\boldsymbol{A}) \equiv |\boldsymbol{A}| &\equiv \begin{vmatrix} A_{11} & A_{12} & \cdots & A_{1n} \\ A_{21} & A_{22} & \cdots & A_{2n} \\ \vdots & \vdots & \ddots & \vdots \\ A_{n1} & A_{n2} & \cdots & A_{nn} \end{vmatrix} \\
&\equiv \sum_{I}^{n!} (-1)^{P_I} \mathcal{P}_I A_{11}A_{22}\cdots A_{nn} \\
&= \sum_{I}^{n!} (-1)^{P_I} A_{I_1 1}A_{I_2 2}\cdots A_{I_n n} \\
&= \sum_{I}^{n!} (-1)^{P_I} A_{1 I_1}A_{2 I_2}\cdots A_{n I_n}
\end{aligned} \tag{1.21}
$$

这里的加和下标 I 表示对 $1, 2, 3, \cdots, n$ 所有可能的排列, 排列算符 $\mathcal{P}_I$ 作用于行 (或列) 下标。容易验证, 前面的 2×2 和 3×3 矩阵的行列式是上式的特例。

$n \times n$ 维矩阵 $\boldsymbol{A}$ 的行列式也可以根据如下递推方式进行计算

$$
|\boldsymbol{A}| = \sum_i A_{ij}\mathrm{cof}\,(A_{ij}), \forall j = 1, 2, \cdots, n \tag{1.22}
$$

或者

$$
|\boldsymbol{A}| = \sum_j A_{ij}\mathrm{cof}\,(A_{ij}), \forall i = 1, 2, \cdots, n \tag{1.23}
$$

其中 $\mathrm{cof}\,(A_{ij})$ 表示矩阵元 A_{ij} 的伴随因子 (cofactor), 也称**代数余子式**, 定义为将矩阵 $\boldsymbol{A}$ 中与 A_{ij} 同一行和同一列的所有元素都去掉之后得到的 $(n-1)\times(n-1)$ 维矩阵的行列式, 并乘上符号因子 $(-1)^{i+j}$(如不含符号因子, 则称为余子式 minor)。

【练习】用 3×3 矩阵的行列式验证式 (1.21)。

基于以上定义, 可以证明行列式具有如下性质:

1. 如果一个矩阵的某一行或某一列矩阵元都为零, 则其行列式为零。
2. 对角矩阵、上三角矩阵或下三角矩阵的行列式为对角元的乘积。
3. 交换任何两行或两列所得的新矩阵的行列式与原矩阵的行列式相差一个负号。
4. 如果一个矩阵存在两行或两列的矩阵元一一对应相等, 则其对应的行列式为零。
5. 一个矩阵的转置矩阵的行列式与原矩阵的行列式相等: $|\boldsymbol{A}^{\mathrm{T}}| = |\boldsymbol{A}|$。
6. 一个矩阵的厄米共轭矩阵的行列式等于原矩阵行列式的复共轭: $|\boldsymbol{A}^{\dagger}| = |\boldsymbol{A}|^*$。
7. $|\boldsymbol{A}\boldsymbol{B}| = |\boldsymbol{A}|\cdot|\boldsymbol{B}|$。

8. 对于任意一组数 c_k, $k = 1, 2, \cdots, m$, 矩阵具有如下线性性质

$$\begin{vmatrix} A_{11} & A_{12} & \cdots & \sum\limits_{k=1}^{m} c_k B_{1k} & \cdots & A_{1n} \\ A_{21} & A_{22} & \cdots & \sum\limits_{k=1}^{m} c_k B_{2k} & \cdots & A_{2n} \\ \vdots & \vdots & \vdots & \vdots & \vdots & \vdots \\ A_{n1} & A_{n2} & \cdots & \sum\limits_{k=1}^{m} c_k B_{nk} & \cdots & A_{nn} \end{vmatrix} \equiv \sum_{k=1}^{m} c_k \begin{vmatrix} A_{11} & A_{12} & \cdots & B_{1k} & \cdots & A_{1n} \\ A_{21} & A_{22} & \cdots & B_{2k} & \cdots & A_{2n} \\ \vdots & \vdots & \vdots & \vdots & \vdots & \vdots \\ A_{n1} & A_{n2} & \cdots & B_{nk} & \cdots & A_{nn} \end{vmatrix} \tag{1.24}$$

行列式的性质 3 和 4 对于多电子体系的量子力学描述有着至关重要的作用。

【练习*】从行列式一般定义出发证明上面行列式的性质。

【练习】以 2×2 矩阵为例, 验证上面行列式的性质。

行列式的一个重要应用是矩阵求逆。可以证明, 矩阵 $\boldsymbol{A}$ 存在逆矩阵的充分必要条件是 $\det \boldsymbol{A} \neq 0$, 并且其逆矩阵为

$$\boldsymbol{A}^{-1} = \frac{\text{adj } \boldsymbol{A}}{\det \boldsymbol{A}} \tag{1.25}$$

这里 adj $\boldsymbol{A}$ 为矩阵 $\boldsymbol{A}$ 的伴随矩阵, 定义为

$$(\text{adj } \boldsymbol{A})_{ij} = \text{cof}(A_{ji}) \tag{1.26}$$

注意和之前定义的表示转置共轭的伴随矩阵相区分, 有文献也将其称为经典伴随 (classical adjoint)。

【练习】

1. 考虑由四个复数 a, b, c, d 构成的如下 2×2 矩阵

$$\boldsymbol{A} = \begin{bmatrix} a & c \\ b & d \end{bmatrix}$$

请问:

① 满足什么条件时 $\boldsymbol{A}$ 是个厄米矩阵?

② 满足什么条件时 $\boldsymbol{A}$ 是个幺正矩阵?

③ 满足什么条件时 $\boldsymbol{A}$ 可逆 (存在逆矩阵)? 写出 $\boldsymbol{A}$ 的逆矩阵具体表达式。

2. 证明: 如果两个厄米矩阵 $\boldsymbol{A}$ 和 $\boldsymbol{B}$ 的乘积 $\boldsymbol{C} = \boldsymbol{AB}$ 也是厄米矩阵, 那么 $\boldsymbol{A}$ 和 $\boldsymbol{B}$ 一定对易。

3. 证明幺正矩阵的行列式的模 (即绝对值) 为 1。换言之, $\det(\boldsymbol{U}) = \mathrm{e}^{i\lambda}$, 其中 λ 为实数。

4. 证明将矩阵的任一行 (列) 加上另外一行 (列) 乘以一个常数所得新的矩阵的行列式与原矩阵行列式相等, 以 3×3 矩阵为例

$$\begin{vmatrix} A_{11} + aA_{12} & A_{12} & A_{13} \\ A_{21} + aA_{22} & A_{22} & A_{23} \\ A_{31} + aA_{32} & A_{32} & A_{33} \end{vmatrix} = \begin{vmatrix} A_{11} & A_{12} & A_{13} \\ A_{21} & A_{22} & A_{23} \\ A_{31} & A_{32} & A_{33} \end{vmatrix} \tag{1.27}$$

注: 本书中 “*” 为选做题目。

1.2 线 性 空 间

前面我们提到, 列矩阵一般称为列矢量, 简称矢量。这里我们讨论更为一般 (抽象) 的矢量概念。后面我们会看到, 列矢量可以看成是一般抽象矢量的具体表示 (representation)。

1.2.1 线性空间的定义

线性空间是现实的三维几何空间概念的抽象和推广。利用代数中集合的概念, 我们可以把线性空间定义为一类满足一定条件的**集合**, 记为 $\mathcal{L}$, 集合中的元素称为**矢量** (vector)。采用所谓的狄拉克 (P. A. M. Dirac, 英国物理学家, 量子力学奠基者之一) 符号, 这些矢量用 $|a\rangle, |b\rangle, |c\rangle, \cdots$ 表示, 称之为**右矢** (英语中用 ket 来表示)。集合中的元素 (矢量) 如满足如下四个条件, 则称该集合为**复数域上的线性空间**, 简称**复数线性空间**, 或**线性空间** (也称**矢量空间**):

1. 可以定义**矢量加和**的操作, 用数学的 + 表示, 如果 $|a\rangle$ 和 $|b\rangle$ 是 $\mathcal{L}$ 中的矢量, 则

$$|c\rangle = |a\rangle + |b\rangle = |b\rangle + |a\rangle \tag{1.28}$$

也是 $\mathcal{L}$ 中的一个矢量。上式同时表明, 矢量的加和是**可交换**的。

2. 可以定义**矢量** $|a\rangle$ **和复数** α **的乘积**, 所得仍是 $\mathcal{L}$ 中的一个矢量

$$|a'\rangle = \alpha|a\rangle \tag{1.29}$$

并称 $|a'\rangle$ 与 $|a\rangle$ 具有相同的方向。另外, 矢量和复数的乘积是可交换的, 即 $\alpha|a\rangle$ 和 $|a\rangle\alpha$ 代表同一个矢量。

3. 存在**零矢量**, 一般直接写为 $\mathbf{0}$, 对于任意矢量 $|a\rangle$ 都有

$$|a\rangle + \mathbf{0} = |a\rangle \tag{1.30}$$

4. 复数与矢量加和的乘积满足如下的线性运算规则 (**分配律**)

$$\alpha\left(|a\rangle + |b\rangle\right) = \alpha|a\rangle + \alpha|b\rangle \tag{1.31}$$

在以后的讨论中, 为了表述简洁起见, 我们将复数线性空间 $\mathcal{L}$ 简称为空间 $\mathcal{L}$。进一步可以引入**子空间**的概念: 如果 $\mathcal{L}$ 的非空子集 $\mathcal{S}$ 在相同的运算规则下也满足以上四个条件, 就称 $\mathcal{S}$ 是 $\mathcal{L}$ 的一个子空间。

下面我们举一个复数线性空间的实例。

$\mathcal{S}_{1/2}$-空间: 考虑由所有矩阵元为复数的二维列矩阵所构成的空间

$$|a\rangle \equiv \begin{bmatrix} a_1 \\ a_2 \end{bmatrix} \tag{1.32}$$

其中 a_1 和 a_2 为任意复数, 很容易证明, 这个空间构成了一个复数线性空间, 其中两个矢量相加定义为

$$|a\rangle + |b\rangle \equiv \begin{bmatrix} a_1 \\ a_2 \end{bmatrix} + \begin{bmatrix} b_1 \\ b_2 \end{bmatrix} = \begin{bmatrix} a_1 + b_1 \\ a_2 + b_2 \end{bmatrix} \tag{1.33}$$

一个复数和矢量的乘积定义为

$$\alpha|a\rangle \equiv \alpha \begin{bmatrix} a_1 \\ a_2 \end{bmatrix} = \begin{bmatrix} \alpha a_1 \\ \alpha a_2 \end{bmatrix} \tag{1.34}$$

零矢量即为

$$\mathbf{0} \equiv \begin{bmatrix} 0 \\ 0 \end{bmatrix} \tag{1.35}$$

为了后面讨论方便, 我们将这个线性空间记为 $\mathcal{S}_{1/2}$-空间。

一般而言, 线性空间的定义依赖于两个要素, 一个是矢量的集合, 另一个是可与矢量相乘的数 (也称标量) 的集合, 一般称为域 (field)。我们这里定义的是复数域上的线性空间。下面要定义的矢量内积也必须是属于同一个域中的标量。

1.2.2 线性无关与空间的维数

在空间 $\mathcal{L}$ 中, 如果 n 个矢量 $|u_1\rangle, |u_2\rangle, \cdots, |u_n\rangle$, 当且仅当 $\alpha_1 = \alpha_2 = \cdots = \alpha_n = 0$ 时, 方程

$$\alpha_1|u_1\rangle + \alpha_2|u_2\rangle + \cdots + \alpha_n|u_n\rangle = 0 \tag{1.36}$$

才成立, 换句话说, 这组矢量中任意一个矢量都不能表达成其他矢量的线性组合, 则称这组矢量**线性无关**, 否则**线性相关**。如果一个空间 $\mathcal{L}$ 存在 n 个线性无关的矢量, 而任何一组 n+1 个矢量都是线性相关的, 则该空间的维数 (dimension) 为 n。一个空间的维数可以是**有限**的, 也可以是**无限**的。在下面的讨论中, 除非声明, 我们主要讨论有限维空间, 并假定所得结论可以推广到无限维空间。

【练习】证明 $\mathcal{S}_{1/2}$ 是个二维的复数线性空间。

在 n 维空间中, n 个线性无关的矢量 $|u_1\rangle, |u_2\rangle, \cdots, |u_n\rangle$ 构成了该空间的一组基矢, 称为**基组** (basis set), 任何矢量 $|a\rangle$ 都可唯一地用这组基矢作线性展开

$$|a\rangle = \sum_{i=1}^{n} \alpha_i |u_i\rangle \tag{1.37}$$

【练习】证明任意矢量用一组基矢的展开是唯一的。

1.2.3 内积

现在引入空间 $\mathcal{L}$ 的**共轭空间** $\widetilde{\mathcal{L}}$。$\mathcal{L}$ 中的右矢 $|a\rangle$ 在 $\widetilde{\mathcal{L}}$ 中的共轭矢量用 $\langle a|$ 表示, 称为左矢 (在英语中用 bra 来表示)。$|a\rangle$ 和 $\langle a|$ 是一一对应的, 其共轭的法则是:

- 如果 $|u_1\rangle, |u_2\rangle, \cdots, |u_n\rangle$ 是 $\mathcal{L}$ 的基组, 则 $\langle u_1|, \langle u_2|, \cdots, \langle u_n|$ 是 $\widetilde{\mathcal{L}}$ 的基组;
- $\alpha|a\rangle + \beta|b\rangle$ 的共轭矢量为 $\alpha^*\langle a| + \beta^*\langle b|$。

利用相互共轭的左、右矢, 定义两个右矢 $|a\rangle, |b\rangle$ 的**内积** (又称标积) 为

$$\langle a|b\rangle = (\langle a|) \cdot (|b\rangle) \tag{1.38}$$

它一般是一个复数, 并满足如下条件

$$\langle a|b\rangle = \langle b|a\rangle^* \tag{1.39}$$

$$\langle a|(\beta|b\rangle + \gamma|c\rangle) = \beta\langle a|b\rangle + \gamma\langle a|c\rangle \tag{1.40}$$

对于非零矢量 $|a\rangle$, 总有

$$\langle a|a\rangle > 0 \tag{1.41}$$

如 $|a\rangle$ 是零矢量, 则有 $\langle a|a\rangle = 0$。

式 (1.39) 和 (1.41) 表明, 一个非零的右矢和它自己的内积是个正的实数。在数学上, 定义了内积的**实数域上的线性空间**一般被称为**欧氏空间** (Euclidean space), 定义了内积的复数域上的线性空间也被称为**酉空间** (unitary space)。

由内积的概念, 便可定义**矢量的长度**, $||a|| \equiv \sqrt{\langle a|a\rangle}$, 也称为**矢量的模** (norm)。模为 1 的矢量称为**归一化** (normalized) **矢量**。很显然, 对于一个非零矢量 $|a\rangle$, 总可以得到相应的归一化矢量

$$|\widetilde{a}\rangle = \left(\frac{1}{\sqrt{\langle a|a\rangle}}\right)|a\rangle \tag{1.42}$$

当两个非零矢量 $|a\rangle, |b\rangle$ 的内积为零 (即 $\langle a|b\rangle = 0$) 时, 称它们为互相**正交** (orthogonal) 的。有些文献定义两个矢量之间的**距离**为 $||a-b|| \equiv \sqrt{\langle a-b|a-b\rangle}$, 这里记 $|a-b\rangle \equiv |a\rangle - |b\rangle$。

【练习】两个归一化的矢量 $|a\rangle, |b\rangle$, 什么时候它们之间的距离最大, 什么时候距离最小?

【实例】下面以前面所举的 $\mathcal{S}_{1/2}$-空间为例, 讨论本节中的概念。

容易证明 $\mathcal{S}_{1/2}$-空间是一个二维线性空间, 其基组选取的一种方式是

$$|\boldsymbol{e}_1\rangle \equiv \begin{bmatrix}1\\0\end{bmatrix}, \quad |\boldsymbol{e}_2\rangle \equiv \begin{bmatrix}0\\1\end{bmatrix} \tag{1.43}$$

因此任意矢量 $|a\rangle$ 可以用这两个基矢作线性展开

$$|a\rangle \equiv \begin{bmatrix}a_1\\a_2\end{bmatrix} = a_1|\boldsymbol{e}_1\rangle + a_2|\boldsymbol{e}_2\rangle \tag{1.44}$$

两个矢量的内积定义为

$$\langle a|b\rangle \equiv \begin{bmatrix}a_1^* & a_2^*\end{bmatrix}\begin{bmatrix}b_1\\b_2\end{bmatrix} = a_1^*b_1 + a_2^*b_2 \tag{1.45}$$

按照该内积定义, 容易证明前面所给的两个基矢构成了一组正交归一基矢。

【练习】为什么不能将 $\mathcal{S}_{1/2}$-空间中的内积按如下定义?

$$\langle a|b\rangle \equiv \begin{bmatrix}a_1 & a_2\end{bmatrix}\begin{bmatrix}b_1\\b_2\end{bmatrix} = a_1b_1 + a_2b_2$$

1.2.4 施瓦茨不等式

矢量内积满足一个非常有用的不等式, **施瓦茨不等式** (Schwartz inequality)。对任意两个矢量 $|u\rangle$ 和 $|v\rangle$, 一定满足

$$\langle u|u\rangle\langle v|v\rangle \geqslant |\langle u|v\rangle|^2 \tag{1.46}$$

【**证明**】上面不等式在三维几何空间是显然成立的。下面我们给出一般性证明 (这是一个非常巧妙的证明, 类似的思路被用在很多其他定理的证明中)。取 $|w\rangle = |u\rangle + \lambda|v\rangle$, 其中 λ 为任意复数, 显然有

$$\langle w|w\rangle = \langle u|u\rangle + \lambda\langle u|v\rangle + \lambda^*\langle v|u\rangle + \lambda\lambda^*\langle v|v\rangle \geqslant 0$$

并且只有当 $|w\rangle = 0$ 时等式才成立。上式对任意 λ 都成立, 因此不妨取 $\lambda = -\frac{\langle v|u\rangle}{\langle v|v\rangle}$, 代入上式得

$$\begin{aligned} &\langle w|w\rangle = \langle u|u\rangle - \frac{\langle v|u\rangle}{\langle v|v\rangle}\langle u|v\rangle - \frac{\langle u|v\rangle}{\langle v|v\rangle}\langle v|u\rangle + \frac{\langle v|u\rangle}{\langle v|v\rangle}\frac{\langle u|v\rangle}{\langle v|v\rangle}\langle v|v\rangle \geqslant 0 \\ \Rightarrow\quad &\langle u|u\rangle\langle v|v\rangle \geqslant \langle v|u\rangle\langle u|v\rangle \end{aligned} \tag{1.47}$$

1.2.5 正交归一基组

原则上, 任何一组线性无关的 n 个矢量都可作为 n 维线性空间的基矢。但为了简单起见, 总是尽可能选择正交归一的矢量作为基矢。给定一组基矢, $|u_1\rangle, |u_2\rangle, \cdots, |u_n\rangle$, 很容易在其基础上构建一组正交归一化基矢: 首先将第一个矢量归一化

$$|\phi_1\rangle = \frac{|u_1\rangle}{\langle u_1|u_1\rangle^{\frac{1}{2}}} \tag{1.48}$$

令 $|\phi_2\rangle = \alpha_2|u_2\rangle + \beta|\phi_1\rangle$, 由正交化条件 $\langle\phi_1|\phi_2\rangle = 0$ 可得

$$\langle\phi_1|\phi_2\rangle = \alpha_2\langle\phi_1|u_2\rangle + \beta = 0 \quad\Rightarrow\quad \beta = -\alpha_2\langle\phi_1|u_2\rangle \tag{1.49}$$

于是有

$$|\phi_2\rangle = \alpha_2\left(|u_2\rangle - |\phi_1\rangle\langle\phi_1|u_2\rangle\right) \tag{1.50}$$

再由归一化条件 $\langle\phi_2|\phi_2\rangle = 1$ 求出 α_2。

【**练习**】推导出 α_2 的表达式。

重复以上过程, 对任意 j, 可得

$$|\phi_j\rangle = \alpha_j\left(|u_j\rangle - \sum_{i=1}^{j-1}|\phi_i\rangle\langle\phi_i|u_j\rangle\right) \tag{1.51}$$

其中 α_j 由归一化条件 $\langle\phi_j|\phi_j\rangle$ 确定

$$\alpha_j = \left[\langle u_j|u_j\rangle - \sum_{i=1}^{j-1}|\langle u_j|\phi_i\rangle|^2\right]^{-1/2} \tag{1.52}$$

这样的构造过程称作**施密特正交归一化**过程, 由此形成的 $|\phi_1\rangle, |\phi_2\rangle, \cdots, |\phi_n\rangle$ 互相正交并归一化, 表示为

$$\langle\phi_i|\phi_j\rangle = \delta_{ij} \tag{1.53}$$

任一矢量 $|w\rangle$ 都可用正交归一基矢展开

$$|w\rangle = \sum_{i=1}^{n} w_i|\phi_i\rangle \tag{1.54}$$

利用

$$\langle\phi_j|w\rangle = \sum_{i=1}^{n} w_i \langle\phi_j|\phi_i\rangle = \sum_{i=1}^{n} w_i\delta_{ji} = w_j \tag{1.55}$$

因此有

$$|w\rangle = \sum_{i=1}^{n} (\langle\phi_i|w\rangle)\,|\phi_i\rangle = \sum_{i=1}^{n}|\phi_i\rangle\,\langle\phi_i|w\rangle \tag{1.56}$$

即 $|w\rangle$ 总可以用上述正交归一的基组展开, 并且对应于基矢 $|\phi_i\rangle$ 的展开系数即是该基矢与 $|w\rangle$ 的内积。在用正交归一基组展开后, 矢量

$$|v\rangle = \sum_{i=1}^{n}|\phi_i\rangle\,\langle\phi_i|v\rangle = \sum_{i=1}^{n} v_i|\phi_i\rangle$$

与 $|w\rangle$ 的内积可以表示为

$$\langle v|w\rangle = \sum_{i,j=1}^{n} v_i^* \langle\phi_i|\phi_j\rangle\, w_j = \sum_{i,j=1}^{n} \delta_{ij} v_i^* w_j = \sum_{i=1}^{n} v_i^* w_i = \sum_{i=1}^{n} \langle v|\phi_i\rangle\,\langle\phi_i|w\rangle \tag{1.57}$$

通过引入正交归一基组, 我们实际上把抽象的矢量用列矩阵来表示。这一点我们会在后面做具体讨论。上式在形式上可以写为

$$\langle v|w\rangle = \sum_{i} (\langle v|\cdot|\phi_i\rangle)\,(\langle\phi_i|\cdot|w\rangle) = \langle v|\cdot\left(\sum_{i}|\phi_i\rangle\langle\phi_i|\right)\cdot|w\rangle \tag{1.58}$$

用 1.3 节将要引入的概念, 上式括号中的部分实际上是**恒等算符** (identity operator), 也称**单位算符** (unit operator), 记为 $\hat{I}$

$$\hat{I} = \sum_{i}|\phi_i\rangle\langle\phi_i| \tag{1.59}$$

它的意义是: 对任何矢量 $|u\rangle$, 都有 $\hat{I}|u\rangle = |u\rangle$。上式加和的每一项称为基矢与其自身的**外积** (outer product), 我们在 1.3 节还会对此做详细讨论。式 (1.59) 称为**正交归一基组的完备性** (completeness) 或**封闭性** (closure) **关系**: 即如果存在一组互相正交且归一化的矢量, 这组矢量满足式 (1.59), 就意味着这组矢量构成了一组完备基矢。单位算符的这个表示在文献中也常被称为**恒等分解** (resolution of identity, RI)。运用完备性关系, 可以直接得到任意矢量 $|w\rangle$ 的基矢展开, 即式 (1.56)

$$|w\rangle = \hat{I}|w\rangle = \left(\sum_{i}|\phi_i\rangle\langle\phi_i|\right)|w\rangle = \sum_{i}|\phi_i\rangle\langle\phi_i|w\rangle$$

在合适的地方插入或消去用基矢外积所表示的单位算符, 是我们后面需要频繁用到的数学技巧。

【练习*】如何用非正交归一的基组表示恒等算符 $\hat{I}$?

1.2.6 希尔伯特空间与狄拉克 δ-函数

前面讨论的是有限维线性空间。量子力学的数学基础是一类更复杂的线性空间, 由定义在一定实变量区间内的所有满足平方可积条件的函数 (函数取值一般是复数) 所构成。作为实例, 我们考虑定义在区间 [0,a] 上, 并满足如下条件的所有函数 $f(x)$ 的集合: ① 在区间 (0,a) 内连续, 且平方可积, 即满足

$$\int_0^a |f(x)|^2 \mathrm{d}x < \infty \tag{1.60}$$

②$f(x)$ 满足一定的边界条件, 比如 $f(0)=0$, $f(a)=0$。可以按通常函数加和的方式定义矢量的加和

$$(f_1+f_2)(x) \equiv f_1(x)+f_2(x) \tag{1.61}$$

标量 (即复数) 与矢量的乘积定义为

$$(\alpha f)(x) \equiv \alpha * f(x) \tag{1.62}$$

$f(x)=0$ 是相应的零元素。这样的函数集合构成了一个复数线性空间, 有时称为**函数空间** (function space), 记为 $\mathcal{L}_2[0,a]$。在这个空间内两个矢量的内积定义为

$$\langle f_1|f_2\rangle \equiv \int_0^a f_1^*(x) f_2(x)\mathrm{d}x \tag{1.63}$$

和前面讨论的有限维线性空间不同的是, 由函数构成的线性空间是无限维的, 基矢的数量是无穷大。根据线性空间封闭性的要求, 这些无穷多基函数的任意线性组合是否收敛到函数空间中的一个函数, 很多时候并不是那么显然。因此, 函数空间的封闭性问题在数学上需要非常仔细的考察。数学上把根据以上方式定义内积, 并严格满足封闭性 (完备性) 的函数空间称为**希尔伯特空间** (Hilbert space)。这里我们对希尔伯特空间的严格数学理论不做展开讨论, 感兴趣的读者可参看有关数学或数学物理的教材或专著。另外需要注意的是, 很多文献和教材把**定义了内积的有限维或无限维完备线性空间**都称为希尔伯特空间。在本教材中, 我们还是在狭义的意义上使用希尔伯特空间的概念, 并用**希尔伯特函数空间**的说法以避免混淆。

希尔伯特函数空间与有限维线性空间在形式上的一个重要差别是如何表示其空间的完备性 (completeness) 或封闭性 (closure)。如前所述, 有限线性空间的完备性用式 (1.59) 表达。但这个表述并不适用于无限维的希尔伯特函数空间。假设 $\{\phi_i(x)\}$ 构成了定义于区间 $[0,a]$ 上的希尔伯特空间的正交归一完备基矢, 具体地说, 如下形式的函数就构成了这样一组基矢

$$\phi_i(x)=\sqrt{\frac{2}{a}}\sin\left(\frac{i\pi}{a}x\right) \qquad i=1,2,3,\cdots \tag{1.64}$$

这意味着任意平方可积函数 $f(x)$ 都可用这组基矢展开

$$f(x)=\sum_i c_i\phi_i(x) \tag{1.65}$$

与有限维线性空间进行类比可知, 展开系数可以表达为

$$c_i=\int_0^a \phi_i^*(x) f(x)\mathrm{d}x \tag{1.66}$$

将式 (1.66) 代入式 (1.65), 可得

$$f(x)=\sum_i\int_0^a \mathrm{d}x'\phi_i^*(x')f(x')\phi_i(x)=\int_0^a \mathrm{d}x'\left[\sum_i\phi_i(x)\phi_i^*(x')\right]f(x') \tag{1.67}$$

将中间括号中的部分记为

$$\delta(x,x')\equiv\delta(x-x')=\sum_i\phi_i(x)\phi_i^*(x') \tag{1.68}$$

这个式子和有限线性空间中的封闭关系在形式上十分类似。这个特殊函数被称为狄拉克 δ-函数。

δ-函数在形式化推导中非常重要, 因此, 我们对其基本性质做一些介绍。形式上, δ-函数可以定义为满足如下性质的函数

$$\delta(x)=\begin{cases}0 & (x\neq 0)\\ \infty & (x=0)\end{cases} \tag{1.69}$$

并且

$$\int_{-\infty}^{+\infty}\delta(x)\,\mathrm{d}x=\int_{-\epsilon}^{+\epsilon}\delta(x)\,\mathrm{d}x=1 \tag{1.70}$$

这里 ϵ 表示一个正的无穷小量 (positive infinitesimal)。δ-函数也可定义为满足如下性质的函数: 对任意**连续函数** $f(x)$ 都有

$$\int_{-\infty}^{\infty}f(x')\delta(x-x')\,\mathrm{d}x'=f(x) \tag{1.71}$$

作为特例, 有

$$\int_{-\infty}^{\infty}f(x)\delta(x)\,\mathrm{d}x=f(0) \tag{1.72}$$

式 (1.71) 可以与之前引入的克罗内克 δ 符号做一个对比

$$\sum_j f_j\delta_{ij}=f_i \tag{1.73}$$

可以看出, 两者之间形式上其实非常相似。式 (1.71) 中的变量 x, x' 可以看作连续变化的矩阵下标, 因此对其加和以积分的形式体现出来。

显然以上都是对 δ-函数的一种启发性的表征, 而不是真正的定义。δ-函数并不是正常意义的函数, 数学上属于广义函数 (generalized function) 或者分布 (distributions), 最早由 Dirac 引入, 可以看作一种形式化表述的缩写表示, 并没有严格的数学基础。后来法国数学家 Laurent Schwartz (1915—2002) 对其开展了系统研究, 发展了分布理论 (theory of distributions), 并因此获得了 1950 年的菲尔兹奖。

δ-函数也可以定义为某些正常函数的极限, 而其具体形式并不重要。例如, δ-函数可定义为宽度趋于零的高斯分布函数

$$\delta(x)=\lim_{\sigma\to 0}\frac{1}{\sqrt{2\pi\sigma^2}}\mathrm{e}^{-\frac{x^2}{2\sigma^2}} \tag{1.74}$$

另一个常用的 δ-函数表达形式是

$$\delta(x)=\frac{1}{2\pi}\int_{-\infty}^{\infty}\mathrm{e}^{\mathrm{i}px}\mathrm{d}p \tag{1.75}$$

这个形式的 δ-函数表示早在傅立叶 (J. Fourier, 1768—1830) 和柯西 (A.-L. Cauchy, 1789—1857) 的工作中便已初露端倪。考虑任意函数 $f(x)$ 的傅立叶变换

$$f(x)=\frac{1}{(2\pi)^{1/2}}\int_{-\infty}^{+\infty}\widetilde{f}(p)\mathrm{e}^{\mathrm{i}px}\mathrm{d}p \tag{1.76}$$

$$\widetilde{f}(p)=\frac{1}{(2\pi)^{1/2}}\int_{-\infty}^{+\infty}f(x)\mathrm{e}^{-\mathrm{i}px}\mathrm{d}x \tag{1.77}$$

将式 (1.77) 代入式 (1.76), 可得

$$f(x)=\frac{1}{2\pi}\int\mathrm{d}p\left[\int\mathrm{d}x'f(x')\mathrm{e}^{-\mathrm{i}px'}\right]\mathrm{e}^{\mathrm{i}px}=\int_{-\infty}^{+\infty}f(x')\left[\frac{1}{2\pi}\int_{-\infty}^{+\infty}\mathrm{e}^{\mathrm{i}p(x-x')}\mathrm{d}p\right]\mathrm{d}x' \tag{1.78}$$

因此有

$$\delta(x-x')=\frac{1}{2\pi}\int_{-\infty}^{+\infty}\mathrm{e}^{\mathrm{i}p(x-x')}\mathrm{d}p \tag{1.79}$$

需要指出的是, 按照通常积分的定义, 上式积分是不可解的, 并且为了得到式 (1.78), 必须假定积分的顺序可以交换。对于式 (1.78) 的诠释曾经困扰好几代数学家。傅立叶最早得到了基于 cos 函数的这个形式的积分, 被称为傅立叶积分定理。柯西则得到以上用复指数函数表示的形式, 并指出在某些情形中积分顺序不能交换。直到 Laurent Schwartz 建立了严格的分布理论之后, 这个表达式才获得了严格的数学意义。

δ-函数也可以定义为 Heaviside **阶梯函数** [这也是一个在理论化学中经常会用到的**不规则** (irregular) **函数**] 的导数, 后者定义为

$$\theta(x)=\begin{cases}0 & (x<0)\\ 1 & (x>0)\end{cases} \tag{1.80}$$

$$\delta(x)=\frac{\mathrm{d}}{\mathrm{d}x}\theta(x) \tag{1.81}$$

下面给出 δ-函数的其他常用性质

$$\delta(ax)=\frac{1}{|a|}\delta(x)\qquad(a\neq 0) \tag{1.82}$$

$$\delta(-x)=\delta(x) \tag{1.83}$$

$$x\delta(x)=0 \tag{1.84}$$

$$\int_{-\infty}^{+\infty}\delta(x-x'')\delta(x'-x'')\mathrm{d}x''=\delta(x-x') \tag{1.85}$$

$$\delta[g(x)]=\sum_i\frac{\delta(x-x_i)}{|g'(x_i)|} \tag{1.86}$$

这里 x_i 是方程 $g(x)=0$ 的第 i 个根, $g'(x)$ 表示对 x 的一阶导数, 这里要求 $g(x)$ 是个光滑函数, 并且 $g'(x_i)\neq 0$。作为推论, 有

$$\int_{-\infty}^{+\infty}f(x)\delta[g(x)]\mathrm{d}x=\sum_i\frac{f(x_i)}{|g'(x_i)|} \tag{1.87}$$

对 δ 函数的导数

$$\int_{-\infty}^{+\infty}\left[\frac{\partial^n}{\partial x'^n}\delta(x-x')\right]f(x')\mathrm{d}x' = (-1)^n\frac{\mathrm{d}^n f(x)}{\mathrm{d}x^n} \quad n=1,2,3,\cdots \tag{1.88}$$

【练习*】推导以上 δ-函数性质。

对于 δ-函数的实际使用而言, 其数学严格性的讨论其实并不是很关键。我们只需记得:

1. δ-函数不是一般的函数, 它的某些性质从一般函数角度看起来可能会显得不可思议。

2. 很多情况下, δ-函数的意义必须在积分语境中才能得到正确的理解或展现, 因此在证明 δ-函数有关性质时, 将其放在积分中看可能更直接了然。

3. 当使用 δ-函数引起理解上的困难的时候, 总可以将其换成某个规则函数, 如一定宽度 σ 的高斯函数 (式 1.74), 在推导最后取 $\sigma \to 0$ 的极限, 即可得到正确的结果。

4. 实际数值计算中, 如果要计算的公式中出现 δ-函数, 一般用有限宽度的高斯函数来代替 δ-函数。数值计算中当然不可能取 $\sigma \to 0$ 的极限, 但一个基本要求就是计算结果应该不受 σ 取值显著影响。

1.3 线 性 算 符

算符 (operator), 有时也称为变换 (transformation), 是指将空间 $\mathcal{L}$ 中的一个矢量 $|u\rangle$ 变换为另一个矢量 $|v\rangle$ 的操作或运算, 记为

$$|v\rangle = \hat{A}|u\rangle \tag{1.89}$$

在三维几何空间中, 算符的具体例子是对三维几何矢量的转动操作。选定某个取向为 $\boldsymbol{n}$ 的旋转轴, 可对几何矢量进行一定角度 θ 的旋转操作, 一般记作 $\hat{R}_{\boldsymbol{n}}(\theta)$。下面引入和算符有关的一系列定义。

算符相等: 如果两个算符 $\hat{A}$ 和 $\hat{B}$ 对于任意矢量 $|u\rangle$ 都有 $\hat{A}|u\rangle = \hat{B}|u\rangle$, 则称两者**相等**, 并记为 $\hat{A} = \hat{B}$。

零算符: 如果对任意一个矢量 $|u\rangle$ 都有 $\hat{A}|u\rangle = 0$, 则称算符 $\hat{A}$ 为**零算符**。

单位算符: 如对任意一个矢量 $|u\rangle$ 都有 $\hat{A}|u\rangle = |u\rangle$, 则称算符 $\hat{A}$ 为**单位算符**或**恒等算符**, 一般记作 $\hat{I}$。

算符相加: 算符之间可以定义**加和**的操作, $\left(\hat{A}+\hat{B}\right)|u\rangle \equiv \hat{A}|u\rangle + \hat{B}|u\rangle$。算符的加和满足**结合律**

$$\hat{A}+\hat{B}+\hat{C} = \hat{A}+(\hat{B}+\hat{C}) = (\hat{A}+\hat{B})+\hat{C} \tag{1.90}$$

和**交换律**

$$\hat{A}+\hat{B} = \hat{B}+\hat{A} \tag{1.91}$$

线性算符: 满足如下关系的算符 $\hat{A}$ 被称作**线性算符**, 即对于任意的矢量 $|u\rangle$ 和 $|v\rangle$ 和任意复数 α 和 β

$$\hat{A}\left(\alpha|u\rangle + \beta|v\rangle\right) = \alpha\hat{A}|u\rangle + \beta\hat{A}|v\rangle \tag{1.92}$$

反之, 满足如下条件的算符称为**反线性算符**

$$\hat{A}\left(\alpha|u\rangle+\beta|v\rangle\right)=\alpha^*\hat{A}|u\rangle+\beta^*\hat{A}|v\rangle \tag{1.93}$$

在量子力学中, 任一物理可观测量都对应于一个算符。量子力学所涉及的**绝大部分算符**都是线性算符, 最重要的例外是和时间反演操作所对应的算符, 它是个反线性算符。在本书中, **除非有特殊说明, 凡说到算符时, 都是指线性算符**。

算符的乘积与对易关系: 两个算符 $\hat{A}$ 和 $\hat{B}$ 的**乘积**表示依次做两次操作, 显然仍是一个算符

$$\hat{A}\hat{B}|u\rangle=\hat{A}\left(\hat{B}|u\rangle\right) \tag{1.94}$$

算符的乘积满足**结合律**

$$\hat{A}\left(\hat{B}\hat{C}\right)=\left(\hat{A}\hat{B}\right)\hat{C}=\hat{A}\hat{B}\hat{C} \tag{1.95}$$

但是, 一般地说, 算符的乘积不满足交换律, $\hat{A}\hat{B}\neq\hat{B}\hat{A}$。两个算符乘积不可交换时, 称其**不对易**, 定义**对易子符号** (commutator)

$$\left[\hat{A},\hat{B}\right]\equiv\hat{A}\hat{B}-\hat{B}\hat{A} \tag{1.96}$$

如果 $[\hat{A},\hat{B}]=0$, 则称算符 $\hat{A}$ 和 $\hat{B}$**对易**。以后还会用到**反对易符号** (anti-commutator)$\left\{\hat{A},\hat{B}\right\}$, 其含义为

$$\left\{\hat{A},\hat{B}\right\}\equiv\hat{A}\hat{B}+\hat{B}\hat{A} \tag{1.97}$$

在很多文献中, 算符的对易和反对易符号也记作 $[\hat{A},\hat{B}]_{\mp}\equiv\hat{A}\hat{B}\mp\hat{B}\hat{A}$。

算符的逆: 如果对任意矢量 $|u\rangle$, $|w\rangle=\hat{A}|u\rangle$, 可找到一个算符 $\hat{A}^{-1}$ 使得 $|u\rangle=\hat{A}^{-1}|w\rangle$, 则称 $\hat{A}^{-1}$ 为 $\hat{A}$ 的**逆算符**。显然

$$\hat{A}\hat{A}^{-1}=\hat{A}^{-1}\hat{A}=\hat{I} \tag{1.98}$$

不是所有算符都存在对应的逆算符。不存在逆算符的算符是**奇异** (singular) 的, 存在逆算符的算符是**非奇异** (non-singular) 的。如算符 $\hat{B}$ 和 $\hat{C}$ 是非奇异的, 则它们的乘积 $\hat{A}=\hat{B}\hat{C}$ 也是非奇异的, 并且有

$$\hat{A}^{-1}=\left(\hat{B}\hat{C}\right)^{-1}=\hat{C}^{-1}\hat{B}^{-1} \tag{1.99}$$

1.3.1　厄米共轭, 厄米算符和幺正算符

厄米共轭: 对任意矢量 $|u\rangle$, $|v\rangle=\hat{A}|u\rangle$, 由于左、右矢的共轭关系, 必定存在一个算符 $\hat{A}^\dagger$, 使得

$$\langle v|=\langle u|\hat{A}^\dagger \tag{1.100}$$

称 $\hat{A}^\dagger$ 为 $\hat{A}$ 的**厄米共轭算符**。利用 $\langle w|v\rangle=\langle v|w\rangle^*$, 由于

$$\langle w|v\rangle=\langle w|\cdot\hat{A}|u\rangle=\langle w|\hat{A}|u\rangle$$
$$\langle w|v\rangle=\langle v|w\rangle^*=\langle u|\hat{A}^\dagger\cdot|w\rangle^*=\langle u|\hat{A}^\dagger|w\rangle^*$$

因此有

$$\langle w|\hat{A}|u\rangle = \langle u|\hat{A}^\dagger|w\rangle^* \tag{1.101}$$

上面的推导中, 我们实际上使用了乘法结合律公设【注 1】, 即要求算符既能作用于右矢, 也能作用于左矢, 并且满足

$$\langle w|\cdot\left(\hat{A}|u\rangle\right) = \left(\langle w|\hat{A}\right)\cdot|u\rangle \equiv \langle w|\hat{A}|u\rangle \tag{1.102}$$

显然, 这是对算符定义的一种限制性要求。量子力学中所涉及的绝大部分算符都满足这样的关系, 但也有例外。比如, 对应于时间反演操作的算符 $\hat{T}$ 只能作用于右矢, 而其厄米共轭 $\hat{T}^\dagger$ 则只能作用于左矢。对于这类算符, 在定义算符关于两个矢量的矩阵元时, 必须明确标明算符是作用在右矢上还是左矢上。由于式 (1.101) 所反映出来的性质, 厄米共轭有时也被称为**转置共轭**。

式 (1.101) 也可作为厄米共轭关系的定义, 即若对任意矢量 $|u\rangle$ 和 $|w\rangle$, 都有 $\langle w|\hat{A}|u\rangle = \langle u|\hat{B}|w\rangle^*$, 就称 $\hat{B}$ 是 $\hat{A}$ 的厄米共轭算符, 记为 $\hat{A}^\dagger$。

由于 $\hat{A}\hat{B}|u\rangle = \hat{A}\left(\hat{B}|u\rangle\right)$ 与 $\left(\langle u|\hat{B}^\dagger\right)\hat{A}^\dagger = \langle u|\hat{B}^\dagger\hat{A}^\dagger$ 共轭, 所以

$$\left(\hat{A}\hat{B}\right)^\dagger = \hat{B}^\dagger\hat{A}^\dagger \tag{1.103}$$

【练习】证明 $\left(\hat{A}^\dagger\right)^\dagger = \hat{A}$。

厄米算符: 如果一个算符 $\hat{A}$ 和它的厄米共轭算符 $\hat{A}^\dagger$ 相等,$\hat{A} = \hat{A}^\dagger$, 则称 $\hat{A}$ 为**厄米算符**。对于厄米算符, 对任意矢量 $|u\rangle$ 和 $|v\rangle$

$$\langle u|\hat{A}|v\rangle = \langle v|\hat{A}|u\rangle^* \tag{1.104}$$

厄米算符关于同一矢量的矩阵元是个实数

$$\langle u|\hat{A}|u\rangle = \langle u|\hat{A}|u\rangle^* \tag{1.105}$$

并将其称为算符 $\hat{A}$ 关于矢量 $|u\rangle$ 的**期望值**或**平均值**。

【练习*】证明: 如果对任意矢量 $|u\rangle$, $\langle u|\hat{A}|u\rangle$ 都为实数, 则算符 $\hat{A}$ 为厄米算符。

反厄米算符: 满足条件 $\hat{A}^\dagger = -\hat{A}$ 的算符称为**反厄米算符**。反厄米算符总可以写为一个厄米算符和虚数符号的乘积, $\hat{A} = \mathrm{i}\hat{B}$。

【练习】证明两个不对易的厄米算符的对易子一定是个反厄米算符。

幺正算符: 满足如下关系的算符称为**幺正算符** (unitary operator)

$$\hat{U}^\dagger\hat{U} = \hat{I}, \quad \text{即 } \hat{U}^\dagger = \hat{U}^{-1} \tag{1.106}$$

有些中文教材也将其称为**酉算符**。幺正算符的意义可以更明确地表示为: 设 $|\tilde{u}\rangle = \hat{U}|u\rangle$, $|\tilde{v}\rangle = \hat{U}|v\rangle$, 这称为对矢量做**幺正变换**。根据幺正算符的定义, 有 $\langle\tilde{u}|\tilde{v}\rangle = \langle u|\hat{U}^\dagger\hat{U}|v\rangle = \langle u|v\rangle$, 因此对矢量的幺正变换不会改变矢量之间的内积关系。作为特例, $\langle\tilde{u}|\tilde{u}\rangle = \langle u|u\rangle$, 这意味着对矢量的幺正变换不改变矢量的长度。

【练习*】证明: 如对任意矢量 $|u\rangle$, $\langle u|\hat{A}^\dagger\hat{A}|u\rangle = \langle u|u\rangle$, 则算符 $\hat{A}$ 为幺正算符。

1.3.2 矢量的外积与投影算符

将右矢 $|w\rangle$ 和左矢 $|u\rangle$ 相乘, 称为两个矢量的**外积** (outer product), 这实际上对应于一个算符。应用乘法结合律公设【**注 1**】, 它作用在任意矢量 $|v\rangle$ 有

$$(|w\rangle\langle u|)\,|v\rangle = |w\rangle\langle u|v\rangle \tag{1.107}$$

作为外积的特例, 一个归一化矢量 $|w\rangle$ 与其共轭矢量的外积 $|w\rangle\langle w|$ 一般称为**投影算符**, 其意义可通过类比三维几何空间中的投影操作而得到理解。正如上一节已提到, 单位算符可用一组正交归一化基矢 $\{|\phi_i\rangle\}$ 表示为

$$\hat{I} = \sum_i \hat{P}_i \equiv \sum_i |\phi_i\rangle\langle\phi_i| \tag{1.108}$$

【练习】

1. 如果 $\hat{A}|u\rangle = |v\rangle$, 则显然有 $\hat{A}|u\rangle = |v\rangle\langle u|u\rangle = (|v\rangle\langle u|)\,|u\rangle$(假定 $|u\rangle$ 是个归一化矢量), 是否由此可以得出 $\hat{A} = |v\rangle\langle u|$?

2. 由外积定义的算符 $\hat{A} = |u\rangle\langle w|$, 它的厄米共轭算符是什么?

3. 证明对应于正交归一基矢的投影算符满足如下性质

$$\begin{aligned} &\hat{P}_i^2 = \hat{P}_i \\ &\hat{P}_i\hat{P}_j = 0 \qquad i \neq j \end{aligned} \tag{1.109}$$

1.3.3 希尔伯特函数空间中的算符

对于由空间坐标的函数所构成的函数线性空间, 比如前面所举的 $\mathcal{L}_2[0,a]$ 空间, 相应的算符一般也表示为**坐标的函数**$V(x)$, 或者包含对坐标的导数。对于一维空间函数构成的线性空间, 任意实函数 $V(x)$ 都是厄米算符。一价导数算符 $\hat{d}_x \equiv \frac{\mathrm{d}}{\mathrm{d}x}$ 显然是一个线性算符。可以证明, 对于 $\mathcal{L}_2[0,a]$ 空间而言, $\hat{d}_x$ 不是一个厄米算符, 但是 $\hat{p}_x \equiv -\mathrm{i}\hbar\frac{\mathrm{d}}{\mathrm{d}x}$ 是一个厄米算符, 这对应于函数空间中的动量算符。

【练习】在函数空间中, $\hat{d}_x$ 作用在右矢的定义是非常明确的, $\hat{d}_x|u\rangle \to \frac{\mathrm{d}}{\mathrm{d}x}u(x)$。但根据前面的讨论, 算符也应该能作用于左矢, 那么如何定义 $\langle u|\hat{d}_x$ 和 $d_x^\dagger|u\rangle$?

【练习】在 $\mathcal{L}_2[0,a]$ 空间中, 证明 $\hat{p}_x$ 是个厄米算符, 并满足如下对易关系

$$[\hat{x},\hat{p}_x] = \mathrm{i}\hbar \tag{1.110}$$

1.3.4 本征方程

一般地, 如果 $|v\rangle = \hat{A}|u\rangle$, $|v\rangle$ 不一定与 $|u\rangle$ 方向相同。假如有一系列的矢量 $\{|i\rangle\}$, 具有如下性质

$$\hat{A}|i\rangle = a_i|i\rangle \tag{1.111}$$

这里 a_i 为常数, 则称 $|i\rangle$ 为 $\hat{A}$ 的**本征矢**, 称a_i为 $\hat{A}$ 的**本征值**, 称式 (1.111) 为 $\hat{A}$ 的**本征方程**。为强调 $|i\rangle$ 是 $\hat{A}$ 的以 a_i 为本征值的本征矢, 常将其记为 $|a_i\rangle$, 即

$$\hat{A}|a_i\rangle = a_i|a_i\rangle \tag{1.112}$$

根据右矢空间和左矢空间的对应性, 可知

$$\langle a_i|\hat{A}^\dagger = \langle a_i|a_i^* \tag{1.113}$$

定理: 厄米算符的本征值必为实数, 厄米算符对应于不同本征值的本征矢之间是正交的。

【练习】证明以上定理。

当一组线性无关的本征矢 $\{|a_i\rangle\}$ 具有相同的本征值 $(a_i = a_j)$ 时, $\langle a_j|a_i\rangle$ 不必为零, 这种情况称这组本征矢是**简并**的。很容易证明, 一组简并本征矢的任意线性叠加仍然是算符的本征矢, 因此, 总可以用前面介绍的施密特过程构造正交的本征矢。最终, **一个厄米算符的所有本征矢构成了所属线性空间的一组正交归一化的基矢**。

一般而言, 一个厄米算符的本征值谱可以是**离散**的 (也称**量子化**的), 也可以是**连续**的, 或者离散和连续本征值同时存在。以上的证明只适用于离散本征谱的情形。对于具有连续谱的厄米算符, 不同本征值的本征函数之间的关系在数学上要更为复杂一些。

1.3.5 两个厄米算符的共同本征矢

如果两个厄米算符 $\hat{A}$ 和 $\hat{B}$ 是对易的, 即 $[\hat{A}, \hat{B}] = 0$, 称它们是**相容**的。相容的厄米算符满足如下定理。

定理: 相容的厄米算符 $\hat{A}$ 和 $\hat{B}$ 可以有共同的正交归一本征矢。

【证明】选择 $\hat{A}$ 的正交归一的本征矢 $\{|a_i\rangle\}$ 为由它们所张开的空间的基组。先假设 $\hat{A}$ 的本征值是非简并的, 即每一个本征值只对应着一个本征矢。由 $\hat{A}$ 和 $\hat{B}$ 对易可得

$$\langle a_i|\left[\hat{A}, \hat{B}\right]|a_j\rangle = \langle a_i|\hat{A}\hat{B} - \hat{B}\hat{A}|a_j\rangle = (a_i - a_j)\langle a_i|\hat{B}|a_j\rangle = 0 \tag{1.114}$$

因此, $a_i \neq a_j$ 时, $\langle a_i|\hat{B}|a_j\rangle = 0$, 也就是说 $\hat{B}$ 在 $\{|a_i\rangle\}$ 上也是对角化的

$$\langle a_i|\hat{B}|a_j\rangle = \langle a_i|\hat{B}|a_i\rangle\delta_{ij} \equiv b_i\delta_{ij} \tag{1.115}$$

由此可得

$$\hat{B}|a_i\rangle = \sum_j |a_j\rangle\langle a_j|\hat{B}|a_i\rangle = \sum_j |a_j\rangle\delta_{ij}\langle a_i|\hat{B}|a_i\rangle = b_i|a_i\rangle \tag{1.116}$$

因此 $|a_i\rangle$ 同时也是 $\hat{B}$ 的本征矢量, 相应的本征值是 $b_i \equiv \langle a_i|\hat{B}|a_i\rangle$。

当 $\hat{A}$ 的本征矢简并时, 即对于一个本征值 a 存在若干个线性无关的本征矢

$$\hat{A}|a_s\rangle = a|a_s\rangle \qquad s = 1, 2, \cdots, g \tag{1.117}$$

显然 $\{|a_s\rangle\}$ 的任意线性组合也是 $\hat{A}$ 的对应于本征值 a 的本征矢, 以 $\{|a_s\rangle\}$ 作为基矢, 可定义一个子空间, 记为 $\mathcal{S}_a$。利用算符 $\hat{A}$ 和 $\hat{B}$ 的对易性, 可得

$$\hat{A}\hat{B}|a_s\rangle = \hat{B}\hat{A}|a_s\rangle = a\hat{B}|a_s\rangle \tag{1.118}$$

因此 $\hat{B}|a_s\rangle$ 也是 $\hat{A}$ 的对应于本征值 a 的本征态, 必定也是子空间 $\mathcal{S}_a$ 中的一个矢量, 可以用 $\{|a_s\rangle\}$ 展开

$$\hat{B}|a_s\rangle = \sum_{s'=1}^{g} B_{s's}|a_{s'}\rangle \tag{1.119}$$

显然, $[B_{s's}]_{g\times g}$ 构成了一个 $g\times g$ 的厄米矩阵。总可以找到 $\{|a_s\rangle\}$ 的一个幺正变换 $\{|b_s\rangle\}$, 使得 $\hat{B}|b_s\rangle = b_s|b_s\rangle$, 并且 $\hat{A}|b_s\rangle = a|b_s\rangle$, 因此 $\{|b_s\rangle\}$ 同时是 $\hat{A}$ 和 $\hat{B}$ 两个算符的共同本征态。证毕。

算符 $\hat{A}$ 和 $\hat{B}$ 的共同本征态一般标记为 $|a_i, b_j\rangle$

$$\begin{aligned}\hat{A}|a_i, b_j\rangle &= a_i|a_i, b_j\rangle \\ \hat{B}|a_i, b_j\rangle &= b_j|a_i, b_j\rangle\end{aligned} \tag{1.120}$$

以上讨论可推广到一组厄米算符, 如果它们两两对易, 则可以找到它们共同的正交归一完备本征矢。

1.3.6 算符的函数

在线性代数中, 一个**算符的函数**由级数展开来定义, 假定函数 $f(x)$ 可以用级数展开

$$f(x) = \sum_{k=0}^{\infty} c_k x^k \tag{1.121}$$

其中 c_k 为级数展开系数。相应地可以定义算符的函数

$$f\left(\hat{A}\right) = \sum_{k=0}^{\infty} c_k \hat{A}^k \tag{1.122}$$

注意 $\hat{A}^0 = \hat{I}$, 这可以看作一个约定。同样的方式可以用来定义**矩阵的函数**。例如在量子力学中广泛出现的算符的指数函数

$$\mathrm{e}^{\alpha\hat{A}} \equiv \exp(\alpha\hat{A}) = \sum_{k=0}^{\infty} \frac{\alpha^k}{k!}\hat{A}^k \tag{1.123}$$

α 可以是实数或复数。另外一个常用的算符函数为

$$[z-\hat{H}]^{-1} \equiv \frac{1}{z-\hat{H}} = \sum_{k=0}^{\infty} \frac{\hat{H}^k}{z^{k+1}} \tag{1.124}$$

z 一般是个复数, 上式成立的条件是 z 不能为算符 $\hat{H}$ 的本征值。因此如果 $\hat{H}$ 是厄米算符, 而 z 为复数 (非实数) 的话, 这个条件自然便满足。上述条件可更一般地表述为: **由于函数的级数展开只在一定的收敛区域内成立, 因此只有当算符的所有本征值都处于收敛区域内时, 算符的函数才有意义**。

很显然, 如果 $|a_i\rangle$ 是算符 $\hat{A}$ 的本征态, 则有

$$f(\hat{A})|a_i\rangle = f(a_i)|a_i\rangle \tag{1.125}$$

这意味着, 如要得到 $f(\hat{A})$ 作用在任意矢量 $|u\rangle$, 只需将该矢量用算符 $\hat{A}$ 的本征矢展开

$$f(\hat{A})|u\rangle = f(\hat{A})\left(\sum_i |a_i\rangle\langle a_i|\right)|u\rangle = \sum_i \left[f(a_i)\langle a_i|u\rangle\right]|a_i\rangle \tag{1.126}$$

上式也可以作为算符函数的另外一种定义方式。在有些情况下, 对应于算符 $\hat{A}$ 的任意本征值 a_i, 函数 $f(a_i)$ 都有定义, 但不能表达为式 (1.121) 所示的级数展开, 这时算符的函数 $f(\hat{A})$ 便不能按上述级数展开的方式 [式 (1.122)] 来定义, 而仍可根据式 (1.126) 来定义。

算符的指数函数在量子化学中有非常广泛的应用。下面给出一些和算符指数函数相关的常用恒等式。**所有这些关系式同样适用于矩阵**。

$$\mathrm{e}^{\hat{A}}\mathrm{e}^{-\hat{A}} = \hat{I} \tag{1.127}$$

$$(\mathrm{e}^{\hat{A}})^{\dagger} = \mathrm{e}^{\hat{A}^{\dagger}} \tag{1.128}$$

$$\hat{B}\mathrm{e}^{\hat{A}}\hat{B}^{-1} = \mathrm{e}^{\hat{B}\hat{A}\hat{B}^{-1}} \tag{1.129}$$

$$\mathrm{e}^{\hat{A}+\hat{B}} = \mathrm{e}^{\hat{A}}\mathrm{e}^{\hat{B}} \qquad (\text{当且仅当}[\hat{A},\hat{B}]=0) \tag{1.130}$$

$$\mathrm{e}^{\hat{A}+\hat{B}} = \lim_{n\to\infty}\left(\mathrm{e}^{\hat{A}/n}\mathrm{e}^{\hat{B}/n}\right)^{n} \tag{1.131}$$

$$\mathrm{e}^{\hat{A}}\hat{B}\mathrm{e}^{-\hat{A}} = \hat{B} + [\hat{A},\hat{B}] + \frac{1}{2!}[\hat{A},[\hat{A},\hat{B}]] + \frac{1}{3!}[\hat{A},[\hat{A},[\hat{A},\hat{B}]]] + \cdots \tag{1.132}$$

式 (1.131) 被称为 Suzuki-Trotter 展开公式。式 (1.132) 被称为 Baker-Hausdorff 公式或 Baker-Campbell-Hausdorff 公式, 它的另外一个表示是

$$\mathrm{e}^{-\hat{A}}\hat{B}\mathrm{e}^{\hat{A}} = \hat{B} + [\hat{B},\hat{A}] + \frac{1}{2!}[[\hat{B},\hat{A}],\hat{A}] + \frac{1}{3!}[[[\hat{B},\hat{A}],\hat{A}],\hat{A}] + \cdots \tag{1.133}$$

【**练习***】证明以上算符指数函数所满足的恒等关系。

【**练习***】证明任意幺正算符 $\hat{U}$ 一定可以表达为 $\hat{U} = \mathrm{e}^{\mathrm{i}\hat{A}}$, 其中 $\hat{A}$ 是个厄米算符。

【**注 1**】**乘法结合律公设**[3]

前面的讨论中定义了几种不同的乘法操作, 包括复数 (即标量) 与矢量的乘积 ($\alpha|u\rangle$)、左矢与右矢的乘积 (即矢量之间的内积 $\langle u|v\rangle$)、算符之间的乘积 ($\hat{A}\hat{B}$)、算符和左矢或右矢的乘积 (即算符作用于左矢 $\langle u|\hat{A}$ 或右矢 $\hat{A}|u\rangle$), 以及最后引入的右矢和左矢之间的乘积, 即矢量的外积 ($|u\rangle\langle v|$)。在数学上, 当某种运算关系被称为**乘法**操作时, 即意味着这种操作应该满足**结合律** (同样地, 任何被称为**加法**的操作都应满足**交换律**)。因此, 当公式中出现以上各种不同类型乘积的组合时, 也应满足结合律, 但前提是, 结合律的使用不会导致不合理或未定义的结果。这可以看作对定义乘法操作时保持内在一致性的一种限制, 因此有时被称为**乘法结合律公设** (associative axiom of multiplication)。下面结合具体的例子来讨论什么情况下结合律公设的应用是允许, 什么时候是不允许的。考虑一个外积 $|w\rangle\langle u|$ 作用在一个右矢 $|v\rangle$ 上, 应用结合律公设

$$(|w\rangle\langle u|)\cdot|v\rangle = |w\rangle\left(\langle u|\cdot|v\rangle\right) \equiv |w\rangle\langle u|v\rangle \tag{1.134}$$

这结果是合理的。另外, 式 (1.134) 等号右侧是一个右矢和一个内积的相乘, 由于内积是一个数, 根据定义, 数与矢量的相乘是可交换的, 因此等号右侧也可以写成 $(\langle u|v\rangle)\cdot|w\rangle$。这时如果使用结合律, 就会得到 $\langle u|\cdot(|v\rangle|w\rangle)$, 但是两个右矢的乘积 $|v\rangle|w\rangle$ 的意义没有定义, 因此, 这时乘法结合律的应用导致了不合理的结果。实际上, 我们的确也可以定义两个右矢 (或左矢) 的乘积, 称为**直积** (direct product), 一般用符号 $\otimes$ 表示, 设 $|a\rangle$ 和 $|b\rangle$ 为分别属于线性空间 $\mathscr{A}$ 和 $\mathscr{B}$ 中的矢量, $|a\rangle\otimes|b\rangle$ 构成一个**复合线性空间** (记作 $\mathscr{A}\otimes\mathscr{B}$) 中的矢量。

1.4 矢量和算符的矩阵表示

从前面的讨论可以看出, 算符和矩阵之间存在很多相似之处, 每一类算符, 以及算符

之间的每种关系, 都有相应的矩阵以及矩阵之间的关系所对应。实际上, 在 n 维线性空间中, 矢量和与 n 维列矩阵、算符和 $n\times n$ 的方阵之间存在对应关系。

1.4.1 矢量的矩阵表示

选定了一组正交归一化的基矢 $\{|a_i\rangle\}$, 任一矢量 $|w\rangle=\sum_i|a_i\rangle\langle a_i|w\rangle$ 就可以用一个**列矩阵**表示

$$\boldsymbol{w}=\begin{pmatrix}\langle a_1|w\rangle\\ \langle a_2|w\rangle\\ \vdots\end{pmatrix} \tag{1.135}$$

对应地, 任意左矢 $\langle w|=\sum_i\langle w|a_i\rangle\langle a_i|$ 的表示是将相应右矢所对应的列矩阵转置为行矩阵, 并取每个元素的复共轭

$$\boldsymbol{w}^\dagger=\left(\langle w|a_1\rangle,\langle w|a_2\rangle,\cdots\right) \tag{1.136}$$

左矢和右矢的表示互为**转置共轭**的关系。而矢量之间的内积就成为矩阵的乘法

$$\langle w|u\rangle=\boldsymbol{w}^\dagger\boldsymbol{u}=\left(\langle w|a_1\rangle,\langle w|a_2\rangle,\cdots\right)\begin{pmatrix}\langle a_1|u\rangle\\ \langle a_2|u\rangle\\ \vdots\end{pmatrix}=\sum_i\langle w|a_i\rangle\langle a_i|u\rangle \tag{1.137}$$

如前所述, 上式的最后表达可看成是直接将单位算符 $(\sum_i|a_i\rangle\langle a_i|=\hat{I})$ 内插在 $\langle w|u\rangle$ 之间得到, 以后我们将经常使用这样的技巧。矢量的矩阵表示保留了矢量的所有性质, 例如

$$\langle w|w\rangle=\boldsymbol{w}^\dagger\boldsymbol{w}=\sum_i\langle w|a_i\rangle\langle a_i|w\rangle=\sum_i\left|\langle w|a_i\rangle\right|^2\geqslant 0 \tag{1.138}$$

矢量的矩阵表示还可以表达为如下形式, 定义由基矢构成的一个 **"行矩阵"**

$$\widetilde{|\boldsymbol{a}\rangle}=(|a_1\rangle,|a_2\rangle,\cdots,|a_n\rangle) \tag{1.139}$$

这时矢量 $|w\rangle$ 可以表示为

$$|w\rangle=\widetilde{|\boldsymbol{a}\rangle}\cdot\boldsymbol{w}\equiv(|a_1\rangle,|a_2\rangle,\cdots,|a_n\rangle)\begin{pmatrix}\langle a_1|w\rangle\\ \langle a_2|w\rangle\\ \vdots\end{pmatrix} \tag{1.140}$$

类似地, 可以定义

$$\widetilde{\langle\boldsymbol{a}|}=\widetilde{|\boldsymbol{a}\rangle}^\dagger=\begin{pmatrix}\langle a_1|\\ \langle a_2|\\ \vdots\\ \langle a_n|\end{pmatrix} \tag{1.141}$$

从而

$$\langle w|=\boldsymbol{w}^\dagger\cdot\widetilde{\langle\boldsymbol{a}|} \tag{1.142}$$

这时

$$\langle w|u\rangle = \boldsymbol{w}^\dagger \cdot \widetilde{\langle \boldsymbol{a}|} \cdot \widetilde{|\boldsymbol{a}\rangle} \cdot \boldsymbol{u} = \boldsymbol{w}^\dagger \cdot \boldsymbol{u} \tag{1.143}$$

这样的表示在很多形式化推导中会非常有用。

【练习】证明 $\widetilde{\langle \boldsymbol{a}|} \cdot \widetilde{|\boldsymbol{a}\rangle} = \boldsymbol{I}$ (即 $n \times n$ 的单位矩阵)。

1.4.2 算符的矩阵表示

给定基组 $\{|a_i\rangle\}$, 若 $|u\rangle = \hat{O}|w\rangle$, 则

$$|u\rangle = \sum_j \hat{O}|a_j\rangle \langle a_j|w\rangle$$

上式两边左乘 $\langle a_i|$

$$\langle a_i|u\rangle = \sum_j \langle a_i|\hat{O}|a_j\rangle \langle a_j|w\rangle$$

定义算符 $\hat{O}$ 的矩阵表示

$$\boldsymbol{O} = \begin{pmatrix} \langle a_1|\hat{O}|a_1\rangle & \langle a_1|\hat{O}|a_2\rangle & \cdots \\ \langle a_2|\hat{O}|a_1\rangle & \langle a_2|\hat{O}|a_2\rangle & \cdots \\ \vdots & \vdots & \ddots \end{pmatrix} \tag{1.144}$$

$|u\rangle = \hat{O}|w\rangle$ 的相应矩阵表示为

$$\boldsymbol{u} = \boldsymbol{O}\boldsymbol{w} \tag{1.145}$$

可以验证, $\hat{O}$ 的厄米共轭算符 $\hat{O}^\dagger$ 的矩阵表示为 $\boldsymbol{O}$ 的共轭转置。于是算符厄米性的矩阵表示就是

$$\boldsymbol{O}^\dagger = \boldsymbol{O} \tag{1.146}$$

有了以上的对应, 矢量和算符的运算关系在矩阵运算的关系中得到满足。$\hat{A}$ 在自己的本征矢 $\{|a_i\rangle\}$ 上的表示是实对角矩阵

$$\boldsymbol{A} = \begin{pmatrix} a_1 & 0 & \cdots \\ 0 & a_2 & \cdots \\ \vdots & \vdots & \ddots \end{pmatrix} \tag{1.147}$$

它的逆命题也成立, 即: 如果一个厄米算符在一组正交归一基矢上的表示是一个对角矩阵, 则这组基矢为该算符的本征矢, 对角元即为相应的本征值。

算符矩阵表示也可以表述如下 (充分使用单位算符 $\hat{I} = \sum_i |\phi_i\rangle\langle\phi_i|$)

$$\begin{aligned} \hat{A} = \hat{I}\hat{A}\hat{I} &= \left(\sum_i |\phi_i\rangle\langle\phi_i|\right) \hat{A} \left(\sum_j |\phi_j\rangle\langle\phi_j|\right) \\ &= \sum_{i,j} |\phi_i\rangle\langle\phi_i|\hat{A}|\phi_j\rangle\langle\phi_j| = \sum_{i,j} |\phi_i\rangle A_{ij}\langle\phi_j| = \sum_{i,j} A_{ij}|\phi_i\rangle\langle\phi_j| \end{aligned} \tag{1.148}$$

如果采用算符 $\hat{A}$ 的本征矢作为基矢，则可进一步简化为

$$\hat{A} = \sum_i a_i |a_i\rangle\langle a_i| \tag{1.149}$$

这种形式的算符表示将广泛地应用于后面的讨论中。

1.4.3 基矢之间的变换: 幺正变换

给定线性空间，基矢的选择并不唯一。设空间 $\mathcal{L}$ 中有两组完备的正交归一化基矢 $\{|a_i\rangle\}$, $\{|b_i\rangle\}$，分别对应于两个厄米算符 $\hat{A}$ 和 $\hat{B}$ 的本征矢。$\mathcal{L}$ 中的任意矢量 $|w\rangle$ 可以分别用这两组基矢展开

$$|w\rangle = \sum_i |a_i\rangle \langle a_i|w\rangle = \sum_i |b_i\rangle \langle b_i|w\rangle \tag{1.150}$$

利用基矢的完备关系

$$\langle b_j|w\rangle = \sum_i \langle b_j|a_i\rangle \langle a_i|w\rangle \tag{1.151}$$

定义矩阵

$$\boldsymbol{U} = \begin{pmatrix} \langle a_1|b_1\rangle & \langle a_1|b_2\rangle & \cdots \\ \langle a_2|b_1\rangle & \langle a_2|b_2\rangle & \cdots \\ \vdots & \vdots & \ddots \end{pmatrix} \tag{1.152}$$

矢量 $|w\rangle$ 在两组基矢的矩阵表示之间有如下关系

$$\boldsymbol{w}_b = \boldsymbol{U}^\dagger \boldsymbol{w}_a \tag{1.153}$$

【练习】证明 $\boldsymbol{U}$ 是幺正矩阵。

类似的，对于算符 $\boldsymbol{O}$ 分别用两组基矢表示之间的关系

$$\left\langle b_i \middle| \hat{O} \middle| b_j \right\rangle = \sum_{k,l} \langle b_i|a_k\rangle \langle a_k|\hat{O}|a_l\rangle \langle a_l|b_j\rangle \tag{1.154}$$

因此

$$\boldsymbol{O}_b = \boldsymbol{U}^\dagger \boldsymbol{O}_a \boldsymbol{U} = \boldsymbol{U}^{-1} \boldsymbol{O}_a \boldsymbol{U} \tag{1.155}$$

因此，算符关于不同基组的矩阵表示之间是幺正变换关系。

可以证明，矩阵 $\boldsymbol{U}$ 是如下算符

$$\hat{U} = \sum_i |b_i\rangle\langle a_i| \tag{1.156}$$

在基组 $\{|a_i\rangle\}$ 或 $\{|b_i\rangle\}$ 中的矩阵表示。

【练习】

1. 证明 $\hat{U}$ 是幺正算符，即 $\hat{U}^\dagger = \hat{U}^{-1}$。
2. 证明 $\hat{U}|a_i\rangle = |b_i\rangle$。

算符的迹 (trace): 由于一个算符关于不同基组的表示矩阵之间是相似变换的关系, **而矩阵的迹在相似变换下保持不变**

$$\mathrm{Tr}\left(\boldsymbol{U}^{-1}\boldsymbol{O}\boldsymbol{U}\right)=\mathrm{Tr}\left(\boldsymbol{O}\right) \tag{1.157}$$

因此, 我们可以定义**算符的迹**为其在任意正交归一基矢的表示中相应矩阵的迹

$$\mathrm{Tr}(\hat{X})=\sum_{i}^{n}\langle a_i|\hat{X}|a_i\rangle=\mathrm{Tr}(\boldsymbol{X}_a) \tag{1.158}$$

由于算符的迹和使用哪种表示无关, 因此在实际应用中, 可以选择最方便的基矢来进行计算。

1.4.4 本征方程的求解: 矩阵的对角化

设 $\hat{B}$ 关于正交归一基组 $\{|a_i\rangle\}$ 上的表示 $\boldsymbol{B}$ 不是对角化的。找到 $\hat{B}$ 的本征值和本征矢等价于找到一个幺正矩阵 $\boldsymbol{U}$, 使幺正变换后的矩阵 $\boldsymbol{U}^{\dagger}\boldsymbol{B}\boldsymbol{U}$ 是对角化的。具体来说, 为求解

$$\hat{B}|b_i\rangle=b_i|b_i\rangle \tag{1.159}$$

左乘 $\langle a_j|$, 并在 $\hat{B}$ 后插入单位算符, 得到

$$\sum_k\langle a_j|\hat{B}|a_k\rangle\langle a_k|b_i\rangle=b_i\langle a_j|b_i\rangle\quad i,j=1,2,\cdots \tag{1.160}$$

令 $C_k^i=\langle a_k|b_i\rangle$(幺正变换的矩阵元), 上式写成矩阵形式就是

$$\begin{pmatrix}B_{11}&B_{12}&\cdots\\B_{21}&B_{22}&\cdots\\\vdots&\vdots&\ddots\end{pmatrix}\begin{pmatrix}C_1^i\\C_2^i\\\vdots\end{pmatrix}=b_i\begin{pmatrix}C_1^i\\C_2^i\\\vdots\end{pmatrix}\quad i=1,2,\cdots \tag{1.161}$$

C_k^i 不全为零的条件为**久期方程** (secular equation)

$$|\boldsymbol{B}-\lambda\boldsymbol{I}|=0 \tag{1.162}$$

关于 λ 有解, 其中 $\boldsymbol{I}$ 为单位矩阵。方程 (1.162) 的根 λ_1, $\lambda_2,\cdots$ 就是所要求的 $\hat{B}$ 的本征值 b_1, $b_2,\cdots$。将 λ_i 代回到式 (1.161) 就可以求出相应的一套 $C_k^i(k=1,2,\cdots)$, 于是得到 b_i 对应的本征矢 $|b_i\rangle$

$$|b_i\rangle=\sum_k|a_k\rangle\langle a_k|b_i\rangle=\sum_k C_k^i|a_k\rangle \tag{1.163}$$

以 $C_k^i(k=1,2,\cdots,n)$ 作为第 i 列构成的矩阵即相应的幺正矩阵 $\boldsymbol{U}$。

1.4.5 算符的幺正变换

很多时候, 我们还会用到算符的幺正变换。给定幺正算符 $\hat{U}$, 可以定义算符 $\hat{A}$ 的幺正变换, 记作 $\hat{\hat{A}}$

$$\hat{\hat{A}}\equiv\hat{U}\hat{A}\hat{U}^{-1} \tag{1.164}$$

称 $\hat{\tilde{A}}$ 和 $\hat{A}$ 是幺正等价算符 (unitary equivalent operators)。很容易证明, $\hat{\tilde{A}}$ 有和 $\hat{A}$ 相同的本征值谱, 而相应的本征矢量是 $\hat{A}$ 的本征矢量的幺正变换

$$\begin{aligned}\hat{A}|a_i\rangle &= a_i|a_i\rangle \\ \hat{U}\hat{A}\hat{U}^{-1}\hat{U}|a_i\rangle &= a_i\hat{U}|a_i\rangle \\ \hat{\tilde{A}}|\tilde{a}_i\rangle &= a_i|\tilde{a}_i\rangle\end{aligned} \tag{1.165}$$

【习题】

1. 如何从 $|b_i\rangle = \hat{U}|a_i\rangle$ 推导式 (1.156)?

2. 已知二维空间中的一组正交归一基矢 $|i\rangle, |j\rangle$, 以此为基组写出另外一组正交归一的基矢。

3. 求 $\mathrm{Tr}\,(|a_i\rangle\langle a_j|) =?$,$\mathrm{Tr}\,(|a_i\rangle\langle b_j|) =?$, 这里 $\{|a_i\rangle\}$ 和 $\{|b_i\rangle\}$ 分别是两组完备的正交归一化基矢。

1.5 泛函与变分法

这一节我们简单介绍一点泛函和变分法的概念。以数学严格的方式理解这些概念需要用到现代数学分析的重要分支 —— 泛函分析。但从学习量子化学理论的角度, 对这些概念进行初步的定性理解就足够了。这部分讨论我们主要参考了文献 [4] 中的 Appendix A。

1.5.1 泛函的定义

泛函是函数概念的推广。函数定义了有限个自变量到一个因变量之间的映射关系, 而泛函是定义在一定区间上的函数到一个数 (因变量) 的映射。比如, 一维坐标空间中的连续函数 $f(x)$(假定 $f(x) > 0$) 所表示的曲线在一定区间 $[a, b]$ 内与 x 轴所围的阴影面积, 由积分 $I = \int_a^b f(x)\mathrm{d}x$, 因此 I 是 $f(x)$ 的泛函, 记为 $I[f(x)]$。

泛函是物理学中非常普遍的概念。比如在经典力学中, 作用量 (action) 定义为

$$S\left[\boldsymbol{q}(t)\right] = \int_{t_1}^{t_2} L\left[\boldsymbol{q}(t), \dot{\boldsymbol{q}}(t), t\right] \mathrm{d}t \tag{1.166}$$

这里 $\boldsymbol{q}(t)$ 表示广义坐标, $\dot{\boldsymbol{q}}(t)$ 表示广义坐标对时间的导数, $L = T - V$ 为拉格朗日函数。作用量是广义坐标作为时间的函数的泛函。后面会看到, 在量子力学中, 量子微观体系的基态能量可以写成波函数的泛函

$$E\left[\varPsi\right] = \frac{\langle\varPsi|\,\hat{H}\,|\varPsi\rangle}{\langle\varPsi|\varPsi\rangle} \tag{1.167}$$

无论是经典力学, 还是量子力学, 其基本运动方程都可以通过对一定的泛函取极小值来得到。为此我们需要引入泛函导数的概念。

1.5.2 泛函导数

给定泛函 $F[f(x)]$, 对作为变量的函数 $f(x)$ 引入一个微扰 $f(x) \to f(x) + \delta f(x)$, 求泛函的变化 $\delta F \equiv F[f + \delta f] - F[f]$。将 $F[f + \delta f]$ 做关于 $f(x)$ 的展开, 使得 δF 可以表示为

$$\delta F = \int \frac{\delta F}{\delta f(x)} \delta f(x)\mathrm{d}x + O(\delta f^2) \tag{1.168}$$

此时 $\delta F/\delta f(x)$ 就是 F 对 $f(x)$ 的泛函导数 (functional derivative)。显然 $\delta F/\delta f(x)$ 是一个与 $f(x)$ 有相同变量域的函数。以上泛函导数的定义, 同时也给出求解泛函导数的一般方法。需要注意的是, 对泛函求导总是和一定的边界条件相联系。另外, 一个泛函是否可导, 在数学上其实有比较严格的要求。在本书中, 我们通常假定泛函导数存在, 而不讨论泛函的可导条件。关于泛函导数更严格的论述, 可参看泛函分析的专门教材。

【实例 1】Thomas-Fermi 动能泛函的导数。

$$
\begin{aligned}
&T_{\mathrm{TF}}[\rho] = C_{\mathrm{TF}} \int \rho^{5/3}(\boldsymbol{r})\mathrm{d}\boldsymbol{r} \\
&\delta T_{\mathrm{TF}}[\rho] = T_{\mathrm{TF}}[\rho+\delta\rho] - T_{\mathrm{TF}}[\rho] = C_{\mathrm{TF}} \int \left[(\rho+\delta\rho)^{5/3} - \rho^{5/3}\right] \mathrm{d}\boldsymbol{r} \\
&= C_{\mathrm{TF}} \int \left(\frac{5}{3}\rho^{2/3}\right) \delta\rho \mathrm{d}\boldsymbol{r} + O(\delta\rho^2) \\
&\Rightarrow \quad \frac{\delta T_{\mathrm{TF}}[\rho]}{\delta\rho(\boldsymbol{r})} = \frac{5}{3} C_{\mathrm{TF}} \rho^{2/3}(\boldsymbol{r})
\end{aligned}
\tag{1.169}
$$

【实例 2】在密度泛函理论中, 用电子密度函数 $\rho(\boldsymbol{r})$ 所描述一定电子分布之间的经典库仑排斥能, 也称为 Hartree 能, 作为 $\rho(\boldsymbol{r})$ 的泛函写为

$$
E_{\mathrm{H}}[\rho] = \frac{1}{2} \iint \frac{\rho(\boldsymbol{r})\rho(\boldsymbol{r}')}{|\boldsymbol{r}-\boldsymbol{r}'|} \mathrm{d}\boldsymbol{r}\mathrm{d}\boldsymbol{r}' \tag{1.170}
$$

下面给出以上泛函导数的求解过程作为示例。考虑对电子密度 $\rho(\boldsymbol{r})$ 引入微扰

$$
\begin{aligned}
\delta E_{\mathrm{H}}[\rho] &= E_{\mathrm{H}}[\rho+\delta\rho] - E_{\mathrm{H}}[\rho] \\
&= \frac{1}{2} \iint \frac{[\rho(\boldsymbol{r})+\delta\rho(\boldsymbol{r})][\rho(\boldsymbol{r}')+\delta\rho(\boldsymbol{r}')]}{|\boldsymbol{r}-\boldsymbol{r}'|} \mathrm{d}\boldsymbol{r}\mathrm{d}\boldsymbol{r}' - \frac{1}{2} \iint \frac{\rho(\boldsymbol{r})\rho(\boldsymbol{r}')}{|\boldsymbol{r}-\boldsymbol{r}'|} \mathrm{d}\boldsymbol{r}\mathrm{d}\boldsymbol{r}' \\
&= \frac{1}{2} \iint \frac{\rho(\boldsymbol{r})\delta\rho(\boldsymbol{r}') + \rho(\boldsymbol{r}')\delta\rho(\boldsymbol{r})}{|\boldsymbol{r}-\boldsymbol{r}'|} \mathrm{d}\boldsymbol{r}\mathrm{d}\boldsymbol{r}' + O\left(\delta\rho^2\right) \\
&= \int \left[\int \frac{\rho(\boldsymbol{r}')}{|\boldsymbol{r}-\boldsymbol{r}'|} \mathrm{d}\boldsymbol{r}'\right] \delta\rho(\boldsymbol{r}) \mathrm{d}\boldsymbol{r} + O\left(\delta\rho^2\right)
\end{aligned}
\tag{1.171}
$$

因此有

$$
\frac{\delta E_{\mathrm{H}}[\rho]}{\delta\rho(\boldsymbol{r})} = \int \frac{\rho(\boldsymbol{r}')}{|\boldsymbol{r}-\boldsymbol{r}'|} \mathrm{d}\boldsymbol{r}' \equiv v_{\mathrm{H}}(\boldsymbol{r}) \tag{1.172}
$$

这在密度泛函理论中被称为 Hartree 势, 表示由电子密度 $\rho(\boldsymbol{r})$ 产生的经典静电势。显然, Hartree 势仍然是电子密度的泛函。如进一步求其对电子密度的泛函导数, 也就是取 Hartree 能对电子密度的二阶泛函导数, 可得

$$
\frac{\delta v_{\mathrm{H}}(\boldsymbol{r})}{\delta\rho(\boldsymbol{r}')} = \frac{\delta^2 E_{\mathrm{H}}}{\delta\rho(\boldsymbol{r})\delta\rho(\boldsymbol{r}')} = \frac{1}{|\boldsymbol{r}-\boldsymbol{r}'|} \equiv v_{\mathrm{ee}}(\boldsymbol{r}-\boldsymbol{r}') \tag{1.173}
$$

即为库仑相互作用。因此, 能量对电子密度的泛函导数得到势函数, 而势函数进一步对电子密度取泛函导数, 也就是取能量对电子密度的二阶导数, 得到的是相互作用核 (interaction kernel), 这在含时密度泛函理论中有直接的应用。

【实例 3】Weizsacker 动能泛函的泛函导数。

$$
T_{\mathrm{W}}[\rho(\boldsymbol{r})] = \frac{1}{8} \int \frac{\nabla\rho(\boldsymbol{r}) \cdot \nabla\rho(\boldsymbol{r})}{\rho(\boldsymbol{r})} \mathrm{d}\boldsymbol{r} \tag{1.174}
$$

我们采用类似的做法

$$
\begin{aligned}
T_{\mathrm{W}}[\rho+\delta\rho] &= \frac{1}{8}\int \frac{\nabla(\rho+\delta\rho)\cdot\nabla(\rho+\delta\rho)}{\rho+\delta\rho}\mathrm{d}\boldsymbol{r} \\
&\simeq \frac{1}{8}\int \nabla(\rho+\delta\rho)\cdot\nabla(\rho+\delta\rho)\left[\frac{1}{\rho}-\frac{\delta\rho}{\rho^2}\right]\mathrm{d}\boldsymbol{r} \\
&= T_{\mathrm{W}}[\rho]+\frac{1}{8}\int\left\{|\nabla\rho|^2\left[-\frac{\delta\rho}{\rho^2}\right]+\frac{2\nabla\rho\cdot\nabla\delta\rho}{\rho}\right\}\mathrm{d}\boldsymbol{r}
\end{aligned} \tag{1.175}
$$

对式 (1.175) 中的第三项, 利用

$$
\begin{aligned}
\nabla\cdot\left(\frac{\nabla\rho}{\rho}\delta\rho\right) &= \frac{\delta\rho}{\rho}\nabla^2\rho+\nabla\rho\cdot\nabla\left(\frac{\delta\rho}{\rho}\right) \\
&= \frac{\delta\rho}{\rho}\nabla^2\rho+\nabla\rho\cdot\left[\frac{\nabla\delta\rho}{\rho}-\delta\rho\frac{\nabla\rho}{\rho^2}\right] \\
&= \left(\frac{\nabla^2\rho}{\rho}-\frac{|\nabla\rho|^2}{\rho^2}\right)\delta\rho+\nabla\rho\cdot\frac{\nabla\delta\rho}{\rho} \\
\Rightarrow \int\nabla\rho\cdot\frac{\nabla\delta\rho}{\rho}\mathrm{d}\boldsymbol{r} &= \int\nabla\cdot\left(\frac{\nabla\rho}{\rho}\delta\rho\right)\mathrm{d}\boldsymbol{r}-\int\left(\frac{\nabla^2\rho}{\rho}-\frac{|\nabla\rho|^2}{\rho^2}\right)\delta\rho\mathrm{d}\boldsymbol{r}
\end{aligned} \tag{1.176}
$$

式 (1.176) 第一项利用散度定理

$$
\int\nabla\cdot\boldsymbol{A}(\boldsymbol{r})\mathrm{d}^3r=\oint_{\mathrm{S}}\boldsymbol{A}(\boldsymbol{r})\cdot\mathrm{d}\boldsymbol{s} \tag{1.177}
$$

将体积分转化为对包含电子密度 $\rho(\boldsymbol{r})$ 边界面上的面积分, 并利用有限体系中电子密度在边界面上为零的条件, 可证明这一项的贡献为零。因此有

$$
\int\nabla\rho\cdot\frac{\nabla\delta\rho}{\rho}\mathrm{d}\boldsymbol{r}=-\int\left(\frac{\nabla^2\rho}{\rho}-\frac{|\nabla\rho|^2}{\rho^2}\right)\delta\rho\mathrm{d}\boldsymbol{r} \tag{1.178}
$$

将其代入前式, 整理之后可得

$$
\frac{\delta T_{\mathrm{W}}[\rho]}{\delta\rho(\boldsymbol{r})}=\frac{1}{8}\frac{|\nabla\rho(\boldsymbol{r})|^2}{\rho^2(\boldsymbol{r})}-\frac{1}{4}\frac{\nabla^2\rho(\boldsymbol{r})}{\rho(\boldsymbol{r})} \tag{1.179}
$$

这个例子表明, **在推导泛函导数时, 需要用到变量函数所满足的边界条件。**

一般形式的泛函导数计算规则: 一般而言, 对于如下一般形式的泛函 (一维变量函数的泛函为例)

$$
F[\rho]\equiv\int f\left(\rho,\rho^{(1)},\rho^{(2)},\cdots,\rho^{(n)}\right)\mathrm{d}x \tag{1.180}
$$

其中 $\rho^{(n)}$ 表示对 $\rho(x)$ 的第 n 阶导数, 其泛函微分为

$$
\frac{\delta F[\rho]}{\delta\rho(x)}=\frac{\partial f}{\partial\rho(x)}-\frac{\mathrm{d}}{\mathrm{d}x}\frac{\partial f}{\partial\rho^{(1)}(x)}+\frac{\mathrm{d}^2}{\mathrm{d}x^2}\frac{\partial f}{\partial\rho^{(2)}(x)}-\cdots+(-1)^n\frac{\mathrm{d}^n}{\mathrm{d}x^n}\frac{\partial f}{\partial\rho^{(n)}(x)} \tag{1.181}
$$

泛函求导的链式规则: 如果一个泛函所依赖的函数也是另一个函数的泛函, 则与一般函数类似, 也存在泛函导数的链式规则

$$
F=F\left[f\left(x;\left[g\left(x'\right)\right]\right)\right] \tag{1.182}
$$

$$\frac{\delta F}{\delta g(x)}=\int\frac{\delta F}{\delta f\left(x'\right)}\frac{\delta f\left(x'\right)}{\delta g(x)}\mathrm{d}x' \tag{1.183}$$

【**练习**】交换能的局域密度近似泛函写为

$$E_{\mathrm{x}}[\rho]=A_{\mathrm{x}}\int\rho(\boldsymbol{r})^{4/3}\mathrm{d}\boldsymbol{r} \tag{1.184}$$

① 写出 E_{x} 对电子密度的泛函导数, 即交换势 $v_{\mathrm{x}}(\boldsymbol{r})$。② $v_{\mathrm{x}}(\boldsymbol{r})$ 仍可看作密度的泛函, 请推导出它对密度的泛函导数, 也就是求 E_{x} 对电子密度的二阶泛函微分, 由此得到的是交换核 $f_x(\boldsymbol{r},\boldsymbol{r}')$ (exchange kernel), 这是含时密度泛函理论中的一个重要量。

1.5.3 变分法

前面提到, 泛函概念之所以这么重要, 是因为经典物理和量子物理中很多重要的物理定律或运动方程都可表述为求解某种泛函的极值问题。求解泛函极值的方法一般称为**变分法** (calculus of variations)。

一般地说, 如果泛函 $F[\rho(\boldsymbol{r})]$ 在 $\rho(\boldsymbol{r})=\rho_0(\boldsymbol{r})$ 时取极值, 则任意微扰造成的变化满足

$$\delta F\equiv F[\rho_0+\delta\rho]-F[\rho_0]=O(\delta\rho^2)\Rightarrow\int\left.\frac{\delta F}{\delta\rho(\boldsymbol{r})}\right|_{\rho=\rho_0}\delta\rho(\boldsymbol{r})\mathrm{d}^3\boldsymbol{r}=0 \tag{1.185}$$

等价于要求

$$\left.\frac{\delta F}{\delta\rho(\boldsymbol{r})}\right|_{\rho=\rho_0}=0 \tag{1.186}$$

式 (1.186) 一般称为 **Euler-Lagrange(E-L) 方程**。

当然, 和一般函数极值问题类似, 上式只是泛函取极值的必要条件, 而不是充分条件。为了保证 E-L 方程的解给出真正的极小值点, 还要求二阶泛函导数满足正定要求。

实际应用中更为常见的是限制性 (约束性) 极值问题, 即在一定的约束条件下求解泛函极值。假定约束条件可以用泛函的形式表述为 $G[\rho]=0$

$$F_0=\min_{\{\rho(\boldsymbol{r})|G[\rho]=0\}}F[\rho(\boldsymbol{r})] \tag{1.187}$$

求解限制性极值问题的标准方法是拉格朗日不定乘子法。引入辅助泛函

$$\Omega[\rho]=F[\rho]-\lambda G[\rho] \tag{1.188}$$

这里 λ 为拉格朗日乘子, 要求

$$\frac{\delta\Omega}{\delta\rho(\boldsymbol{r})}\equiv\frac{\delta F}{\delta\rho(\boldsymbol{r})}-\lambda\frac{\delta G}{\delta\rho(\boldsymbol{r})}=0 \tag{1.189}$$

对于任意 λ, 可得满足上式的函数, 记为 $\rho(\boldsymbol{r};\lambda)$; 再利用约束条件 $G[\rho]=0$ 确定 λ 的取值。

有时候, 约束条件是空间局域性的, 即在空间每一点上都有和变分目标函数 ρ 有关的约束条件

$$g\left(\boldsymbol{r};[\rho(\boldsymbol{r}')]\right)=0 \tag{1.190}$$

这里 g 本身是空间坐标的函数, 同时又是函数 ρ 的泛函。这时拉格朗日乘子本身也是空间坐标的函数, 定义辅助泛函

$$\Omega[\rho] = F[\rho] - \int \lambda(\boldsymbol{r}) g(\boldsymbol{r}; [\rho]) \mathrm{d}\boldsymbol{r} \tag{1.191}$$

相应的 Euler-Lagrange 方程为

$$\frac{\delta \Omega}{\delta \rho(\boldsymbol{r})} \equiv \frac{\delta F}{\delta \rho(\boldsymbol{r})} - \int \lambda(\boldsymbol{r}') \frac{\delta g(\boldsymbol{r}'; [\rho])}{\delta \rho(\boldsymbol{r})} \mathrm{d}\boldsymbol{r}' = 0 \tag{1.192}$$

【实例】Thomas-Fermi 近似

我们以关于多电子体系密度泛函理论的最简单的近似 ——Thomas-Fermi 近似 ——为例讨论变分法的应用

$$E_{\mathrm{TF}}[\rho] = C_{\mathrm{TF}} \int [\rho(\boldsymbol{r})]^{5/3} \mathrm{d}\boldsymbol{r} + \int \rho(\boldsymbol{r}) v_{\mathrm{ext}}(\boldsymbol{r}) \mathrm{d}\boldsymbol{r} + E_{\mathrm{H}}[\rho(\boldsymbol{r})] \tag{1.193}$$

这里 C_{TF} 是个常数, $v_{\mathrm{ext}}(\boldsymbol{r})$ 表示电子所感受到的外势场。引入对应的辅助泛函

$$\Omega[\rho(\boldsymbol{r})] \equiv E_{\mathrm{TF}}[\rho(\boldsymbol{r})] - \mu \left(\int \rho(\boldsymbol{r}) \mathrm{d}^3 r - N \right) \tag{1.194}$$

应用变分原理

$$\frac{\delta \Omega}{\delta \rho(\boldsymbol{r})} = 0 \Rightarrow \frac{\delta E_{\mathrm{TF}}[\rho]}{\delta \rho(\boldsymbol{r})} - \mu = 0 \tag{1.195}$$

也即

$$\frac{5}{3} C_{\mathrm{TF}} \rho(\boldsymbol{r})^{2/3} + v_{\mathrm{ext}}(\boldsymbol{r}) + \int \frac{\rho(\boldsymbol{r}')}{|\boldsymbol{r} - \boldsymbol{r}'|} \mathrm{d}\boldsymbol{r}' = \mu \tag{1.196}$$

这便是著名的 Thomas-Fermi 方程。

【实践练习*】设计数值求解 Thomas-Fermi 方程的算法。考虑一维或二维谐振子外势场, 编写程序。

【练习*】 Thomas-Fermi-Weisacker(TFW) 模型中, 能量作为电子密度的泛函写为

$$E_{\mathrm{TFW}}[\rho] = C_{\mathrm{TF}} \int [\rho(\boldsymbol{r})]^{5/3} \mathrm{d}\boldsymbol{r} + \lambda T_{\mathrm{W}}[\rho] + \int \rho(\boldsymbol{r}) v_{\mathrm{ext}}(\boldsymbol{r}) \mathrm{d}\boldsymbol{r} + E_{\mathrm{H}}[\rho(\boldsymbol{r})] \tag{1.197}$$

其中 $T_{\mathrm{W}}[\rho]$ 的表达式见式 (1.174), λ 是一个经验参数, 一般取 0.25。定义 $\rho(\boldsymbol{r}) = [\psi(\boldsymbol{r})]^2$, 将上式表示为 $\psi(\boldsymbol{r})$ 的泛函, 推导出相应的 Euler-Lagrange 方程 (参考文献 [5])。

第 2 章　量子力学基础

量子力学是量子化学的物理学基础。考虑到化学专业的研究生在修读本课程时有可能没有系统学过量子力学, 本章以逻辑尽可能完整的方式简要论述与量子化学直接相关的量子力学基本概念和方法。本章主要参照了文献 [1] 第二章和第六章中的内容。有兴趣系统学习量子力学的读者可参看文献 [2] 第 1—6 章, 文献 [6] 上册第 1—5 章, 或其他量子力学教材, 如文献 [3, 7] 等。

2.1　量子力学基本假设

这里我们以基本假设的形式给出量子力学的基本内容, 主要目的是引出量子力学的基本方程, 对于这些基本假设的物理内涵, 这里不作展开。

2.1.1　I. 微观状态对应于线性空间中的矢量

一定的量子体系可与合适的线性矢量空间所对应, 体系的微观状态对应线性空间中确定的具有 “相同方向” 的矢量。这意味着, $|u\rangle$ 和 $\alpha|u\rangle$ 对任意 α 表示同一个物理微观状态 [注意: 这表示 $\alpha|u\rangle$ 和 $|u\rangle$ 有着完全相同的物理可观测性质, 但它们并不全同 (identical)], 因此可以用归一化的矢量来表示量子微观状态。值得指出的是, 即使满足归一化条件, 矢量仍然具有相位因子不确定性, 即 $\mathrm{e}^{\mathrm{i}\lambda}|u\rangle$ 和 $|u\rangle$ 表示相同物理状态。表示微观状态的矢量被称为**态矢** (state vectors)。

这个基本假设的直接推论是: 如果 $|u\rangle$ 和 $|v\rangle$ 对应体系的两个微观状态, 那么它们的任意线性叠加, $\alpha|u\rangle+\beta|v\rangle$ 也是体系可能的微观状态。这被称为**态叠加原理**。

2.1.2　II. 物理量对应于厄米算符

量子体系的物理可观测量对应一定的厄米算符, 该算符的所有本征矢量构成了相应线性空间的完备基矢。常见的物理可观测量包括坐标, 动量, 角动量, 能量等。值得注意的是, 这个基本假设只说了物理量与厄米算符之间存在对应关系, 但并没有具体说明每个物理量对应的算符是什么形式, 这原则上需要基于实验观测现象来确定。

2.1.3　III. 测量的概率诠释

对于由态矢 $|u\rangle$ 所表示的微观状态, 进行对应于算符 $\hat{A}$ 的物理量测量, 会得到 $\hat{A}$ 的某个本征值, 但实际得到哪个本征值是不确定的, 测量得到特定本征值 a_i 的概率为 $P_i=|\langle a_i|u\rangle|^2$, 并且一旦测量获得 a_i, 则体系的状态便由原来的 $|u\rangle$**坍缩**(collapse) 为 $|a_i\rangle$。这表明, 在测量之前的状态可以表示为 $\hat{A}$ 的本征态的线性叠加 (linear superposition)

$$|u\rangle=\sum_i |a_i\rangle\langle a_i|u\rangle \tag{2.1}$$

其中的叠加系数 $\langle a_i|u\rangle$ 表示对 $|u\rangle$ 测量得到本征值 a_i 的**概率幅度**(probability amplitude)。因此测量算符 $\hat{A}$ 对应的物理量的平均值或期望值为

$$\langle A\rangle = \langle u|\hat{A}|u\rangle = \sum_i a_i|\langle a_i|u\rangle|^2 \tag{2.2}$$

对测量的概率诠释是所谓量子力学正统理论的最核心的内容,也是到目前为止仍然争议不断的部分。有多本关于量子力学的科普著作对此有更为详细的讨论,下面是笔者比较推荐的几本。

- 《上帝掷骰子吗: 量子物理史话》, 曹天元著, 辽宁教育出版社 (2011)。
- *What is Real? The Unfinished Quest for the Meaning of Quantum Physics*, Adam Becker, (Basic Books, 2018)。
- 《量子理论: 爱因斯坦与波尔关于世界本质的伟大论战》, (英) 曼吉特. 库马尔 (Manjit Kumar) 著, 包新周, 伍义生, 余瑾译, 重庆出版社 (2012)。

2.1.4 IV. 坐标-动量对易关系

沿一定方向的坐标算符 $\hat{x}$ 和相应的动量算符 $\hat{p}$ 满足如下对易关系

$$[\hat{x}, \hat{p}] = \mathrm{i}\,\hbar \tag{2.3}$$

由此可导出著名的**海森堡测不准关系** (Heisenberg uncertainty relation)

$$\Delta x \cdot \Delta p \geqslant \frac{\hbar}{2} \tag{2.4}$$

其中

$$\begin{aligned}\Delta x &= \left\langle (\hat{x} - \langle x\rangle)^2 \right\rangle^{1/2} \\ \Delta p &= \left\langle (\hat{p} - \langle p\rangle)^2 \right\rangle^{1/2}\end{aligned} \tag{2.5}$$

$\langle\cdots\rangle$ 表示对有关算符取给定态矢的期望值。但对应于不同方向的坐标和动量算符是对易的, 坐标和动量算符的对易关系可一般性地写为

$$[\hat{x}_i, \hat{p}_j] = \mathrm{i}\hbar\delta_{ij} \tag{2.6}$$

$$[\hat{x}_i, \hat{x}_j] = 0 \tag{2.7}$$

$$[\hat{p}_i, \hat{p}_j] = 0 \tag{2.8}$$

这里 $i, j = 1, 2, 3$ 分别表示 x,y 和 z 坐标。

采用坐标算符的本征矢量作为基矢 (称为**坐标表象**或**坐标空间**), 表示状态的矢量就是**波函数**$\psi(x) = \langle x|u\rangle$。将基本假设 Ⅲ 应用于波函数, 自然得到如下**波函数的概率诠释**: $|\psi(x)|^2\mathrm{d}x$ 表示粒子在 $[x, x+\mathrm{d}x]$ 微小区域中出现的概率, 因此 $|\psi(x)|^2$ 具有**概率密度**(probability density) 的物理含义, 波函数本身被称为**概率幅**(probability amplitude)。

坐标算符有连续的本征谱, 其正交归一性用 Dirac-δ 函数表示

$$\langle x|x'\rangle = \delta(x - x') \tag{2.9}$$

更一般的

$$\langle \boldsymbol{r}|\boldsymbol{r}'\rangle = \delta(\boldsymbol{r}-\boldsymbol{r}') \tag{2.10}$$

其完备性 (封闭性) 表示为

$$\int \mathrm{d}\boldsymbol{r}|\boldsymbol{r}\rangle\langle\boldsymbol{r}| = \hat{I} \tag{2.11}$$

在坐标表象中, 动量算符可表示为如下微分算符

$$\hat{p} \to -\mathrm{i}\hbar\nabla, \qquad \nabla \equiv \boldsymbol{e}_x\frac{\partial}{\partial x} + \boldsymbol{e}_y\frac{\partial}{\partial y} + \boldsymbol{e}_z\frac{\partial}{\partial z} \tag{2.12}$$

引入坐标本征态之后, 可以将希尔伯特函数空间中矢量, 即函数, 看作抽象矢量在坐标表象中的表示。如果 $\{\phi_j(\boldsymbol{r})\}$ 是某个希尔伯特函数空间中的一组正交完备基矢, 则空间的完备性表达为

$$\sum_j \phi_j(\boldsymbol{r})\phi_j^*(\boldsymbol{r}') = \delta(\boldsymbol{r}-\boldsymbol{r}') \tag{2.13}$$

利用坐标本征态, $\phi_j(\boldsymbol{r}) = \langle\boldsymbol{r}|\phi_j\rangle$, 则有

$$\sum_j \langle\boldsymbol{r}|\phi_j\rangle\langle\phi_j|\boldsymbol{r}'\rangle = \delta(\boldsymbol{r}-\boldsymbol{r}') = \langle\boldsymbol{r}|\boldsymbol{r}'\rangle \tag{2.14}$$

这等价于

$$\sum_j |\phi_j\rangle\langle\phi_j| = \hat{I} \tag{2.15}$$

2.1.5 V. 正则量子化 (对应性原理)

如果一个物理可观测量具有相应的经典力学表达式, 先将经典表达式写成正则坐标 $\boldsymbol{x}$ 和正则动量 $\boldsymbol{p}$ 的函数, 然后将 $\boldsymbol{x}$ 和 $\boldsymbol{p}$ 换成量子力学算符, 并要求经典力学中的 Poisson 括号 (经典对易符号)

$$[A, B]_{\text{classical}} \equiv \sum_i \left(\frac{\partial A}{\partial x_i}\frac{\partial B}{\partial p_i} - \frac{\partial A}{\partial p_i}\frac{\partial B}{\partial x_i}\right) \tag{2.16}$$

与量子力学的算符对易关系对应

$$[\quad,\quad]_{\text{classical}} \leftrightarrow \frac{1}{\mathrm{i}\hbar}[\quad,\quad]_{\text{quantum}} \tag{2.17}$$

由此可以得到与该物理量对应的正确的量子力学算符形式。

以上过程一般被称为正则量子化过程 (canonical quantization) 或对应性原理 (correspondence principle), 其核心思想是量子力学方程在经典极限下 (即 $\hbar \to 0$) 必须过渡到经典力学。根据对应性原理, 可以写出与体系能量对应的**哈密顿算符 (Hamiltonian)** 的表达式: 对于由 N 个粒子构成的体系, 其哈密顿算符在坐标表象中可写为

$$\hat{H} = \sum_{i=1}^{N}\left(-\frac{\hbar^2}{2m_i}\nabla_i^2\right) + V(\boldsymbol{r}_1, \boldsymbol{r}_2, \cdots, \boldsymbol{r}_N) \tag{2.18}$$

这里 $\nabla_i^2 \equiv \frac{\partial^2}{\partial x_i^2}+\frac{\partial^2}{\partial y_i^2}+\frac{\partial^2}{\partial z_i^2}$ 也称作 Laplace 算符 (符号 ∇ 英语为 nabla, 数学上称为劈形算符或微分算符)。相应的本征方程

$$\hat{H}\Psi(\boldsymbol{r}_1,\boldsymbol{r}_2,\cdots,\boldsymbol{r}_N)=E\Psi(\boldsymbol{r}_1,\boldsymbol{r}_2,\cdots,\boldsymbol{r}_N) \tag{2.19}$$

也称为**定态薛定谔方程**, 简称**薛定谔方程**。其本征值对应于体系的能量。

需要指出的是, 不是所有量子物理可观测量都有经典对应, 比如微观粒子的自旋。对于这样的物理量, 其对应的算符需要基于对实验观测的描述来确定。

【练习】 经典力学中的角动量为 $\boldsymbol{L}=\boldsymbol{r}\times\boldsymbol{p}$, 根据正则量子化可以直接写出其算符的形式。① 推导角动量沿不同方向的分量算符满足的对易关系。② 验证其经典对易括号 $[L_x,L_y]_{\text{classical}}$ 和量子算符对易括号 $\left[\hat{L}_x,\hat{L}_y\right]$ 之间的对应关系。

2.1.6 VI. 自旋与全同粒子交换对称性

微观粒子 (如电子, 质子等), 除了三维几何空间的运动自由度 (用空间坐标 $\boldsymbol{r}$ 表示) 之外, 还有内秉的自旋自由度 (用自旋坐标 σ 表示), 其物理属性与角动量相似, 但并不对应于几何空间中的旋转; 其对应的物理可观测量称为**自旋角动量**。描述粒子自旋性质的算符是自旋角动量平方算符 $\hat{S}^2$ 和自旋角动量在 z 方向的分量算符 $\hat{S}_z$, 其本征值分别为 $s(s+1)\hbar^2$ 和 $m_s\hbar$, s 为**自旋量子数**, m_s 称为自旋磁量子数, 其取值为 $s,s-1,\cdots,-s$。s 的取值可以是整数或半整数。每种微观粒子有确定的自旋量子数, 具有半整数自旋量子数的微观粒子, 称为**费米子** (fermion); 具有整数自旋量子数的微观粒子称为**玻色子** (boson)。

电子是自旋量子数为 1/2 的费米子, 有两种可能的自旋状态, 用相应的自旋磁量子数 $m_s=1/2$ 或 $-1/2$ 表示。因此每个电子的坐标包括空间坐标 $\boldsymbol{r}$ 和**自旋坐标** $\sigma\equiv m_s$, 为此我们定义 $\boldsymbol{x}\equiv(\boldsymbol{r},\sigma)$。$\sigma$ 是个离散变量, 在后面的讨论中, 我们用如下标记

$$\int \mathrm{d}\boldsymbol{x}\equiv\sum_\sigma\int \mathrm{d}\boldsymbol{r}\equiv\sum_\sigma\int \mathrm{d}^3 r \tag{2.20}$$

对于包含多个微观粒子的体系, 交换任意两个相同粒子的坐标 (包括空间坐标和自旋坐标), 体系的物理状态不发生改变, 这被称为**全同粒子的交换对称性**。对于费米子多粒子体系, 其波函数满足**交换反对称性**

$$\mathcal{P}_{ij}\Psi(\cdots,\boldsymbol{x}_i,\cdots,\boldsymbol{x}_j,\cdots)\equiv\Psi(\cdots,\boldsymbol{x}_j,\cdots,\boldsymbol{x}_i,\cdots)=-\Psi(\cdots,\boldsymbol{x}_i,\cdots,\boldsymbol{x}_j,\cdots) \tag{2.21}$$

对于玻色子体系, 其相应的多粒子波函数满足**交换对称性**

$$\mathcal{P}_{ij}\Psi(\cdots,\boldsymbol{x}_i,\cdots,\boldsymbol{x}_j,\cdots)\equiv\Psi(\cdots,\boldsymbol{x}_j,\cdots,\boldsymbol{x}_i,\cdots)=\Psi(\cdots,\boldsymbol{x}_i,\cdots,\boldsymbol{x}_j,\cdots) \tag{2.22}$$

2.1.7 VII. 含时薛定谔方程

量子体系微观状态随时间的演化满足**含时薛定谔方程** (time-dependent Schrödinger equation)

$$i\hbar\frac{\partial}{\partial t}\Psi(\boldsymbol{x}_1,\boldsymbol{x}_2,\cdots,\boldsymbol{x}_N;t)=\hat{H}\Psi(\boldsymbol{x}_1,\boldsymbol{x}_2,\cdots,\boldsymbol{x}_N;t) \tag{2.23}$$

当哈密顿算符不显含时间时, 作为含时薛定谔方程的特殊解, 含时波函数可分解为定态波函数与含时相因子的乘积

$$\Psi(\boldsymbol{x}_1, \boldsymbol{x}_2, \cdots, \boldsymbol{x}_N; t) = \Psi(\boldsymbol{x}_1, \boldsymbol{x}_2, \cdots, \boldsymbol{x}_N) \mathrm{e}^{-\mathrm{i}Et/\hbar} \tag{2.24}$$

代入含时薛定谔方程, 可得定态薛定谔方程

$$\hat{H}\Psi(\boldsymbol{x}_1, \boldsymbol{x}_2, \cdots, \boldsymbol{x}_N) = E\Psi(\boldsymbol{x}_1, \boldsymbol{x}_2, \cdots, \boldsymbol{x}_N) \tag{2.25}$$

而这其实也是哈密顿算符的本征方程。求解多电子体系的定态薛定谔方程正是量子化学的核心任务。

2.2 定态微扰法

除了一些简单体系, 比如箱中粒子模型、氢原子、谐振子等, 绝大部分量子体系都无法精确求解, 因此必须发展近似方法。微扰论是最常用的近似方法之一, 这一节我们先讨论称作**瑞利-薛定谔微扰理论** (Rayleigh-Schrödinger perturbation theory) 的非简并态的定态微扰方法。

2.2.1 非简并定态微扰方法

设哈密顿算符可以分为两部分

$$\hat{H} = \hat{H}_0 + \hat{H}' \tag{2.26}$$

假定 $\hat{H}'$ 相对于 $\hat{H}_0$ 是贡献比较小的**微扰项**, 并且方程

$$\hat{H}_0|j^{(0)}\rangle = E_j^{(0)}|j^{(0)}\rangle \tag{2.27}$$

已被解出。我们希望以 $\hat{H}_0$ 的本征解为基础来求解 $\hat{H}$ 的本征方程

$$\hat{H}|j\rangle = E_j|j\rangle \tag{2.28}$$

假设 $\hat{H}_0$ 体系是非简并的, 定义

$$\Delta_j \equiv E_j - E_j^{(0)} \tag{2.29}$$

方程 (2.28) 可改写成

$$\left(E_j^{(0)} - \hat{H}_0\right)|j\rangle = \left(\hat{H}' - \Delta_j\right)|j\rangle \tag{2.30}$$

方程 (2.31) 左乘 $\langle j^{(0)}|$, 得

$$0 = \langle j^{(0)}|\left(\hat{H}' - \Delta_j\right)|j\rangle \tag{2.31}$$

因此 $\left(\hat{H}' - \Delta_j\right)|j\rangle$ 不包含 $|j^{(0)}\rangle$ 的成分。定义**投影算符**

$$\hat{P}_j = |j^{(0)}\rangle\langle j^{(0)}| \tag{2.32}$$

$$\hat{Q}_j \equiv \hat{I} - \hat{P}_j = \sum_{k \neq j} |k^{(0)}\rangle\langle k^{(0)}| \tag{2.33}$$

【练习】证明 $\hat{Q}_j\hat{Q}_j = \hat{Q}_j$。

这里我们用到了 $\hat{H}_0$ 的所有本征态构成了一组完备基的条件。利用以上投影算符，式 (2.30) 可以改写为

$$\begin{aligned}
&\left(E_j^{(0)} - \hat{H}_0\right)\hat{I}|j\rangle = \hat{I}\left(\hat{H}' - \Delta_j\right)|j\rangle \\
\Rightarrow &\left(E_j^{(0)} - \hat{H}_0\right)\left(\hat{P}_j + \hat{Q}_j\right)|j\rangle = \left(\hat{P}_j + \hat{Q}_j\right)\left(\hat{H}' - \Delta_j\right)|j\rangle \\
\Rightarrow &\left(E_j^{(0)} - \hat{H}_0\right)\hat{Q}_j|j\rangle = \hat{Q}_j\left(\hat{H}' - \Delta_j\right)|j\rangle
\end{aligned} \tag{2.34}$$

将算符 $\left(E_j^{(0)} - \hat{H}_0\right)$ 的逆作用在式 (2.34) 的两边，这里需要注意，之所以能做这一步操作，是因为式 (2.34) 等号右边算符 $\hat{Q}_j$ 的存在，这才能保证 $\left(E_j^{(0)} - \hat{H}_0\right)^{-1}$ 作用在等号右侧有意义。由此可以得到

$$\hat{Q}_j|j\rangle = \left(E_j^{(0)} - \hat{H}_0\right)^{-1}\hat{Q}_j\left(\hat{H}' - \Delta_j\right)|j\rangle \tag{2.35}$$

进而可以写出

$$\begin{aligned}
|j\rangle &= \hat{I}|j\rangle = \left(\hat{P}_j + \hat{Q}_j\right)|j\rangle \\
&= |j^{(0)}\rangle\langle j^0|j\rangle + \left(E_j^{(0)} - \hat{H}_0\right)^{-1}\hat{Q}_j\left(\hat{H}' - \Delta_j\right)|j\rangle \\
&= |j^{(0)}\rangle + \left(E_j^{(0)} - \hat{H}_0\right)^{-1}\hat{Q}_j\left(\hat{H}' - \Delta_j\right)|j\rangle
\end{aligned} \tag{2.36}$$

这里我们采用了定态微扰理论中常用的做法，即不要求 $|j\rangle$ 归一化，而是要求

$$\left\langle j^{(0)} \middle| j \right\rangle = 1 \tag{2.37}$$

这有时被称作**中间归一化条件** (intermediate normalization)。由式 (2.31) 和 (2.37) 得到

$$\Delta_j = \langle j^{(0)}|\hat{H}'|j\rangle \tag{2.38}$$

式 (2.36) 和 (2.38) 可以看成是式 (2.30) 的**形式解** (formal solution)，它们定义了一种迭代关系，实际的近似解可通过反复迭代来得到，经过 p 次迭代，即可得到 p 阶近似下的解。下面我们用这种迭代的思想来得到若干低阶修正的表达式。

先在式 (2.38) 右侧对 $|j\rangle$ 取零阶近似，即 $|j\rangle \to |j^{(0)}\rangle$，可以得到能量的一阶修正

$$\Delta_j^{(1)} = \langle j^{(0)}|\hat{H}'|j^{(0)}\rangle \equiv \delta E_j^{(1)} \tag{2.39}$$

然后, 对式 (2.36) 右侧令 $\Delta_j \to \Delta_j^{(1)}$, $|j\rangle \to |j^{(0)}\rangle$, 可得考虑了一阶修正后的近似本征态

$$\begin{aligned}
|j^{(1)}\rangle &= |j^{(0)}\rangle + \left(E_j^{(0)} - \hat{H}_0\right)^{-1} \hat{Q}_j \left(\hat{H}' - \Delta_j^{(1)}\right) |j^{(0)}\rangle \\
&= |j^{(0)}\rangle + \left(E_j^{(0)} - \hat{H}_0\right)^{-1} \left[\sum_{k\neq j} |k^{(0)}\rangle\langle k^{(0)}|\right] \left(\hat{H}' - \Delta_j^{(1)}\right) |j^{(0)}\rangle \\
&= |j^{(0)}\rangle + \sum_{k\neq j} |k^{(0)}\rangle \frac{H'_{kj}}{E_j^{(0)} - E_k^{(0)}} \\
&= |j^{(0)}\rangle + |\delta j^{(1)}\rangle
\end{aligned} \tag{2.40}$$

式 (2.40) 中, 我们用 $|\delta j^{(1)}\rangle$ 表示对本征态的一阶修正, 并定义了微扰项关于零阶本征态的矩阵元

$$H'_{kj} \equiv \langle k^{(0)}|\hat{H}'|j^{(0)}\rangle$$

将 $|j^{(1)}\rangle$ 代入式 (2.38), 可得

$$\Delta_j^{(2)} = \langle j^{(0)}|\hat{H}'|j^{(1)}\rangle = \Delta_j^{(1)} + \sum_{k\neq j} \frac{|H'_{kj}|^2}{E_j^{(0)} - E_k^{(0)}} = \delta E_j^{(1)} + \delta E_j^{(2)} \tag{2.41}$$

通过类似的方式, 可以获得更高阶的能量和本征态修正, 只是表达式变得越来越复杂。在很多微扰论的应用中, 能量的一阶修正 $\delta E_j^{(1)}$ 为零, 因此最重要的贡献来自二阶修正

$$\delta E_j^{(2)} = \sum_{k\neq j} \frac{|H'_{kj}|^2}{E_j^{(0)} - E_k^{(0)}} \tag{2.42}$$

这也是实际应用最为广泛的微扰方法。

微扰论方法看起很简单, 但实际上隐含了很苛刻的适用条件。用简单的话说, 就是这个方法的名称所蕴含的意思, 即 $\hat{H}'$ 必须是个真正意义上的 "微扰"。这意味着, 零阶近似 $|j^{(0)}\rangle$ 在精确本征态 $|j\rangle$ 中必须占据主导贡献。为了更明确地讨论这在数学上意味着什么, 可以将式 (2.28) 表达为

$$\left(\hat{H}_0 + \lambda\hat{H}'\right) |j(\lambda)\rangle = E_j(\lambda)|j(\lambda)\rangle \tag{2.43}$$

这里 λ 表征了微扰项的强度。如上式所示, 本征值和本征态都是 λ 的函数。微扰论成立的条件是, 当 λ 从 0 变为 1 时, 体系的解从 $E_j^{(0)}, |j^{(0)}\rangle$ 可以连续变化到我们期待的 $E_j \equiv E_j(\lambda=1)$, $|j\rangle = |j(\lambda=1)\rangle$。微扰论在数学上等价于对本征态和本征值作如下泰勒展开

$$|j\rangle = |j^{(0)}\rangle + \lambda|\delta j^{(1)}\rangle + \lambda^2|\delta j^{(2)}\rangle + \cdots \tag{2.44}$$

$$\Delta_j = \lambda\delta E_j^{(1)} + \lambda^2\delta E_j^{(2)} + \cdots \tag{2.45}$$

显然, 微扰展开收敛的条件是 $\lambda = 1$ 处于上述级数展开的收敛半径以内。在实际应用中, 要严格地证明微扰展开对特定体系是否收敛是非常困难的。我们在讨论具体量子化学中的多体微扰理论时, 对这个问题的复杂性会有更深切的认识。

2.2.2 2n+1 定理

根据上面微扰论的结果, 由式 (2.38), 可知, 对波函数的 n 阶修正可以得到对本征能量的 $n+1$ 修正。但实际上, 如果已知考虑到 n 阶修正的近似波函数

$$|j^{(n)}\rangle = |j^{(0)}\rangle + |\delta j^{(1)}\rangle + \cdots + |\delta j^{(n)}\rangle \tag{2.46}$$

直接用这个波函数计算能量期望值

$$E_j^{(2n+1)} = \frac{\langle j^{(n)}|\hat{H}_0 + \hat{H}'|j^{(n)}\rangle}{\langle j^{(n)}|j^{(n)}\rangle} \tag{2.47}$$

即可得到考虑到 2n+1 阶修正的本征能量。这被称为 $2n+1$ **定理**, 在密度泛函微扰理论 (density functional perturbation theory, DFPT) 中有重要的应用。DFPT 是计算材料声子谱和响应性质的重要方法, 详细讨论可参看文献 [8]。

【练习*】用上式推导 $E_j^{(3)}$, 并与直接通过微扰理论得到的三阶能量修正做比较, 看是否相同?

2.2.3 简并态定态微扰法

当零阶哈密顿算符 $\hat{H}_0$ 具有简并本征能级时, 以上方法仍适用于计算那些非简并能级的修正, 但对那些简并的能级则失去了效力。简并能级的微扰方法需要一些特殊考虑。设没有微扰时, 解得式 (2.27) 的一组正交归一的本征态 $\{|m^{(0)}\rangle, m=1,2,\cdots,g\}$ 对应着能量为 $E_D^{(0)}$ 的 g 度简并的能级, 这组简并态定义了一个子空间, 记为 $\mathcal{D}$。现在考虑当存在微扰作用时, 简并的能级和相应的本征态会发生什么样的改变。

记 $\{|l\rangle | l=1,2,\cdots,g\}$ 为 $\hat{H}=\hat{H}_0+\lambda\hat{H}'$ 的一组本征态, 这里当 $\lambda\to 0$ 时, $|l\rangle \to |l^{(0)}\rangle$, 其中 $\{|l^{(0)}\rangle\}$ 也是 $\hat{H}_0$ 的能量为 $E_D^{(0)}$ 的本征态, 但不一定恰好就是 $\{|m^{(0)}\rangle\}$。不过, 因为 $\{|m^{(0)}\rangle\}$ 张开无微扰时对应于本征能量为 $E_D^{(0)}$ 的子空间, $\{|l^{(0)}\rangle\}$ 必可用 $\{|m^{(0)}\rangle\}$ 为基组展开

$$|l^{(0)}\rangle = \sum_{m\in D} |m^{(0)}\rangle\langle m^{(0)}|l^{(0)}\rangle \tag{2.48}$$

问题是如何确定展开系数 $\langle m^{(0)}|l^{(0)}\rangle$。

与非简并的情形类似, 将本征态和微扰能量修正按 λ 的阶次展开

$$\begin{aligned} |l\rangle &= |l^{(0)}\rangle + \lambda|\delta l^{(1)}\rangle + \cdots \\ \varDelta_l &= \lambda\delta E_l^{(1)} + \lambda^2\delta E_l^{(2)} + \cdots \end{aligned} \tag{2.49}$$

代入经适当改写的薛定谔方程

$$\left(E_D^{(0)} - \hat{H}_0\right)|l\rangle = \left(\lambda\hat{H}' - \varDelta_l\right)|l\rangle \tag{2.50}$$

令方程两边 λ 同阶次的系数相等, 得到的 $O(\lambda)$ 级的方程为

$$\left(E_D^{(0)} - \hat{H}_0\right)|\delta l^{(1)}\rangle = \left(\hat{H}' - \delta E_l^{(1)}\right)|l^{(0)}\rangle \tag{2.51}$$

上式等号两侧左乘 $\langle m'^{(0)}|$, 得

$$0 = \langle m'^{(0)}|\left(\hat{H}' - \delta E_l^{(1)}\right)|l^{(0)}\rangle$$

将式 (2.48) 代入上式可以得到

$$\sum_{m\in D} H'_{m'm}\left\langle m^{(0)}\middle|l^{(0)}\right\rangle = \delta E_l^{(1)}\left\langle m'^{(0)}\middle|l^{(0)}\right\rangle \tag{2.52}$$

写成矩阵的形式就是

$$\begin{pmatrix} H'_{11} & H'_{12} & \cdots \\ H'_{21} & H'_{22} & \cdots \\ \vdots & \vdots & \ddots \end{pmatrix}\begin{pmatrix} \left\langle 1^{(0)}\middle|l^{(0)}\right\rangle \\ \left\langle 2^{(0)}\middle|l^{(0)}\right\rangle \\ \vdots \end{pmatrix} = \delta E_l^{(1)}\begin{pmatrix} \left\langle 1^{(0)}\middle|l^{(0)}\right\rangle \\ \left\langle 2^{(0)}\middle|l^{(0)}\right\rangle \\ \vdots \end{pmatrix} \tag{2.53}$$

其中的左矢为基组 $\{\langle m^{(0)}|\}$。式 (2.53) 表明求解简并态的一级能量修正等价于在基组 $\{|m^{(0)}\rangle\}$ 上求解 $\hat{H}'$ 的本征值和本征态的问题。通过解久期方程

$$\left|\boldsymbol{H}' - \delta E^{(\mathbf{1})}\mathbf{1}\right| = 0 \tag{2.54}$$

可以得到与每一个本征值 $\delta E_l^{(1)}$ 对应的本征矢 $|l^{(0)}\rangle$, 显然有

$$\delta E_l^{(1)} = \langle l^{(0)}|\hat{H}'|l^{(0)}\rangle \tag{2.55}$$

因此简并态能量一级修正的公式与非简并态的一样, 只是在简并态情形中, $|l^{(0)}\rangle$ 的确定需要用到微扰项 $\hat{H}'$ 的信息。

一旦确定了本征矢的零阶近似 $|l^{(0)}\rangle$, 更高阶的修正可以用类似于非简并情形的处理方式获得。定义算符

$$\hat{Q}_D = \sum_{k\notin D} |k^{(0)}\rangle\langle k^{(0)}| \tag{2.56}$$

可以写出精确本征矢的形式解

$$\varDelta_l = \langle l^{(0)}|\hat{H}'|l\rangle \tag{2.57}$$

$$|l\rangle = |l^{(0)}\rangle + \left(E_D^{(0)} - \hat{H}_0\right)^{-1}\hat{Q}_D\left(\hat{H}' - \varDelta_l\right)|l\rangle \tag{2.58}$$

【练习】推导式 (2.58)。

可以从式 (2.51) 得到对本征态的一级修正

$$|\delta l^{(1)}\rangle = \left(E_D^{(0)} - \hat{H}_0\right)^{-1}\hat{Q}_D\hat{H}'|l^{(0)}\rangle = \sum_{k\notin D}\frac{H'_{kl}}{E_D^{(0)} - E_k^{(0)}}|k^{(0)}\rangle \tag{2.59}$$

和能量的二级修正

$$\delta E_l^{(2)} = \langle l^{(0)}|\hat{H}'|\delta l^{(1)}\rangle = \langle l^{(0)}|\hat{H}'\frac{\hat{Q}_D}{E_D^{(0)} - \hat{H}_0}\hat{H}'|l^{(0)}\rangle = \sum_{k\notin D}\frac{|H'_{kl}|^2}{E_D^{(0)} - E_k^{(0)}} \tag{2.60}$$

上式在加和中排除了所有简并能量为 $E_D^{(0)}$ 的零级近似态。可以看出, 对简并能级的二级修正表达式与非简并微扰论的结果其实很类似。

【习题】

1. 考虑如下二能级体系 ($\varepsilon_1, \varepsilon_2, V$ 均为实数)

$$\hat{H} = (\varepsilon_1|1\rangle\langle 1| + \varepsilon_2|2\rangle\langle 2|) + V(|1\rangle\langle 2| + |2\rangle\langle 1|) \equiv \hat{H}_0 + \hat{H}' \tag{2.61}$$

① 计算以上哈密顿算符的本征能量和本征矢量。② 假定 $\varepsilon_2 - \varepsilon_1 \gg |V|$, 写出一阶和二阶能量修正值, 并与精确值做比较。③ 考虑 $\varepsilon_2 = \varepsilon_1$, 用简并态微扰理论计算本征能量修正值。

2. 根据式 (2.36) 和式 (2.38) 推导出非简并体系能量的三阶修正具体表达式。

3. 描述两个惰性气体原子之间的色散相互作用最简单的模型是用线性谐振子模型描述电子关于原子核的瞬时振荡 (如图 2.1 所示)。零阶的哈密顿算符对应于两个独立的谐振子哈密顿算符相加, 而谐振子之间的静电相互作用对应于微扰项, 采用微扰论方法推导出 $R \gg x_1, x_2$ 时原子之间的相互作用能表达式。

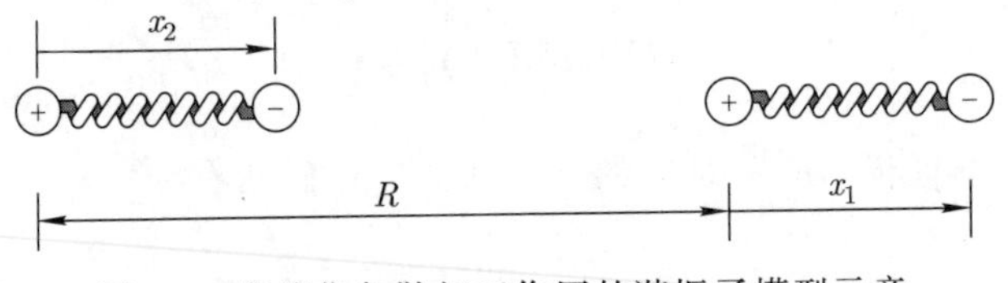

图 2.1 范德华色散相互作用的谐振子模型示意

2.3 变 分 法

2.3.1 变分原理

设一个体系 $\hat{H}$ 对应的基态为 $|0\rangle$, 其真实能量为 E_0。如果用某一态矢 $|\widetilde{0}\rangle$ 作为 $|0\rangle$ 的试探矢, 在 $|\widetilde{0}\rangle$ 上的平均能量为

$$\left\langle \widetilde{E} \right\rangle_0 = \frac{\langle\widetilde{0}|\hat{H}|\widetilde{0}\rangle}{\left\langle\widetilde{0}\middle|\widetilde{0}\right\rangle} \tag{2.62}$$

定理: 试探矢的平均能量是真实能量的上限, 即

$$\left\langle \widetilde{E} \right\rangle_0 \geqslant E_0 \tag{2.63}$$

证明: 设 $\{|k\rangle\}$ 是 $\hat{H}$ 的本征态完全集, 显然 $|\widetilde{0}\rangle$ 可以用 $\{|k\rangle\}$ 展开

$$|\widetilde{0}\rangle = \sum_k |k\rangle \left\langle k\middle|\widetilde{0}\right\rangle$$

$$\left\langle \widetilde{E} \right\rangle_0 = \frac{\sum_k \left|\left\langle k\middle|\widetilde{0}\right\rangle\right|^2 E_k}{\sum_k \left|\left\langle k\middle|\widetilde{0}\right\rangle\right|^2} = \frac{\sum_k \left|\left\langle k\middle|\widetilde{0}\right\rangle\right|^2 (E_k - E_0)}{\sum_k \left|\left\langle k\middle|\widetilde{0}\right\rangle\right|^2} + E_0 \geqslant E_0$$

并且只有当 $|\widetilde{0}\rangle = |0\rangle$ 时, 等号才成立。证毕。

用数学的语言描述, 式 (2.63) 表明 $\left\langle \widetilde{E} \right\rangle_0$ 在基态 $|0\rangle$ 附近关于态矢的变分是稳定的

$$|0\rangle \to |0\rangle + \delta|0\rangle, \quad \delta\left\langle \widetilde{E} \right\rangle_0 = 0 \tag{2.64}$$

2.3.2 变分法

基于变分原理, 可以近似求解基态能量和波函数。构建包含一定未知参数的试探波函数形式 $|\widetilde{0};\lambda_1,\lambda_2,\cdots\rangle$, 其中 $\lambda_1,\lambda_2,\cdots$ 为可调参数。由于式 (2.64), 令

$$\frac{\partial\left\langle\widetilde{E}\right\rangle_0}{\partial\lambda_i}=0 \qquad i=1,2,\cdots \tag{2.65}$$

求出 $\lambda_1^0,\lambda_2^0,\cdots$, 则 $|\widetilde{0},\lambda_1^0,\lambda_2^0,\cdots\rangle$ 就是所选函数形式下的最接近 $|0\rangle$ 的试探态矢, 亦即 $|0\rangle$ 的近似解, $\left\langle\widetilde{E}\right\rangle_0$ 就是相应的近似能量。

需要注意的是, 上式只是获得能量最小值的必要条件, 而不是充分条件, 由此获得的解有可能对应于体系的鞍点 (不稳定解), 也可能对应于体系的一个局部极小值解, 而不是全局最小值解。检验一个变分问题的解是否对应于稳定解相对比较容易, 可以直接计算能量对变分参数的二阶导数, $\frac{\partial^2\langle\widetilde{E}\rangle_0}{\partial\lambda_i\partial\lambda_j}$, 一般称为 Hessian 矩阵, 如果 Hessian 矩阵的本征值都是正值, 则表示所得解是稳定的, 否则是不稳定的。检验解是否对应于全局最小值则更加困难, 并没有通用的方法。

本方法也可以扩展到激发态。如果 $|\widetilde{k}\rangle$ 与所有 $\hat{H}$ 的本征态 $|0\rangle,|1\rangle,\cdots,|k-1\rangle$ 正交, 即如果

$$\left\langle\widetilde{k}\middle|i\right\rangle=0 \quad i=0,1,\cdots,k-1 \tag{2.66}$$

则有

$$\left\langle\widetilde{E}_k\right\rangle=\frac{\langle\widetilde{k}|\hat{H}|\widetilde{k}\rangle}{\left\langle\widetilde{k}\middle|\widetilde{k}\right\rangle}\geqslant E_k \tag{2.67}$$

证明方法类似。

为了对第 k 个激发态运用变分原理, 需要保证其试探波函数与 $\hat{H}$ 的精确本征态 $|0\rangle,|1\rangle,\cdots,|k-1\rangle$ 正交。这个条件在这些本征态未知的情况下很难满足。但例外是, 如果所求激发态是**一定对称性下的能量最低**的态, 则以上条件自然满足。因此可基于激发态变分原理近似求解**具有确定对称性**的最低能量本征态。

2.3.3 线性变分法

在实际应用中, 更为常用的变分法是所谓的**线性变分法**, 即将试探态矢表示为一组线性无关的已知态矢 $\{\ |\phi_i\rangle|\,i=1,\ 2,\cdots,K\}$ 的线性组合

$$|\widetilde{0}\rangle=\sum_{i=1}^{K}c_i|\phi_i\rangle \tag{2.68}$$

$\{|\phi_i\rangle\}$ 也被称为基组, 但需要注意的是, 作为一个近似方法, 这里的基组一定是**不完备**的。当采用不完备基组时, 相当于用一个有限维的线性空间来近似更高维甚至无限维的真实线性空间。线性变分法也称为利兹 (Ritz) 变分法。

为了简化讨论, 假定基组是正交归一的

$$\langle\phi_i|\phi_j\rangle=\delta_{ij} \tag{2.69}$$

由式 (2.68), 可以得到试探态矢所对应的能量期望值

$$\left\langle \widetilde{E}_0 \right\rangle = \frac{\langle \widetilde{0}|\hat{H}|\widetilde{0}\rangle}{\left\langle \widetilde{0}\middle|\widetilde{0}\right\rangle} = \frac{\sum\limits_{i,j}^{K} c_i^* c_j \langle \phi_i|\hat{H}|\phi_j\rangle}{\sum\limits_{i}^{K} c_i^* c_i} \equiv \frac{\sum\limits_{i,j}^{K} c_i^* c_j H_{ij}}{\sum\limits_{i}^{K} c_i^* c_i} \tag{2.70}$$

根据变分原理, 展开系数可以通过对能量期望值求极小值来得到, 即要求

$$\frac{\partial \left\langle \widetilde{E}_0 \right\rangle}{\partial c_i^*} = \frac{\left(\sum\limits_{j}^{K} H_{ij} c_j\right)\left(\sum\limits_{k}^{K} c_k^* c_k\right) - \left(\sum\limits_{k,j}^{K} H_{kj} c_k^* c_j\right) c_i}{\left(\sum\limits_{k}^{K} c_k^* c_k\right)^2} = 0 \tag{2.71}$$

从而得到

$$\left(\sum_{j}^{K} H_{ij} - \lambda \delta_{ij}\right) c_j = 0 \tag{2.72}$$

其中 $\lambda \equiv \left\langle \widetilde{E}_0 \right\rangle$。以上方程具有标准的矩阵本征方程的形式, 通过求解相应的久期方程可以得到一组本征值 λ_k 和相应的展开系数 $\left\{c_i^{(k)}\right\}(k = 1, 2, \cdots, K)$。其中最小的本征值 λ_1 和相应展开系数所得到的基组的线性组合 $\sum_{i=1}^{K} c_i^{(1)}|\phi_i\rangle$, 就是在该基组条件下最优的基态能量和态矢。

值得指出的是, 线性变分法等价于先利用变分原理推导出 Euler-Lagrange 方程, 再用有限大小的基组去展开 E-L 方程所求的目标函数, 从而将 E-L 方程的求解转化为一个矩阵本征方程问题。量子化学中广泛使用了线性变分法。

【思考】通过线性变分得到的激发态能量是否满足变分原理 (即 $\lambda_k \geqslant E_k$)?

【习题】

1. 假定哈密顿算符依赖于参数 λ, 其对应的本征能量和本征波函数显然也依赖于 λ, 分别记作 $E(\lambda)$ 和 Ψ_λ (已归一化), 证明它们满足如下关系,

$$\frac{\partial E(\lambda)}{\partial \lambda} = \langle \Psi_\lambda| \frac{\partial \hat{H}(\lambda)}{\partial \lambda} |\Psi_\lambda\rangle \tag{2.73}$$

上式即著名的 Hellmann-Feyman 定理, 在量子化学中有非常广泛的应用。

2. (*) 与上题类似, 但 $E(\lambda)$ 和 Ψ_λ 是通过变分法得到的哈密顿算符 $\hat{H}(\lambda)$ 的近似本征能量和本征态, 证明这种情况下 Hellmann-Feyman 定理仍然成立。

第 3 章 多电子问题概论

3.1 原子核-电子自由度分离: Born-Oppenheimer 近似

3.1.1 多电子多原子体系的哈密顿算符

对于一般性的多电子多原子体系 (记电子数为 N, 原子数为 M), 其哈密顿算符 (Hamiltonian) 可以写为

$$\hat{H} = \hat{T}_{\text{el}} + \hat{T}_{\text{nuc}} + \hat{V}_{\text{ne}} + \hat{V}_{\text{ee}} + \hat{V}_{\text{nn}} \tag{3.1}$$

$$\hat{T}_{\text{el}} \equiv -\sum_{i=1}^{N} \frac{\hbar^2}{2m_{\text{e}}} \nabla_i^2 \tag{3.2}$$

$$\hat{T}_{\text{nuc}} \equiv -\sum_{I=1}^{M} \frac{\hbar^2}{2M_I} \nabla_I^2 \tag{3.3}$$

$$\hat{V}_{\text{ne}} \equiv -\sum_{i=1}^{N}\sum_{I=1}^{M} \frac{Z_I e^2}{4\pi\epsilon_0 |\boldsymbol{r}_i - \boldsymbol{R}_I|} \tag{3.4}$$

$$\hat{V}_{\text{ee}} \equiv \sum_{i=1}^{N}\sum_{j>i}^{N} \frac{e^2}{4\pi\epsilon_0 |\boldsymbol{r}_i - \boldsymbol{r}_j|} \tag{3.5}$$

$$\hat{V}_{\text{nn}} \equiv \sum_{I=1}^{M}\sum_{J>I}^{M} \frac{Z_I Z_J e^2}{4\pi\epsilon_0 |\boldsymbol{R}_I - \boldsymbol{R}_J|} \tag{3.6}$$

在量子化学中广泛使用原子单位制 (atomic units, au), 即设 $\hbar = 1$, $m_{\text{e}} = 1$, $e = 1$, $4\pi\epsilon_0 = 1$。能量的原子单位称为 Hartree, 一般简写为 Ha, 1 Ha = 27.2 eV = 627.5 kcal/mol = 2625 kJ/mol。长度的原子单位称为 bohr, 1 bohr = 0.529 Å。在原子单位制下, 哈密顿算符可以写成如下更简洁的形式

$$\hat{H} = -\sum_{i=1}^{N} \frac{1}{2}\nabla_i^2 - \sum_{I=1}^{M} \frac{1}{2M_I}\nabla_I^2 - \sum_{i=1}^{N}\sum_{I=1}^{M} \frac{Z_I}{r_{iI}} + \sum_{i=1}^{N}\sum_{j>i}^{N} \frac{1}{r_{ij}} + \sum_{I=1}^{M}\sum_{J>I}^{M} \frac{Z_I Z_J}{R_{IJ}} \tag{3.7}$$

为了简化后面的讨论, 这一节我们考虑如下简化形式的哈密顿算符

$$\hat{H} = -\frac{1}{2}\nabla_r^2 - \frac{1}{2M}\nabla_R^2 + V(\boldsymbol{r}, \boldsymbol{R}) \equiv \hat{T}_{\text{el}} + \hat{T}_{\text{nuc}} + V(\boldsymbol{r}, \boldsymbol{R}) \tag{3.8}$$

但注意: 这并不意味着我们在讨论单原子单电子问题, 而是将 $\boldsymbol{r}$ 理解为 N 电子坐标的缩写, 即 $\boldsymbol{r} \equiv (\boldsymbol{r}_1, \boldsymbol{r}_2, \cdots, \boldsymbol{r}_N)$ (在后面的讨论中有时会用 $\boldsymbol{r}^N$ 来表示 N 个电子坐标), $\boldsymbol{R}$ 也表示所有原子核位置的集合坐标 (相当于考虑所有原子都相同的特殊情形, 但所有结论都可以很直接地扩展至一般性体系)。式 (3.8) 中的 M 表示原子核质量, 注意与原子数区分。

将量子力学应用于多电子多原子体系的核心任务是求解如下本征方程 (**为了简化符号表示起见, 这一节暂时不考虑电子自旋, 因此波函数只是电子空间坐标的函数**)

$$\hat{H}\Psi(\boldsymbol{r},\boldsymbol{R}) = E\Psi(\boldsymbol{r},\boldsymbol{R}) \tag{3.9}$$

这在数学上是个涉及 $3N+3M$ 个空间坐标的偏微分方程, 在绝大部分情况下都不可能精确求解, 因此必须发展近似理论和方法。物理上, 这一般被称做量子多体问题, 相应的近似理论称做**量子多体理论**。$\Psi(\boldsymbol{r},\boldsymbol{R})$ 是描述包括所有电子和原子核运动状态的波函数, 一般称为全波函数 (full wavefunction)。

3.1.2 绝热电子态

定义针对电子自由度的哈密顿算符电子 $\hat{H}_{\text{el}}$ 算符为

$$\hat{H}_{\text{el}}(\boldsymbol{r};\boldsymbol{R}) = \hat{T}_{\text{el}} + V(\boldsymbol{r},\boldsymbol{R}) \tag{3.10}$$

这里原子核坐标 $\boldsymbol{R}$ 作为参数进入电子哈密顿算符。求解电子哈密顿算符所对应的薛定谔方程, 得到

$$\hat{H}_{\text{el}}\Psi_n(\boldsymbol{r};\boldsymbol{R}) = E_n(\boldsymbol{R})\Psi_n(\boldsymbol{r};\boldsymbol{R}) \tag{3.11}$$

这里的电子态波函数 $\Psi_n(\boldsymbol{r};\boldsymbol{R})$ 是电子坐标的函数, 同时参数性地依赖于原子核坐标 (Ψ_n 会随着分子几何结构而变化, 但始终是当前分子结构的电子哈密顿算符本征态)。相应的能量本征值 $E_n(\boldsymbol{R})$ 被称为**绝热势能面** (adiabatic potential energy surface)。当讨论多个电子态时, 也常被称作**绝热势能片** (adiabatic potential energy sheet)。多电子波函数 $\Psi_n(\boldsymbol{r};\boldsymbol{R})$ 所表示的多电子状态被称为**绝热电子态** (adiabatic state), $n=0$ 表示电子基态, $n>0$ 对应于电子激发态。

3.1.3 Born-Huang 展开: 全波函数用绝热电子波函数展开

若已解出电子哈密顿算符所对应的本征方程, 即对于任意原子核坐标, 相应的绝热电子态波函数 $\{\Psi_m(\boldsymbol{r};\boldsymbol{R})\}$ 已知, 包括基态和激发态。可以把绝热电子态作为基组来展开全波函数, 并代入全波函数的薛定谔方程 (3.9)

$$\Psi(\boldsymbol{r},\boldsymbol{R}) = \sum_m X_m(\boldsymbol{R})\Psi_m(\boldsymbol{r};\boldsymbol{R}) \tag{3.12}$$

$$\begin{aligned}
&\left(\hat{H}_{\text{el}} + \hat{T}_{\text{nuc}}\right)\left[\sum_m X_m\Psi_m\right] = E\sum_m X_m\Psi_m \\
&\sum_m \left[E_m X_m \Psi_m - \frac{1}{2M}\nabla_R^2(X_m\Psi_m)\right] = E\sum_m X_m\Psi_m \\
&\sum_m \left[E_m X_m \Psi_m - \frac{1}{2M}X_m\nabla_R^2\Psi_m - \frac{1}{2M}\Psi_m\nabla_R^2 X_m - \frac{1}{M}\nabla_R X_m\cdot\nabla_R\Psi_m\right] = E\sum_m X_m\Psi_m
\end{aligned} \tag{3.13}$$

两边左乘 $\Psi_n^*(\boldsymbol{r};\boldsymbol{R})$ 并对电子坐标积分, 可得

$$\left[E_n(\boldsymbol{R}) - \frac{1}{2M}\nabla_R^2\right]X_n(\boldsymbol{R}) + \sum_m \hat{\Lambda}_{nm}(\boldsymbol{R})X_m(\boldsymbol{R}) = EX_n(\boldsymbol{R}) \tag{3.14}$$

其中

$$\hat{\Lambda}_{nm}(\boldsymbol{R}) = -\frac{1}{2M}\left[\langle\Psi_n|\nabla_R^2|\Psi_m\rangle + 2\langle\Psi_n|\nabla_R|\Psi_m\rangle\cdot\nabla_R\right] \tag{3.15}$$

称为**非绝热耦合** (non-adiabatic coupling) 算符。注意上式以及下面的公式中的 $\langle\cdots\rangle$ 都表示只对电子坐标积分。以上表述最早出现在 Max Born 和 Kun Huang(黄昆) 关于晶格动力学的经典专著[9] 中的一个附录, 因此文献中常将其称为 **Born-Huang 展开** (Born-Huang expansion)。

3.1.4 绝热近似和 Born-Oppenheimer 近似

如果考虑所有绝热电子态的贡献, 那么 Born-Huang 展开原则上是精确的。这是发展各种近似方法的基础。最简单的近似显然是忽略不同绝热势能面之间的耦合, 即假定 $\hat{\Lambda}_{nm}\simeq\hat{\Lambda}_{nn}\delta_{nm}$, 这个近似一般被称作**绝热近似** (adiabatic approximation)

$$\left[E_n(\boldsymbol{R}) - \frac{1}{2M}\nabla_R^2\right]X_n(\boldsymbol{R}) + \hat{\Lambda}_{nn}(\boldsymbol{R})X_n(\boldsymbol{R}) = EX_n(\boldsymbol{R}) \tag{3.16}$$

如果体系满足时间反演对称性 (即不存在外磁场时), 绝热电子态波函数总可取为实函数, 则有

$$\langle\Psi_n|\nabla_R\Psi_n\rangle + \langle\nabla_R\Psi_n|\Psi_n\rangle = 0 \Rightarrow \langle\Psi_n|\nabla_R\Psi_n\rangle = 0 \tag{3.17}$$

这时非绝热耦合算符只有一项贡献, 并且只是原子核坐标的函数, 而不再包含对原子核坐标的微分算符

$$\Lambda_{nn}(\boldsymbol{R}) = -\frac{1}{2M}\langle\Psi_n|\nabla_R^2\Psi_n\rangle \tag{3.18}$$

由于原子核质量远大于电子质量, 即 $M\gg 1$, 因此可以预期, $\Lambda_{nn}(\boldsymbol{R})$ 的贡献也很小, 将其忽略, 即得到著名的 **Born-Oppenheimer(BO) 近似**

$$\left[-\frac{1}{2M}\nabla_R^2 + E_n(\boldsymbol{R})\right]X_n(\boldsymbol{R}) = EX_n(\boldsymbol{R}) \tag{3.19}$$

BO 近似一般都应用于电子基态, 即 $n=0$, 其核心包括两个方面:

1. 体系的总波函数表示为

$$\Psi(\boldsymbol{r},\boldsymbol{R}) \simeq \Psi_0(\boldsymbol{r};\boldsymbol{R})X_0(\boldsymbol{R}) \tag{3.20}$$

这意味着对任意原子核坐标 (几何结构), 电子始终处在基态。从直观的图像讲, 这意味着对于分子结构的任意瞬间变化, 电子都能迅速做出调整, 从而始终处在相应的基态上。

2. 原子核所感受到的势能函数就是当前原子核坐标 (分子结构) 下电子哈密顿算符的本征能量 (已包含了原子核之间的库仑排斥)。因此, 电子自由度提供了原子核之间相互作用的媒介。

从上面的讨论可以看出, BO 近似和绝热近似的含义不尽相同。一个重要差别是, BO 近似中原子核感受到的有效势场与原子核质量无关, 因此不同同位素原子所感受到的势能面是完全一样的, 但绝热近似中 $\Lambda_{nn}(\boldsymbol{R})$ 与原子核质量有关。一般情况下, 这是个很弱的效应, BO 近似与绝热近似之间的差别实际上非常小。因此很多文献对这两个概念并不做严格区分, 绝热近似即指 BO 近似。

绝热近似本质上是忽略不同电子态的耦合, 在考虑原子核运动时假定电子始终处在基态。当体系处在平衡结构附近时, 不同电子态之间的能量差一般都显著大于原子核运动 (振动, 转动, 平动) 对应的能量, 因此忽略电子基态与激发态之间的耦合是很好的近似。但是在涉及化学键形成或断裂的反应动力学过程中, 电子基态和激发态能量有可能会非常接近甚至出现简并的情形, 这时就必须考虑不同电子态之间的耦合。与不同电子态耦合有关的物理效应被称为**非绝热效应** (nonadiabatic effects), 相应的动力学称为**非绝热动力学** (non-adiabatic dynamics)。

3.1.5 绝热表象与透热表象

对非绝热效应的考察属于化学动力学的范畴, 但非绝热耦合项的计算是量子化学 (电子结构理论) 的重要内容, 因此有必要对相关概念有一定的理解。

绝热表象

在 Born-Huang 展开中, 全波函数用给定原子核坐标的电子哈密顿算符的本征态 (绝热电子态) 作为基组来展开, 从而获得描述原子核运动状态的一组耦合方程。这在化学动力学中被称为绝热表象 (adiabatic representation)。当然, 在实际应用中, 需要对展开进行截断, 只考虑能量比较接近的几个绝热电子态之间的耦合。绝热表象中所用的基函数是电子哈密顿算符的本征函数, 有明确的定义, 其精度也可由所考虑的绝热电子态数目来控制。因此, 从理论的角度, 绝热表象是比较理想的处理方式。但在实际应用中, 这存在很大的困难, 因为电子激发态的计算本身就具有很大的挑战性。特别是当存在多个能量接近甚至简并的绝热电子态时, 绝热表象的使用变得非常困难。另外, 对应同一个绝热势能面, 在坐标空间不同区域的电子态有可能对应于完全不同的物理特征, 这使得绝热表象中的电子态并不对应于很多定性模型或唯象理论中的电子态。

透热表象

如果不用绝热电子态作为基组, 而是采用一组更一般的正交归一电子波函数 $\left\{\widetilde{\Psi}_n(\boldsymbol{r};\boldsymbol{R})\right\}$ 作为基组

$$\Psi(\boldsymbol{r},\boldsymbol{R}) = \sum_n \widetilde{\Psi}_n(\boldsymbol{r};\boldsymbol{R})\widetilde{X}_n(\boldsymbol{R}) \tag{3.21}$$

代入全波函数的薛定谔方程, 类似地可得

$$\begin{aligned}
&\left(\hat{H}_{\rm el}+\hat{T}_{\rm nuc}\right)\left[\sum_m \widetilde{X}_m\widetilde{\Psi}_m\right] = E\sum_m \widetilde{X}_m\widetilde{\Psi}_m \\
\Rightarrow &\sum_m\left[\widetilde{X}_m\hat{H}_{\rm el}\widetilde{\Psi}_m - \frac{1}{2M}\nabla_R^2(\widetilde{X}_m\widetilde{\Psi}_m)\right] = E\sum_m \widetilde{X}_m\widetilde{\Psi}_m \\
\Rightarrow &\sum_m\left[\widetilde{X}_m\hat{H}_{\rm el}\widetilde{\Psi}_m - \frac{1}{2M}\widetilde{X}_m\nabla_R^2\widetilde{\Psi}_m - \frac{1}{2M}\widetilde{\Psi}_m\nabla_R^2\widetilde{X}_m - \frac{1}{M}\nabla_R\widetilde{X}_m\cdot\nabla_R\widetilde{\Psi}_m\right] = E\sum_m \widetilde{X}_m\widetilde{\Psi}_m
\end{aligned} \tag{3.22}$$

两边左乘 $\widetilde{\Psi}_n^*(\boldsymbol{r};\boldsymbol{R})$ 并对电子坐标积分, 可得

$$-\frac{1}{2M}\nabla_R^2\widetilde{X}_n(\boldsymbol{R}) + \sum_m\left[\widetilde{H}_{nm}(\boldsymbol{R})+\widetilde{\Lambda}_{nm}(\boldsymbol{R})\right]\widetilde{X}_m(\boldsymbol{R}) = E\widetilde{X}_n(\boldsymbol{R}) \tag{3.23}$$

其中

$$\widetilde{H}_{nm} \equiv \langle\widetilde{\Psi}_n|\hat{H}_{\rm el}|\widetilde{\Psi}_m\rangle \tag{3.24}$$

$$\widetilde{\Lambda}_{nm}(\boldsymbol{R}) \equiv -\frac{1}{2M}\left[\langle\widetilde{\Psi}_n|\nabla_R^2|\widetilde{\Psi}_m\rangle + 2\langle\widetilde{\Psi}_n|\nabla_R|\widetilde{\Psi}_m\rangle\cdot\nabla_R\right] \tag{3.25}$$

当非绝热耦合项 $\widetilde{\Lambda}_{nm}(\boldsymbol{R})$ **为零或很小**, 从而可以忽略时, 称这样的表象为**透热表象** (diabatic representation), 相应的电子态 $\widetilde{\Psi}_n$ 为**透热电子态** (diabatic states)。如果关于 $\Psi_n(\boldsymbol{r};\boldsymbol{R})$ 或 $\widetilde{\Psi}_n(\boldsymbol{r};\boldsymbol{R})$ 的展开是完备的, 或者两者之间可通过一定的幺正变换相联系, 那么这两种表象显然是等价的; 但在实际研究中只会考虑少量电子态, 并且两者之间往往只在特定的原子核坐标存在幺正变换关系, 因此采用不同的表象会给出不同的结果。从物理图像的角度, **透热电子态是具有确定物理特征的多电子波函数**。很多唯象或半唯象理论, 比如 Marcus 电子转移理论, 就是基于透热电子态之间的耦合。

从以上的讨论可以看出, 不同于绝热电子态, 透热电子态的定义存在很大的不确定性, 并不是唯一定义的。何为 "具有确定物理特征的电子态"? 这可以从一个具体的例子来进行理解。考虑如下电子转移过程

$$\mathrm{Fe}^{2+} + \mathrm{Fe}^{3+} \longrightarrow \mathrm{Fe}^{3+} + \mathrm{Fe}^{2+} \tag{3.26}$$

具体地可对应于水溶液中的电子转移反应, 或者锂离子电池正极材料中 (如 $\mathrm{Li}_x\mathrm{FePO}_4$) 的电子迁移过程。伴随着电子转移过程, Fe 离子周围配体或溶剂分子的结构也发生相应的变化, 用 q 代表对应该过程的反应坐标。在图 3.1 中, 实线和虚线分别表示对应于反应物和产物电子构型的透热势能曲线, 点划线为电子基态和激发态的绝热势能曲线。

绝热表象和透热表象, 以及与此相关的绝热近似 (过程)、透热近似 (过程) 等概念都是研究激发态动力学、电子转移等领域的核心概念, 这里我们不做进一步展开。感兴趣的读者可以参看化学动力学的专著, 比如文献 [10, 11]。

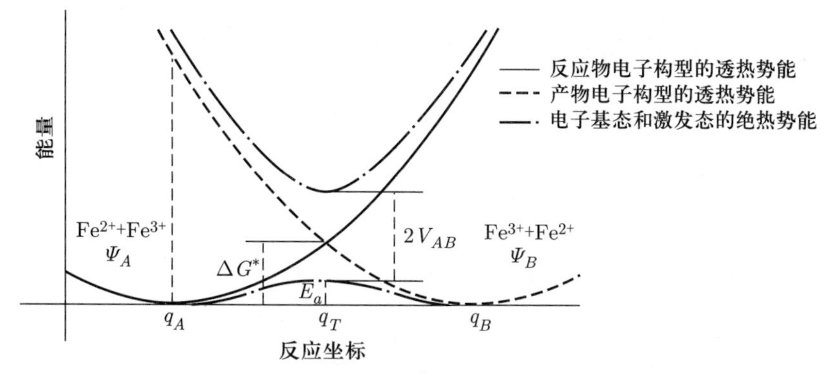

图 3.1 电子转移过程的透热表象和绝热态表象示意

3.1.6 势能面简并与 Jahn-Teller 效应

这部分讨论, 我们参考了文献 [12] 第八章。

设在某个原子核坐标处, 存在多个电子绝热势能面耦合的情形, 即 $E_i(\boldsymbol{R}_0)$ 对 $i = 1, 2, \cdots, g$ 相等。根据 $\boldsymbol{R}_0$ 处各简并势能面的行为, 可以分为如图 3.2 所示的几种典型的情形。根据 Jahn-Teller 定理, 情形 (a) 一般称为锥形交叉 (conical intersection), 是最为普遍的情形。

Jahn-Teller 定理: 任何电子态简并的多原子体系, 一般而言都可以通过一定的降低结构对称性的形变来降低其能量, 并打破其简并性; 换言之, 多原子体系具有简并电子态的几何结构一般而言不对应稳定结构。

从上面的表述可以看出, Jahn-Teller 定理的结论并不绝对, 存在例外的情形, 包括线性分子和存在 Krammers 简并 (即由时间反演对称性导致的电子态简并) 的体系。

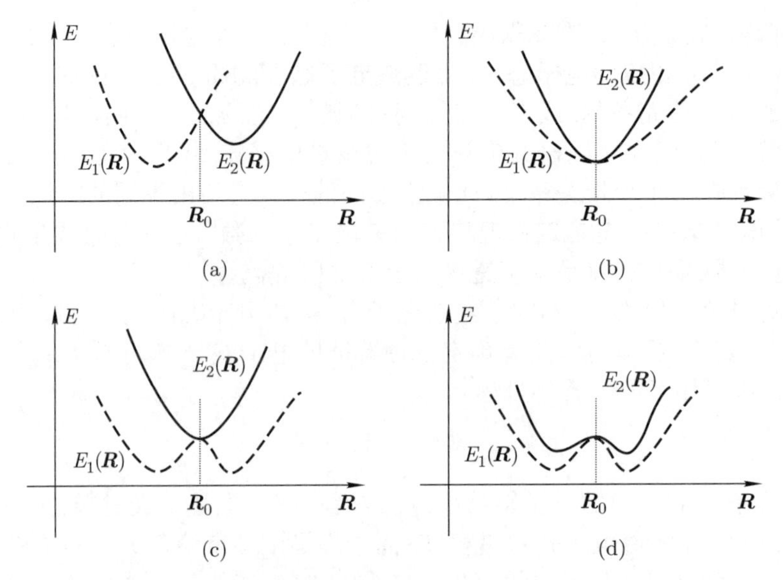

图 3.2 绝热势能面简并的几种典型情形

下面我们简单讨论一下如何推导得到 Jahn-Teller 定理, 但这并不是一个数学上很严格的证明。考虑如下简单的情形

$$\hat{H}_{\rm el}(\boldsymbol{r};\boldsymbol{R})=\hat{T}_{\rm el}(\boldsymbol{r})+V(\boldsymbol{r};\boldsymbol{R}) \tag{3.27}$$

假定处于结构 $\boldsymbol{R}=\boldsymbol{R}_0$ 的体系具有 g 重电子态简并

$$\hat{H}_{\rm el}(\boldsymbol{r};\boldsymbol{R}_0)\Psi_i(\boldsymbol{r};\boldsymbol{R}_0)=E(\boldsymbol{R}_0)\Psi_i(\boldsymbol{r};\boldsymbol{R}_0)\qquad i=1,\cdots,g \tag{3.28}$$

根据简并态与对称性的关系, 一般来说 $\boldsymbol{R}_0$ 对应于一个具有较高对称性的几何结构。现在考虑紧邻 $\boldsymbol{R}_0$ 的结构 $\boldsymbol{R}$ 处的电子态

$$\hat{H}_{\rm el}(\boldsymbol{r};\boldsymbol{R})=\hat{H}_{\rm el}(\boldsymbol{r};\boldsymbol{R}_0)+[V(\boldsymbol{r};\boldsymbol{R})-V(\boldsymbol{r};\boldsymbol{R}_0)]\equiv\hat{H}_{\rm el}(\boldsymbol{r};\boldsymbol{R}_0)+\nabla_{\boldsymbol{R}}V(\boldsymbol{r};\boldsymbol{R}_0)\cdot(\boldsymbol{R}-\boldsymbol{R}_0) \tag{3.29}$$

采用简并态微扰理论, 考虑上式第二项对能量的一阶修正, 需要求解如下久期方程

$$|\boldsymbol{M}(\boldsymbol{R})-E(\boldsymbol{R})\boldsymbol{I}|=0 \tag{3.30}$$

其中矩阵 $\boldsymbol{M}$ 的矩阵元为

$$M_{ij}(\boldsymbol{R})=\langle\Psi_i(\boldsymbol{r};\boldsymbol{R}_0)|\nabla_R V(\boldsymbol{r};\boldsymbol{R}_0)|\Psi_j(\boldsymbol{r};\boldsymbol{R}_0)\rangle\cdot(\boldsymbol{R}-\boldsymbol{R}_0)\equiv\boldsymbol{D}_{ij}(\boldsymbol{R}_0)\cdot(\boldsymbol{R}-\boldsymbol{R}_0) \tag{3.31}$$

显然, 体系势能面在 $\boldsymbol{R}_0$ 附近的行为由 $\boldsymbol{D}_{ij}(\boldsymbol{R}_0)$ 决定, 当结构偏离 $\boldsymbol{R}_0$ 时若要求能量保持不变 (即维持简并) 或能量上升 (即 $\boldsymbol{R}_0$ 为稳定结构), 则要求对任意 i,j, $\boldsymbol{D}_{ij}(\boldsymbol{R}_0)=0$。但是, 根据群论的分析, 一般而言 (除了线性分子和 Krammers 简并体系), 没有对称性的理由使得 $\boldsymbol{D}_{ij}(\boldsymbol{R}_0)$ 必须为零 (群论分析只能给出矩阵元必须为零或可以不为零的结论, 但并不能得出一定不为零的结论)。根据通常的情形, 即所谓 "墨菲定律":"任何允许发生的事情总会发生" (Anything allowed will actually occur), 一般而言 $\boldsymbol{D}_{ij}(\boldsymbol{R}_0)\neq 0$, 最可能发生的情形是在高对称结构 $\boldsymbol{R}_0$ 附近存在较低对称性的稳定结构, 即图 3.2(a) 中所示的情形。

3.1.7 关于势能面的讨论

势能面, 也常被称作势函数 (potential function), 是理论化学的核心概念。我们这里做一些一般性的讨论。我们通常所说的势能面都是指电子基态势能 $U(\boldsymbol{R}) = E_0(\boldsymbol{R})$ [注意: 根据我们之前的定义, 电子态能量 $E_n(\boldsymbol{R})$ 已包含了原子核之间的库仑排斥能 $V_{\rm nn}(\boldsymbol{R})$, 在很多文献中, 这一项并不包含在电子哈密顿算符中, 定义势能面时需要将其考虑进来, 即 $U(\boldsymbol{R}) \equiv E_0(\boldsymbol{R}) + V_{\rm nn}(\boldsymbol{R})$], 其关于原子核坐标的梯度的负值表示相应原子受其他原子的作用力

$$\boldsymbol{F}_I = -\nabla_I U(\boldsymbol{R}_1, \cdots, \boldsymbol{R}_M) \tag{3.32}$$

梯度 (力) 的计算对于结构优化有非常重要的意义。能否以解析的方式计算力是一个量子化学方法的重要特征。当某个方法不能解析地计算力, 便很难将其应用于复杂多原子体系的结构优化。

所有原子受力 $\boldsymbol{F}_I(\boldsymbol{R}) = 0$ 的结构为一个定点 (stationary point), 记为 $\boldsymbol{R}^*$, 但该定点的属性 (是稳定点还是鞍点), 由势能函数在定点处的二阶导数矩阵确定

$$M_{I\alpha,J\beta} = \frac{\partial^2 U}{\partial R_{I\alpha} \partial R_{J\beta}} \qquad \alpha, \beta = (x, y, z) \tag{3.33}$$

该矩阵被称做 Hessian 矩阵, 亦称力常数 (force constant) 或动力学 (dynamical) 矩阵。当 Hessian 矩阵正定, 即它的本征 (特征) 值都为正值时, $\boldsymbol{R}^*$ 为势能面上的稳定点 (极小值), 对应于反应物、产物或某个稳定中间体。这时 Hessian 矩阵的本征值以及相应的本征矢量可用来计算体系的振动光谱信息。当 Hessian 矩阵有一个负的本征值, $\boldsymbol{R}^*$ 是势能面的一阶鞍点, 对应于反应过渡态。从反应物结构出发, 只需经过一个过渡态就能到达产物结构的反应, 对应于 (严格意义上的) 基元反应。势能面上, 经过过渡态连接反应物和产物结构的能量最低的路径称为**最小能量路径**(minimal energy path, MEP), 也被称为相应基元反应的**内禀反应坐标**(intrinsic reaction coordinate, IRC)。

势能面在理论化学中有着非常广泛的应用:

1. 由势能面可以确定体系各种可能的稳定结构, 以及它们之间的能量差;

2. 由稳定结构 Hessian 矩阵的本征值, 可获得体系的振动信息, 与统计热力学结合, 可以获得体系的热化学性质;

3. 与过渡态理论或更高级的反应动力学理论结合, 可以从势能面确定化学反应速率常数。

4. 势能面是分子模拟的基础。对于复杂体系 (溶液, 生物大分子, 高分子等) 的分子模拟依赖于能准确描述原子间相互作用的势能函数。原则上这些势能函数可以通过量子化学直接计算得到。直接用量子化学 (包括密度泛函理论) 方法在分子动力学 (molecular dynamics) 模拟过程中实时地 (on-the-fly) 计算势能函数的方法, 称为**从头算分子动力学** (ab initio molecular dynamics, AIMD) (详细讨论可参考文献 [13])。但对于复杂体系, 直接的量子化学计算变得过于昂贵, 很多情况下会将这些势能函数用具有简单解析形式的经验函数来表示, 一般被称为力场 (force field)。针对不同体系, 需要发展不同形式的力场, 其中的参数早期一般是通过拟合实验数据来确定, 但近年来越来越多地采用拟合量子化学计算数据的方式来确定力场参数。近年来发展非常活跃的机器学习力场 (machine-learning force field), 采用机器学习模型, 特别是人工神经网络, 来表示分子结构与能量之

间关系, 可以基于大量的量子化学计算, 实时地构建力场, 并可以在应用中检验和改进力场。与传统力场方法相比, 机器学习方法具有更强的普适性[14]。

【习题】

1. 请列举三个具有显著非绝热效应的实际化学体系。

2. 通过查阅文献写出适用于如下三类体系的经验力场的具体形式, 并讨论它们的局限性: ① 有机和生物大分子体系; ② 具有显著离子键特征的无机材料; ③ 具有显著共价键特征的半导体材料 (比如 Si)。

3.2 多电子波函数的构建

量子化学的核心问题是在 BO 近似下求解给定原子核坐标的多电子薛定谔方程。这里我们假定电子运动的相对论效应可以忽略。当考虑包含重元素的体系或讨论体系电子激发态性质 [如有机分子的系间穿越 (inter-system crossing) 过程)] 时, 相对论效应是不可忽略的。包含相对论效应的多电子体系量子力学方程的求解更加复杂, 这里我们不作展开, 感兴趣的读者可参看有关专著 [15–17]。

如第二章所述, 电子是费米子, 每个电子除了空间坐标之外, 还有自旋这个内秉自由度, 描述多电子体系的波函数必须满足交换反对称性。一般来说, 单个电子的自旋状态用其自旋在 z 方向上的分量来表示。我们用 $\sigma \equiv m_s$ 标记对应于电子自旋自由度的坐标, 简称自旋坐标 σ, 这是个离散变量, 取值为 1/2 和 −1/2, 分别代表自旋向上 (α) 和自旋向下 (β)。后面的讨论中, 我们用 $\boldsymbol{x} = (\boldsymbol{r}, \sigma)$ 表示电子空间和自旋的集合坐标, 对 $\boldsymbol{x}$ 的积分应理解为空间坐标的积分和对自旋坐标的加和。

$$\int \mathrm{d}\boldsymbol{x} \equiv \int \mathrm{d}\boldsymbol{r}\mathrm{d}\sigma \equiv \sum_{\sigma} \int \mathrm{d}\boldsymbol{r} \tag{3.34}$$

为方便形式推导, 我们用 $\alpha(\sigma)$ 和 $\beta(\sigma)$ 来表示单电子自旋向上和向下的本征态函数, 并引入 $\xi_{\sigma'}(\sigma)$ 表示它们两者之一, 即 $\xi_{\sigma'=1/2}(\sigma) \equiv \alpha(\sigma)$, $\xi_{\sigma'=-1/2}(\sigma) \equiv \beta(\sigma)$, 它们可定义为

$$\xi_{\sigma'}(\sigma) \equiv \delta_{\sigma\sigma'} \tag{3.35}$$

容易证明

$$\langle \alpha | \beta \rangle = 0, \quad \langle \alpha | \alpha \rangle = \langle \beta | \beta \rangle = 1 \tag{3.36}$$

关于电子自旋, 后面还会有更详细的讨论。

【练习】根据式 (3.35) 证明式 (3.36)。

考虑了电子自旋之后的多电子薛定谔方程为 (**为简化符号起见, 从这一节起, 我们不再显式地标明电子态波函数对原子核坐标的依赖, 并且电子哈密顿算符中不包含原子核之间的库仑排斥能**)

$$\hat{H}\Psi(\boldsymbol{x}_1, \cdots, \boldsymbol{x}_N) = E\Psi(\boldsymbol{x}_1, \cdots, \boldsymbol{x}_N) \tag{3.37}$$

$$\hat{H} = \sum_{i}^{N} \hat{h}(i) + \sum_{i<j}^{N} v_{\mathrm{ee}}(r_{ij}) \tag{3.38}$$

其中

$$\hat{h}(i) = -\frac{1}{2}\nabla_i^2 - \sum_I \frac{Z_I}{|\boldsymbol{r}_i - \boldsymbol{R}_I|} \equiv -\frac{1}{2}\nabla_i^2 + v_{\text{ext}}(\boldsymbol{r}_i) \tag{3.39}$$

$$v_{\text{ee}}(r_{ij}) = \frac{1}{|\boldsymbol{r}_i - \boldsymbol{r}_j|} \tag{3.40}$$

多电子哈密顿算符的第一项包含了单个电子的动能算符和它所感受到的外势场 $v_{\text{ext}}(\boldsymbol{r})$ 的加和, 因此被称为单体项 (one-body term); 第二项是电子之间两两排斥势能的加和, 一般称作双体项 (two-body term)。

一般而言, 当 $N > 2$ 时, 相应的多电子薛定谔方程就不可能精确地解析求解, 而必须使用近似方法。薛定谔方程的最常用的近似方法之一是线性变分法, 为此需要引入合适的基函数 (basis functions) 来展开多电子波函数 $\varPsi$, 这些基函数一般称为**多电子基函数**。一般而言, 多电子基函数是从**单电子波函数**构建的。

3.2.1 单电子波函数 (轨道)

描述单个电子状态的波函数也称**分子轨道** (molecular orbital), 简称轨道。如只考虑电子在几何空间的运动状态, 即为**空间轨道** (spatial orbital), $\psi_i(\boldsymbol{r})$ 是电子空间坐标的函数。同时考虑了空间和自旋自由度的轨道一般称为**自旋轨道** (spin orbital) [注意: 在某些语境中, 自旋轨道也用来指只描述自旋状态的单电子波函数, 比如 $\alpha(\sigma)$ 和 $\beta(\sigma)$, 以及它们的线性叠加]。一般而言, 自旋轨道可以表示为

$$\chi_i(\boldsymbol{x}) = \psi_i^{\uparrow}(\boldsymbol{r})\alpha(\sigma) + \psi_i^{\downarrow}(\boldsymbol{r})\beta(\sigma) \equiv \psi_i^{\alpha}(\boldsymbol{r})\alpha(\sigma) + \psi_i^{\beta}(\boldsymbol{r})\beta(\sigma) \tag{3.41}$$

其中依赖于空间坐标的部分满足如下归一化条件

$$\int \left[|\psi_i^{\uparrow}(\boldsymbol{r})|^2 + |\psi_i^{\downarrow}(\boldsymbol{r})|^2\right] \mathrm{d}\boldsymbol{r} = 1 \tag{3.42}$$

但在本书中, 我们只考虑更为简单的情形, 任意自旋轨道都可以表示为

$$\chi(\boldsymbol{x}) = \psi(\boldsymbol{r})\alpha(\sigma) \text{ 或 } \psi(\boldsymbol{r})\beta(\sigma) \tag{3.43}$$

这被称为共线轨道 (collinear orbitals), 而前面更一般的情形被称为非共线轨道 (non-collinear orbitals)。非共线轨道在考虑涉及自旋-轨道耦合 (spin-orbit coupling, SOC) 的磁性体系时才是必须的。在本书中, 我们会碰到两类共线轨道。一类称为**自旋限制性轨道** (spin-restricted orbitals), 由一组与自旋无关的空间轨道 $\psi_i(\boldsymbol{r})$ 分别与 $\alpha(\sigma)$ 和 $\beta(\sigma)$ 结合构成自旋轨道

$$\begin{aligned} \chi_{2i-1}(\boldsymbol{x}) &= \psi_i(\boldsymbol{r})\alpha(\sigma) \\ \chi_{2i}(\boldsymbol{x}) &= \psi_i(\boldsymbol{r})\beta(\sigma) \end{aligned} \tag{3.44}$$

另一类是**自旋非限制性轨道** (spin-unrestricted orbitals), 自旋向上和向下的自旋轨道具有不同的空间轨道函数

$$\begin{aligned} \chi_{2i-1}(\boldsymbol{x}) &= \psi_i^{\uparrow}(\boldsymbol{r})\alpha(\sigma) \\ \chi_{2i}(\boldsymbol{x}) &= \psi_i^{\downarrow}(\boldsymbol{r})\beta(\sigma) \end{aligned} \tag{3.45}$$

在本章接下来的讨论中, 除非明确说明, 我们对自旋轨道的具体形式不作区分, 只要求它们满足正交归一的条件

$$\langle\chi_i|\chi_j\rangle = \delta_{ij} \tag{3.46}$$

3.2.2 多电子波函数基组

基于一组正交归一的单电子轨道 $\{\chi_i\}$, 可以构建 N 电子波函数基组

$$\Phi_{ij\cdots l}^{(\mathrm{HP})}(\boldsymbol{x}_1,\boldsymbol{x}_2,\cdots,\boldsymbol{x}_N) = \chi_i(\boldsymbol{x}_1)\chi_j(\boldsymbol{x}_2)\cdots\chi_l(\boldsymbol{x}_N) \tag{3.47}$$

或简写为

$$|\Phi_{ij\cdots l}^{\mathrm{HP}}\rangle \equiv |\chi_i\rangle\otimes|\chi_j\rangle\otimes\cdots|\chi_l\rangle \equiv |\chi_i\chi_j\cdots\chi_l) \tag{3.48}$$

这种由 N 个单电子轨道的直接乘积构成的 N 电子波函数称为 Hartree 乘积态 (Hartree product state)。容易证明, 如果单电子轨道是完备的, 即

$$\sum_i|\chi_i\rangle\langle\chi_i| = \hat{I} \tag{3.49}$$

则所有可能的 Hartree 乘积态也构成了 N 电子体系的一个完备基组

$$\sum_{i,j,\cdots,l}|\chi_i\chi_j\cdots\chi_l)(\chi_i\chi_j\cdots\chi_l| = \hat{I} \tag{3.50}$$

需要说明的是, 上面两式中的单位算符 $\hat{I}\equiv 1$ 的含义是不一样的, 第一个表示单电子体系的单位算符, 而后者是 N 电子体系的单位算符。如前所述, N 电子体系薛定谔方程的解必须满足电子坐标交换反对称性要求, 但 Hartree 乘积态并不满足电子交换反对称性, 因此用 Hartree 乘积态作为 N 电子波函数基组, 显然并不合适。利用线性代数中行列式的概念, 由任意 N 个不同的轨道构成的**行列式波函数** (determinant wavefunctions)

$$\begin{aligned}
\Phi_{ij\cdots l}(\boldsymbol{x}_1,\boldsymbol{x}_2,\cdots,\boldsymbol{x}_N) &= (N!)^{-1/2}\begin{vmatrix}\chi_i(\boldsymbol{x}_1) & \chi_j(\boldsymbol{x}_1) & \cdots & \chi_l(\boldsymbol{x}_1)\\ \chi_i(\boldsymbol{x}_2) & \chi_j(\boldsymbol{x}_2) & \cdots & \chi_l(\boldsymbol{x}_2)\\ \vdots & \vdots & & \vdots\\ \chi_i(\boldsymbol{x}_N) & \chi_l(\boldsymbol{x}_N) & \ldots & \chi_l(\boldsymbol{x}_N)\end{vmatrix}\\
&= (N!)^{-1/2}\sum_{\mathcal{P}}(-1)^P\mathcal{P}\left[\chi_i(1)\chi_j(2)\cdots\chi_l(N)\right]\\
&= (N!)^{-1/2}\sum_{\mathcal{P}}(-1)^P\left[\chi_i(P1)\chi_j(P2)\cdots\chi_l(PN)\right]\\
&= (N!)^{-1/2}\sum_{\mathcal{P}}(-1)^P\left[\chi_{Pi}(1)\chi_{Pj}(2)\cdots\chi_{Pl}(N)\right]
\end{aligned} \tag{3.51}$$

自然地满足交换反对称性。行列式形式的多电子波函数最早由 Slater 提出, 因此常被称为 Slater 行列式, 一般简记为

$$\Phi_{ij\cdots l}(\boldsymbol{x}_1,\boldsymbol{x}_2,\cdots,\boldsymbol{x}_N) = |\chi_i\chi_j\cdots\chi_l\rangle \tag{3.52}$$

相应地, 电子交换反对称性可以表示为

$$|\cdots\chi_m\cdots\chi_n\cdots\rangle = -|\cdots\chi_n\cdots\chi_m\cdots\rangle \tag{3.53}$$

【练习】明确写出 $\Phi_{ijk}(1,2,3)$ 的表达式, 并验证 $\Phi_{ijk}(2,1,3) = -\Phi_{ijk}(1,2,3)$。

可以证明, 如果 $|\Phi\rangle = |\chi_i\chi_j\cdots\chi_l\rangle$ 和 $|\Phi'\rangle = |\chi_{i'}\chi_{j'}\cdots\chi_{l'}\rangle$ 是由正交归一轨道构成的两个 Slater 行列式波函数, 如果它们由不同的单电子轨道组成, 则有 $\langle\Phi|\Phi'\rangle = 0$; 如果它们由相同的一组单电子轨道构成, 则有 $\langle\Phi|\Phi'\rangle = (-1)^P$, 这里 P 是将 $\{i,j,\cdots,l\}$ 变成 $\{i',j',\cdots,l'\}$ 所需要进行互换的次数。

【练习*】推导以上结论。

【练习】令 $|K\rangle = |\chi_i\chi_j\rangle$, $|L\rangle = |\chi_k\chi_l\rangle$, 推导 $\langle K|L\rangle$。

由**完备正交归一的单电子轨道**构建的所有可能的 Slater 行列式波函数的集合, 构成了**完备的正交归一 N 电子波函数基组**, 其完备性可以表示为

$$\sum_{i,j,\cdots,l}\frac{1}{N!}|\chi_i\chi_j\cdots\chi_l\rangle\langle\chi_i\chi_j\cdots\chi_l| = \sum_{i<j<\cdots<l}|\chi_i\chi_j\cdots\chi_l\rangle\langle\chi_i\chi_j\cdots\chi_l| = \hat{I} \tag{3.54}$$

因此, N 电子体系薛定谔方程的解总可以展开为

$$\Psi(\boldsymbol{x}_1,\boldsymbol{x}_2,\cdots,\boldsymbol{x}_N) = \sum_{i<j<\cdots<l}C_{i,j,\cdots,l}\Phi_{ij\cdots l}(\boldsymbol{x}_1,\boldsymbol{x}_2,\cdots,\boldsymbol{x}_N) \tag{3.55}$$

在实际应用中, 我们只能使用有限多的单电子轨道, 记单电子轨道数目为 M。对于 N 电子体系 (显然要求 $N < M$), 总的 Slater 行列式波函数的数目为 $C_M^N \equiv \frac{M!}{N!(M-N)!}$, 这个数字随着 M 指数增长。因此, 以上所讨论的多电子薛定谔方程的求解方法虽然看起来非常直接, 却很难应用于实际体系。

当只能使用有限多的单电子轨道来构建 Slater 行列式波函数的时候, 选择什么样的单电子轨道便是首先需要解决的问题。选定单电子轨道后, 如何尽可能地减少式 (3.55) 中所需要考虑的 Slater 行列式的数目是另一个非常关键的问题。对于第一个问题, 原则上虽然存在不同的可能性, 但实际上绝大部分量子化学方法都基于同一个选择, 即采用 Hartree-Fock(HF) 理论所产生的单电子轨道。HF 方法本身就是为求解多电子薛定谔方程所发展的一种近似方法, 可以说是所有量子化学方法的基础。HF 方法属于**平均场近似** (mean-field approximation)。平均场方法的共同点是把多电子相互作用体系用一个非相互作用体系来代替, 电子之间的相互作用效应用一个有效单电子势近似表示。

3.2.3 Hartree 近似

对于多电子体系薛定谔方程, 最简单的近似是忽略多电子哈密顿算符中的两体项

$$\hat{H} \simeq \sum_i^N \hat{h}(i) \tag{3.56}$$

对于这种仅包含单体项的 N 电子体系哈密顿算符, 其本征解可以精确地写为 N 个单电子波函数 (轨道) 的乘积, 并基于对泡利原理的考虑, 要求这 N 个轨道都互不相同

$$\Phi^{\mathrm{HP}}(\boldsymbol{x}_1,\boldsymbol{x}_2,\cdots,\boldsymbol{x}_N) = \chi_1(\boldsymbol{x}_1)\chi_2(\boldsymbol{x}_2)\cdots\chi_N(\boldsymbol{x}_N) \tag{3.57}$$

其中 χ_i 是单电子算符 $\hat{h}$ 的本征函数

$$\hat{h}(\boldsymbol{x})\chi_i(\boldsymbol{x}) = \varepsilon_i\chi_i(\boldsymbol{x}) \tag{3.58}$$

如前所述, 这种由 N 个不同单电子波函数的乘积所构成的 N 电子波函数称为 Hartree 乘积波函数 (Hartree product wavefunction), 相应的总能量为

$$E = \sum_{i}^{N} \varepsilon_i \tag{3.59}$$

【练习】证明上式。

在实际问题中, 电子间的相互作用显然是不可忽略的, 因此直接用单电子哈密顿算符的本征函数构成的 Hartree 乘积波函数显然是对精确多电子波函数非常糟糕的近似。一个改进的近似是假定多电子波函数可以表示为 N 个互相正交归一的单电子轨道的乘积, 但这些轨道并不是单电子算符 $\hat{h}$ 的本征函数, 而是通过变分原理来确定

$$E_0^{(\text{Hartree})} = \min_{\langle\chi_i|\chi_j\rangle=\delta_{ij}} \langle \Phi^{\text{HP}}|\hat{H}|\Phi^{\text{HP}}\rangle \tag{3.60}$$

由此可以得到单电子轨道所满足的方程

$$\left[\hat{h}(\boldsymbol{x}) + \sum_{j\neq i}^{N} \int \frac{\chi_j^*(\boldsymbol{x}')\chi_j(\boldsymbol{x}')}{|\boldsymbol{r}-\boldsymbol{r}'|} \mathrm{d}\boldsymbol{x}'\right] \chi_i(\boldsymbol{x}) = \varepsilon_i \chi_i(\boldsymbol{x}) \tag{3.61}$$

或者写得更为明确一些

$$\left[-\frac{1}{2}\nabla^2 + v_{\text{eff},i}^{(\text{H})}(\boldsymbol{r})\right] \chi_i(\boldsymbol{x}) = \varepsilon_i \chi_i(\boldsymbol{x}) \tag{3.62}$$

其中

$$v_{\text{eff},i}^{(\text{H})}(\boldsymbol{r}) \equiv v_{\text{ext}}(\boldsymbol{r}) + \sum_{j\neq i} \int \frac{\chi_j^*(\boldsymbol{x}')\chi_j(\boldsymbol{x}')}{|\boldsymbol{r}-\boldsymbol{r}'|} \mathrm{d}\boldsymbol{x}' \tag{3.63}$$

为 Hartree 近似下的有效势场。

在 Hartree 近似中, 不同轨道感受到不同的有效势场。式 (3.63) 中第二项有明确的物理意义: 占据第 i 个轨道的电子除了感受到原子核的吸引势 $v_{\text{ext}}(\boldsymbol{r})$ 之外, 还感受到占据其他轨道的所有其他电子的静电排斥势。由于每个轨道感受到不同的有效势, 同时这些轨道要满足正交归一的限制条件, 因此 Hartree 方程的求解在数学上并不简单。通常所说的 Hartree 近似是指如下更为简单的方程

$$\left[-\frac{1}{2}\nabla^2 + v_{\text{eff}}^{(\text{H})}(\boldsymbol{r})\right] \chi_i(\boldsymbol{x}) = \varepsilon_i \chi_i(\boldsymbol{x}) \tag{3.64}$$

其中

$$v_{\text{eff}}^{(\text{H})}(\boldsymbol{r}) \equiv v_{\text{ext}}(\boldsymbol{r}) + \sum_{j=1}^{N} \int \frac{\chi_j^*(\boldsymbol{x}')\chi_j(\boldsymbol{x}')}{|\boldsymbol{r}-\boldsymbol{r}'|} \mathrm{d}\boldsymbol{x}' \tag{3.65}$$

其中第二项表示所有电子产生的静电势, 一般称为 Hartree 势

$$v_{\text{H}}(\boldsymbol{r}) \equiv \int \frac{\rho(\boldsymbol{r}')}{|\boldsymbol{r}-\boldsymbol{r}'|} \mathrm{d}\boldsymbol{r}' \tag{3.66}$$

这里

$$\rho(\boldsymbol{r}) \equiv \sum_{j=1}^{N} \int \chi_j^*(\boldsymbol{x})\chi_j(\boldsymbol{x}) \mathrm{d}\sigma \tag{3.67}$$

为电子密度。

3.2.4 Hartree-Fock 近似

Hartree 近似中的近似多电子波函数显然不满足交换反对称性的要求。在 Hartree 近似的基础上, 引入交换反对称性条件, 最简单的处理显然是假定基态波函数是一个由 N 个正交归一单电子轨道所构成的 Slater 行列式波函数

$$|\Psi_0\rangle \simeq |\Phi_0\rangle = |\chi_1\chi_2\cdots\chi_N\rangle \tag{3.68}$$

这组单电子轨道由变分原理来确定

$$E_0 = \min_{\langle\chi_i|\chi_j\rangle=\delta_{ij}} \left\langle \Phi_0|\hat{H}|\Phi_0 \right\rangle \tag{3.69}$$

通过变分计算, 可得出单电子轨道所应满足的方程, 即 Hartree-Fock(HF) 方程

$$\left\{\hat{h}(1) + \sum_{j=1}^{N}\left[\hat{J}_j(1) - \hat{K}_j(1)\right]\right\}\chi_i(1) = \varepsilon_i\chi_i(1) \tag{3.70}$$

这里我们**用数字 1 作为对 $\boldsymbol{x}_1$ 的缩写**, 这种简写在后面会广泛使用。上式定义了两个新的算符

$$\hat{J}_j(1)\chi_i(1) \equiv \left[\int \frac{\chi_j^*(2)\chi_j(2)}{r_{12}}\mathrm{d}\boldsymbol{x}_2\right]\chi_i(1) \tag{3.71}$$

称为库仑 (Coulomb) 算符

$$\hat{K}_j(1)\chi_i(1) \equiv \left[\int \frac{\chi_j^*(2)\chi_i(2)}{r_{12}}\mathrm{d}\boldsymbol{x}_2\right]\chi_j(1) \tag{3.72}$$

称为交换 (exchange) 算符。我们将在下一章讨论 HF 方程的具体推导过程及其物理意义。容易看出, 虽然 HF 方程具有单电子薛定谔方程的形式, 但其单电子哈密顿算符依赖于所要求的单电子轨道, 因此必须通过迭代求解, 其势场被称为**自洽场** (self-consistent field, SCF), 迭代过程被称为 SCF 过程。

3.2.5 激发行列式波函数

HF 方法本身只需要能量最低的 N 个 HF 轨道作为占据轨道来构建基态行列式波函数, 但是求解 HF 方程的过程除了给出 N 个占据轨道, 还会给出所有的未占据轨道。原则上, HF 方程所有的解构成了单电子希尔伯特函数空间的一组完备正交归一基矢, 因此可以用这组单电子轨道来定义相应的 N 电子基函数。对很多体系, HF 近似能对多电子基态问题给出较为准确的描述。这意味着, 如将精确基态 N 电子波函数 Ψ_0 用由 HF 轨道构成的多电子基函数展开

$$\Psi_0 = \sum_I C_I\Phi_I \tag{3.73}$$

那么, 给出最重要贡献的行列式波函数应该是 HF 基态波函数, 即 $|C_0|^2 \gg |C_{I>0}|^2$。

在后面的讨论中, 我们用 a, b, c 等作为 HF 基态波函数中的占据轨道 (occupied orbitals) 的下标, 未占据轨道 (unoccupied orbitals), 也称虚轨道 (virtual orbitals), 用 r, s, t 等标记, 不区分占据或未占据轨道时, 用 i, j, k 等为下标。需要注意的是, 不同教材或文献往往采用不同的符号惯例, 应注意不要混淆。

将 Φ_0 中的一个占据轨道 χ_a 用一个虚轨道 χ_r 代替, 得到如下**单激发** (singly excited, 简写为 S) 行列式波函数

$$|\Phi_a^r\rangle = |\chi_1\chi_2\cdots\chi_r\cdots\chi_N\rangle \tag{3.74}$$

类似地, 可以定义**双激发** (doubly excited, 简写为 D) 行列式波函数

$$|\Phi_{ab}^{rs}\rangle = |\chi_1\chi_2\cdots\chi_r\cdots\chi_s\cdots\chi_N\rangle \tag{3.75}$$

直到所有占据轨道都被虚轨道取代得到 N 重激发 (N-tuply excited) 行列式波函数。所有这些不同重激发的行列式波函数合在一起, 构成了完备的多电子基函数, 可以用来展开多电子薛定谔方程的解

$$|\Psi\rangle = C_0|\Phi_0\rangle + \sum_{ra} C_a^r|\Psi_a^r\rangle + \sum_{\substack{a<b\\r<s}} C_{ab}^{rs}|\Phi_{ab}^{rs}\rangle + \sum_{\substack{a<b<c\\r<s<t}} C_{abc}^{rst}|\Phi_{abc}^{rst}\rangle + \cdots \tag{3.76}$$

可以用线性变分法来确定上式中的展开系数。每一个 Slater 行列式都称为一个**组态** (configuration) (关于组态的概念, 后文还会有更详细讨论), 这种处理方法被称为**组态相互作用** (configuration interaction, CI)。

在实际计算中, HF 方程一般都是在一个有限的单电子基组空间中进行求解, 设基组的大小为 K (不考虑自旋), 由此得到总数为 $2K$ 的自旋轨道。单激发行列式波函数的数量为 $N\times(2K-N)$, 双重激发行列式波函数数目为 $N(N-1)(2K-N)(2K-N-1)/4$。考虑所有的构型的 CI 方法称为**全组态相互作用** (full CI, FCI), 由此得到的是**给定单电子基组**条件下多电子薛定谔方程的**数值精确解**。FCI 中需要考虑的展开项数量随着 K 的增大呈指数增长, 对绝大部分实际体系都不适用。在实际应用中, 往往需要对式 (3.76) 中的展开做截断, 由此可以得到一系列**截断 CI** (truncated CI) 方法

$$|\Psi^{\mathrm{CIS}}\rangle = C_0|\Phi_0\rangle + \sum_{ra} C_a^r|\Psi_a^r\rangle \tag{3.77}$$

$$|\Psi^{\mathrm{CISD}}\rangle = C_0|\Phi_0\rangle + \sum_{ra} C_a^r|\Psi_a^r\rangle + \sum_{\substack{a<b\\r<s}} C_{ab}^{rs}|\Phi_{ab}^{rs}\rangle \tag{3.78}$$

$$|\Psi^{\mathrm{CISDT}}\rangle = C_0|\Phi_0\rangle + \sum_{ra} C_a^r|\Psi_a^r\rangle + \sum_{\substack{a<b\\r<s}} C_{ab}^{rs}|\Phi_{ab}^{rs}\rangle + \sum_{\substack{a<b<c\\r<s<t}} C_{abc}^{rst}|\Phi_{abc}^{rst}\rangle \tag{3.79}$$

显然, 截断 CI 方法的精度是可控的, 可以通过提高截断的水平而不断提高其计算精度, 但是计算量同时也迅速上升。

截断 CI 方法是概念上最为简单直接的考虑电子相关效应的量子化学方法, 但是也存在严重的缺陷。我们将在第五章对此做详细讨论。

【实例】 H_2 分子的最小基组表示。

对于 H_2 最简单的描述是用每个 H 原子 (分别记为 a 和 b) 的 1s 轨道作为基函数

$$\begin{aligned}\phi_a(\boldsymbol{r}) &= \phi_{1\mathrm{s}}(\boldsymbol{r}-\boldsymbol{R}_a)\\ \phi_b(\boldsymbol{r}) &= \phi_{1\mathrm{s}}(\boldsymbol{r}-\boldsymbol{R}_b)\end{aligned} \tag{3.80}$$

而分子轨道是它们的线性组合。定义

$$S_{ab} = \int \phi_a^*(\boldsymbol{r})\phi_b(\boldsymbol{r})\mathrm{d}\boldsymbol{r} \tag{3.81}$$

成键轨道

$$\psi_1(\boldsymbol{r}) = [2(1+S_{ab})]^{-1/2}[\phi_a(\boldsymbol{r})+\phi_b(\boldsymbol{r})] \tag{3.82}$$

反键轨道

$$\psi_2(\boldsymbol{r}) = [2(1-S_{ab})]^{-1/2}[\phi_a(\boldsymbol{r})-\phi_b(\boldsymbol{r})] \tag{3.83}$$

进而形成 4 个自旋轨道

$$\begin{aligned}\chi_1(\boldsymbol{x}) &= \psi_1(\boldsymbol{r})\alpha(\sigma)\\ \chi_2(\boldsymbol{x}) &= \psi_1(\boldsymbol{r})\beta(\sigma)\\ \chi_3(\boldsymbol{x}) &= \psi_2(\boldsymbol{r})\alpha(\sigma)\\ \chi_4(\boldsymbol{x}) &= \psi_2(\boldsymbol{r})\beta(\sigma)\end{aligned} \tag{3.84}$$

从这些自旋轨道的不同占据方式, 可以得到 $C_4^2=6$ 个可能的行列式波函数, 其中基态行列式波函数为

$$|\Phi_0\rangle = |\chi_1\chi_2\rangle \equiv \left|\psi_1\bar{\psi}_1\right\rangle \equiv |1\bar{1}\rangle \tag{3.85}$$

激发行列式波函数为 $|2\bar{1}\rangle, |\bar{2}\bar{1}\rangle, |1\bar{2}\rangle, |12\rangle, |2\bar{2}\rangle$。精确基态波函数可以表示为这些行列式波函数的线性组合。但是在考虑了自旋和空间对称性之后, 只有基态行列式 $|1\bar{1}\rangle$ 和 $|2\bar{2}\rangle$ 才对基态波函数有贡献

$$|\Psi\rangle = C_0|1\bar{1}\rangle + C_1|2\bar{2}\rangle \tag{3.86}$$

因此, 相应的哈密顿矩阵为

$$\boldsymbol{H} = \begin{pmatrix} \langle 1\bar{1}|\hat{H}|1\bar{1}\rangle & \langle 1\bar{1}|\hat{H}|2\bar{2}\rangle \\ \langle 2\bar{2}|\hat{H}|1\bar{1}\rangle & \langle 2\bar{2}|\hat{H}|2\bar{2}\rangle \end{pmatrix} \tag{3.87}$$

3.2.6 矩阵元的计算: Slater-Condon 规则

这一节我们讨论多电子体系中算符关于 Slater 行列式波函数的矩阵元计算规则。矩阵元计算的复杂度主要由算符是单体算符还是双体算符决定 (更复杂的三体及以上算符在量子化学中较少出现, 因此这里不做讨论)。为一般性起见, 我们把哈密顿算符分为单体和双体两部分, 分别讨论它们的矩阵元计算公式

$$\hat{O}_1 = \sum_{i=1}^{N}\hat{h}(i) \tag{3.88}$$

$$\hat{O}_2 = \sum_{i<j} r_{ij}^{-1} \tag{3.89}$$

积分记号约定

为简化标记, 定义如下记号。

- **单电子积分**

$$h_{ij} \equiv \langle i|h|j\rangle \equiv \int \mathrm{d}\boldsymbol{x}_1 \chi_i^*(\boldsymbol{x}_1)\,\hat{h}(\boldsymbol{x}_1)\,\chi_j(\boldsymbol{x}_1) \tag{3.90}$$

- **双电子积分**

$$V_{ijkl} \equiv \langle ij|kl\rangle = \langle \chi_i\chi_j|\chi_k\chi_l\rangle = \int \mathrm{d}\boldsymbol{x}_1 \int \mathrm{d}\boldsymbol{x}_2 \chi_i^*(\boldsymbol{x}_1)\chi_j^*(\boldsymbol{x}_2) r_{12}^{-1}\chi_k(\boldsymbol{x}_1)\chi_l(\boldsymbol{x}_2) \tag{3.91}$$

- **反对称化双电子积分**

$$\langle ij||kl\rangle = \langle ij|kl\rangle - \langle ij|lk\rangle = \int \mathrm{d}\boldsymbol{x}_1 \int \mathrm{d}\boldsymbol{x}_2 \chi_i^*(\boldsymbol{x}_1)\chi_j^*(\boldsymbol{x}_2) r_{12}^{-1}(1-\mathcal{P}_{12})\chi_k(\boldsymbol{x}_1)\chi_l(\boldsymbol{x}_2) \tag{3.92}$$

这里 $\mathcal{P}_{12}$ 表示交换紧接这个符号右侧出现的函数中的变量下标 1 和 2。

文献中常用的另一种标记方法是

$$[i|h|j] \equiv \langle \chi_i|h|\chi_j\rangle \tag{3.93}$$

$$[ij|kl] \equiv [\chi_i\chi_j|\chi_k\chi_l] = \langle \chi_i\chi_k|\chi_j\chi_l\rangle \tag{3.94}$$

Slater-Condon 规则

计算矩阵元时, 需要考虑如下三种情况:

1. 任意行列式波函数 $|X\rangle = |\chi_i\chi_j\cdots\chi_m \ \cdots \ \chi_n\cdots\chi_l\rangle$ 的对角矩阵元 $\langle X|\hat{O}|X\rangle$。

2. $|X\rangle$ 与和它相差一个轨道的行列式波函数 $|Y\rangle = |\chi_i\chi_j\cdots\chi_p \ \cdots \ \chi_n\cdots\chi_l\rangle$ 之间的矩阵元 $\langle X|\hat{O}|Y\rangle$, 其中 χ_p 对应的位置和 χ_m 在 $|X\rangle$ 中的位置相同。

3. $|X\rangle$ 与和它相差两个轨道的行列式波函数 $|Z\rangle = |\chi_i\chi_j\cdots\chi_p \ \cdots \ \chi_q\cdots\chi_l\rangle$ 之间的矩阵元 $\langle X|\hat{O}|Z\rangle$, 其中 χ_p 和 χ_q 对应的位置与 χ_m 和 χ_n 在 $|X\rangle$ 中的位置相同。

对应以上情形的单体项和两体项矩阵元表达式称为 Slater-Condon 规则, 其具体表达式见表 3.1。

表 3.1 矩阵元计算的 Slater-Condon 规则

	$\hat{O}_1$	$\hat{O}_2$
$\left\langle X\middle|\hat{O}\middle|X\right\rangle$	$\sum\limits_{m\in X} h_{mm}$	$\frac{1}{2}\sum\limits_{m,n\in X}\langle mn\|\|mn\rangle$
$\left\langle X\middle|\hat{O}\middle|Y\right\rangle$	h_{mp}	$\sum\limits_{n\in X}\langle mn\|\|pn\rangle$
$\left\langle X\middle|\hat{O}\middle|Z\right\rangle$	0	$\langle mn\|\|pq\rangle$

基于 Slater-Condon 规则, 可以写出 HF 近似下基态能量的表达式

$$\langle \Phi_0|\hat{H}|\Phi_0\rangle = \sum_{a=1}^{N} h_{aa} + \frac{1}{2}\sum_{a,b}^{N}\langle ab||ab\rangle = \sum_{a=1}^{N} h_{aa} + \sum_{a<b}^{N}\langle ab||ab\rangle \tag{3.95}$$

Slater-Condon 规则的推导

我们以 $\langle X|\hat{O}_2|X\rangle$ 为例讨论 Slater-Condon 规则的推导, 由此也可以熟悉行列式波函数有关的理论推导技巧。

容易看出

$$
\begin{aligned}
&|X\rangle = |\chi_i\chi_j\cdots\chi_l\rangle \\
&\langle X|\hat{O}_2|X\rangle = \langle X|r_{12}^{-1}+r_{13}^{-1}+\cdots+r_{23}^{-1}+r_{24}^{-1}+\cdots r_{N-1,N}^{-1}|X\rangle \\
=&\frac{N(N-1)}{2}\langle X|r_{12}^{-1}|X\rangle \\
=&\frac{N(N-1)}{2}(N!)^{-1}\sum_{\mathcal{P},\mathcal{P}'}(-1)^{P+P'}\int \mathrm{d}\boldsymbol{x}_1\cdots\mathrm{d}\boldsymbol{x}_N\chi_{Pi}^*(1)\chi_{Pj}^*(2)\chi_{Pk}^*(3)\cdots\chi_{Pl}^*(N) \\
&\times r_{12}^{-1}\chi_{P'i}(1)\chi_{P'j}(2)\chi_{P'k}(3)\cdots\chi_{P'l}(N) \\
=&\frac{1}{2(N-2)!}\sum_{P,P'}(-1)^{P+P'}\int \mathrm{d}\boldsymbol{x}_1\mathrm{d}\boldsymbol{x}_2\chi_{Pi}^*(1)\chi_{Pj}^*(2)r_{12}^{-1}\chi_{P'i}(1)\chi_{P'j}(2)\delta_{Pk,P'k}\cdots\delta_{Pl,P'l}
\end{aligned}
\tag{3.96}
$$

由上式可以看出, $\mathcal{P}$ 和 $\mathcal{P}'$ 两个排列的各种组合, 仅当 $Pk=P'k,\cdots,Pl=P'l$ 的时候才给出不为零的贡献。这时有两种情况

$$
Pi=P'i, Pj=P'j \quad \Rightarrow \quad \mathcal{P}=\mathcal{P}' \tag{3.97}
$$

或者

$$
Pi=P'j, Pj=P'i \quad \Rightarrow \quad \mathcal{P}'=\mathcal{P}\mathcal{P}_{ij} \tag{3.98}
$$

因此有

$$
\begin{aligned}
\langle X|\hat{O}_2|X\rangle =& \frac{1}{2(N-2)!}\sum_{\mathcal{P}}\int \mathrm{d}\boldsymbol{x}_1\mathrm{d}\boldsymbol{x}_2\chi_{Pi}^*(1)\chi_{Pj}^*(2)r_{12}^{-1}\left[\chi_{Pi}(1)\chi_{Pj}(2)-\chi_{Pj}(1)\chi_{Pi}(2)\right] \\
=&\frac{1}{2(N-2)!}\sum_{m,n\in X}\int \mathrm{d}\boldsymbol{x}_1\mathrm{d}\boldsymbol{x}_2\chi_m^*(1)\chi_n^*(2)r_{12}^{-1}\left[\chi_m(1)\chi_n(2)-\chi_n(1)\chi_m(2)\right] \\
&\sum_{\mathcal{P}}\delta_{m,Pi}\delta_{n,Pj} \\
=&\frac{1}{2}\sum_{m,n\in X}\int \mathrm{d}\boldsymbol{x}_1\mathrm{d}\boldsymbol{x}_2\chi_m^*(1)\chi_n^*(2)r_{12}^{-1}\left[\chi_m(1)\chi_n(2)-\chi_n(1)\chi_m(2)\right] \\
=&\frac{1}{2}\sum_{m,n\in X}\langle mn||mn\rangle
\end{aligned}
\tag{3.99}
$$

3.2.7 自旋限制性构型的 HF 总能量

前面的讨论都基于自旋轨道, 可以简化形式推导, 适用于普遍的情形。在实际研究中, 在非相对论近似下, 多电子体系的哈密顿算符本身并不依赖于自旋, 因此对自旋自由度通常可以解析性地处理, 只需要对空间轨道部分作数值计算处理。特别是对于闭壳层体系, 电子总是成对地占据自旋轨道, 成对的自旋轨道具有相同的空间轨道

$$
\begin{aligned}
\chi_{2i-1}(\boldsymbol{x}) &= \psi_i(\boldsymbol{r})\alpha(\sigma) \equiv \psi_i(\boldsymbol{x}) \\
\chi_{2i}(\boldsymbol{x}) &= \psi_i(\boldsymbol{r})\beta(\sigma) \equiv \overline{\psi}_i(\boldsymbol{x})
\end{aligned}
\tag{3.100}
$$

注意: 上式引入了一种简化表示。此时 HF 近似下基态行列式波函数可以写作

$$
|\varPhi_0\rangle = |\chi_1\chi_2\chi_3\chi_4\cdots\chi_{N-1}\chi_N\rangle = \left|\psi_1\overline{\psi}_1\psi_2\overline{\psi}_2\cdots\psi_{N/2}\overline{\psi}_{N/2}\right\rangle \tag{3.101}
$$

容易证明, 对于 N 电子闭壳层体系, HF 基态总能量可以写为

$$E_0 = 2\sum_{a}^{N/2} h_{aa} + \sum_{a,b}^{N/2} [2\langle ab|ab\rangle - \langle ab|ba\rangle] = 2\sum_{a}^{N/2} h_{aa} + \sum_{a,b}^{N/2} [2J_{ab} - K_{ab}] \tag{3.102}$$

这里我们引入了**库仑积分**(Coulomb integrals)

$$J_{ij} = \langle ij|ij\rangle = \iint \frac{|\psi_i(\boldsymbol{r}_1)|^2|\psi_j(\boldsymbol{r}_2)|^2}{r_{12}} \mathrm{d}\boldsymbol{r}_1\mathrm{d}\boldsymbol{r}_2 \tag{3.103}$$

和**交换积分**(exchange integrals)

$$K_{ij} = \langle ij|ji\rangle = \iint \frac{\psi_i^*(\boldsymbol{r}_1)\psi_j^*(\boldsymbol{r}_2)\psi_j(\boldsymbol{r}_1)\psi_i(\boldsymbol{r}_2)}{r_{12}} \mathrm{d}\boldsymbol{r}_1\mathrm{d}\boldsymbol{r}_2 \tag{3.104}$$

注意这些都是基于空间轨道的积分。显然, $J_{ii} = K_{ii}$。另外如果空间轨道为实函数时, 则有

$$K_{ij} = \langle ii|jj\rangle = \langle jj|ii\rangle = K_{ji} \tag{3.105}$$

式 (3.102) 有非常直观的物理意义:

1. 每个轨道 i 填充一个电子时会对总能量贡献 h_{ii};

2. 每对电子, 如一个占据轨道 i, 另一个占据轨道 j, 无论自旋如何, 都对总能量贡献 J_{ij};

3. 每对自旋相同的电子, 如一个占据轨道 i, 另一个占据轨道 j, 对总能量贡献 $-K_{ij}$。以上规则同样适用于其他更一般的自旋限制性电子构型所对应的 HF 能量。

【习题】

1. 推导 Hartree 近似下单电子轨道所满足的方程 (3.62)。

2. 以两电子体系波函数 $|\Phi_0\rangle = |\chi_1\chi_2\rangle$ 直接推导 $\langle\Phi_0|\hat{H}|\Phi_0\rangle \equiv \langle\Phi_0|\hat{O}_1 + \hat{O}_2|\Phi_0\rangle$, 以验证 Slater-Condon 规则。

3. 推导式 (3.87) 中矩阵元用关于 ψ_1 和 ψ_2 的单电子和双电子积分表示的具体表达式。

4. 从基于自旋轨道的 HF 基态能量表达式 (3.95) 推导式 (3.102)。

5. 写出图 3.3 所示各种构型所对应的总能量。

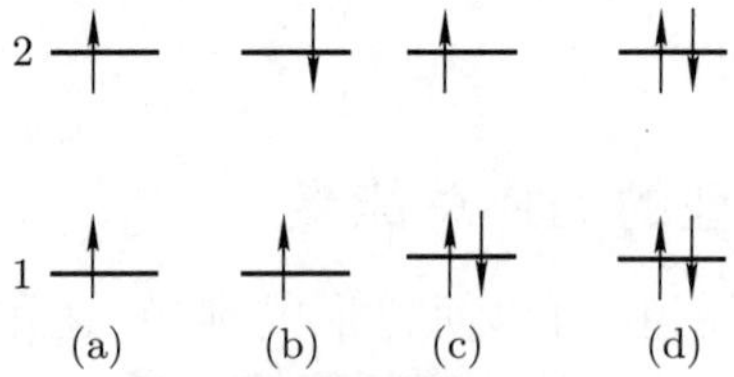

图 3.3

6. (*) 证明交换积分 K_{ij} 一定是正的实数。

3.3 自旋匹配组态波函数

这一节我们首先简单介绍一下电子自旋算符的一些基本性质, 然后讨论多电子体系波函数的自旋性质。

3.3.1 电子自旋

前面已经提到, 电子除了在三维几何空间中的运动自由度之外, 还存在一个内禀自由度 (intrinsic degree of freedom), 这个内禀自由度具有和轨道角动量类似的物理特征, 因此被称为**自旋**。但和轨道角动量不同的是, 电子自旋对应的量子数是 1/2。为避免混淆, 这一节出现的一般性公式中我们将 $\hbar$ 显式地写出来。在讨论具体问题时, 仍然采用原子单位制 (即 $\hbar = 1$)。给定坐标系, 可以定义自旋角动量在不同方向上的分量

$$\hat{\boldsymbol{s}} = \hat{s}_x \boldsymbol{e}_x + \hat{s}_y \boldsymbol{e}_y + \hat{s}_z \boldsymbol{e}_z \tag{3.106}$$

$$\hat{s}^2 = \hat{\boldsymbol{s}} \cdot \hat{\boldsymbol{s}} = \hat{s}_x^2 + \hat{s}_y^2 + \hat{s}_z^2 \tag{3.107}$$

存在如下对易关系

$$[\hat{s}_x, \hat{s}_y] = \mathrm{i}\hbar \hat{s}_z \tag{3.108}$$

$$[\hat{s}_y, \hat{s}_z] = \mathrm{i}\hbar \hat{s}_x \tag{3.109}$$

$$[\hat{s}_z, \hat{s}_x] = \mathrm{i}\hbar \hat{s}_y \tag{3.110}$$

$$[\hat{s}^2, \hat{s}_k] = 0 \qquad (k = x, y, z) \tag{3.111}$$

一般取 $\hat{s}^2$ 和 $\hat{s}_z$ 的共同本征态 $|s, m_s\rangle$ 作为描述电子自旋状态的基矢

$$\begin{aligned} \hat{s}^2 |s, m_s\rangle &= s(s+1)\hbar^2 |s, m_s\rangle \\ \hat{s}_z |s, m_s\rangle &= m_s \hbar |s, m_s\rangle \end{aligned} \tag{3.112}$$

对电子而言, $s = 1/2$, $m_s = \pm 1/2$, 自旋本征态记为

$$\begin{aligned} \left|\frac{1}{2}, \frac{1}{2}\right\rangle &\equiv |\alpha\rangle \\ \left|\frac{1}{2}, -\frac{1}{2}\right\rangle &\equiv |\beta\rangle \end{aligned} \tag{3.113}$$

习惯上分别将其称为自旋向上和向下, 这只是形象直观的说法而已, 并无实际意义。

在讨论自旋问题时, 常常会用到**自旋阶梯 (升降) 算符** (ladder operators)

$$\begin{aligned} \hat{s}_+ &= \hat{s}_x + \mathrm{i}\ \hat{s}_y \\ \hat{s}_- &= \hat{s}_x - \mathrm{i}\ \hat{s}_y \end{aligned} \tag{3.114}$$

这些算符满足如下对易关系

$$[\hat{s}_z, \hat{s}_\pm] = \pm\hbar \hat{s}_\pm \tag{3.115}$$

【**练习**】证明式 (3.115)。

由此可以证明自旋阶梯算符具有如下性质

$$\begin{aligned} \hat{s}_+|\alpha\rangle = 0, \quad \hat{s}_+|\beta\rangle = |\alpha\rangle \\ \hat{s}_-|\alpha\rangle = |\beta\rangle, \ \hat{s}_-|\beta\rangle = 0 \end{aligned} \tag{3.116}$$

则容易看出

$$\hat{s}^2 = \hat{s}_+ \hat{s}_- - \hbar \hat{s}_z + \hat{s}_z^2 \tag{3.117}$$

【**练习**】证明式 (3.116)。

3.3.2 多电子体系的总自旋

对 N 电子体系, 可以定义总自旋算符

$$\hat{\boldsymbol{S}} \equiv \sum_i \hat{\boldsymbol{s}}_i \tag{3.118}$$

容易证明 N 电子体系的总电子自旋算符满足一般角动量算符对易关系

$$[\hat{S}_x, \hat{S}_y] = \mathrm{i}\hbar\hat{S}_z \tag{3.119}$$

$$[\hat{S}_y, \hat{S}_z] = \mathrm{i}\hbar\hat{S}_x \tag{3.120}$$

$$[\hat{S}_z, \hat{S}_x] = \mathrm{i}\hbar\hat{S}_y \tag{3.121}$$

$$[\hat{S}^2, \hat{S}_k] = 0 \qquad (k = x, y, z) \tag{3.122}$$

因此, 可用总自旋算符的平方 $\hat{S}^2$ 和沿 z 轴的分量 $\hat{S}_z$ 的共同本征态来描述体系整体的自旋状态, 记为 $|SM_S\rangle$

$$\begin{aligned} \hat{S}^2|SM_S\rangle &= S(S+1)\hbar^2|SM_S\rangle \\ \hat{S}_z|SM_S\rangle &= M_S\hbar|SM_S\rangle \end{aligned} \tag{3.123}$$

类似的, 可以定义对应于总自旋的升降算符

$$\hat{S}_\pm = \sum_{i=1}^{N} \hat{s}_\pm(i) \tag{3.124}$$

$$\hat{S}^2 = \hat{S}_+\hat{S}_- - \hbar\hat{S}_z + \hat{S}_z^2 \tag{3.125}$$

总自旋升降算符作用于自旋本征态上, 具有如下性质

$$\hat{S}_\pm|SM_S\rangle = \sqrt{S(S+1) - M_S(M_S \pm 1)}\hbar|SM_S \pm 1\rangle \tag{3.126}$$

在非相对论近似成立, 且不存在外磁场时, 多电子体系的哈密顿算符不依赖于电子自旋, 因此哈密顿算符和电子总自旋算符对易

$$\left[\hat{H}, \hat{S}^2\right] = 0, \quad \left[\hat{H}, \hat{S}_z\right] = 0 \tag{3.127}$$

因此多电子体系的本征波函数 $|\Psi\rangle$ 可同时也是 $\hat{S}^2$ 和 $\hat{S}_z$ 的本征态

$$\begin{aligned} \hat{H}|\Psi_{\gamma SM_S}\rangle &= E_{\gamma S}|\Psi_{\gamma SM_S}\rangle \\ \hat{S}^2|\Psi_{\gamma SM_S}\rangle &= S(S+1)\hbar^2|\Psi_{\gamma SM_S}\rangle \\ \hat{S}_z|\Psi_{\gamma SM_S}\rangle &= M_S\hbar|\Psi_{\gamma SM_S}\rangle \end{aligned} \tag{3.128}$$

这里我们用 γ 表示自旋量子数之外的其他量子数。正如上述表达式所表示的那样, 能量本征值和总自旋量子数 S 有关, 与总自旋磁量子数 M_S 无关, 因此自旋量子数为 S 的能量本征态具有 $2S+1$ 的简并度, 称为**自旋多重度** (multiplicity)。

容易证明, 当自旋轨道具有共线形式 [即式 (3.43)] 时, 单 Slater 行列式波函数是 $\hat{S}_z$ 的本征态

$$\hat{S}_z\,|\chi_i\chi_j\cdots\chi_k\rangle = \frac{1}{2}\left(N^\alpha - N^\beta\right)\hbar\,|\chi_i\chi_j\cdots\chi_k\rangle \equiv M_s\hbar\,|\chi_i\chi_j\cdots\chi_k\rangle \tag{3.129}$$

其中 N^σ ($\sigma=\alpha$ 或 β) 为行列式中具有自旋为 σ 的单电子轨道的数目。

【练习】证明上式。

但是, 单 Slater 行列式波函数未必是 $\hat{S}^2$ 的本征态。可以通过对由相同空间轨道所构成的不同行列式波函数进行线性组合来得到同时是 $\hat{S}^2$ 和 $\hat{S}_z$ 本征态的多电子波函数。这个过程称为**自旋匹配** (spin adaption), 由此获得的行列式波函数的线性组合被称为**自旋匹配组态函数** (spin-adapted configuration state function), 简称**组态函数** (configuration state function, CSF)。更一般地说, 自旋是多电子体系所具有的各种可能的对称性中的一种。体系还可能存在其他对称性, 特别是空间对称性 (旋转, 空间反演等)。对于其他对称性, 也可以采用类似的处理以得到具有确定对称性的行列式波函数的线性组合, 这被称为**对称性匹配** (symmetry adaption)。

3.3.3 为什么要进行自旋匹配?

【定理】多电子体系哈密顿算符关于对应于不同自旋本征态的两个多电子波函数的矩阵元为 0, 即, 如果 $|\Psi\rangle=|\gamma SM_S\rangle$, $|\Psi'\rangle=|\gamma' S' M_S'\rangle$, 这里 γ,γ' 为除自旋量子数之外表征波函数特征的参数, 则有

$$\langle\Psi'|\hat{H}|\Psi\rangle=\langle\gamma' SM_S|\hat{H}|\gamma SM_S\rangle\delta_{SS'}\delta_{M_SM_S'} \tag{3.130}$$

【证明】

$$\begin{aligned}
&\left[\hat{S}^2,\hat{H}\right]=0\\
\Rightarrow\quad &\langle\gamma' S' M_S'|\left(\hat{S}^2\hat{H}-\hat{H}\hat{S}^2\right)|\gamma SM_S\rangle=0\\
\Rightarrow\quad &[S'(S'+1)-S(S+1)]\,\langle\gamma' S' M_S'|\hat{H}|\gamma SM_S\rangle=0\\
\Rightarrow\quad &\langle\gamma' S' M_S'|\hat{H}|\gamma SM_S\rangle=0\qquad S\neq S'
\end{aligned} \tag{3.131}$$

类似可以证明当 $M_S\neq M_S'$ 时, 上式矩阵元也为零。

这个结果对实际计算非常重要。一方面, 在求解具有确定自旋状态的多电子波函数时, 使用自旋匹配组态函数作为基组可以显著减小基组的数目。但另一方面, 当采用自旋匹配组态函数作为基组时, 矩阵元的计算变得更为复杂。有时为了简化程序实现, 仍然会直接使用行列式波函数作为多电子波函数基组。

自旋匹配是利用对称性简化计算的一个典型应用, 同样可以进一步应用体系的其他对称性 (如空间对称性和时间反演对称性) 作类似的简化。比如, 利用时间反演对称性, 波函数总可取为实函数。后面我们会以 H_2 分子为例, 讨论对称性的应用。

下面我们将分两种情况讨论自旋匹配波函数的构建。

3.3.4 基于自旋限制行列式波函数的自旋匹配

我们可以通过 K 个空间轨道构建 $2K$ 个自旋轨道

$$\begin{aligned}
\chi_{2i-1}(\boldsymbol{x})&=\psi_i(\boldsymbol{r})\alpha(\sigma)\\
\chi_{2i}(\boldsymbol{x})&=\psi_i(\boldsymbol{r})\beta(\sigma)
\end{aligned} \tag{3.132}$$

由这样的自旋轨道构成的行列式称自旋限制 (spin restricted) 行列式波函数。

在自旋限制行列式波函数中, 若对应同一个空间轨道的两个自旋轨道要么都占据, 要么都未占据, 则称为**闭壳层** (closed shell) 行列式波函数。反之, 如存在单占据空间轨

道, 则称为**开壳层** (open-shell) 行列式波函数。闭壳层行列式波函数已经是 $\hat{S}^2$ 和 $\hat{S}_z$ 的本征态, 且有 $S=0$, $M_S=0$。开壳层行列式波函数则不一定是 $\hat{S}^2$ 的本征态。很容易证明, 对于开壳层行列式波函数, 如其中的所有单占据轨道 (记其数目为 N_s) 电子具有相同自旋 α 或 β, 则该行列式波函数是 $\hat{S}^2$ 和 $\hat{S}_z$ 的本征态, 对应的自旋量子数 $S=N_s/2$, $M_S=N_s/2$ 或 $-N_s/2$ (取决于单占据轨道电子向上或向下)。

【练习*】证明以上结论。

这里我们以两电子-两轨道体系作为一个简单的例子讨论自旋匹配的基本思想。

【例】最小基组 H_2 体系的自旋匹配。

最小基组 H_2 分子是典型的两能级两电子体系, 有如图 3.4 所示的六种单行列式组态, 分别记为 $|\varPhi_1\rangle, \cdots, |\varPhi_6\rangle$

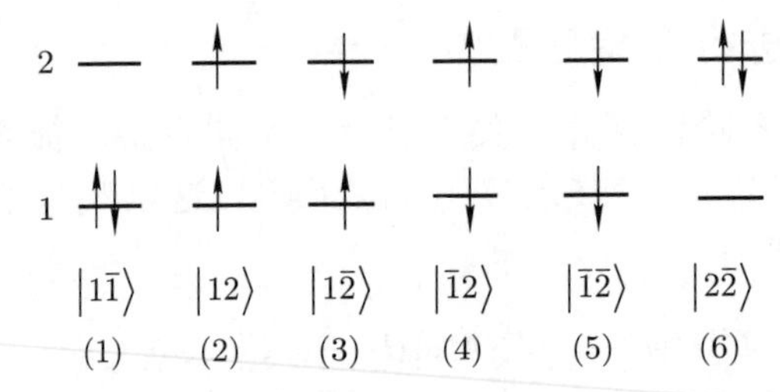

图 3.4 最小基组 H_2 分子体系所有可能的电子占据构型示意

首先, $|1\bar{1}\rangle$ 和 $|2\bar{2}\rangle$ 对应闭壳层构型, 因此是 $\hat{S}^2, \hat{S}_z$ 的本征态, 并且 $(S, M_S)=(0,0)$。其次, $|12\rangle$ 和 $|\bar{1}\bar{2}\rangle$ 也是 $\hat{S}^2, \hat{S}_z$ 的本征态, 自旋量子数分别为 (1, 1) 和 (1, –1)。这两个构型的具体形式分别为

$$\begin{aligned}|\varPhi_2\rangle \equiv |12\rangle &= 2^{-1/2}\left[\psi_1(1)\alpha(1)\psi_2(2)\alpha(2)-\psi_1(2)\alpha(2)\psi_2(1)\alpha(1)\right]\\ &= 2^{-1/2}\left[\psi_1(1)\psi_2(2)-\psi_1(2)\psi_2(1)\right]\alpha(1)\alpha(2)\end{aligned} \tag{3.133}$$

$$\begin{aligned}|\varPhi_5\rangle \equiv |\bar{1}\bar{2}\rangle &= 2^{-1/2}\left[\psi_1(1)\beta(1)\psi_2(2)\beta(2)-\psi_1(2)\beta(2)\psi_2(1)\beta(1)\right]\\ &= 2^{-1/2}\left[\psi_1(1)\psi_2(2)-\psi_1(2)\psi_2(1)\right]\beta(1)\beta(2)\end{aligned} \tag{3.134}$$

可以看出, 两者具有相同的空间轨道构型, 差别只在于自旋部分。空间轨道部分满足交换反对称性, 而自旋部分满足交换对称性。

【练习】证明

$$\varTheta_{1,1}(\sigma_1,\sigma_2) \equiv \alpha(\sigma_1)\alpha(\sigma_2) \tag{3.135}$$

$$\varTheta_{1,-1}(\sigma_1,\sigma_2) \equiv \beta(\sigma_1)\beta(\sigma_2) \tag{3.136}$$

分别是自旋量子数分别为 (1, 1) 和 $(1,-1)$ 的总自旋本征态。

最后, $|\bar{1}2\rangle$ 和 $|1\bar{2}\rangle$ 不是 $\hat{S}^2$ 的本征态, 但都是 $\hat{S}_z$ 的量子数为 $M_S=0$ 的本征态。它们的具体形式为

$$|1\bar{2}\rangle = 2^{-1/2}\left[\psi_1(1)\alpha(1)\psi_2(2)\beta(2)-\psi_1(2)\alpha(2)\psi_2(1)\beta(1)\right] \tag{3.137}$$

$$|\bar{1}2\rangle = 2^{-1/2}\left[\psi_1(1)\beta(1)\psi_2(2)\alpha(2)-\psi_1(2)\beta(2)\psi_2(1)\alpha(1)\right] \tag{3.138}$$

可以看出, 它们的线性组合可以得到 $\hat{S}^2$ 的本征态

$$|\tilde{\varPhi}_{S=0,M_S=0}\rangle = 2^{-1/2}\left(|1\bar{2}\rangle-|\bar{1}2\rangle\right) = 2^{-1/2}\left[\psi_1(1)\psi_2(2)+\psi_1(2)\psi_2(1)\right]\varTheta_{0,0}(\sigma_1,\sigma_2) \tag{3.139}$$

$$|\tilde{\varPhi}_{S=1,M_S=0}\rangle = 2^{-1/2}\left(|1\bar{2}\rangle+|\bar{1}2\rangle\right) = 2^{-1/2}\left[\psi_1(1)\psi_2(2)-\psi_1(2)\psi_2(1)\right]\varTheta_{1,0}(\sigma_1,\sigma_2) \tag{3.140}$$

其中

$$\Theta_{0,0}(\sigma_1,\sigma_2) = 2^{-1/2}\left[\alpha(\sigma_1)\beta(\sigma_2) - \alpha(\sigma_2)\beta(\sigma_1)\right] \tag{3.141}$$

$$\Theta_{1,0}(\sigma_1,\sigma_2) = 2^{-1/2}\left[\alpha(\sigma_1)\beta(\sigma_2) + \alpha(\sigma_2)\beta(\sigma_1)\right] \tag{3.142}$$

【练习】证明 $\Theta_{0,0}$ 和 $\Theta_{1,0}$ 分别为对应于 $S=0,\ M_S=0$ 和 $S=1,\ M_S=0$ 的自旋本征态。

利用 Slater-Condon 规则, 可以很直接写出对应于单线态和三线态的能量。对于三线态能量, 直接用对应于单个 Slater 行列式的 $S=1,\ M_S=1$ 构型, 可得

$$E(S=1) = h_{11} + h_{22} + J_{12} - K_{12} \tag{3.143}$$

对于单线态, 存在三个单线态电子态, 基态 $|1\bar{1}\rangle$ 和双激发单线态 $|2\bar{2}\rangle$, 都是单行列式, 其能量可以很直接写出。单激发单线态能量为

$$\begin{aligned}
E(S=0) &= \langle \tilde{\Phi}_{S=0,M_S=0}|\hat{H}|\tilde{\Phi}_{S=0,M_S=0}\rangle \\
&= 2^{-1}\left(\langle 1\bar{2}| - \langle \bar{1}2|\right)\hat{H}\left(|1\bar{2}\rangle - |\bar{1}2\rangle\right) \\
&= 2^{-1}\left[\langle 1\bar{2}|\hat{H}|1\bar{2}\rangle + \langle \bar{1}2|\hat{H}|\bar{1}2\rangle - \langle 1\bar{2}|\hat{H}|\bar{1}2\rangle - \langle \bar{1}2|\hat{H}|1\bar{2}\rangle\right] \\
&= 2^{-1}\big[(h_{11}+h_{22}+J_{12}) + (h_{11}+h_{22}+J_{12}) - (\langle 1\bar{2}|\bar{1}2\rangle - \langle 1\bar{2}|2\bar{1}\rangle) \\
&\quad - (\langle \bar{1}2|1\bar{2}\rangle - \langle \bar{1}2|\bar{2}1\rangle)\big] \\
&= h_{11} + h_{22} + J_{12} + K_{12}
\end{aligned} \tag{3.144}$$

可以看出, **对于相同的空间轨道占据构型, 三线态能量低于单线态**, 三线态-单线态能量差

$$\Delta E_{\mathrm{ST}} \equiv E(S=1) - E(S=0) = -2K_{12} \tag{3.145}$$

以上讨论虽然看起来很简单, 但在分子磁性研究中有着非常重要的作用。这个两电子-两轨道模型也是研究闭壳层分子电子激发的最简单模型。

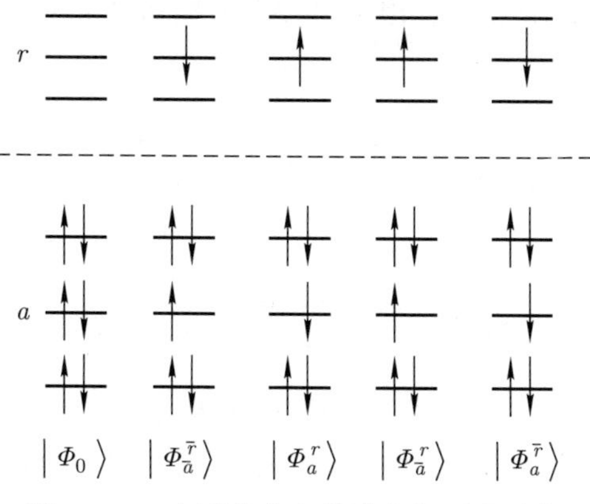

图 3.5 N 电子基态和单激发行列式示意

前面讨论中我们已经谈到, 在求解多电子薛定谔方程时, 通常用 HF 基态行列式波函数的激发来构建多电子波函数基组。直接的激发构型 $|\Phi_a^p\rangle, |\Phi_{ab}^{pq}\rangle, \cdots, |\Phi_{ab\cdots f}^{pq\cdots t}\rangle$, 一般而言都不是总自旋算符 $\hat{S}^2$ 和 $\hat{S}_z$ 的共同本征态。为了求解具有确定自旋状态的基态或激

发态能量和波函数, 需要构建自旋匹配组态函数作为基组。对于图 3.5, 相应的自旋匹配组态函数可以很直接地写出来

$$|\widetilde{\Phi}_a^r(S=0,M_S=0)\rangle = 2^{-1/2}\left(|\Phi_{\bar{a}}^{\bar{r}}\rangle + |\Phi_a^r\rangle\right) \tag{3.146}$$

$$|\widetilde{\Phi}_a^r(S=1,M_S=0)\rangle = 2^{-1/2}\left(|\Phi_{\bar{a}}^{\bar{r}}\rangle - |\Phi_a^r\rangle\right) \tag{3.147}$$

$$|\widetilde{\Phi}_a^r(S=1,M_S=1)\rangle = |\Phi_{\bar{a}}^r\rangle \tag{3.148}$$

$$|\widetilde{\Phi}_a^r(S=1,M_S=-1)\rangle = |\Phi_a^{\bar{r}}\rangle \tag{3.149}$$

构建其他更复杂的激发构型的自旋匹配组态函数, 常常需要借助一些特殊的数学技巧, 包括采用图形表示技术, 超出了本课程的范围, 感兴趣的读者可以参看有关高等量子化学教材或专著 [18, 19]。

3.3.5 自旋非限制行列式波函数的自旋

在 HF 近似的层次上描述开壳层体系 (也称磁性体系), 如对自旋轨道的空间部分不作任何限制, 由于只有相同自旋的电子之间才会有交换作用, 因此不同自旋的电子感受到不同的有效势, 由此得到自旋非限制 Hartree-Fock(UHF) 方法。UHF 方程的具体形式将在第 4 章讨论。这一节我们讨论由自旋非限制轨道构成的行列式波函数的自旋特征。UHF 方程的求解给出分别对应于自旋向上和自旋向下的两组空间轨道 $\{\psi_i^\alpha\}$ 和 $\left\{\psi_i^\beta\right\}$, 这两组轨道内部互相正交, 但两者之间不再正交

$$\begin{aligned}\chi_{2i-1}(\boldsymbol{x}) &= \psi_i^\alpha(\boldsymbol{r})\alpha(\sigma)\\ \chi_{2i}(\boldsymbol{x}) &= \psi_i^\beta(\boldsymbol{r})\beta(\sigma)\end{aligned} \tag{3.150}$$

则 $2K$ 个自旋轨道仍是正交归一的! 记自旋向上和向下的空间轨道之间的重叠矩阵为

$$\langle\psi_i^\alpha|\psi_j^\beta\rangle = S_{ij}^{\alpha\beta} \tag{3.151}$$

如前所述, 自旋非限制行列式波函数仍然是 $\hat{S}_z$ 的本征态, 但不是 $\hat{S}^2$ 的本征态。在实际应用中, 经常用对应于 $M_S = 1/2, 1, 3/2, \cdots$ 的 UHF 基态波函数作为对基态双线态 (doublet), 三线态 (triplet), 四线态 (quadruplet), $\cdots$ 的近似。作为对这种近似的有效性的衡量, 通常把 UHF 基态波函数计算出来的 $\hat{S}^2$ 的期望值与精确值的偏离称为**自旋污染** (spin contamination)

$$\left\langle\hat{S}^2\right\rangle_{\text{UHF}} = \left\langle\hat{S}^2\right\rangle_{\text{exact}} + N_\beta - \sum_{i=1}^{N^\alpha}\sum_{j=1}^{N^\beta}\left|S_{ij}^{\alpha\beta}\right|^2 \tag{3.152}$$

其中

$$\left\langle\hat{S}^2\right\rangle_{\text{exact}} = M_S(M_S+1) = \frac{N^\alpha - N^\beta}{2}\left(\frac{N^\alpha - N^\beta}{2} + 1\right) \tag{3.153}$$

理论上说, 由 UHF 轨道构成的行列式波函数只是 $\hat{S}_z$ 的本征态, 给定 M_S 的 UHF 行列式波函数, 可以包含更高自旋量子数 ($S > M_S$) 的自旋态的贡献, 因此是被那些更高自旋态 "污染" 了

$$\begin{aligned}|\Phi_{M_S=0}\rangle &= c_{0,0}|0,0\rangle + c_{1,0}|1,0\rangle + c_{2,0}|2,0\rangle + \cdots\\ |\Phi_{M_S=1/2}\rangle &= c_{1/2,1/2}|1/2,1/2\rangle + c_{3/2,1/2}|3/2,1/2\rangle + c_{5/2,1/2}|5/2,1/2\rangle + \cdots\\ |\Phi_{M_S=1}\rangle &= c_{1,1}|1,1\rangle + c_{2,1}|2,1\rangle + c_{3,1}|3,1\rangle + \cdots\end{aligned} \tag{3.154}$$

这里我们用 $|S, M_S\rangle$ 表示 $|\Phi_{M_S}\rangle$ 所包含的具有确定自旋状态的成分。

【习题】

1. (*) 证明式 (3.152)。

2. 以 $|\alpha\rangle$ 和 $|\beta\rangle$ 为基矢, 写出 $\hat{s}^2$, $\hat{s}_x$, $\hat{s}_y$, $\hat{s}_z$, $\hat{s}_+$ 和 $\hat{s}_-$ 等算符的矩阵表示。

3. 考虑一个两电子体系的 UHF 波函数 $|K\rangle = |\psi_1^\alpha \bar{\psi}_1^\beta\rangle$, 推导 $\langle \hat{S}^2\rangle \equiv \langle K|\hat{S}^2|K\rangle$ 的表达式。

3.4 二次量子化表象

这一节我们介绍一下二次量子化 (second quantization) 表象。本书并没有很广泛地使用二次量子化表象, 但考虑到二次量子化是量子多体理论的标准表述方式, 也广泛应用于量子化学文献和专著中, 对涉及无穷多电子的凝聚态体系尤为重要。因此, 对二次量子化表象有一定的了解是非常必要的。这部分讨论参考了文献 [20], 关于二次量子化更详细的阐述可参考文献 [19] 第一章。

在前面的讨论中, 为了保证多电子波函数满足交换反对称性, 采用 Slater 行列式波函数或其线性组合作为多电子波函数基组, 这属于一次量子化的表述方式。这对相对简单的量子化学方法是足够的。但在发展更为复杂的量子化学方法时, 一次量子化的表述方法就显得有点笨拙。在经典力学中, 物理可观测量都可以表述为正则坐标和动量的函数。而在量子力学中, 物理量都成为算符 (厄米算符), 而体系状态用波函数 (或线性空间中的矢量) 来描述, 这个过程可看作一次量子化。而在二次量子化中, 物理可观测量和状态都用算符表示。具体地说, 描述体系状态的波函数可表示为一定的算符对一种特殊的状态 (真空态) 作用的结果。物理图像上, 这意味着所有粒子都可以看作场 (field) 的激发, 因此场是比粒子 (物质) 更本质的实在。在这个意义上, 二次量子化在物理上具有非常深刻的含义。但对量子化学而言, 二次量子化只是和基于 Slater 行列式波函数的表述完全等价的一种数学表述方式。

3.4.1 产生与湮灭算符及其对易关系

二次量子化表象的基本要素是产生 (creation) 和湮灭 (annihilation) 算符, 这是一类特殊的非厄米算符, 它们并不对应于实际物理量, 但可以用来表示任何与物理可观测量对应的厄米算符。

产生算符

给定一组确定的单电子轨道 $\{\chi_i(\boldsymbol{x})\}$, 对于每个轨道, 可以定义产生算符 $\hat{a}_i^\dagger$, 其意义是将其作用于任意一个 Slater 行列式波函数上的效果如下

$$\hat{a}_i^\dagger |\chi_k \cdots \chi_l\rangle = |\chi_k \cdots \chi_l \chi_i\rangle \tag{3.155}$$

显然, 如果 $\chi_i(\boldsymbol{x})$ 已经包含在 $|\chi_k \cdots \chi_l\rangle$, 利用行列式性质, 可知

$$\hat{a}_i^\dagger |\chi_k \cdots \chi_l\rangle = 0, \quad \chi_i \in (\chi_k, \cdots \chi_l) \tag{3.156}$$

利用

$$\begin{aligned} \hat{a}_i^\dagger \hat{a}_j^\dagger |\chi_k \cdots \chi_l\rangle &= \hat{a}_i^\dagger |\chi_k \cdots \chi_l \chi_j\rangle = |\chi_k \cdots \chi_l \chi_j \chi_i\rangle \\ \hat{a}_j^\dagger \hat{a}_i^\dagger |\chi_k \cdots \chi_l\rangle &= |\chi_k \cdots \chi_l \chi_i \chi_j\rangle = -|\chi_k \cdots \chi_l \chi_j \chi_i\rangle = -\hat{a}_i^\dagger \hat{a}_j^\dagger |\chi_k \cdots \chi_l\rangle \end{aligned} \tag{3.157}$$

由于 $|\chi_k \cdots \chi_l\rangle$ 是一个任意 Slater 行列式波函数, 而且所有可能的行列式波函数构成了完备的多电子基组, 因此从上式可以得出如下一般性的反对易关系

$$\left\{\hat{a}_i^\dagger,\ \hat{a}_j^\dagger\right\} \equiv \hat{a}_i^\dagger \hat{a}_j^\dagger + \hat{a}_j^\dagger \hat{a}_i^\dagger = 0 \tag{3.158}$$

即任意两个产生算符反对易 (anti-commuting)。特殊地, $\left(\hat{a}_i^\dagger\right)^2 = 0$, 这个条件保证行列式波函数中同一个单电子轨道不可能出现两次。

湮灭算符

产生算符的厄米共轭称为湮灭算符, 其物理意义已经可以从其名称看出来, 但在这里我们也更严格地进行推导。对于一个任意行列式波函数

$$|K\rangle \equiv |\chi_k \cdots \chi_l \chi_i\rangle = \hat{a}_i^\dagger |\chi_k \cdots \chi_l\rangle$$

对上式厄米共轭

$$\langle K| \equiv \langle \chi_k \cdots \chi_l \chi_i| = \langle \chi_k \cdots \chi_l| \hat{a}_i$$

为了满足归一化条件 $\langle K|K\rangle = 1$

$$1 = \langle K|K\rangle = \langle \chi_k \cdots \chi_l| \hat{a}_i |\chi_k \cdots \chi_l \chi_i\rangle \tag{3.159}$$

要求

$$\hat{a}_i |\chi_k \cdots \chi_l \chi_i\rangle = |\chi_k \cdots \chi_l\rangle \tag{3.160}$$

这和其名称的含义是一致的。既然湮灭算符是产生算符的厄米共轭, 显然有

$$\{\hat{a}_i,\ \hat{a}_j\} = 0 \tag{3.161}$$

并且

$$\hat{a}_i |\chi_k \cdots \chi_l\rangle = 0 \quad \chi_i \notin \{\chi_k, \cdots, \chi_l\} \tag{3.162}$$

【注意】我们这里定义的产生和湮灭算符总是作用于行列式波函数的最右侧, 这意味着

$$\hat{a}_i |\chi_k \cdots \chi_i \cdots \chi_l\rangle = \hat{a}_i (-1)^p |\chi_k \cdots \chi_l \chi_i\rangle = (-1)^p |\chi_k \cdots \chi_l\rangle \tag{3.163}$$

这里 p 是为将 χ_i 转移到行列式波函数最右侧所需要进行的交换次数。也有文献或教材 (如文献 [20]) 中定义的产生和湮灭算符作用在行列式波函数最左侧。只要前后保持一致, 这两种定义方式给出完全相同的结果。考虑到构建行列式波函数时, 一般总是从低能级往高能级填充轨道, 这里采用的定义方式可能更直观。

产生湮灭算符的对易关系

考虑 $\left\{\hat{a}_i, \hat{a}_j^\dagger\right\}$ 作用于任意 Slater 行列式波函数 $|\chi_k \cdots \chi_l\rangle$ 上, 考虑不同的情形。

对于 $i = j \notin \{k, \cdots, l\}$ 的情形

$$\begin{aligned}\left(\hat{a}_i \hat{a}_i^\dagger + \hat{a}_i^\dagger \hat{a}_i\right) |\chi_k \cdots \chi_l\rangle &= \hat{a}_i \hat{a}_i^\dagger |\chi_k \cdots \chi_l\rangle \\ &= \hat{a}_i |\chi_k \cdots \chi_l \chi_i\rangle \\ &= |\chi_k \cdots \chi_l\rangle\end{aligned} \tag{3.164}$$

对于 $i=j\in\{k,\cdots,l\}$ 的情形, 并假定在行列式 $|\chi_k\cdots\chi_i\cdots\chi_l\rangle$ 中, χ_i 右侧有 p 个其他轨道, 因此需要经过 p 次互换才能位于最右侧

$$
\begin{aligned}
\left(\hat{a}_i\hat{a}_i^\dagger+\hat{a}_i^\dagger\hat{a}_i\right)|\chi_k\cdots\chi_i\cdots\chi_l\rangle &= \hat{a}_i^\dagger\hat{a}_i\,|\chi_k\cdots\chi_i\cdots\chi_l\rangle \\
&= (-1)^p\hat{a}_i^\dagger\hat{a}_i\,|\chi_k\cdots\chi_l\chi_i\rangle \\
&= (-1)^p\hat{a}_i^\dagger\,|\chi_k\cdots\chi_l\rangle \\
&= (-1)^p\,|\chi_k\cdots\chi_l\chi_i\rangle \\
&= |\chi_k\cdots\chi_i\cdots\chi_l\rangle
\end{aligned}
\tag{3.165}
$$

因此有

$$\left\{\hat{a}_i,\ \hat{a}_i^\dagger\right\}=1 \tag{3.166}$$

类似的, 可以证明 $i\neq j$ 时, 有 $\left\{\hat{a}_i,\ \hat{a}_j^\dagger\right\}=0$。因此产生和湮灭算符满足如下反对易关系

$$\left\{\hat{a}_i,\ \hat{a}_j^\dagger\right\}=\delta_{ij} \tag{3.167}$$

3.4.2 用产生和湮灭算符表示哈密顿算符

不包含任何电子的状态称为真空态 (vacuum state), 记为 $|0\rangle$。显然, 任意 Slater 行列式波函数可以用产生算符连续作用于真空态 $|0\rangle$ 的形式表示出来

$$|\chi_i\chi_j\cdots\chi_l\rangle=\hat{a}_l^\dagger\cdots\hat{a}_j^\dagger\hat{a}_i^\dagger|0\rangle \tag{3.168}$$

也可以用产生和湮灭算符来表示任意的算符。前面讨论的单体和两体算符, 可以表示为

$$\hat{\mathcal{O}}_1=\sum_{i,j}\langle i|\,\hat{h}\,|j\rangle\,\hat{a}_i^\dagger\hat{a}_j\equiv\sum_{i,j}h_{ij}\hat{a}_i^\dagger\hat{a}_j \tag{3.169}$$

$$\hat{\mathcal{O}}_2=\frac{1}{2}\sum_{i,j,k,l}\langle ij|kl\rangle\hat{a}_i^\dagger\hat{a}_j^\dagger\hat{a}_l\hat{a}_k\equiv\frac{1}{2}\sum_{i,j,k,l}V_{ijkl}\hat{a}_i^\dagger\hat{a}_j^\dagger\hat{a}_l\hat{a}_k \tag{3.170}$$

下面我们验证, 采用式 (3.169) 和 (3.170) 可以得到与之前 Slater-Condon 规则所给出的相同的 HF 总能量表达式, 以此来展示二次量子化表示的优势。

$$E_{\mathrm{HF}}=\langle\Phi_0|\,\hat{O}_1\,|\Phi_0\rangle+\langle\Phi_0|\,\hat{O}_2\,|\Phi_0\rangle \tag{3.171}$$

$$
\begin{aligned}
\langle\Phi_0|\,\hat{O}_1\,|\Phi_0\rangle &= \sum_{i,j}h_{ij}\,\langle\Phi_0|\,\hat{a}_i^\dagger\hat{a}_j\,|\Phi_0\rangle \\
&= \sum_{a,b}^{N}h_{ab}\,\langle\Phi_0|\,\hat{a}_a^\dagger\hat{a}_b\,|\Phi_0\rangle \\
&= \sum_{a,b}^{N}h_{ab}\,\langle\Phi_0|\left(\delta_{ab}-\hat{a}_b\hat{a}_a^\dagger\right)|\Phi_0\rangle \\
&= \sum_{a}^{N}h_{aa}
\end{aligned}
\tag{3.172}
$$

$$
\begin{aligned}
\langle \Phi_0 | \hat{O}_2 | \Phi_0 \rangle &= \frac{1}{2} \sum_{i,j,k,l} V_{ijkl} \langle \Phi_0 | \hat{a}_i^\dagger \hat{a}_j^\dagger \hat{a}_l \hat{a}_k | \Phi_0 \rangle \\
&= \frac{1}{2} \sum_{a,b,c,d}^{N} V_{abcd} \langle \Phi_0 | \hat{a}_a^\dagger \hat{a}_b^\dagger \hat{a}_d \hat{a}_c | \Phi_0 \rangle
\end{aligned} \tag{3.173}
$$

利用

$$
\begin{aligned}
\hat{a}_a^\dagger \hat{a}_b^\dagger \hat{a}_d \hat{a}_c &= \hat{a}_a^\dagger \left(\delta_{bd} - \hat{a}_d \hat{a}_b^\dagger \right) \hat{a}_c \\
&= \delta_{bd} \hat{a}_a^\dagger \hat{a}_c - \hat{a}_a^\dagger \hat{a}_d \hat{a}_b^\dagger \hat{a}_c \\
&= \delta_{bd} \left(\delta_{ac} - \hat{a}_c \hat{a}_a^\dagger \right) - \left(\delta_{ad} - \hat{a}_d \hat{a}_a^\dagger \right) \left(\delta_{bc} - \hat{a}_c \hat{a}_b^\dagger \right) \\
&= \delta_{bd} \delta_{ac} - \delta_{ad} \delta_{bc} - \delta_{bd} \hat{a}_c \hat{a}_a^\dagger + \delta_{ad} \hat{a}_c \hat{a}_b^\dagger + \delta_{bc} \hat{a}_d \hat{a}_a^\dagger - \hat{a}_d \hat{a}_a^\dagger \hat{a}_c \hat{a}_b^\dagger
\end{aligned} \tag{3.174}
$$

由此可知

$$
\langle \Phi_0 | \hat{O}_2 | \Phi_0 \rangle = \frac{1}{2} \sum_{a,b,c,d} V_{abcd} (\delta_{bd} \delta_{ac} - \delta_{ad} \delta_{bc}) = \frac{1}{2} \sum_{a,b} (V_{abab} - V_{abba}) \tag{3.175}
$$

前面定义的产生和湮灭算符对应于自旋轨道。根据之前的讨论, 在非相对论近似中, 多电子体系哈密顿算符并不依赖于自旋 (即和自旋算符对易), 自旋轨道一般都表示为空间轨道与自旋本征函数的直积, 因此可以在产生和湮灭算符中将对自旋的依赖性显式地表示出来, 即 $\hat{a}_{i\sigma}^\dagger$, $\hat{a}_{i\sigma}$。哈密顿算符写为

$$
\hat{\mathcal{H}} = \sum_{i,j} \sum_{\sigma} h_{ij} \hat{a}_{i\sigma}^\dagger \hat{a}_{j\sigma} + \frac{1}{2} \sum_{i,j,k,l} \sum_{\sigma,\sigma'} V_{ijkl} \hat{a}_{i\sigma}^\dagger \hat{a}_{j\sigma'}^\dagger \hat{a}_{l\sigma'} \hat{a}_{k\sigma} \tag{3.176}
$$

在量子化学文献中, 常引入激发算符

$$
\hat{E}_{ij} \equiv \sum_{\sigma} \hat{a}_{i\sigma}^\dagger \hat{a}_{j\sigma} \tag{3.177}
$$

这时哈密顿算符为

$$
\hat{\mathcal{H}} = \sum_{i,j} h_{ij} \hat{E}_{ij} + \frac{1}{2} \sum_{i,j,k,l} V_{ijkl} \left(\hat{E}_{ik} \hat{E}_{jl} - \delta_{kj} \hat{E}_{il} \right) \tag{3.178}
$$

容易证明激发算符满足如下关系

$$
\hat{E}_{ij}^\dagger = \hat{E}_{ji} \tag{3.179}
$$

$$
\left[\hat{E}_{ij}, \hat{E}_{kl} \right] = \hat{E}_{il} \delta_{jk} - \hat{E}_{kj} \delta_{il} \tag{3.180}
$$

如果用于定义产生和湮灭算符的单电子轨道是完备的, 那么用产生和湮灭算符所表示的哈密顿算符就是精确的。但在实际应用中, 总是会对单电子轨道进行截断, 这时对应的哈密顿算符是对真实哈密顿算符的一种近似。在很多理论研究中, 往往只考虑对应很少量的具有直观物理图像的轨道所对应的二次量子化表示哈密顿算符, 由此便定义了一个模型哈密顿量 (model Hamiltonian)。最著名的模型哈密顿量包括 Hückel 模型和 Hubbard 模型等。

3.4.3 占据数矢量表示和 Fock 空间

根据前面的讨论，行列式波函数中单电子轨道出现的顺序并不重要，重要是包含哪些单电子轨道。因此，行列式波函数也可以直接用一列轨道占据数来表示。设总共 M 个轨道，按一定顺序排列。任意一个行列式波函数都可以用一列 M 个取值为 0 或 1 的数来表示，称为**占据数矢量** (occupation number vector)

$$|\boldsymbol{k}\rangle \equiv |k_1 k_2 \cdots k_M\rangle \tag{3.181}$$

其中，k_i 表示第 i 个轨道的占据数

$$k_i = \begin{cases} 1 & (\chi_i \text{ 占据}) \\ 0 & (\chi_i \text{ 非占据}) \end{cases} \tag{3.182}$$

两个占据数矢量的内积定义为

$$\langle \boldsymbol{k}|\boldsymbol{m}\rangle = \delta_{\boldsymbol{k},\boldsymbol{m}} \equiv \prod_{i=1}^{M} \delta_{k_i m_i} \tag{3.183}$$

显然，对于给定一套自旋轨道，占据数矢量与 Slater 行列式波函数之间存在一一对应关系。

不限电子数的所有满足交换反对称性的波函数集合称为 Fock 空间，记为 $\mathcal{F}$。如果选定单电子轨道总数为 M，相应的 Fock 空间记为 $\mathcal{F}(M)$，显然可以将其分解为一系列具有确定电子数的反对称波函数集合的直和

$$\mathcal{F}(M) = \mathcal{F}(0;M) \oplus \mathcal{F}(1;M) \oplus \cdots \oplus \mathcal{F}(N;M) \oplus \cdots \oplus \mathcal{F}(M;M) \tag{3.184}$$

其中 $\mathcal{F}(0;M)$ 中包含唯一的态，即真空态，$|\text{vac}\rangle$。所有可能的占据数矢量构成了 Fock 空间中的一组正交归一基矢，并且有

$$\sum_{\boldsymbol{k}} |\boldsymbol{k}\rangle\langle \boldsymbol{k}| = \hat{I} \tag{3.185}$$

采用占据数矢量，产生和湮灭算符可以定义为 (这里我们同样假定是从右侧填充电子)

$$\hat{a}_i^\dagger |k_1 k_2 \cdots k_{i-1} k_i k_{i+1} \cdots k_M\rangle = \delta_{k_i,0} \left[\prod_{j=i+1}^{M} (-1)^{k_j}\right] |k_1 k_2 \cdots k_{i-1} 1_i k_{i+1} \cdots k_M\rangle \tag{3.186}$$

$$\hat{a}_i |k_1 k_2 \cdots k_{i-1} k_i k_{i+1} \cdots k_M\rangle = \delta_{k_i,1} \left[\prod_{j=i+1}^{M} (-1)^{k_j}\right] |k_1 k_2 \cdots k_{i-1} 0_i k_{i+1} \cdots k_M\rangle \tag{3.187}$$

3.4.4 场算符

以上讨论的产生和湮灭算符预设了存在一套正交归一的单电子轨道。在量子多体理论的一般性讨论中，更多的是基于**场算符** (field operators)。从多电子体系哈密顿算符

的二次量子化表示出发

$$\begin{aligned}\hat{H} &= \sum_{i,j} \langle i|\hat{h}|j\rangle \hat{a}_i^\dagger \hat{a}_j + \frac{1}{2}\sum_{i,j,k,l} \langle ij|kl\rangle \hat{a}_i^\dagger \hat{a}_j^\dagger \hat{a}_l \hat{a}_k \\ &= \sum_{i,j} \int \mathrm{d}\boldsymbol{x} \chi_i^*(\boldsymbol{x}) \hat{h}(\boldsymbol{x}) \chi_j(\boldsymbol{x}) \hat{a}_i^\dagger \hat{a}_j + \frac{1}{2}\sum_{i,j,k,l} \\ &\quad \int \mathrm{d}\boldsymbol{x}_1 \int \mathrm{d}\boldsymbol{x}_2 \chi_i^*(\boldsymbol{x}_1)\chi_j^*(\boldsymbol{x}_2) r_{12}^{-1} \chi_k(\boldsymbol{x}_1)\chi_l(\boldsymbol{x}_2) \hat{a}_i^\dagger \hat{a}_j^\dagger \hat{a}_l \hat{a}_k\end{aligned} \tag{3.188}$$

定义如下场算符

$$\begin{aligned}\hat{\psi}(\boldsymbol{x}) &\equiv \sum_i \chi_i(\boldsymbol{x}) \hat{a}_i \\ \hat{\psi}^\dagger(\boldsymbol{x}) &\equiv \sum_i \chi_i^*(\boldsymbol{x}) \hat{a}_i^\dagger\end{aligned} \tag{3.189}$$

则哈密顿算符可以写为

$$\hat{H} = \int \mathrm{d}\boldsymbol{x} \hat{\psi}^\dagger(\boldsymbol{x}) h(\boldsymbol{x}) \hat{\psi}(\boldsymbol{x}) + \frac{1}{2}\int \mathrm{d}\boldsymbol{x}_1 \int \mathrm{d}\boldsymbol{x}_2 \hat{\psi}^\dagger(\boldsymbol{x}_1) \hat{\psi}^\dagger(\boldsymbol{x}_2) r_{12}^{-1} \hat{\psi}(\boldsymbol{x}_2) \hat{\psi}(\boldsymbol{x}_1) \tag{3.190}$$

【练习*】证明场算符满足如下对应关系

$$\left\{\hat{\psi}(\boldsymbol{x}), \hat{\psi}(\boldsymbol{x}')\right\} = 0 \tag{3.191}$$

$$\left\{\hat{\psi}^\dagger(\boldsymbol{x}), \hat{\psi}^\dagger(\boldsymbol{x}')\right\} = 0 \tag{3.192}$$

$$\left\{\hat{\psi}(\boldsymbol{x}), \hat{\psi}^\dagger(\boldsymbol{x}')\right\} = \delta(\boldsymbol{x} - \boldsymbol{x}') \tag{3.193}$$

场算符有非常直观的物理意义, 产生算符 $\hat{\psi}^\dagger(\boldsymbol{x}) \equiv \hat{\psi}_\sigma^\dagger(\boldsymbol{r})$ 表示在空间坐标 $\boldsymbol{r}$ 处产生一个具有自旋状态为 σ 的电子, 湮灭算符则表示相应的电子湮灭过程。

【习题】

1. (*) 根据式 (3.186) 和式 (3.187) 推导产生湮灭算符之间的反对易关系。

2. (*) 应用产生和湮灭算符推导两个单激发行列波函数之间的关于多电子哈密顿算符之间的矩阵元 $\langle \Phi_a^r | \hat{H} | \Phi_b^s \rangle$ 的具体表达式。

3.5 约化密度矩阵

这一节我们讨论基于密度矩阵特别是约化密度矩阵的概念对多电子问题的表述。密度矩阵的概念有多方面的意义。

1. 最早由 von Neumann 和 Dirac 所提出的密度矩阵理论提供了比多电子波函数更为一般的理论框架。基于多电子波函数的表述只适用于描述纯态 (pure states), 即与环境没有任何相互作用的孤立体系的状态。但很多时候需要考虑与环境有相互作用的体系, 其微观状态并不能用单个波函数 (态矢) 来表征, 这种状态称为**混合态** (mixed state)。密度矩阵提供了处理这类问题的基本语言, 是量子统计力学和凝聚相动力学中的核心概念。

2. 对于纯态, 密度矩阵, 特别是约化密度矩阵, 可以提供比波函数更为直观的物理图像, 电子间的相互作用效应通常用约化密度矩阵来刻画。从描述体系物理性质的角度,波函数实际上过于复杂, 某种意义上显得冗余。相比之下, 密度矩阵包含了所有和体系物理性质直接相关的必要信息。

3. 约化密度矩阵理论也是量子化学中的一项未竟的事业。

4. 约化密度矩阵也是后面密度泛函理论中发展交换-相关泛函时所需要的一个重要概念。

这部分讨论较多参考了文献 [4] 第二章, 更详细论述可参考专著 [21]。

3.5.1 密度算符和密度矩阵

对于一个 N 电子波函数 $|\Psi_N\rangle$, 可以定义相应的**密度算符** (density operator)

$$\hat{\gamma}_N = |\Psi_N\rangle\langle\Psi_N| \tag{3.194}$$

其在坐标空间中的表示, 即是**密度矩阵** (density matrix)

$$\begin{aligned}
&\gamma_N(\boldsymbol{x}_1', \boldsymbol{x}_2', \cdots, \boldsymbol{x}_N'; \boldsymbol{x}_1, \boldsymbol{x}_2, \cdots, \boldsymbol{x}_N) = (\boldsymbol{x}_1', \boldsymbol{x}_2', \cdots, \boldsymbol{x}_N'|\,\hat{\gamma}\,|\boldsymbol{x}_1, \boldsymbol{x}_2, \cdots, \boldsymbol{x}_N)\\
&= (\boldsymbol{x}_1', \boldsymbol{x}_2', \cdots, \boldsymbol{x}_N'|\Psi_N\rangle\langle\Psi_N|\boldsymbol{x}_1, \boldsymbol{x}_2, \cdots, \boldsymbol{x}_N)\\
&= \Psi_N(\boldsymbol{x}_1', \boldsymbol{x}_2', \cdots, \boldsymbol{x}_N')\Psi_N^*(\boldsymbol{x}_1, \boldsymbol{x}_2, \cdots, \boldsymbol{x}_N) \equiv \Psi_N\left(\boldsymbol{x}'^N\right)\Psi_N^*\left(\boldsymbol{x}^N\right)
\end{aligned} \tag{3.195}$$

式 (3.195) 我们引入了缩写 $\boldsymbol{x}^N \equiv (\boldsymbol{x}_1, \boldsymbol{x}_2, \cdots, \boldsymbol{x}_N)$ 。所以, $\hat{\gamma}_N$ 实际上是对应于 $|\Psi_N\rangle$ 的投影算符。显然有

$$\mathrm{Tr}\left(\hat{\gamma}_N\right) = \int \mathrm{d}\boldsymbol{x}^N \left(\boldsymbol{x}^N\right|\hat{\gamma}\left|\boldsymbol{x}^N\right) = \int \Psi_N\left(\boldsymbol{x}^N\right)\Psi_N^*\left(\boldsymbol{x}^N\right)\mathrm{d}\boldsymbol{x}^N = 1 \tag{3.196}$$

任何算符 $\hat{A}$(一般来说是厄米算符) 的关于 $|\Psi_N\rangle$ 的期望值可以表示为

$$\begin{aligned}
\left\langle\hat{A}\right\rangle &\equiv \langle\Psi_N|\,\hat{A}\,|\Psi_N\rangle\\
&= \int \mathrm{d}\boldsymbol{x}^N \langle\Psi_N|\boldsymbol{x}^N)\left(\boldsymbol{x}^N\right|\hat{A}\,|\Psi_N\rangle\\
&= \int \mathrm{d}\boldsymbol{x}^N \left(\boldsymbol{x}^N\right|\hat{A}\,|\Psi_N\rangle\langle\Psi_N|\boldsymbol{x}^N)\\
&= \int \mathrm{d}\boldsymbol{x}^N \left(\boldsymbol{x}^N\right|\hat{A}\hat{\gamma}_N\left|\boldsymbol{x}^N\right)\\
&= \mathrm{Tr}\left(\hat{A}\hat{\gamma}_N\right)
\end{aligned} \tag{3.197}$$

由此可见, $\hat{\gamma}_N$ 包含了与 $|\Psi_N\rangle$ 同样多的信息, 但是没有相位不确定性, 即 $\mathrm{e}^{\mathrm{i}\lambda}|\Psi_N\rangle$ 和 $|\Psi_N\rangle$ 对应的密度算符是完全相同的。

密度算符重要的特点之一是它很容易推广到不能用纯态描述的微观体系 (如开放体系)。很多时候, 体系的状态可以表述为以一定的概率处于不同量子态, 而不能用单个波函数来描述, 这时定义**系综密度算符** (ensemble density operator)

$$\hat{\Gamma} = \sum_i p_i\,|\Psi_i\rangle\langle\Psi_i| \tag{3.198}$$

p_i 是体系处于状态 $|\Psi_i\rangle$ 的概率, 显然有

$$0 \leqslant p_i \leqslant 1 \quad \sum_i p_i = 1 \tag{3.199}$$

值得指出的是, 这里的不同态 $|\Psi_i\rangle$ 可以对应于不同的电子数, 从而使密度算符提供了描述分数电子数体系的理论框架, 这在密度泛函理论的发展中起着非常重要的作用。

很容易证明, 对应于纯态的密度算符满足

$$\hat{\gamma}_N^2 \equiv \hat{\gamma}_N \hat{\gamma}_N = \hat{\gamma}_N \tag{3.200}$$

这个性质被称为幂等性 (idempotent), 但是对于混合态的密度算符不具备以上性质

$$\hat{\Gamma}^2 \neq \hat{\Gamma} \tag{3.201}$$

并且

$$\mathrm{Tr}\left(\hat{\Gamma}^2\right) < \mathrm{Tr}\left(\hat{\Gamma}\right) \tag{3.202}$$

【练习*】证明上式。

对于混合态, 任意物理量的期望值 (平均值) 也可以表达为式 (3.197) 的形式

$$\langle A\rangle = \mathrm{Tr}\left(\hat{\Gamma}\hat{A}\right) = \sum_i p_i \langle\Psi_i|\,\hat{A}\,|\Psi_i\rangle \tag{3.203}$$

容易证明, 如果定义混合态密度算符中各态对应的概率 p_i 不随时间变换, 则有

$$\begin{aligned}
\mathrm{i}\hbar\frac{\partial}{\partial t}\hat{\Gamma} &= \sum_i p_i \mathrm{i}\hbar\frac{\partial}{\partial t}\left(|\Psi_i\rangle\langle\Psi_i|\right) \\
&= \sum_i p_i \left(\hat{H}\,|\Psi_i\rangle\langle\Psi_i| - |\Psi_i\rangle\langle\Psi_i|\,\hat{H}\right) \\
&= \hat{H}\hat{\Gamma} - \hat{\Gamma}\hat{H} \\
&= \left[\hat{H}, \hat{\Gamma}\right]
\end{aligned} \tag{3.204}$$

这被称为量子 Liouville 方程。以上方程显然对纯态密度算符也同样成立。

3.5.2 约化密度矩阵

对于 N 电子体系, 哈密顿算符中只包含单体和双体算符, 并且在非相对论近似下, 只依赖于电子空间坐标, 不依赖于电子自旋。这使得在计算总能量期望值时并不需要用到 $|\Psi_N\rangle$ 或 $\hat{\gamma}_N$ 的全部信息, 而是可以采用其约化形式。

一般而言, p 阶约化密度矩阵 (reduced density matrix) 定义为

$$\begin{aligned}
&\gamma_p(\boldsymbol{x}_1', \boldsymbol{x}_2', \cdots, \boldsymbol{x}_p'; \boldsymbol{x}_1, \boldsymbol{x}_2, \cdots, \boldsymbol{x}_p) \\
&= \frac{N!}{(N-p)!p!}\int\cdots\int \gamma_N\left(\boldsymbol{x}_1', \boldsymbol{x}_2', \cdots, \boldsymbol{x}_p', \boldsymbol{x}^{N-p}; \boldsymbol{x}_1, \boldsymbol{x}_2, \cdots, \boldsymbol{x}_p, \boldsymbol{x}^{N-p}\right)\mathrm{d}\boldsymbol{x}^{N-p}
\end{aligned} \tag{3.205}$$

与之前类似, 这里引入了缩写 $\boldsymbol{x}^{N-p}$。特别重要的是二阶约化密度矩阵

$$\begin{aligned}
&\gamma_2(\boldsymbol{x}_1', \boldsymbol{x}_2'; \boldsymbol{x}_1, \boldsymbol{x}_2) \\
&= \frac{N(N-1)}{2}\int\cdots\int \gamma_N\left(\boldsymbol{x}_1', \boldsymbol{x}_2', \boldsymbol{x}_3, \cdots, \boldsymbol{x}_N; \boldsymbol{x}_1, \boldsymbol{x}_2, \boldsymbol{x}_3, \cdots, \boldsymbol{x}_N\right)\mathrm{d}\boldsymbol{x}_3\cdots\mathrm{d}\boldsymbol{x}_N
\end{aligned} \tag{3.206}$$

和一阶约化密度矩阵

$$\gamma_1(\boldsymbol{x}_1'; \boldsymbol{x}_1) = N\int\cdots\int \gamma_N\left(\boldsymbol{x}_1', \boldsymbol{x}_2, \cdots, \boldsymbol{x}_N; \boldsymbol{x}_1, \boldsymbol{x}_2, \cdots, \boldsymbol{x}_N\right)\mathrm{d}\boldsymbol{x}_2\cdots\mathrm{d}\boldsymbol{x}_N \tag{3.207}$$

其中 γ_1 的对角元即 (自旋依赖的) 电子密度 $\rho(\boldsymbol{x}) = \gamma_1(\boldsymbol{x};\boldsymbol{x})$, 表示在位置 $\boldsymbol{x}$ 处出现电子的密度, 而二阶约化密度矩阵的对角元 $\rho_2(\boldsymbol{x}_1,\boldsymbol{x}_2)$ 表示联合电子密度, 即 $\boldsymbol{x}_1$ 观察到一个电子, 同时 $\boldsymbol{x}_2$ 观察到另外一个电子的概率密度。显然, 所有电子相关效应都体现在 $\rho_2(\boldsymbol{x}_1,\boldsymbol{x}_2)$。

γ_1 和 γ_2 都是厄米矩阵, 因此相应地可以写出其本征方程, 由于它们的下标是连续变量, 其本征方程具有积分方程的形式

$$\int \gamma_1(\boldsymbol{x};\boldsymbol{x}')\psi_i(\boldsymbol{x}')\mathrm{d}\boldsymbol{x}' = n_i\psi_i(\boldsymbol{x}) \tag{3.208}$$

和

$$\int \mathrm{d}\boldsymbol{x}_1' \int \mathrm{d}\boldsymbol{x}_2'\gamma_2(\boldsymbol{x}_1,\boldsymbol{x}_2;\boldsymbol{x}_1',\boldsymbol{x}_2')\Theta_i(\boldsymbol{x}_1',\boldsymbol{x}_2') = g_i\Theta_i(\boldsymbol{x}_1,\boldsymbol{x}_2) \tag{3.209}$$

一阶约化密度矩阵的本征矢 $\psi_i(\boldsymbol{x})$ 一般称为**自然自旋轨道** (natural spin orbital), 相应的本征值 n_i 为相应的占据数。$\Theta(\boldsymbol{x}_1,\boldsymbol{x}_2)$ 称为自然谐函数 (natural geminal, 也译作自然孪函数)。利用这些自然自旋轨道或自然谐函数, 也可以写出一阶和二阶约化密度矩阵的算符形式

$$\hat{\gamma}_1 = \sum_i n_i|\psi_i\rangle\langle\psi_i| \tag{3.210}$$

$$\hat{\gamma}_2 = \sum_i g_i|\Theta_i\rangle\langle\Theta_i| \tag{3.211}$$

【**练习**】写出从二阶约化密度矩阵计算一阶约化密度矩阵的公式。
【**练习***】证明自然轨道占据数 $n_i \in [0,1]$。
【**练习**】请问一阶约化矩阵 (或算符) 是否满足幂等性, 为什么?

3.5.3 约化密度矩阵所表示的算符期望值

由于多电子体系哈密顿算符只包含单体和两体作用项, 因此基态能量可以用一阶和二阶约化密度矩阵以很简洁的方式表达出来。对于单体项

$$\hat{O}_1 = \sum_i^N \hat{h}(i) \tag{3.212}$$

则有

$$\langle O_1\rangle = \langle\Psi|\hat{O}_1|\Psi\rangle = \int \Psi^*(\boldsymbol{x}^N)\left[\sum_i^N \hat{h}(i)\right]\Psi(\boldsymbol{x}^N)\mathrm{d}\boldsymbol{x}^N = N\int \Psi^*(\boldsymbol{x}^N)\hat{h}(\boldsymbol{x}_1)\Psi(\boldsymbol{x}^N)\mathrm{d}\boldsymbol{x}^N \tag{3.213}$$

考虑到 $\hat{h}(\boldsymbol{x}_1)$ 中包含对空间坐标 $\boldsymbol{r}_1$ 的微分算符, 因此上式中不能直接把 $\hat{h}(\boldsymbol{x}_1)$ 提到 $\Psi^*(\boldsymbol{x}^N)$ 的前面。但可以做一个简单的操作

$$\begin{aligned}
\langle O_1\rangle &= N\int \delta(\boldsymbol{x}_1',\boldsymbol{x}_1)\Psi^*(\boldsymbol{x}_1',\boldsymbol{x}^{N-1})\hat{h}(\boldsymbol{x}_1)\Psi(\boldsymbol{x}_1,\boldsymbol{x}^{N-1})\mathrm{d}\boldsymbol{x}_1'\mathrm{d}\boldsymbol{x}_1\mathrm{d}\boldsymbol{x}^{N-1} \\
&= \int \delta(\boldsymbol{x}_1',\boldsymbol{x}_1)\hat{h}(\boldsymbol{x}_1)\gamma(\boldsymbol{x}_1,\boldsymbol{x}_1')\mathrm{d}\boldsymbol{x}_1'\mathrm{d}\boldsymbol{x}_1 \\
&= \int \left[\hat{h}(\boldsymbol{x}_1)\gamma(\boldsymbol{x}_1,\boldsymbol{x}_1')\right]_{\boldsymbol{x}_1'=\boldsymbol{x}_1}\mathrm{d}\boldsymbol{x}_1
\end{aligned} \tag{3.214}$$

对于两体项

$$
\begin{aligned}
\langle O_2\rangle &= \langle\Psi|\sum_{i<j}^{N} v_{\text{ee}}(r_{ij})\,|\Psi\rangle \\
&= \frac{N(N-1)}{2}\int \Psi^*(\boldsymbol{x}^N)v_{\text{ee}}(r_{12})\Psi(\boldsymbol{x}^N)\mathrm{d}\boldsymbol{x}^N \\
&= \frac{N(N-1)}{2}\int \Psi^*(\boldsymbol{x}_1,\boldsymbol{x}_2,\boldsymbol{x}^{N-2})v_{\text{ee}}(r_{12})\Psi(\boldsymbol{x}_1,\boldsymbol{x}_2,\boldsymbol{x}^{N-2})\mathrm{d}\boldsymbol{x}_1\mathrm{d}\boldsymbol{x}_2\mathrm{d}\boldsymbol{x}^{N-2} \\
&= \int v_{\text{ee}}(r_{12})\gamma_2(\boldsymbol{x}_1,\boldsymbol{x}_2;\boldsymbol{x}_1,\boldsymbol{x}_2)\mathrm{d}\boldsymbol{x}_1\mathrm{d}\boldsymbol{x}_2
\end{aligned} \tag{3.215}
$$

因此, 多电子体系的基态能量可以简洁地表达为

$$
\begin{aligned}
E &= \mathrm{Tr}\left(\hat{H}\hat{\gamma}_N\right) = E[\gamma_2] \\
&= \int\left\{\left[-\frac{1}{2}\nabla^2 + v(\boldsymbol{r}_1)\right]\gamma_1(\boldsymbol{x},\boldsymbol{x}_1')\right\}_{\boldsymbol{x}_1'=\boldsymbol{x}_1}\mathrm{d}\boldsymbol{x}_1 \\
&\quad + \iint v_{\text{ee}}(r_{12})\gamma_2(\boldsymbol{x}_1,\boldsymbol{x}_2;\boldsymbol{x}_1,\boldsymbol{x}_2)\mathrm{d}\boldsymbol{x}_1\mathrm{d}\boldsymbol{x}_2
\end{aligned} \tag{3.216}
$$

由于 $\gamma_1(\boldsymbol{x}_1,\boldsymbol{x}_1')$ 可由 $\gamma_2(\boldsymbol{x}_1,\boldsymbol{x}_2;\boldsymbol{x}_1',\boldsymbol{x}_2')$ 决定, 因此总能量是 $\gamma_2(\boldsymbol{x}_1,\boldsymbol{x}_2;\boldsymbol{x}_1',\boldsymbol{x}_2')$ 的泛函, 并且这个表达式是精确的。这个表达式如此简单, 并且相对 N 电子波函数而言, $\gamma_2(\boldsymbol{x}_1,\boldsymbol{x}_2;\boldsymbol{x}_1',\boldsymbol{x}_2')$ 是一个要简单很多的量, 因此我们显然期望对该泛函运用变分原理, 就能获得基态能量。遗憾的是, 虽然我们有总能量作为二阶约化密度矩阵的精确泛函形式, 而且也可以证明它满足变分原理, 但运用变分原理时要求 γ_2 必须满足 **N-可表示性** (N-representability) **条件**, 即要求 γ_2 必须可以由某个满足交换反对称性的 N 电子波函数得到。尽管好几代量子化学家为此付出了巨大的努力, 但到现在为止, γ_2 的 N 可表示性条件仍然未知。仍有少数量子化学家在这个领域继续努力, 但进展非常缓慢。

另外值得一提的是, 也可以将基态能量表达为一阶约化密度矩阵 $\gamma_1(\boldsymbol{x}_1,\boldsymbol{x}_1')$ 的泛函, 这被称为约化密度矩阵泛函理论 (reduced density-matrix functional theory, RDMFT)。γ_1 的 N-可表示性条件是已知的, 任何自然轨道占据数满足 $0\leqslant n_i\leqslant 1$ 的一阶约化密度矩阵都满足 N-可表示性条件。也可以证明总能量作为 γ_1 的泛函满足变分原理, 但不幸的是, 总能量作为 γ_1 的泛函, 特别是电子间相互作用能作为 γ_1 的泛函的形式 $V_{\text{ee}}[\gamma_1]$ 是未知的, 必须发展相应的近似。

3.5.4 基于单电子轨道的密度矩阵

前面的一阶和二阶约化密度矩阵可以看成是具有连续下标的矩阵。$\gamma_1(\boldsymbol{x},\boldsymbol{x}')$ 和 $\gamma_2(\boldsymbol{x}_1,\boldsymbol{x}_2;\boldsymbol{x}_1',\boldsymbol{x}_2')$ 用一组正交单电子轨道展开, 可将其转化成具有通常离散下标的密度矩阵

$$\gamma_1(\boldsymbol{x}_1,\boldsymbol{x}_1') = \sum_{i,j} D_{ij}\chi_i(\boldsymbol{x}_1)\chi_j^*(\boldsymbol{x}_1') \tag{3.217}$$

$$\gamma_2(\boldsymbol{x}_1,\boldsymbol{x}_2;\boldsymbol{x}_1',\boldsymbol{x}_2') = \sum_{i,j} G_{ij,kl}\chi_i(\boldsymbol{x}_1)\chi_j(\boldsymbol{x}_2)\chi_k^*(\boldsymbol{x}_1')\chi_l^*(\boldsymbol{x}_2') \tag{3.218}$$

代入式 (3.214) 和式 (3.215) 可得

$$\langle O_1\rangle = \sum_{i,j} D_{ij}h_{ji} = \mathrm{Tr}\,(\boldsymbol{Dh}) \tag{3.219}$$

$$\langle O_2\rangle = \sum_{i,j,k,l} G_{ij,kl}V_{klij} = \mathrm{Tr}\,(\boldsymbol{GV}) \tag{3.220}$$

3.5.5 自旋无关密度矩阵

由于非相对论近似下的多电子体系的哈密顿算符不依赖于电子自旋, 因此, 我们实际上只需要自旋无关 (spinless) 的密度矩阵, 即相当于对其约化密度矩阵的自旋坐标求迹

$$\rho_1(\boldsymbol{r}_1;\boldsymbol{r}_1') \equiv \int \gamma_1(\boldsymbol{r}_1,\sigma_1;\boldsymbol{r}_1',\sigma_1)\mathrm{d}\sigma_1 = \rho_1^{\alpha\alpha}(\boldsymbol{r}_1;\boldsymbol{r}_1') + \rho_1^{\beta\beta}(\boldsymbol{r}_1;\boldsymbol{r}_1') \tag{3.221}$$

$$\rho_2(\boldsymbol{r}_1,\boldsymbol{r}_2;\boldsymbol{r}_1',\boldsymbol{r}_2') = \iint \gamma_2(\boldsymbol{r}_1\sigma_1,\boldsymbol{r}_2\sigma_2;\boldsymbol{r}_1'\sigma_1,\boldsymbol{r}_2'\sigma_2)\mathrm{d}\sigma_1\mathrm{d}\sigma_2 \tag{3.222}$$

并将 $\rho_2(\boldsymbol{r}_1,\boldsymbol{r}_2;\boldsymbol{r}_1',\boldsymbol{r}_2')$ 的对角项简写为

$$\begin{aligned}\rho_2(\boldsymbol{r}_1,\boldsymbol{r}_2) &\equiv \rho_2(\boldsymbol{r}_1,\boldsymbol{r}_2;\boldsymbol{r}_1,\boldsymbol{r}_2) \\ &= \rho_2^{\alpha\alpha}(\boldsymbol{r}_1,\boldsymbol{r}_2) + \rho_2^{\beta\beta}(\boldsymbol{r}_1,\boldsymbol{r}_2) + \rho_2^{\alpha\beta}(\boldsymbol{r}_1,\boldsymbol{r}_2) + \rho_2^{\beta\alpha}(\boldsymbol{r}_1,\boldsymbol{r}_2)\end{aligned} \tag{3.223}$$

这时基态能量可以表示为

$$E = \int \left[-\frac{1}{2}\nabla_1^2\rho_1(\boldsymbol{r}_1,\boldsymbol{r}_1')\right]_{\boldsymbol{r}_1'=\boldsymbol{r}_1}\mathrm{d}\boldsymbol{r}_1 + \int \rho(\boldsymbol{r}_1)v(\boldsymbol{r}_1)d\boldsymbol{r}_1 + \int\int v_{\mathrm{ee}}(r_{12})\rho_2(\boldsymbol{r}_1,\boldsymbol{r}_2)\mathrm{d}\boldsymbol{r}_1\mathrm{d}\boldsymbol{r}_2 \tag{3.224}$$

为了更清楚地显示电子相互作用的效果, 可以对上式最后一项做进一步的分解。对于一个经典的电荷分布 (即忽略电子的量子属性), 由电子密度函数 $\rho(\boldsymbol{r})$ 描述的电荷之间存在经典的库仑排斥能, 即我们在第一章就引入的 Hartree 静电能

$$E_{\mathrm{H}}[\rho] = \frac{1}{2}\iint \frac{\rho(\boldsymbol{r}_1)\rho(\boldsymbol{r}_2)}{r_{12}}\mathrm{d}\boldsymbol{r}_1\mathrm{d}\boldsymbol{r}_2 \tag{3.225}$$

可以将 $\rho_2(\boldsymbol{r}_1,\boldsymbol{r}_2)$ 写为

$$\rho_2(\boldsymbol{r}_1,\boldsymbol{r}_2) = \frac{1}{2}\rho(\boldsymbol{r}_1)\rho(\boldsymbol{r}_2)\left[1+g(\boldsymbol{r}_1,\boldsymbol{r}_2)\right] \tag{3.226}$$

其中 $g(\boldsymbol{r}_1,\boldsymbol{r}_2)$ 一般被称为对关联函数 (pair correlation function), 它包含了所有电子间相互作用的**非经典效应**。由二阶约化密度矩阵 γ_2 满足的关系

$$\mathrm{Tr}\,(\gamma_2) = \iint \gamma_2(\boldsymbol{x}_1,\boldsymbol{x}_2;\boldsymbol{x}_1,\boldsymbol{x}_2)\mathrm{d}\boldsymbol{x}_1\mathrm{d}\boldsymbol{x}_2 = \frac{N(N-1)}{2} \tag{3.227}$$

可以得到

$$\iint \rho_2(\boldsymbol{r}_1,\boldsymbol{r}_2)\mathrm{d}\boldsymbol{r}_1\boldsymbol{r}_2 = \frac{N(N-1)}{2} \tag{3.228}$$

由 γ_1 和 γ_2 之间的关系

$$\begin{aligned}\gamma_1(\boldsymbol{x}_1,\boldsymbol{x}_1') &= N\int \mathrm{d}\boldsymbol{x}^{N-1}\Psi(\boldsymbol{x}_1,\boldsymbol{x}^{N-1})\Psi^*(\boldsymbol{x}_1',\boldsymbol{x}^{N-1})\\ &= N\int \mathrm{d}\boldsymbol{x}_2\int \mathrm{d}\boldsymbol{x}^{N-2}\Psi(\boldsymbol{x}_1,\boldsymbol{x}_2,\boldsymbol{x}^{N-2})\Psi^*(\boldsymbol{x}_1',\boldsymbol{x}_2,\boldsymbol{x}^{N-2})\\ &= \frac{2}{N-1}\int \mathrm{d}\boldsymbol{x}_2\gamma_2(\boldsymbol{x}_1,\boldsymbol{x}_2;\boldsymbol{x}_1',\boldsymbol{x}_2)\end{aligned} \tag{3.229}$$

可得

$$\rho(\boldsymbol{r}_1) = \frac{2}{N-1}\int \mathrm{d}\boldsymbol{r}_2\rho_2(\boldsymbol{r}_1,\boldsymbol{r}_2) \tag{3.230}$$

将式 (3.226) 代入式 (3.230)

$$\rho(\boldsymbol{r}_1) = \frac{2}{N-1}\int \mathrm{d}\boldsymbol{r}_2\frac{1}{2}\rho(\boldsymbol{r}_1)\rho(\boldsymbol{r}_2)\left[1+g(\boldsymbol{r}_1,\boldsymbol{r}_2)\right] \tag{3.231}$$

$$N-1 = \int \mathrm{d}\boldsymbol{r}_2\rho(\boldsymbol{r}_2)\left[1+g(\boldsymbol{r}_1,\boldsymbol{r}_2)\right] \tag{3.232}$$

因此有

$$\int \rho(\boldsymbol{r}_2)g(\boldsymbol{r}_1,\boldsymbol{r}_2)\mathrm{d}\boldsymbol{r}_2 \equiv \int h_{\mathrm{xc}}(\boldsymbol{r}_1,\boldsymbol{r}_2)\mathrm{d}\boldsymbol{r}_2 = -1 \tag{3.233}$$

式 (3.233) 定义了**交换-相关空穴** (exchange-correlation hole) 分布函数 $h_{\mathrm{xc}}(\boldsymbol{r}_1,\boldsymbol{r}_2) \equiv \rho(\boldsymbol{r}_2)$ $g(\boldsymbol{r}_1,\boldsymbol{r}_2)$, 其物理意义是: 当 $\boldsymbol{r}_1$ 处存在一个电子时, 由于电子之间非经典的相互作用 (一般称为**交换-相关作用**) 导致在 $\boldsymbol{r}_1$ 周围区域其他电子出现的概率下降, 形成了有效的带正电荷的空穴分布, 后者由 $h_{\mathrm{xc}}(\boldsymbol{r}_1,\boldsymbol{r}_2)$ 所表征。而电子之间的相互作用能, 除去电子之间经典的静电库仑排斥之外其余部分的贡献, 剩余部分可以表达为电子与其周围所形成的交换-关联空穴之间的静电作用

$$V_{\mathrm{ee}} = E_{\mathrm{H}}[\rho] + \frac{1}{2}\iint \frac{1}{r_{12}}\rho(\boldsymbol{r}_1)h_{\mathrm{xc}}(\boldsymbol{r}_1,\boldsymbol{r}_2)\mathrm{d}\boldsymbol{r}_1\mathrm{d}\boldsymbol{r}_2 \tag{3.234}$$

以上物理图像在密度泛函理论中有非常重要的应用。

3.5.6 HF 近似中的一阶和二阶约化密度矩阵

上面讨论了对应于一般多电子波函数的约化密度矩阵的概念。最后我们讨论 HF 近似 (即基态波函数近似为单 Slater 行列式波函数) 所对应的一阶和二阶约化密度矩阵。

对应于 Slater 行列式波函数 $|\chi_1\cdots\chi_N\rangle$, 其一阶和二阶约化密度矩阵具有如下形式

$$\gamma_1(\boldsymbol{x}_1,\boldsymbol{x}_1') = \sum_{a=1}^{N}\chi_a(\boldsymbol{x}_1)\chi_a^*(\boldsymbol{x}_1') \tag{3.235}$$

$$\gamma_2(\boldsymbol{x}_1,\boldsymbol{x}_2;\boldsymbol{x}_1',\boldsymbol{x}_2') = \frac{1}{2}\left[\gamma_1(\boldsymbol{x}_1,\boldsymbol{x}_1')\gamma_1(\boldsymbol{x}_2,\boldsymbol{x}_2') - \gamma_1(\boldsymbol{x}_1,\boldsymbol{x}_2')\gamma_1(\boldsymbol{x}_2,\boldsymbol{x}_1')\right] \tag{3.236}$$

【练习*】推导上述结论。

【练习】以两电子体系的 HF 基态波函数 $\Phi_0(\boldsymbol{x}_1,\boldsymbol{x}_2) = |\chi_1\chi_2\rangle$ 为例, 验证以上结论。

以上形式的一阶约化密度矩阵, 有时文献中也称为 Fock-Dirac 密度矩阵, 可以写为算符形式

$$\hat{\gamma}_1 = \sum_{a=1}^{N} |\chi_a\rangle\langle\chi_a| = \sum_i n_i |\chi_i\rangle\langle\chi_i| \tag{3.237}$$

$$n_i = \begin{cases} 1 & (\chi_i \text{ 占据}) \\ 0 & (\chi_i \text{ 未占据}) \end{cases} \tag{3.238}$$

由此可见, HF 轨道就是对应于 HF 基态波函数的一阶约化密度算符的本征态 (即自然轨道)。

可以证明, 以上结论的逆命题也成立, 即如果一阶约化密度矩阵可以写成式 (3.235) 的形式, 则对应的 N 电子波函数必定是一个行列式波函数。

【练习*】证明上述结论。

显然, 对应于行列式波函数的一阶约化密度算符 (矩阵) 满足幂等性条件

$$\hat{\gamma}_1^2 = \hat{\gamma}_1 \tag{3.239}$$

【练习*】证明以上结论的逆命题同样成立, 即满足幂等性条件的一阶约化密度矩阵必定对应于一个行列式波函数。

HF 总能量可以写为一阶约化密度矩阵的泛函

$$\begin{aligned} E_{\mathrm{HF}}[\gamma_1] = & \int \left\{ \left[-\frac{1}{2}\nabla^2 + v(\boldsymbol{r}_1) \right] \gamma_1(\boldsymbol{x}, \boldsymbol{x}_1') \right\}_{\boldsymbol{x}_1'=\boldsymbol{x}_1} \mathrm{d}\boldsymbol{x}_1 \\ & + \frac{1}{2} \iint v_{\mathrm{ee}}(r_{12}) \left[\gamma_1(\boldsymbol{x}_1, \boldsymbol{x}_1)\gamma_1(\boldsymbol{x}_2, \boldsymbol{x}_2) - \gamma_1(\boldsymbol{x}_1, \boldsymbol{x}_2)\gamma_1(\boldsymbol{x}_2, \boldsymbol{x}_1) \right] \mathrm{d}\boldsymbol{x}_1 \mathrm{d}\boldsymbol{x}_2 \end{aligned} \tag{3.240}$$

HF 方程可以等价表述为以上泛函在式 (3.239) 所表达的限制条件下求极小值。更详细的讨论可参看文献 [4] 第二章。

【练习*】通过对式 (3.240) 在限制条件 (3.239) 下做变分, 推导出 HF 方程。

第 4 章 Hartree-Fock 方法

这一章我们讨论 Hartree-Fock 方法的具体推导过程和程序实现, 并给出一些数值结果, 讨论其局限性。

4.1 Hartree-Fock 方程及其推导

第 3 章已给出了 HF 方程的表达式, 这一节我们给出其具体的推导过程。可以看出, 这其实是第 1 章讲过的 Euler-Lagrange 方程的具体实例。

4.1.1 Hartree-Fock 方程

我们先回顾一下 HF 方法的基本思想。HF 近似将 N 电子基态波函数近似表示为由 N 个互相正交归一的单电子轨道所构成的 Slater 行列式波函数 $|\Phi\rangle = |\chi_1 \cdots \chi_N\rangle$, 进而其总能量表达为这组轨道的泛函

$$E[\{\chi_a\}] = \sum_a^N \langle a|\hat{h}|a\rangle + \frac{1}{2}\sum_{a,b}^N \langle ab||ab\rangle \tag{4.1}$$

在正交归一限制下进行变分, 即能得到单电子轨道的方程是

$$\left\{\hat{h}(1) + \sum_b^N \left[\hat{J}_b(1) - \hat{K}_b(1)\right]\right\}\chi_a(1) = \varepsilon_\alpha \chi_a(1) \tag{4.2}$$

这里我们引入了**库仑** (Coulomb) **算符**

$$\hat{J}_b(1)\chi_a(1) = \left[\int \mathrm{d}\boldsymbol{x}_2 \chi_b^*(2) r_{12}^{-1} \chi_b(2)\right]\chi_a(1) \tag{4.3}$$

与**交换** (exchange) **算符**

$$\hat{K}_b(1)\chi_a(1) = \left[\int \mathrm{d}\boldsymbol{x}_2 \chi_b^*(2) r_{12}^{-1} \chi_a(2)\right]\chi_b(1) \tag{4.4}$$

这两个算符的对角矩阵元分别对应关于分子轨道的**库仑积分**和**交换积分**

$$\left\langle \chi_a(1)\left|\hat{J}_b(1)\right|\chi_a(1)\right\rangle = \langle ab|ab\rangle \equiv J_{ab} \tag{4.5}$$

$$\left\langle \chi_a(1)\left|\hat{K}_b(1)\right|\chi_a(1)\right\rangle = \langle ab|ba\rangle \equiv K_{ab} \tag{4.6}$$

定义 **Fock 算符** $\hat{f}(1)$

$$\hat{f}(1) = \hat{h}(1) + \sum_b^N \left[\hat{J}_b(1) - \hat{K}_b(1)\right] \tag{4.7}$$

HF 方程写为更为简洁的形式

$$\hat{f}(1)\chi_a(1) = \varepsilon_a \chi_a(1) \tag{4.8}$$

显然, Fock 算符本身依赖于所有占据轨道 $\{\chi_a\}$。为了便于后面的讨论, 我们将式 (4.7) 第二项记为

$$\hat{v}_{\mathrm{HF}}(1) \equiv \sum_b^N \left[\hat{J}_b(1) - \hat{K}_b(1)\right] = \int \mathrm{d}\boldsymbol{x}_2 \sum_b^N \chi_b^*(2) r_{12}^{-1} \left(1 - \mathcal{P}_{12}\right) \chi_b(2) \tag{4.9}$$

这里我们引入了算符 $\mathcal{P}_{12}$, 表示将出现在它右侧的变量 $\boldsymbol{x}_1$ 和 $\boldsymbol{x}_2$ 进行互换。

【练习】证明 Fock 算符是个厄米算符。

需要注意的是, 库仑算符和交换算符是不同性质的算符。前者是**局域** (local) **算符**, 而后者是**非局域** (nonlocal) **算符**。在坐标表象中, 局域算符 $\hat{O}_{\mathrm{L}}$ 本身就是坐标的函数, 它作用于轨道 $\chi_i(\boldsymbol{x})$ 的效果就是直接与其相乘, 取值只和坐标 $\boldsymbol{x}$ 处的轨道波函数取值有关

$$\hat{O}^{(\mathrm{L})}\chi_i(\boldsymbol{x}) \equiv O_{\mathrm{L}}(\boldsymbol{x})\chi_i(\boldsymbol{x}) \tag{4.10}$$

用更形式化的语言, 这意味着局域算符在坐标表象中的表示是对角化的

$$\langle \boldsymbol{x}|\hat{O}^{(\mathrm{L})}|\boldsymbol{x}'\rangle = O_{\mathrm{L}}(\boldsymbol{x})\delta(\boldsymbol{x} - \boldsymbol{x}') \tag{4.11}$$

相比之下, 非局域算符 $\hat{O}^{(\mathrm{NL})}$ 作用于轨道 $\chi_i(\boldsymbol{x})$, 其结果依赖于轨道 χ_i 在全空间的值, 表达为对全空间的积分

$$\hat{O}^{(\mathrm{NL})}\chi_i(\boldsymbol{x}) = \int O_{\mathrm{NL}}(\boldsymbol{x}, \boldsymbol{x}')\chi_i(\boldsymbol{x}')\mathrm{d}\boldsymbol{x}' \tag{4.12}$$

4.1.2 Hartree-Fock 方程推导

构成 HF 基态波函数的轨道需要正交归一条件, 为此定义辅助泛函

$$\begin{aligned} L\left[\{\chi_a\}\right] &= E\left[\{\chi_a\}\right] - \sum_{a=1}^N \sum_{b=1}^N \lambda_{ba}\left(\langle a|b\rangle - \delta_{ab}\right) \\ &= \sum_a \langle \chi_a|\hat{h}|\chi_a\rangle + \frac{1}{2}\sum_{a,b}^N \langle \chi_a\chi_b||\chi_a\chi_b\rangle - \sum_{a=1}^N \sum_{b=1}^N \lambda_{ba}\left(\langle \chi_a|\chi_b\rangle - \delta_{ab}\right) \end{aligned} \tag{4.13}$$

这里我们先假定 $\lambda_{ba}^* = \lambda_{ab}$, 即 $\boldsymbol{\Lambda} \equiv [\lambda_{ab}]_{N\times N}$ 构成了一个厄米矩阵。这些是待定系数, 这个假定是否合理, 只需在得到其表达式之后验证它的确满足这个条件即可。对以上辅助泛函求变分

$$\begin{aligned} \delta L &\equiv L\left[\{\chi_a + \delta\chi_a\}\right] - L\left[\{\chi_a\}\right] \\ &= \sum_a \langle \delta\chi_a|\hat{h}|\chi_a\rangle + \frac{1}{2}\sum_{a,b}^N \left[\langle \delta\chi_a\chi_b|\chi_a\chi_b\rangle + \langle \chi_a\delta\chi_b|\chi_a\chi_b\rangle - \langle \delta\chi_a\chi_b|\chi_b\chi_a\rangle - \langle \chi_a\delta\chi_b|\chi_b\chi_a\rangle\right] \\ &\quad - \sum_{a=1}^N \sum_{b=1}^N \lambda_{ba}\langle \delta\chi_a|\chi_b\rangle + \mathrm{c.c.} \end{aligned} \tag{4.14}$$

上式中 c.c. 表示前面那些项的复共轭 (complex conjugate)。由于 a 和 b 都是加和的哑标, 将上式涉及 $\delta\chi_b$ 的加和项交换 a 和 b, 由此可得

$$\begin{aligned}\delta L &= \sum_a \langle \delta\chi_a|\hat{h}|\chi_a\rangle + \sum_{a,b}^{N} [\langle \delta\chi_a\chi_b|\chi_a\chi_b\rangle - \langle \delta\chi_a\chi_b|\chi_b\chi_a\rangle] - \sum_{a,b}^{N} \lambda_{ba}\langle \delta\chi_a|\chi_b\rangle + \text{c.c.} \\ &= \sum_{a=1}^{N} \int \mathrm{d}\boldsymbol{x}_1 \delta\chi_a^*(1) \left\{ \hat{h}(1)\chi_a(1) + \sum_b^N \left[\hat{J}_b(1) - \hat{K}_b(1)\right]\chi_a(1) - \sum_b^N \lambda_{ba}\chi_b(1) \right\} + \text{c.c.}\end{aligned} \tag{4.15}$$

由变分原理, 要求 $\delta L = 0$, 因此有

$$\left\{ \hat{h}(1) + \sum_{b=1}^{N} \left[\hat{J}_b(1) - \hat{K}_b(1)\right] \right\} \chi_a(1) = \sum_{b=1}^{N} \lambda_{ba}\chi_b(1) \tag{4.16}$$

利用前面 Fock 算符的定义, 式 (4.16) 可简洁地写为

$$\hat{f}(1)\chi_a(1) = \sum_{b=1}^{N} \lambda_{ba}\chi_b(1) \tag{4.17}$$

注意 Fock 算符依赖于所有占据轨道, 更确切地可以表示为

$$\hat{f}(1) \equiv \hat{f}(1; [\chi_a]) \tag{4.18}$$

由于 Fock 算符是厄米算符, 而 $\{\chi_a\}$ 正交归一, 因此

$$\lambda_{ba} = \langle \chi_b|\hat{f}|\chi_a\rangle \tag{4.19}$$

构成了一个厄米矩阵, 记为 $\boldsymbol{\Lambda}$, 这与之前的假定一致。对于厄米矩阵, 总是可以找到一个幺正矩阵 $\boldsymbol{U}$, 对 $\boldsymbol{\Lambda}$ 做幺正变换可将其转化为一个对角矩阵, 记为 $\boldsymbol{E}$, 即

$$\boldsymbol{\Lambda} = \boldsymbol{U}^{-1}\boldsymbol{E}\boldsymbol{U} \tag{4.20}$$

这里

$$\boldsymbol{E} = \mathrm{diag}\,[\varepsilon_1, \varepsilon_2, \cdots, \varepsilon_N] \equiv \begin{bmatrix} \varepsilon_1 & & & 0 \\ & \varepsilon_2 & & \\ & & \ddots & \\ 0 & & & \varepsilon_N \end{bmatrix} \tag{4.21}$$

为简化表示, 将 N 个占据轨道写成行矩阵的形式

$$\boldsymbol{X} = [\chi_1, \chi_2, \cdots, \chi_N] \tag{4.22}$$

用矩阵的语言, 式 (4.17) 可写为

$$\hat{f}[\{\chi_a\}]\boldsymbol{X} = \boldsymbol{X}\boldsymbol{\Lambda} \tag{4.23}$$

将式 (4.20) 代入

$$\hat{f}[\{\chi_a\}]\boldsymbol{X} = \boldsymbol{X}\boldsymbol{U}^{-1}\boldsymbol{E}\boldsymbol{U} \tag{4.24}$$

等式两边分别右乘 $\boldsymbol{U}^{-1}$, 并定义

$$\widetilde{\boldsymbol{X}} \equiv \boldsymbol{X}\boldsymbol{U}^{-1} \tag{4.25}$$

因此有

$$\boldsymbol{X} = \widetilde{\boldsymbol{X}}\boldsymbol{U} \tag{4.26}$$

这对应于

$$\widetilde{\chi}_a(1) = \sum_{b=1}^{N} \chi_b(1)U^{\dagger}_{ba} = \sum_{b=1}^{N} \chi_b(1)U^{*}_{ab} \tag{4.27}$$

$$\chi_a(1) = \sum_{b=1}^{N} \widetilde{\chi}_b(1)U_{ba} \tag{4.28}$$

由此可得

$$\hat{f}[\{\chi_a\}]\widetilde{\boldsymbol{X}} = \widetilde{\boldsymbol{X}}\boldsymbol{E} \tag{4.29}$$

写成更直接的形式为

$$\hat{f}(1;[\chi])\widetilde{\chi}_a(1) = \varepsilon_a\widetilde{\chi}_a(1) \tag{4.30}$$

但是, 上式中的 Fock 算符仍然依赖于变换前的轨道, 我们需要证明 Fock 算符在轨道幺正变换下保持不变。为此我们只需证明之前引入的 $\hat{v}_{\text{HF}}$ 满足幺正变换不变性。根据前面式 (4.9), 将式 (4.28) 代入, 可得

$$\begin{aligned}
\hat{v}_{\text{HF}}(1;[\chi]) &= \sum_{b}^{N} \int \mathrm{d}\boldsymbol{x}_2 \chi_b^*(2) r_{12}^{-1}\left(1-\mathcal{P}_{12}\right)\chi_b(2) \\
&= \sum_{b}^{N} \int \mathrm{d}\boldsymbol{x}_2 \left[\sum_{b'}^{N} \widetilde{\chi}_{b'}^*(2)U^*_{b'b}\right] r_{12}^{-1}\left(1-\mathcal{P}_{12}\right)\left[\sum_{b''}^{N} \widetilde{\chi}_{b''}(2)U_{b''b}\right] \\
&= \sum_{b'}^{N}\sum_{b''}^{N}\sum_{b}^{N} U^*_{b'b}U_{b''b} \int \mathrm{d}\boldsymbol{x}_2 \widetilde{\chi}_{b'}^*(2) r_{12}^{-1}\left(1-\mathcal{P}_{12}\right)\widetilde{\chi}_{b''}(2) \\
&= \sum_{b'}^{N}\sum_{b''}^{N}\sum_{b}^{N} U^{\dagger}_{bb'}U_{b''b} \int \mathrm{d}\boldsymbol{x}_2 \widetilde{\chi}_{b'}^*(2) r_{12}^{-1}\left(1-\mathcal{P}_{12}\right)\widetilde{\chi}_{b''}(2) \\
&= \sum_{b'}^{N}\sum_{b''}^{N} \delta_{b'b''} \int \mathrm{d}\boldsymbol{x}_2 \widetilde{\chi}_{b'}^*(2) r_{12}^{-1}\left(1-\mathcal{P}_{12}\right)\widetilde{\chi}_{b''}(2) \\
&= \sum_{b'}^{N} \int \mathrm{d}\boldsymbol{x}_2 \widetilde{\chi}_{b'}^*(2) r_{12}^{-1}\left(1-\mathcal{P}_{12}\right)\widetilde{\chi}_{b'}(2) \\
&= \hat{v}_{\text{HF}}(1;[\widetilde{\chi}])
\end{aligned} \tag{4.31}$$

因此有

$$\hat{f}(1;[\chi_a]) = \hat{f}(1;[\widetilde{\chi}_a]) \tag{4.32}$$

最终我们得到如下**正则 Hartree-Fock 方程** (canonical Hartree-Fock equation)

$$\hat{f}(1)\chi_i(1) = \varepsilon_i\chi_i(1) \quad i = 1, 2, \cdots, N, \cdots \tag{4.33}$$

这里我们把轨道下标 a (表示占据轨道) 改为 i, 原因是: 虽然为了得到 Hartree-Fock 基态能量和基态波函数, 我们只需要 N 个能量最低的占据轨道, 但实际求解 Hartree-Fock 方程除了得到 N 个占据轨道, 也会得到无穷多 (如果不做数值近似的话) 个未占据轨道。但是需要注意的是, Fock 算符本身只依赖于占据轨道。正则 HF 方程的解称为**正则分子轨道** (canonical molecular orbitals, CMO)。

上面的讨论表明, HF 轨道并不是唯一定义的。从求解 HF 总能量的角度, 正则轨道并不是必需的。HF 总能量满足占据轨道幺正变换不变性。实际上, 一般而言, 正则轨道在空间上比较离域, 与化学家对于化学键的局域图像并不一致。在处理实际化学问题时, 常常需要对正则分子轨道引入幺正变换, 从而得到空间上更局域, 并和化学键对应的所谓**局域化分子轨道** (localized molecular orbitals, LMOs)[22]。这些 LMOs 仍然满足正交归一的条件, 但不是正则 HF 方程的解。在固体物理中, 这类局域化分子轨道也称为 **Wannier 函数**[23]。局域化分子轨道在化学成键分析、构建有效近似模型、发展低标度量子化学方法等很多领域有非常广泛的应用。

【练习*】 证明行列式波函数满足幺正变换不变性: 对构成行列式波函数 $|\varPhi\rangle = |\chi_1\cdots\chi_N\rangle$ 的单电子轨道作幺正变化, $\widetilde{\chi}_\mu = \sum_\nu U^*_{\mu\nu}\chi_\nu$, 所得行列式波函数 $|\widetilde{\varPhi}\rangle = |\widetilde{\chi}_1\cdots\widetilde{\chi}_N\rangle$ 与 $|\varPhi\rangle$ 之间仅相差一个相位因子, $|\widetilde{\varPhi}\rangle = \lambda|\varPhi\rangle$ ($|\lambda| = 1$)。

4.1.3 Koopmans 定理

任意 (占据或未占据) 轨道能量的表达式

$$\varepsilon_i = \langle i|\hat{f}|i\rangle = h_{ii} + \sum_b \langle ib||ib\rangle \tag{4.34}$$

容易证明, 所有占据轨道能量之和不等于总能量

$$\sum_a^N \varepsilon_a = \sum_a^N h_{aa} + \sum_a^N\sum_b^N \langle ab||ab\rangle \tag{4.35}$$

$$E_0 = \sum_a^N h_{aa} + \frac{1}{2}\sum_a^N\sum_b^N \langle ab||ab\rangle \tag{4.36}$$

用轨道能量表示, 总能量可以写为

$$E_0 = \sum_a^N \varepsilon_a - \frac{1}{2}\sum_{a,b}^N \langle ab||ab\rangle \tag{4.37}$$

Koopmans 定理: 在忽略电子解离 (从分子中拿走电子) 或亲和 (将额外电子加入分子) 过程中轨道弛豫的条件下, 占据 HF 轨道能量对应电离能的负值, 未占据 HF 轨道能量对应电子亲和能的负值。

【证明】 设已求解了 N 电子体系的 Hartree-Fock 方程, 其 HF 基态波函数写为

$$|\varPhi_0(N)\rangle = |\chi_1\chi_2\cdots\chi_{c-1}\chi_c\chi_{c+1}\cdots\chi_N\rangle$$

现在考虑电离第 c 个轨道中的电子, 并假定所有其他占据轨道不发生变化, 从而得到如下 $N-1$ 电子体系的 HF 波函数

$$|\widetilde{\Phi}(N-1,c)\rangle = |\chi_1\chi_2\cdots\chi_{c-1}\chi_{c+1}\cdots\chi_N\rangle \tag{4.38}$$

这里我们用波浪符号强调这并不是真正意义上 (即通过变分计算求得的) 的 $N-1$ 电子体系的 HF 波函数, 对应的能量为

$$\begin{aligned}
\widetilde{E}(N-1,c) &= \sum_{a\neq c}^{N} h_{aa} + \frac{1}{2}\sum_{a\neq c}^{N}\sum_{b\neq c}^{N}\langle ab||ab\rangle \\
&= \sum_{a}^{N} h_{aa} - h_{cc} + \frac{1}{2}\sum_{a}^{N}\sum_{b}^{N}\langle ab||ab\rangle - \frac{1}{2}\sum_{a}^{N}\langle ac||ac\rangle - \frac{1}{2}\sum_{b}^{N}\langle cb||cb\rangle \\
&= E_0(N) - \left[h_{cc} + \sum_{a}^{N}\langle ac||ac\rangle\right] \\
&= E_0(N) - \varepsilon_c
\end{aligned} \tag{4.39}$$

因此有

$$\widetilde{\mathrm{IP}}(N,c) \equiv \widetilde{E}(N-1,c) - E_0(N) = -\varepsilon_c \tag{4.40}$$

类似地, 可以证明, 在 N 电子体系 HF 基态波函数基础上, 在第 r 个未占据轨道填充一个电子 (对应于电子亲和过程), 并假定其他轨道不发生弛豫, 则对应的能量变化就等于

$$\widetilde{\mathrm{EA}}(N,r) = E_0(N) - \widetilde{E}(N+1,r) = -\varepsilon_r \tag{4.41}$$

【练习】推导式 (4.41)。

从上面的讨论可以看出, 将 HF 轨道能量与电离能或电子亲和能联系起来的前提是忽略电子数改变时轨道的弛豫。但实际上, 电子数改变时, 轨道弛豫作用一般来说都是非常显著的, 因此 HF 轨道能作为对电离势或电子亲和能的描述一般而言是非常不准确的。相比之下, 如果分别对 N 和 $N-1(N+1)$ 电子体系做 HF 自洽场计算, 通过直接计算它们的总能量差来计算电离势 (电子亲和能), 一般而言会给出比较准确的结果。这类方法一般被称为 ΔSCF 方法。

4.1.4 闭壳层 Hartree-Fock 方法

前一章已提过, 对于闭壳层分子, 一般采用自旋限制性 HF(restricted Hartree-Fock, RHF) 方法。这时, 我们假定每个分子轨道都可以写成自旋无关的空间轨道乘以单电子自旋本征函数

$$\begin{aligned}
\chi_{2i-1}(\boldsymbol{x}) &= \psi_i(\boldsymbol{r})\alpha(\sigma) \\
\chi_{2i}(\boldsymbol{x}) &= \psi_i(\boldsymbol{r})\beta(\sigma)
\end{aligned} \tag{4.42}$$

我们引入自旋本征态的一般表示

$$\xi_{\sigma'}(\sigma) = \begin{cases} \alpha(\sigma) & (\sigma'=\alpha) \\ \beta(\sigma) & (\sigma'=\beta) \end{cases} \tag{4.43}$$

将以上形式的自旋轨道代入 Hartree-Fock 方程

$$\hat{f}(1)\psi_i(\boldsymbol{r}_1)\alpha(\sigma_1) = \varepsilon_i\psi_i(\boldsymbol{r}_1)\alpha(\sigma_1) \tag{4.44}$$

将上式左侧具体写出来

$$\hat{f}(1)\psi_i(\boldsymbol{r}_1)\alpha(\sigma) = \hat{h}\psi_i(\boldsymbol{r}_1)\alpha(\sigma_1) + \hat{v}_{\mathrm{HF}}(1)\left[\psi_i(\boldsymbol{r}_1)\alpha(\sigma_1)\right] \tag{4.45}$$

$$\begin{aligned}
\hat{v}_{\mathrm{HF}}(1)\left[\psi_i(\boldsymbol{r}_1)\alpha(\sigma_1)\right] &= \sum_b^N \int \mathrm{d}\boldsymbol{x}_2 \chi_b^*(\boldsymbol{x}_2) r_{12}^{-1}(1-\mathcal{P}_{12})\chi_b(\boldsymbol{x}_2)\left[\psi_i(\boldsymbol{r}_1)\alpha(\sigma_1)\right] \\
&= \sum_b^{N/2}\sum_\sigma \int \mathrm{d}\boldsymbol{r}_2\mathrm{d}\sigma_2 \psi_b^*(\boldsymbol{r}_2)\xi_\sigma^*(\sigma_2) r_{12}^{-1}(1-\mathcal{P}_{12})\psi_b(\boldsymbol{r}_2)\xi_\sigma(\sigma_2)\psi_i(\boldsymbol{r}_1)\alpha(\sigma_1) \\
&= \sum_b^{N/2}\sum_\sigma \int \mathrm{d}\boldsymbol{r}_2\mathrm{d}\sigma_2 \psi_b^*(\boldsymbol{r}_2)\xi_\sigma^*(\sigma_2) r_{12}^{-1}\psi_b(\boldsymbol{r}_2)\xi_\sigma(\sigma_2)\psi_i(\boldsymbol{r}_1)\alpha(\sigma_1) \\
&\quad - \sum_b^{N/2}\sum_\sigma \int \mathrm{d}\boldsymbol{r}_2\mathrm{d}\sigma_2 \psi_b^*(\boldsymbol{r}_2)\xi_\sigma^*(\sigma_2) r_{12}^{-1}\psi_i(\boldsymbol{r}_2)\alpha(\sigma_2)\psi_b(\boldsymbol{r}_1)\xi_\sigma(\sigma_1) \\
&= 2\sum_b^{N/2} \int \mathrm{d}\boldsymbol{r}_2 \psi_b^*(\boldsymbol{r}_2) r_{12}^{-1}\psi_b(\boldsymbol{r}_2)\psi_i(\boldsymbol{r}_1)\alpha(\sigma_1) \\
&\quad - \sum_b^{N/2} \int \mathrm{d}\boldsymbol{r}_2 \psi_b^*(\boldsymbol{r}_2) r_{12}^{-1}\psi_i(\boldsymbol{r}_2)\psi_b(\boldsymbol{r}_1)\alpha(\sigma_1)
\end{aligned} \tag{4.46}$$

由此可得如下 RHF 方程

$$\left[\hat{h}(\boldsymbol{r}_1) + \sum_b^{N/2}\int \mathrm{d}\boldsymbol{r}_2 \psi_b^*(\boldsymbol{r}_2) r_{12}^{-1}(2-\mathcal{P}_{12})\psi_b(\boldsymbol{r}_2)\right]\psi_i(\boldsymbol{r}_1) = \varepsilon_i\psi_i(\boldsymbol{r}_1) \tag{4.47}$$

容易看出, 限制 HF 轨道能量

$$\varepsilon_i = h_{ii} + \sum_b^{N/2}\left[2J_{ib} - K_{ib}\right] \tag{4.48}$$

这里 J_{ij} 和 K_{ij} 分别是用空间轨道定义的库仑积分和交换积分

$$J_{ij} = \int \mathrm{d}\boldsymbol{r}_1 \int \mathrm{d}\boldsymbol{r}_2 \psi_i^*(\boldsymbol{r}_1)\psi_j^*(\boldsymbol{r}_2) r_{12}^{-1}\psi_i(\boldsymbol{r}_1)\psi_j(\boldsymbol{r}_2) \tag{4.49}$$

$$K_{ij} = \int \mathrm{d}\boldsymbol{r}_1 \int \mathrm{d}\boldsymbol{r}_2 \psi_i^*(\boldsymbol{r}_1)\psi_j^*(\boldsymbol{r}_2) r_{12}^{-1}\psi_j(\boldsymbol{r}_1)\psi_i(\boldsymbol{r}_2) \tag{4.50}$$

为了和后面密度泛函理论建立联系, 我们注意到在自旋限制 HF 方法中, 电子密度可写为

$$\rho(\boldsymbol{r}) = 2\sum_a^{N/2}\psi_a(\boldsymbol{r})^*\psi_a(\boldsymbol{r}) \tag{4.51}$$

利用之前引入的 Hartree 势

$$v_{\mathrm{H}}(\boldsymbol{r}_1) = \int \mathrm{d}\boldsymbol{r}_2 \frac{\rho(\boldsymbol{r}_2)}{|\boldsymbol{r}_1 - \boldsymbol{r}_2|} = 2\sum_a^{N/2}\int \mathrm{d}\boldsymbol{r}_2 \frac{\psi_a(\boldsymbol{r}_2)^*\psi_a(\boldsymbol{r}_2)}{|\boldsymbol{r}_1 - \boldsymbol{r}_2|} \tag{4.52}$$

另外, 我们定义

$$\hat{v}_{\mathrm{x}}\psi_i(\boldsymbol{r}_1) \equiv \int \mathrm{d}\boldsymbol{r}_2 v_{\mathrm{x}}(\boldsymbol{r}_1, \boldsymbol{r}_2)\psi_i(\boldsymbol{r}_2) \tag{4.53}$$

$$v_{\mathrm{x}}(\boldsymbol{r}_1, \boldsymbol{r}_2) \equiv -\sum_b^{N/2} \frac{\psi_b(\boldsymbol{r}_1)\psi_b^*(\boldsymbol{r}_2)}{|\boldsymbol{r}_1 - \boldsymbol{r}_2|} \tag{4.54}$$

RHF 方程可以写为

$$\left[\hat{h} + v_{\mathrm{H}}(\boldsymbol{r}) + \hat{v}_{\mathrm{x}}\right]\psi_i(\boldsymbol{r}) = \varepsilon_i\psi_i(\boldsymbol{r}) \tag{4.55}$$

4.1.5 开壳层体系的 Hartree-Fock 方法

所谓开壳层 (open-shell) 体系是指处在电子基态时电子不完全配对的体系。很显然, 含奇数电子的体系必定是开壳层的。偶数电子的体系也可能是开壳层的, 比如处于或接近解离状态的 H_2 和 F_2 分子、O_2 分子、双自由基分子卡宾 CH_2 等。含过渡金属、镧系或锕系元素的分子绝大多数都属于开壳层体系。

在 HF 理论框架内处理开壳层分子主要有两种方法:

• **限制性开壳 HF** (restricted open-shell HF, ROHF): 除了明确的单占据轨道外, 双占据轨道仍由自旋无关的空间轨道乘上 $\alpha(\sigma)$ 或 $\beta(\sigma)$ 构成。比如对于 Li 原子, 其基态电子构型为 $1\mathrm{s}^2 2\mathrm{s}^1$, 根据 ROHF 方法, 其基态波函数写为 $|\varPhi_0\rangle = |\psi_{1\mathrm{s}}(\boldsymbol{r}_1)\alpha(\sigma_1)\psi_{1\mathrm{s}}(\boldsymbol{r}_2)\beta(\sigma_2)\psi_{2\mathrm{s}}(\boldsymbol{r}_3)\alpha(\sigma_3)\rangle$。ROHF 方法的优点是其基态波函数可以很容易地实现自旋匹配, 使其同时是 $\hat{S}^2$ 的本征态。但缺点是相应的分子轨道所满足的方程, 即 ROHF 方程, 在形式上更为复杂。关于 ROHF 方法的更详细讨论, 可以参看文献 [24]。

• **非限制 HF** (unrestricted Hartree-Fock, UHF) 方法: 自旋向上和自旋向下的自旋轨道各有一套正交归一的空间轨道。比如上面 Li 原子的例子, 在 UHF 中, 其基态波函数写为 $|\varPhi_0\rangle = |\psi_{1\mathrm{s}}^{\alpha}(\boldsymbol{r}_1)\alpha(\sigma_1)\psi_{1\mathrm{s}}^{\beta}(\boldsymbol{r}_2)\beta(\sigma_2)\psi_{2\mathrm{s}}^{\alpha}(\boldsymbol{r}_3)\alpha(\sigma_3)\rangle$

RHF, ROHF 和 UHF 方法在轨道能级上的差别如图 4.1 所示。

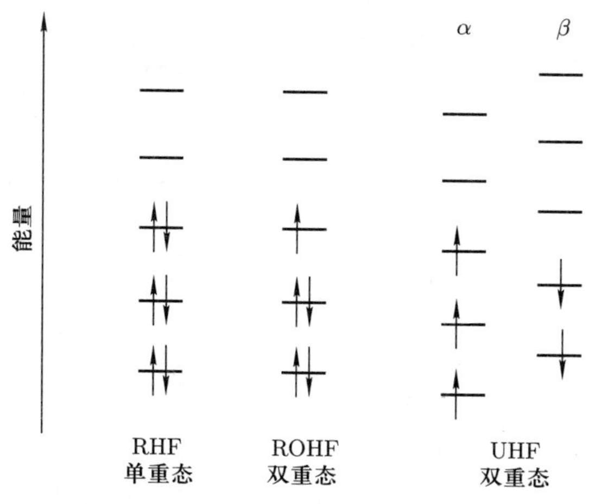

图 4.1 RHF, UHF 和 ROHF 方法示意

【问题】同一个开壳层体系分别用 ROHF 和 UHF 处理, 哪种方法得到的基态能量更低一些, 为什么?

由于 UHF 在实际中有更广泛的应用, 我们下面对 UHF 做一些更深入的讨论。

在 UHF 方法中, 基态波函数可以写为

$$|\Phi^{\mathrm{UHF}}\rangle = |\psi_1^\alpha(1)\alpha(1)\psi_1^\beta(2)\beta(2)\psi_2^\alpha(3)\alpha(3)\psi_2^\beta(4)\beta(4)\cdots\rangle \tag{4.56}$$

同样可以有两种方式来推导 UHF 方程。我们可以从前面推导的一般性 HF 方程出发, 将自旋相关的部分积分来得到; 也可以从 UHF 的总能量表达式出发进行变分来推导。

这里我们从一般 HF 方程出发

$$\begin{aligned}&\hat{f}(1)\chi_j(1) = \varepsilon_j\chi_j(1)\\&\hat{f}(1) = \hat{h}(1) + \sum_a^N \int \mathrm{d}\boldsymbol{x}_2\chi_a^*(2)r_{12}^{-1}(1-\mathcal{P}_{12})\chi_a(2) \equiv \hat{h}(1) + \hat{v}_{\mathrm{HF}}(1)\end{aligned} \tag{4.57}$$

考虑 $\chi_j(\boldsymbol{x}_1) = \psi_i^\alpha(\boldsymbol{r}_1)\alpha(\sigma_1)$, 代入上式可得

$$\hat{h}(1)\psi_i^\alpha(\boldsymbol{r}_1)\alpha(\sigma_1) + \hat{v}_{\mathrm{HF}}(1)\psi_i^\alpha(\boldsymbol{r}_1)\alpha(\sigma_1) = \varepsilon_i^\alpha\psi_i^\alpha(\boldsymbol{r}_1)\alpha(\sigma_1) \tag{4.58}$$

第一项算符 $\hat{h}(1) = \hat{h}(\boldsymbol{r}_1)$ 只和空间坐标有关。对于第二项

$$\begin{aligned}\hat{v}_{\mathrm{HF}}(1)\psi_i^\alpha(\boldsymbol{r}_1)\alpha(\sigma_1) =& \sum_a^{N_\alpha}\int \mathrm{d}\boldsymbol{r}_2\mathrm{d}\sigma_2\psi_a^{\alpha *}(\boldsymbol{r}_2)\alpha^*(\sigma_2)r_{12}^{-1}(1-\mathcal{P}_{12})\psi_a^\alpha(\boldsymbol{r}_2)\alpha(\sigma_2)\psi_i^\alpha(\boldsymbol{r}_1)\alpha(\sigma_1)\\&+\sum_a^{N_\beta}\int \mathrm{d}\boldsymbol{r}_2\mathrm{d}\sigma_2\psi_a^{\beta *}(\boldsymbol{r}_2)\beta^*(\sigma_2)r_{12}^{-1}(1-\mathcal{P}_{12})\psi_a^\beta(\boldsymbol{r}_2)\beta(\sigma_2)\psi_i^\alpha(\boldsymbol{r}_1)\alpha(\sigma_1)\\=&\sum_a^{N_\alpha}\int \mathrm{d}\boldsymbol{r}_2\psi_a^{\alpha *}(\boldsymbol{r}_2)r_{12}^{-1}(1-\mathcal{P}_{12})\psi_a^\alpha(\boldsymbol{r}_2)\psi_i^\alpha(\boldsymbol{r}_1)\alpha(\sigma_1)\\&+\sum_a^{N_\beta}\int \mathrm{d}\boldsymbol{r}_2\psi_a^{\beta *}(\boldsymbol{r}_2)r_{12}^{-1}\psi_a^\beta(\boldsymbol{r}_2)\psi_i^\alpha(\boldsymbol{r}_1)\alpha(\sigma_1)\end{aligned} \tag{4.59}$$

将上式代入式 (4.58), 两边消去 $\alpha(\sigma)$, 可得

$$\begin{aligned}&\left[\hat{h}(\boldsymbol{r}_1) + \sum_a^{N_\alpha}\int \mathrm{d}\boldsymbol{r}_2\psi_a^{\alpha *}(\boldsymbol{r}_2)r_{12}^{-1}(1-\mathcal{P}_{12})\psi_a^\alpha(\boldsymbol{r}_2) + \sum_a^{N_\beta}\int \mathrm{d}\boldsymbol{r}_2\psi_a^{\beta *}(\boldsymbol{r}_2)r_{12}^{-1}\psi_a^\beta(\boldsymbol{r}_2)\right]\psi_i^\alpha(\boldsymbol{r}_1)\\&= \varepsilon_i^\alpha\psi_i^\alpha(\boldsymbol{r}_1)\end{aligned} \tag{4.60}$$

类似地, 可以写出对应于自旋 β 的空间分子轨道所满足的方程。两者可统一写为如下形式

$$\hat{f}^\sigma(\boldsymbol{r}_1)\psi_i^\sigma(\boldsymbol{r}_1) = \varepsilon_i^\sigma\psi_i^\sigma(\boldsymbol{r}_1) \tag{4.61}$$

$$\hat{f}^\sigma(\boldsymbol{r}_1) = \hat{h}(\boldsymbol{r}_1) + \sum_{\sigma'}\sum_a^{N_{\sigma'}}\int \mathrm{d}\boldsymbol{r}_2\psi_a^{\sigma' *}(\boldsymbol{r}_2)r_{12}^{-1}(1-\delta_{\sigma\sigma'}\mathcal{P}_{12})\psi_a^{\sigma'}(\boldsymbol{r}_2) \tag{4.62}$$

【练习】写出 UHF 轨道能量的一般表达式。

我们同样可以用之前引入的 Hartree 势和交换势来表达 UHF 方程, 在这种情况下, 电子密度表示为

$$\rho(\boldsymbol{r}) = \sum_\sigma\sum_a^{N_\sigma}\psi_a(\boldsymbol{r})^*\psi_a(\boldsymbol{r}) \equiv \sum_\sigma \rho_\sigma(\boldsymbol{r}) \tag{4.63}$$

$\rho_\sigma(\boldsymbol{r})$ 对应自旋 $\sigma=\alpha,\beta$ 的电子密度。Hartree 势依赖于总电子密度, 因此和自旋无关。但交换势是自旋依赖的

$$\hat{v}_{\rm x}^\sigma\psi_i^\sigma(\boldsymbol{r}_1)\equiv\int {\rm d}\boldsymbol{r}_2 v_{\rm x}^\sigma(\boldsymbol{r}_1,\boldsymbol{r}_2)\psi_i^\sigma(\boldsymbol{r}_2) \tag{4.64}$$

$$v_{\rm x}^\sigma(\boldsymbol{r}_1,\boldsymbol{r}_2)\equiv-\sum_a^{N_\sigma}\frac{\psi_a^\sigma(\boldsymbol{r}_1)\psi_a^{\sigma*}(\boldsymbol{r}_2)}{|\boldsymbol{r}_1-\boldsymbol{r}_2|} \tag{4.65}$$

UHF 方程写为

$$\left[\hat{h}(\boldsymbol{r})+v_{\rm H}(\boldsymbol{r})+\hat{v}_{\rm x}^\sigma\right]\psi_i^\sigma(\boldsymbol{r})=\varepsilon_i^\sigma\psi_i^\sigma(\boldsymbol{r}) \tag{4.66}$$

利用 Slater-Condon 规则, 也可以直接写出 UHF 的基态能量表达式

$$\begin{aligned}E_0&=\sum_a^{N_\alpha}h_{aa}^{\alpha\alpha}+\sum_a^{N_\beta}h_{aa}^{\beta\beta}+\frac{1}{2}\sum_a^{N_\alpha}\sum_b^{N_\alpha}(J_{ab}^{\alpha\alpha}-K_{ab}^{\alpha\alpha})+\frac{1}{2}\sum_a^{N_\beta}\sum_b^{N_\beta}\left(J_{ab}^{\beta\beta}-K_{ab}^{\beta\beta}\right)+\sum_a^{N_\alpha}\sum_b^{N_\beta}J_{ab}^{\alpha\beta}\\&=\sum_\sigma\sum_a^{N^\sigma}h_{aa}^{\sigma\sigma}+\frac{1}{2}\sum_{\sigma,\sigma'}\sum_a^{N^\sigma}\sum_b^{N^{\sigma'}}\left[J_{ab}^{\sigma\sigma'}-K_{ab}^{\sigma\sigma}\delta_{\sigma\sigma'}\right]\end{aligned} \tag{4.67}$$

从上式出发, 应用变分原理也可以直接得到 UHF 方程。

【习题】

1. 直接从自旋限制 HF 总能量表达式出发应用变分法推导 RHF 方程。

2. 用 UHF 方法描述 Li 原子基态电子构型 $1{\rm s}^2 2{\rm s}^1$, 请问: ① $\varepsilon_{1\rm s}^\alpha$ 和 $\varepsilon_{1\rm s}^\beta$ 两个轨道能量相等吗? 如不等, 哪个更低一些? 为什么? ② $\varepsilon_{2\rm s}^\alpha$ 和 $\varepsilon_{2\rm s}^\beta$ 两个轨道能量相等吗? 如不等, 哪个更低一些? 为什么?

4.2 HF 方程的数值求解

4.2.1 Roothaan 方程

我们首先考虑自旋限制闭壳层 HF(即 RHF) 方程的求解。HF 方程的求解在数学上对应于求解一组自洽的积分微分 (integro-differential) 方程。

$$\left[-\frac{1}{2}\nabla_1^2+v_{\rm ext}(\boldsymbol{r}_1)+\sum_a^{N/2}\int {\rm d}\boldsymbol{r}_2\psi_a^*(\boldsymbol{r}_2)r_{12}^{-1}(2-\mathcal{P}_{12})\psi_a(\boldsymbol{r}_2)\right]\psi_i(\boldsymbol{r}_1)=\varepsilon_i\psi_i(\boldsymbol{r}_1) \tag{4.68}$$

使用 Fock 算符, 上式可简写为

$$\hat{f}(\boldsymbol{r}_1)\psi_i(\boldsymbol{r}_1)=\varepsilon_i\psi_i(\boldsymbol{r}_1) \tag{4.69}$$

对于球对称的原子, 以上方程可以通过将空间轨道波函数表达为径向波函数和描述角度依赖性的球谐函数的乘积, 从而化简为一维的径向薛定谔方程, 后者可以在一套离散格点上数值精确地求解。对于一般分子体系, 可以在实空间离散格点上通过微分方程的数值求解技巧来求解 RHF 方程 [式 (4.68)], 但由于原子核位置处库仑势发散, 需要采用特

殊的空间格点来进行离散化, 程序实现的复杂性和计算量都很大。更常用的方法是引入一组基函数 $\{\phi_\mu(\boldsymbol{r})|\mu=1,2,\cdots,K\}$ 来展开分子轨道

$$\psi_i(\boldsymbol{r}_1)=\sum_{\nu=1}^{K}C_{\nu i}\phi_\nu(\boldsymbol{r}_1) \tag{4.70}$$

将其代入式 (4.69), 有

$$\hat{f}(1)\left[\sum_{\nu=1}^{K}C_{\nu i}\phi_\nu(\boldsymbol{r}_1)\right]=\varepsilon_i\sum_{\nu=1}^{K}C_{\nu i}\phi_\nu(\boldsymbol{r}_1) \tag{4.71}$$

$$\sum_{\nu=1}^{K}C_{\nu i}\hat{f}(1)\phi_\nu(\boldsymbol{r}_1)=\varepsilon_i\sum_{\nu=1}^{K}C_{\nu i}\phi_\nu(\boldsymbol{r}_1) \tag{4.72}$$

两边左乘 $\phi_\mu^*(\boldsymbol{r}_1)$ 并积分, 得

$$\sum_\nu C_{\nu i}\int \mathrm{d}\boldsymbol{r}_1\phi_\mu^*(1)\hat{f}(1)\phi_\nu(1)=\varepsilon_i\sum_\nu C_{\nu i}\int \mathrm{d}\boldsymbol{r}_1\phi_\mu^*(1)\phi_\nu(1) \tag{4.73}$$

定义重叠矩阵元

$$S_{\mu\nu}=\int \mathrm{d}\boldsymbol{r}_1\phi_\mu^*(1)\phi_\nu(1) \tag{4.74}$$

Fock 矩阵矩阵元

$$F_{\mu\nu}=\int \mathrm{d}\boldsymbol{r}_1\phi_\mu^*(1)\hat{f}(1)\phi_\nu(1) \tag{4.75}$$

因此可整理成

$$\sum_\nu F_{\mu\nu}C_{\nu i}=\varepsilon_i\sum_\nu S_{\mu\nu}C_{\nu i} \tag{4.76}$$

$\boldsymbol{E}$ 表示以所求轨道能量为对角矩阵元的对角矩阵, 则上式可写成矩阵形式

$$\boldsymbol{FC}=\boldsymbol{SCE} \tag{4.77}$$

该形式的矩阵方程一般称为**广义本征方程** (generalized eigen-equation)。Fock 算符本身依赖于所求解的占据轨道, 因此, 需要写出其矩阵元更具体的计算公式。方便起见, 我们将 Fock 算符分解成几项

$$\hat{f}(1)=\hat{h}(1)+\hat{J}(1)-\hat{K}(1) \tag{4.78}$$

$$\hat{J}(1)=2\sum_{a=1}^{N/2}\hat{J}_a(1)=2\sum_{a=1}^{N/2}\int \mathrm{d}\boldsymbol{r}_2\psi_a^*(\boldsymbol{r}_2)\psi_a(\boldsymbol{r}_2)r_{12}^{-1} \tag{4.79}$$

$$\hat{K}(1)=\sum_{a=1}^{N/2}\hat{K}_a(1)=\sum_{a=1}^{N/2}\int \mathrm{d}\boldsymbol{r}_2\psi_a^*(\boldsymbol{r}_2)r_{12}^{-1}\mathcal{P}_{12}\psi_a(\boldsymbol{r}_2) \tag{4.80}$$

因此

$$F_{\mu\nu}=h_{\mu\nu}+J_{\mu\nu}-K_{\mu\nu} \tag{4.81}$$

其中

$$h_{\mu\nu} \equiv \int \mathrm{d}\boldsymbol{r}_1 \phi_\mu^*(\boldsymbol{r}_1)\hat{h}(1)\phi_\nu(\boldsymbol{r}_1) = \int \mathrm{d}\boldsymbol{r}_1 \phi_\mu^*(\boldsymbol{r}_1)\left[-\frac{1}{2}\nabla_1^2 + v_{\text{ext}}(\boldsymbol{r}_1)\right]\phi_\nu(\boldsymbol{r}_1) \tag{4.82}$$

$$\begin{aligned} J_{\mu\nu} &= 2\sum_{a=1}^{N/2}\int \mathrm{d}\boldsymbol{r}_1 \int \mathrm{d}\boldsymbol{r}_2 \phi_\mu^*(\boldsymbol{r}_1)\psi_a^*(\boldsymbol{r}_2) r_{12}^{-1}\psi_a(\boldsymbol{r}_2)\phi_\nu(\boldsymbol{r}_1) \\ &= 2\sum_{a=1}^{N/2}\sum_{\lambda,\eta} C_{\lambda a}^* C_{\eta a}\int \mathrm{d}\boldsymbol{r}_1 \int \mathrm{d}\boldsymbol{r}_2 \phi_\mu^*(\boldsymbol{r}_1)\phi_\lambda^*(\boldsymbol{r}_2) r_{12}^{-1}\phi_\nu(\boldsymbol{r}_1)\phi_\eta(\boldsymbol{r}_2) \\ &= \sum_{\lambda,\eta} P_{\eta\lambda}\langle\mu\lambda|\nu\eta\rangle \end{aligned} \tag{4.83}$$

这里我们引入了一个辅助矩阵 $\boldsymbol{P}$, 其矩阵元为

$$P_{\mu\nu} \equiv 2\sum_{a=1}^{N/2} C_{\mu a} C_{\nu a}^* \tag{4.84}$$

和基函数的**双电子积分**(two-electron integrals)

$$\langle\mu\lambda|\nu\eta\rangle \equiv \int \mathrm{d}\boldsymbol{r}_1 \int \mathrm{d}\boldsymbol{r}_2 \phi_\mu^*(\boldsymbol{r}_1)\phi_\lambda^*(\boldsymbol{r}_2) r_{12}^{-1}\phi_\nu(\boldsymbol{r}_1)\phi_\eta(\boldsymbol{r}_2) \tag{4.85}$$

值得指出的是, 很多量子化学教材中使用如下符号表示双电子积分

$$(\mu\nu|\lambda\eta) \equiv \int \mathrm{d}\boldsymbol{r}_1 \int \mathrm{d}\boldsymbol{r}_2 \phi_\mu^*(\boldsymbol{r}_1)\phi_\nu(\boldsymbol{r}_1) r_{12}^{-1}\phi_\lambda^*(\boldsymbol{r}_2)\phi_\eta(\boldsymbol{r}_2) \equiv \langle\mu\lambda|\nu\eta\rangle \tag{4.86}$$

一定注意不要混淆不同的表示方式。类似的, 我们可以推导 $K_{\mu\nu}$ 的表达式

$$\begin{aligned} K_{\mu\nu} &= \sum_{a=1}^{N/2}\int \mathrm{d}\boldsymbol{r}_1 \int \mathrm{d}\boldsymbol{r}_2 \phi_\mu^*(\boldsymbol{r}_1)\psi_a^*(\boldsymbol{r}_2) r_{12}^{-1}\mathcal{P}_{12}\psi_a(\boldsymbol{r}_2)\phi_\nu(\boldsymbol{r}_1) \\ &= \sum_{a=1}^{N/2}\int \mathrm{d}\boldsymbol{r}_1 \int \mathrm{d}\boldsymbol{r}_2 \phi_\mu^*(\boldsymbol{r}_1)\psi_a^*(\boldsymbol{r}_2) r_{12}^{-1}\psi_a(\boldsymbol{r}_1)\phi_\nu(\boldsymbol{r}_2) \\ &= \sum_{a=1}^{N/2}\sum_{\lambda,\eta} C_{\lambda a}^* C_{\eta a}\int \mathrm{d}\boldsymbol{r}_1 \int \mathrm{d}\boldsymbol{r}_2 \phi_\mu^*(\boldsymbol{r}_1)\phi_\lambda^*(\boldsymbol{r}_2) r_{12}^{-1}\phi_\nu(\boldsymbol{r}_2)\phi_\eta(\boldsymbol{r}_1) \\ &= \frac{1}{2}\sum_{\lambda,\eta} P_{\eta\lambda}\langle\mu\lambda|\eta\nu\rangle \end{aligned} \tag{4.87}$$

最终, 我们得到 Fock 算符矩阵元的具体计算公式为

$$F_{\mu\nu} = h_{\mu\nu} + \sum_{\lambda,\eta} P_{\eta\lambda}\left[\langle\mu\lambda|\nu\eta\rangle - \frac{1}{2}\langle\mu\lambda|\eta\nu\rangle\right] \tag{4.88}$$

$P_{\mu\nu}$ 构成了一个 $K \times K$ 的矩阵, 一般称为**密度矩阵** (density matrix), 但请注意和第 3 章定义的密度矩阵概念进行区分。密度矩阵包含了很重要的化学信息, 我们在后面还会进行更具体的讨论。

【练习】证明密度矩阵满足等式 $\boldsymbol{PSP} = 2\boldsymbol{P}$。

通过引入一定的有限基组, HF 方程转化为一个矩阵方程, 这样的处理技巧最早由 Clemens C. J. Roothaan[25] 和 George G. Hall 分别独立提出, 因此称为 Roothaan-Hall 方程, 很多文献也称其为 Roothaan 方程, 或者 Hartree-Fock-Roothaan (HFR) 方程。显然, 由于 Fock 矩阵通过密度矩阵 $\boldsymbol{P}$ 而依赖于所有占据轨道的展开系数, 因此 Roothaan 方程必须通过自洽迭代求解。这样的方程统称为 **SCF 方程**。

4.2.2 Pople-Nesbet 方程

下面我们简单讨论一下 UHF 方程的矩阵形式, 文献中有时称其为 **Pople-Nesbet 方程**

$$\psi_i^\sigma = \sum_{\mu=1}^{K} C_{\mu i}^\sigma \phi_\mu \tag{4.89}$$

代入 UHF 方程, 可以得到矩阵方程

$$\boldsymbol{F}^\sigma \boldsymbol{C}^\sigma = \boldsymbol{S}\boldsymbol{C}^\sigma \boldsymbol{E}^\sigma \tag{4.90}$$

其中自旋依赖的 Fock 矩阵元为

$$F_{\mu\nu}^\sigma = h_{\mu\nu} + \sum_{\lambda,\eta}^{K} \left[P_{\lambda\eta}\langle\mu\eta|\nu\lambda\rangle - P_{\lambda\eta}^\sigma\langle\mu\eta|\lambda\nu\rangle \right] \tag{4.91}$$

其中

$$P_{\mu\nu}^\sigma = \sum_{a=1}^{N_\sigma} C_{\mu a}^\sigma C_{\nu a}^{\sigma *} \tag{4.92}$$

$$P_{\mu\nu} = \sum_{\sigma=\alpha,\beta} P_{\mu\nu}^\sigma \tag{4.93}$$

4.2.3 基组的正交化

对于给定 Fock 矩阵, Roothaan 方程是一个广义本征方程, 其求解的一般步骤是先将其转化为标准的本征方程。这等价于对原来不正交的基组作正交归一化, 即找到合适的矩阵 $\mathbf{X}$

$$\phi'_\mu = \sum_\nu X_{\nu\mu}\phi_\nu \tag{4.94}$$

使得

$$\langle\phi'_\mu|\phi'_\nu\rangle \equiv \int d\boldsymbol{r}\phi'^*_\mu(\boldsymbol{r})\phi'_\nu(\boldsymbol{r}) = \delta_{\mu\nu} \tag{4.95}$$

将式 (4.94) 代入上式, 可得

$$\sum_\lambda\sum_\eta X_{\lambda\mu}^* X_{\eta\nu}\langle\phi_\lambda|\phi_\eta\rangle = \delta_{\mu\nu} \tag{4.96}$$

写成矩阵的形式

$$\boldsymbol{X}^\dagger \boldsymbol{S}\boldsymbol{X} = \boldsymbol{I} \tag{4.97}$$

非正交基组的正交化过程, 即矩阵 $\boldsymbol{X}$ 的选择, 并不是唯一的。比如, 我们第 1 章讲到的施密特 (Schmidt) 正交过程就是一种构建 $\boldsymbol{X}$ 矩阵的方法。但在实际应用中, 这并不是最高效的算法。有两种正交化方法应用最为广泛, 在很多不同的情境中都会使用。

对称正交化: 由于重叠矩阵 $\boldsymbol{S}$ 是个厄米矩阵, 因此, 总是可以找到 (存在标准算法来实现) 幺正矩阵 $\boldsymbol{U}$, 使得 $\boldsymbol{U}^\dagger\boldsymbol{S}\boldsymbol{U} = \boldsymbol{s}$ 为对角矩阵, 由此可以定义

$$\boldsymbol{X} = \boldsymbol{S}^{-1/2} = \boldsymbol{U}\boldsymbol{s}^{-1/2}\boldsymbol{U}^\dagger \tag{4.98}$$

这里由于 $\boldsymbol{s}$ 是对角矩阵, 因此 $\boldsymbol{s}^{-1/2} = \mathrm{diag}\left\{s_1^{-1/2}, s_2^{-1/2}, \cdots, s_K^{-1/2}\right\}$。这被称为**对称正交化** (symmetric orthogonalization), 也称 **Löwdin 正交化**。对称正交化有一个非常重要的性质: 相比于其他正交化方式, 由对称正交化得到的轨道与原来的轨道最为接近, 即如下量

$$\sum_\mu ||\phi_\mu - \phi'_\mu||^2 \equiv \int |\phi_\mu(\boldsymbol{r}) - \phi'_\mu(\boldsymbol{r})|^2 d\boldsymbol{r} \tag{4.99}$$

是最小的。这意味着, 如果原来的轨道 $\phi_\mu(\boldsymbol{r})$ 是以原子 A 为中心的局域轨道, 进行对称正交化之后得到的 $\phi'_\mu(\boldsymbol{r})$ 仍然可以认为主要局域在原子 A 的周围, 只是为了满足和其他轨道的正交性, 会在相邻原子处有一些小的 "尾巴"。这个性质使得对称正交化在构建一些物理模型时变得十分有用。

【**练习***】证明以上结论。

正则正交化: 另一种正交化方法称为**正则正交化** (canonical orthogonalization)

$$\boldsymbol{X} = \boldsymbol{U}\boldsymbol{s}^{-1/2} \tag{4.100}$$

以上计算公式中都用到了重叠矩阵本征值的平方根倒数, 这显然要求 **S** 矩阵的本征值不能为零。这等价于要求基函数之间必须线性无关, 这当然是对基组最基本的要求之一。但在实际计算中, 由于计算机所能表示的精度总是有限的, 因此有可能会出现基函数存在数值上近线性相关的问题。这时候为了保证数值计算的稳定性, 需要对基函数做一定的规则化 (regularization) 预处理。这在正则正交化方法中, 可以很直接地实现。在构建 **X** 矩阵的时候, 将 **S** 的本征值和本征矢量由大到小进行排序, $s_1 > \cdots > s_K$, 如认为最后 m 个本征值太小, 有可能导致数值不稳定, 可以构建如下 $K \times K'$ $(K' \equiv K - m)$ 的矩阵

$$\widetilde{\boldsymbol{X}} = \begin{pmatrix} U_{1,1}/s_1^{1/2} & U_{1,2}/s_2^{1/2} & \cdots & U_{1,K'}/s_{K'}^{1/2} \\ U_{2,1}/s_1^{1/2} & U_{2,2}/s_2^{1/2} & \cdots & U_{2,K'}/s_{K'}^{1/2} \\ \vdots & \vdots & & \vdots \\ U_{K,1}/s_1^{1/2} & U_{K,2}/s_2^{1/2} & \cdots & U_{K,K'}/s_{K'}^{1/2} \end{pmatrix} \tag{4.101}$$

用来构建如下 K' 个正交归一的基函数

$$\phi'_\mu = \sum_{\nu=1}^{K} \widetilde{X}_{\nu\mu}\phi_\nu \qquad \mu = 1, 2, \cdots, K' \tag{4.102}$$

【练习】证明上式构建的基函数正交归一。

在新的正交归一化基组表示下, Roothaan 方程转变成为一个标准的矩阵本征方程问题。这可从如下矩阵变换操作看出来。记 HF 轨道用正交归一化基组展开的系数矩阵为 $\boldsymbol{C}'$, 它与 $\boldsymbol{C}$ 之间的关系为

$$\boldsymbol{C} = \boldsymbol{X}\boldsymbol{C}' \tag{4.103}$$

这可从如下推导可知

$$\psi_i = \sum_{\mu} C_{\mu i}\phi_{\mu} = \sum_{\mu'} C'_{\mu' i}\phi'_{\mu'} \tag{4.104}$$

$$= \sum_{\mu'} C'_{\mu' i} \sum_{\mu} X_{\mu\mu'}\phi_{\mu} = \sum_{\mu}\left[\sum_{\mu'} X_{\mu\mu'} C'_{\mu' i}\right]\phi_{\mu}$$

$$\Rightarrow C_{\mu i} = \sum_{\mu'} X_{\mu\mu'} C'_{\mu' i} \tag{4.105}$$

上式中我们用到了矢量用基组展开的唯一性。

将式 (4.103) 代入原来的 Roothaan 方程

$$\boldsymbol{F}\boldsymbol{C} = \boldsymbol{S}\boldsymbol{C}\boldsymbol{E} \tag{4.106}$$

$$\Rightarrow \boldsymbol{F}\boldsymbol{X}\boldsymbol{C}' = \boldsymbol{S}\boldsymbol{X}\boldsymbol{C}'\boldsymbol{E}$$

$$\Rightarrow \boldsymbol{X}^{\dagger}\boldsymbol{F}\boldsymbol{X}\boldsymbol{C}' = \boldsymbol{X}^{\dagger}\boldsymbol{S}\boldsymbol{X}\boldsymbol{C}'\boldsymbol{E}$$

$$\Rightarrow \boldsymbol{F}'\boldsymbol{C}' = \boldsymbol{C}'\boldsymbol{E} \tag{4.107}$$

其中我们定义了

$$\boldsymbol{F}' = \boldsymbol{X}^{\dagger}\boldsymbol{F}\boldsymbol{X} \tag{4.108}$$

以上变换同样适用于在正则正交化过程进行了去线性相关性处理的情况, 即只需将式 (4.103) 到式 (4.108) 中的 $\boldsymbol{X}$ 用 $\widetilde{\boldsymbol{X}}$ 代替即可。

以上类似的处理可以很直接地推广到 UHF 方法。

4.2.4 SCF 计算流程和收敛技巧

SCF 的一般计算流程如下:

1. 确定分子几何结构和基组。
2. 计算所有单电子和双电子积分, $h_{\mu\nu}$, $\langle\mu\nu|\lambda\eta\rangle$, $S_{\mu\nu}$ 等。
3. 对角化重叠矩阵 $\boldsymbol{S}$, 确定正交归一化矩阵 $\boldsymbol{X}$。
4. 产生密度矩阵 $\boldsymbol{P}$ 的初始猜测。
5. 由密度矩阵 $\boldsymbol{P}$ 计算 Fock 矩阵 $\boldsymbol{F}$。
6. 计算正交归一化基组对应的 Fock 矩阵 $\boldsymbol{F}' = \boldsymbol{X}^{\dagger}\boldsymbol{F}\boldsymbol{X}$。
7. 对角化 $\boldsymbol{F}'$, 得到 $\boldsymbol{C}'$ 和 $\{\varepsilon_i\}$。
8. 计算轨道展开系数 $\boldsymbol{C} = \boldsymbol{X}\boldsymbol{C}'$。
9. 由 $\boldsymbol{C}$ 计算新的密度矩阵 $\boldsymbol{P}$
10. 判断是否收敛, 如未收敛, 回到第 5 步。

11. 如收敛, 计算输出一些重要性质, 结束 SCF 计算。

前面给出的 SCF 过程看起来很直接, 但实际远非这么简单。对于绝大部分的实际体系, 直接采用以上流程, SCF 收敛都会非常慢, 甚至不收敛。必须采用一定的收敛算法和技巧, 才能加快或确保收敛。SCF 迭代是电子结构理论计算中最为核心的组成部分之一, 甚至可以说是决定一个电子结构程序成功与否的关键技术因素。因此, 在过去几十年间人们发展了很多算法, 至今也仍不断有新的算法被提出 (当然, 也有不少算法被多次重新 "发现")。这一节我们讨论一些常用的 SCF 收敛技巧, 更详细的讨论可参考文献 [26, 27]。类似的技巧在其他非线性优化问题中也有很多应用, 比如结构优化。

在选择 SCF 收敛算法时, 通常要考虑两方面的因素: 一个方面是算法的效率, 即对给定体系, 收敛尽可能快; 另一个方面是算法的鲁棒性 (robustness), 即要求算法尽可能在没有人为干预的条件下对不同体系都能获得收敛的结果。这两个方面在很多时候是矛盾的。对普通体系收敛效率特别高的算法, 在处理一些 "困难" 的体系时有可能表现非常糟糕。随着计算机计算能力的不断提升, 以及高度自动化的高通量计算模式的广泛应用, 第二个方面的考虑变得越来越重要。可以说, 目前还没有一种实际的 SCF 算法能作为 "黑匣子" 适用于所有体系。这也是为什么尽管 SCF 历史如此悠久, 至今仍不断有新的发展被报道。

在讨论具体算法之前, 我们先做一些一般性的讨论。

1. SCF 计算本质上是个非线性优化问题, 其复杂性与体系的性质有密切关系。一般而言, 处在平衡结构附近的闭壳层体系, 特别是当 HOMO 和 LUMO 能隙比较大时, SCF 收敛比较容易实现。对于开壳层体系 (分子自由基, 含过渡金属、镧系或锕系元素的体系), SCF 收敛往往比较困难。而且, 在很多情况下, SCF 即使收敛了, 得到的也未必是正确的结果 (所谓正确的结果, 是指得到真正的 HF 基态)。反之, 对一个化学上看起来很简单的体系, 如果 SCF 计算过程出现意外的收敛困难问题, 则应该首先仔细检查分子结构信息是否正确。很多初学者容易犯的一个错误是由于搞错了长度单位或其他失误, 使得所给的分子结构中两个临近原子的间距过小 (如几乎重叠在一起) 或过大 (如处于化学键断裂的临界区域)。化学直觉很多时候对于解决 SCF 收敛问题非常重要。

2. 一般来说, 变分空间越大, 即体系中的电子数越大或者基组越大, SCF 收敛就越困难。因此非常简单实用的技巧是, 对给定体系先使用小基组获得 SCF 收敛结果, 以此来产生大基组计算的初始猜测。对于特别困难的体系, 有时候甚至需要采用逐步增大基组的策略才能获得最终收敛的结果。

3. 一般而言, SCF 迭代求解对应于局域极小化 (local minimization) 问题, 而不是全局最小化 (global minimization) 问题, 因此初始猜测波函数的合理性非常关键。大部分量子化学程序都采用某种半经验量子化学方法来产生初始猜测。采用目前的 SCF 算法, 一般只能找到在波函数空间中与初始试探波函数最接近、且对称性一致的能量极小值点。因此, 如果初始试探波函数和真正的 HF 基态波函数具有不同对称性, 则无论如何都无法得到正确的结果。即使在计算过程中放开对称性限制, 一般也无法解决这样的问题, 除非对初始猜测引入一些打破对称性的扰动。初始猜测的问题对于开壳层体系的计算尤为重要, 很多时候需要根据对体系性质的理解进行手动设置初始猜测。

4. 与前面一点相关的是 SCF 解的稳定性问题。严格地说, SCF 方程的解对应于能量在波函数空间中的一个定点 (stationary point), 而未必是一个极小值点。为了确定它对应于极小值点还是鞍点, 需要计算总能量关于变分变量的二阶导数, 即 Hessian 矩阵。一般来说, 后者的计算非常昂贵, 所以绝大部分的 SCF 计算都不会做稳定性检验, 但大部分量子化学程序都提供了一些 SCF 稳定性检验的策略。在实际应用中, 应该明了这个问题的重要性, 特别是在处理对称性较高的体系, 或研究化学键断裂等过程时尤其如此。当所得结果存在不合理性时, 这是一个应该考虑的因素。

5. 在很多情况下, SCF 计算所遭遇的困难反映的其实是 HF 这样的基于单 Slater 行列式波函数的平均场近似方法本身的局限性。很多开壳层的强关联分子就属于这种情况。这时, 根本的解决方式是超越 HF 方法的框架, 比如采用多组态自洽场方法 (具体讨论见第 5 章)。

线性混合

最常见, 也最容易处理的情形如图 4.2 所示。密度矩阵在两个极端之间反复振荡, 导致总能量收敛缓慢甚至失败。有些文献中将这种效应称为电荷振荡 (charge sloshing)。对于这种情形, 采用简单的线性混合 (linear mixing) 即可显著改进 SCF 的收敛速度 (为了一般起见, 我们用 $\boldsymbol{x}$ 表示迭代参数矢量, 它可以代表密度矩阵 $\boldsymbol{P}$ 或 Fock 矩阵 $\boldsymbol{F}$)

$$\boldsymbol{x}_k^{(\text{in})} = \beta \boldsymbol{x}_{k-1}^{(\text{out})} + (1-\beta)\boldsymbol{x}_{k-1}^{(\text{in})} = \boldsymbol{x}_{k-1}^{(\text{in})} + \beta\left[\boldsymbol{x}_{k-1}^{(\text{out})} - \boldsymbol{x}_{k-1}^{(\text{in})}\right] \tag{4.109}$$

这里 $\boldsymbol{x}_k^{(\text{in})}$ 和 $\boldsymbol{x}_k^{(\text{out})}$ 表示第 k 次迭代中输入和输出的迭代变量。β 的取值需视情形而定, 对于比较难收敛的结果, 选择一个比较小的 β 值能保证得到一个收敛的结果, 但可能需要进行很多次迭代。β 可以取固定值, 也可以在迭代过程中动态地调整。比如在迭代开始时用比较小的 β 值, 如发现能量在持续下降, 就可适当增大 β, 直到最后接近收敛时取 $\beta = 1$。这种策略, 在文献中有时也被称为**阻尼 (damping) 法**。

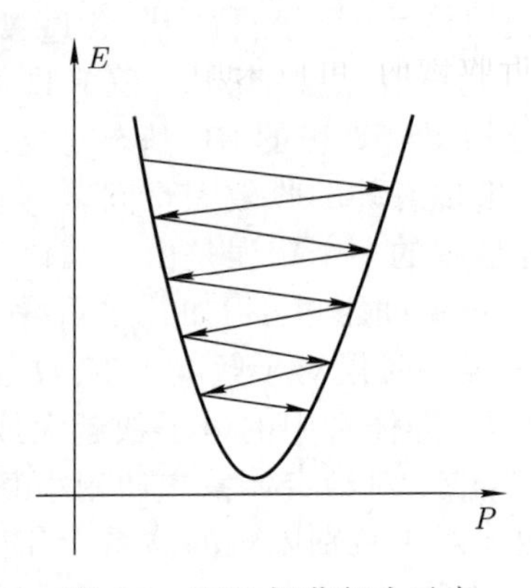

图 4.2 SCF 振荡行为示意

Smearing 法

对于 HOMO-LUMO 能隙很小, 或近简并的 (特别是金属性材料) 体系, 引入有限电子温度 T, 即在计算密度矩阵时, 根据 Fermi 统计分布函数来确定轨道占据数

$$P_{\mu\nu} \equiv 2\sum_i f(\varepsilon_i) C_{\mu i} C_{\nu i}^* \tag{4.110}$$

其中

$$f(\varepsilon_i) = \frac{1}{1+\mathrm{e}^{(\varepsilon_i-\mu)/(k_B T)}} \equiv f_i \tag{4.111}$$

其中 k_B 为 Boltzmann 常数, μ 是电子化学势, 其取值由如下条件确定

$$2\sum_i f(\varepsilon_i) = N \tag{4.112}$$

这种处理一般称为 **smearing** 或**分数占据数** (fractional occupation number, FON) 方法。需要注意的是, 这里的电子温度并不是真正物理上的温度, 仅仅是一种计算处理技巧。另外, 除了使用 Fermi 分布来确定占据数之外, 也可以使用其他具有类似行为的函数形式。

严格来说, 引入有限温度后, 满足变分原理的不再是总能量, 而是电子自由能

$$F = E - TS \tag{4.113}$$

其中

$$S = -k_B \sum_i [f_i \ln f_i + (1 - f_i) \ln(1 - f_i)] \tag{4.114}$$

为电子熵。当电子温度不是很高时, 有限温度的影响可以忽略不计。由于 $\sigma \equiv k_B T$ 是很小的量, 一般可以利用 F 在温度趋于零时的渐进行为估算基态能量[27]。

能级偏移 (level shifting) **法**

另外一种减小迭代过程中反复振荡的处理是在构建新的 Fock 矩阵时, 对未占据 (虚) 轨道能量人为引入一个向上的移动, 具体来说, 对第 k 步迭代的 Fock 矩阵做如下处理

$$F_{k;\mu\mu}^{(\text{in})} = F_{k-1;\mu\mu}^{(\text{out})} + \Delta_{\text{LS}} \quad \mu > N \tag{4.115}$$

其效果是减小下一步迭代步骤中占据态和未占据态之间的混合, 从而减小振荡。同之前线性混合法类似, 参数 Δ_{LS} 可以取固定值, 也可以在迭代过程中动态调整。

外推法

在 SCF 迭代已经比较接近收敛时, 可以采用一些外推技巧来加快收敛。比较简单的一种外推技巧是基于 Aitken 三点外推公式。这里对其做简单介绍, 更详细讨论可参考文献 [28]。

数学上, SCF 迭代过程可以表述为求解如下方程 (我们先以单变量函数为例)

$$x = f(x) \tag{4.116}$$

从一个初始值 $x = x_0$ 出发, 通过反复迭代

$$x_{k+1} = f(x_k) \tag{4.117}$$

可以形成一个无穷序列, 如果该序列的极限存在, 即

$$\lim_{k \to \infty} x_k = x_\infty \tag{4.118}$$

就称以上迭代过程是收敛的, 其收敛的快慢取决于 $g(x) \equiv f(x) - x$ 在 $x = 0$ 的泰勒展开的行为

$$g(x) = \sum_{j=1}^{\infty} a_j x^j \tag{4.119}$$

如果 $a_1 \neq 0$, 则称其为线性收敛, 而如果 $a_1 = 0,\ a_2 \neq 0$, 则称其为二次收敛。一般而言, 二次收敛序列比线性收敛序列收敛更快。Aitken 外推是一种将线性收敛序列转化为具有二次收敛行为序列的数值计算技巧。对应于原序列 $X = \{x_k\}$, 定义一个新的序列

$$\tilde{X} = \left\{ \tilde{x}_k \equiv x_k - \frac{(x_k - x_{k-1})^2}{x_k - 2x_{k-1} + x_{k-2}} \right\} \tag{4.120}$$

可以证明, 在一定的条件下, 新序列较原序列更快地收敛。$\tilde{x}_k$ 也可以写为如下形式

$$\begin{aligned}\tilde{x}_k &= x_k - \frac{x_k - x_{k-1}}{x_k - 2x_{k-1} + x_{k-2}}(x_k - x_{k-1}) = x_k - \frac{\lambda_k}{\lambda_k - 1}(x_k - x_{k-1}) \\ \lambda_k &= \frac{x_k - x_{k-1}}{x_{k-1} - x_{k-2}}\end{aligned} \tag{4.121}$$

Aitken 外推公式是关于单变量函数的。SCF 过程中迭代的变量是一个矩阵, 可以是密度矩阵 $\boldsymbol{P}$ 或 Fock 矩阵 $\boldsymbol{F}$, 为一般起见, 记为 $\boldsymbol{x}$。第 k 步的输入用 Aitken 外推公式写为

$$\boldsymbol{x}_k^{(\text{in})} = \boldsymbol{x}_{k-1}^{(\text{out})} + \frac{\lambda_k}{\lambda_k - 1}\left(\boldsymbol{x}_{k-1}^{(\text{out})} - \boldsymbol{x}_{k-1}^{(\text{in})}\right) \tag{4.122}$$

其中

$$\lambda_k = \frac{|\boldsymbol{x}_{k-1}^{(\text{out})} - \boldsymbol{x}_{k-1}^{(\text{in})}|}{|\boldsymbol{x}_{k-2}^{(\text{out})} - \boldsymbol{x}_{k-2}^{(\text{in})}|} \equiv \frac{|\Delta \boldsymbol{x}_k|}{|\Delta \boldsymbol{x}_{k-1}|} \tag{4.123}$$

这里 $|\Delta \boldsymbol{x}| \equiv (\Delta \boldsymbol{x}^* \cdot \Delta \boldsymbol{x})^{1/2}$。

可以看出来, 形式上 Aitken 外推法与线性混合法很类似, 只是混合的系数是根据前两次迭代的结果计算出来的, 而不是人为设定。

DIIS 方法

DIIS (direct inversion in the iterative subspace) 方法是由 P. Pulay[29−30] 发展的一种加快 SCF 收敛的技巧, 广泛应用于 SCF 计算。基于类似思想的算法在其他非线性优化问题中也有非常广泛的应用。

DIIS 方法可以看作线性混合以及 Aitken 外推法的扩展, 也可以看作一种外推方法。其基本思想是: 将第 k 步迭代的输入表达为之前 m 步输出的线性组合

$$\boldsymbol{x}_k^{(\text{in})} = \sum_{i=1}^{m} c_i \boldsymbol{x}_i \quad \boldsymbol{x}_i \equiv \boldsymbol{x}_{k-i}^{(\text{out})} \tag{4.124}$$

定义误差矢量

$$\boldsymbol{e}(\boldsymbol{x}) \equiv \boldsymbol{x} - \boldsymbol{x}_{\text{exact}} \quad \boldsymbol{e}_i \equiv \boldsymbol{e}(\boldsymbol{x}_i) \tag{4.125}$$

式 (4.124) 中的展开系数由如下方式确定

$$\{c_i\} = \arg\min_{\sum_i c_i = 1} \left|\boldsymbol{e}\left(\sum_{i=1}^{m} c_i \boldsymbol{x}_i\right)\right|^2 = \arg\min_{\sum_i c_i = 1} \left|\sum_i c_i\ \boldsymbol{e}(\boldsymbol{x}_i)\right|^2 \tag{4.126}$$

注意, 上式用到了条件

$$\boldsymbol{e}\left(\sum_{i=1}^{m} c_i \boldsymbol{x}_i\right) = \sum_i c_i\ \boldsymbol{e}(\boldsymbol{x}_i) \tag{4.127}$$

这个条件只有在接近最终收敛时才成立。(为什么?)

利用拉格朗日不定乘子法, 式 (4.126) 可以转化为求解如下线性方程组

$$\begin{pmatrix} B_{11} & B_{12} & \cdots & B_{1m} & -1 \\ B_{21} & B_{22} & \cdots & B_{2m} & -1 \\ \vdots & \vdots & & \vdots & \vdots \\ B_{m1} & B_{m2} & \cdots & B_{mm} & -1 \\ -1 & -1 & \cdots & -1 & 0 \end{pmatrix} \begin{pmatrix} c_1 \\ c_2 \\ \vdots \\ c_m \\ \lambda \end{pmatrix} = \begin{pmatrix} 0 \\ 0 \\ \vdots \\ 0 \\ -1 \end{pmatrix} \tag{4.128}$$

其中 $B_{ij} \equiv \boldsymbol{e}_i \cdot \boldsymbol{e}_j$。

【**练习***】推导式 (4.128)。

以上是 DIIS 方法的基本思想。在具体实现上还有很多可能的选择。首先, 选择什么作为 $\boldsymbol{x}$, 并不那么显然。在 HF 方程求解中, $\boldsymbol{x}$ 可以是密度矩阵 $\boldsymbol{P}$ 或者 Fock 矩阵 $\boldsymbol{F}$。另外一个问题是, 如何定义误差矢量 $\boldsymbol{e}_i$。式 (4.125) 使用了精确解, 因此并不能直接使用。最简单的定义是 $\boldsymbol{e}_i \equiv \boldsymbol{x}_{k-i}^{(\text{out})} - \boldsymbol{x}_{k-i}^{(\text{in})}$, 这也是 Pulay 最早提出这个方法所用的方案[29]。在后续工作中[30], Pulay 修改了误差矢量的定义方式: 可以证明, HF 方程达到收敛的充分必要条件是 Fock 算符和由 HF 基态波函数给出的一阶约化密度算符对易

$$[\hat{f}, \hat{\gamma}_1] = 0 \tag{4.129}$$

以上条件在有限基组表示中, 转化为

$$\boldsymbol{FPS} = \boldsymbol{SPF} \tag{4.130}$$

因此, 可以用对以上关系的偏离来表征迭代误差, 从而可以把对应于第 $(k-i)$ 步迭代的误差矢量 $\boldsymbol{e}_i$ 定义为

$$\boldsymbol{e}_i \equiv \boldsymbol{F}_{k-i}^{(\text{out})} \boldsymbol{P}_{k-i}^{(\text{out})} \boldsymbol{S} - \boldsymbol{S} \boldsymbol{P}_{k-i}^{(\text{out})} \boldsymbol{F}_{k-i}^{(\text{out})} \tag{4.131}$$

在实际应用中, 会进一步将误差矢量变换到正交基组表示中, 即 $\boldsymbol{e}_i' = \boldsymbol{S}^{-1/2} \boldsymbol{e}_i \boldsymbol{S}^{-1/2}$。采用由此得到的系数 $\{c_i\}$ 来构建下一步迭代的 Fock 矩阵

$$\boldsymbol{F}_k^{(\text{in})} = \sum_{i=1}^{m} c_i \boldsymbol{F}_{k-i}^{(\text{out})} \tag{4.132}$$

【**练习***】证明式 (4.129) 是 HF 方程收敛解的充要条件, 并据此推导式 (4.130)。

DIIS 方法的一个扩展是所谓 EDIIS(Energy DIIS) 方法, 展开系数通过如下能量最小化条件来确定

$$\{c_i\} = \arg \min_{c_i \geqslant 0; \sum_i c_i = 1} \left\{ E^{(\text{HF})} \left(\sum_{i=1}^{m} c_i \boldsymbol{P}_i \right) \right\} \tag{4.133}$$

EDIIS 在某些情况下的表现优于 Pulay 的 DIIS。目前高斯程序所使用的缺省 SCF 算法是这两种方法的结合。更详细讨论可参看文献 [31]。

二阶 SCF 方法 (second order SCF methods)

二阶方法也称作二次收敛 (quadratically convergent, QC) 方法, 是一类利用二阶导数 (即 Hessian 矩阵) 信息来实现能量最小化的算法。这类方法也属于所谓直接最小化 (direct minimization) 方法[32], 即将 SCF 方程的求解表述为总能量关于变分参数的最小化问题或优化问题 (minimization problem)。原则上, 任何优化算法都可以直接应用于 SCF 问题。关于优化问题的一般讨论可以参看文献 [33] 中的有关章节。

二阶算法的基础是 Newton-Raphson(NR) 方法。其基本思想很简单, 考虑函数 $E(\boldsymbol{x})$, 假定 $\boldsymbol{x} = 0$ 对应于初始值, 将 $E(\boldsymbol{x})$ 做关于初始值的泰勒展开至二阶项

$$E(\boldsymbol{x}) = E(0) + \sum_i \left(\frac{\partial E}{\partial x_i} \right)_0 x_i + \frac{1}{2} \sum_{i,j} \left(\frac{\partial^2 E}{\partial x_i \partial x_j} \right)_0 x_i x_j + \cdots \equiv E(0) + \boldsymbol{g}^{\mathrm{T}} \boldsymbol{x} + \frac{1}{2} \boldsymbol{x}^{\mathrm{T}} \boldsymbol{H} \boldsymbol{x} + \cdots \tag{4.134}$$

这里 $\boldsymbol{g}$ 表示梯度矢量, $\boldsymbol{H}$ 为 Hessian 矩阵。由定点条件 (stationary point condition)

$$\frac{\partial E}{\partial \boldsymbol{x}} = 0 \quad \Rightarrow \quad \boldsymbol{g} + \boldsymbol{H}\boldsymbol{x} = 0 \quad \Rightarrow \quad \boldsymbol{x} = -\boldsymbol{H}^{-1}\boldsymbol{g} \tag{4.135}$$

基于上式可以得到如下迭代关系

$$\boldsymbol{x}_k = \boldsymbol{x}_{k-1} - \boldsymbol{H}_{k-1}^{-1}\boldsymbol{g}_{k-1} \tag{4.136}$$

对于一个真正的多元二次函数 (设变量数为 K), 利用 NR 公式, 只需一步就可以得到极小值解。相比之下, 如果只利用一阶导数的信息, 则对于 K 元二次函数, 至少需要 K 步迭代才能得到极小值解, 这被称为一次收敛性。但是, 由于实际问题 (如 SCF 计算) 一般都是高度非线性的, 因此, 二阶方法虽有收敛快的优点, 但也存在很多 “陷阱” 。首先, 二阶方法只有当 $\boldsymbol{x}$ 已经处于极小值点附近, 才有收敛快的优势。当 $\boldsymbol{x}$ 处于离极小值点很远的区域, 特别是当 Hessian 矩阵有零或负的本征值时, 根据式 (4.136) 给出的迭代步长有可能导致完全不合理的结果。其次, 二阶方法需要用到 Hessian 矩阵, 当变分参数的数量很大时, 构建 Hessian 矩阵的计算量和对存储的要求往往超出实际可行的范围。克服这类困难的常用技巧是设计一定的迭代算法, 避免显式地构建整个 Hessian 矩阵, 而是直接计算 $\boldsymbol{H}\boldsymbol{x}$。尽管如此, 二阶算法的每一步计算量一般都远大于一阶方法。直接使用迭代公式 (4.136) 在很多情况下是不稳定的, 从初始猜测到最后的收敛点, 往往会经过一些 “雷区” (如图 4.3 所示), 需要在迭代过程中引入一些控制机制来约束每一步迭代的大小。在实际应用中, 二阶方法通常会和一阶方法结合起来使用, 比如先用 DIIS 等方法收敛到一定精度, 然后再使用二阶方法, 使其更快地收敛到最后的高精度结果。

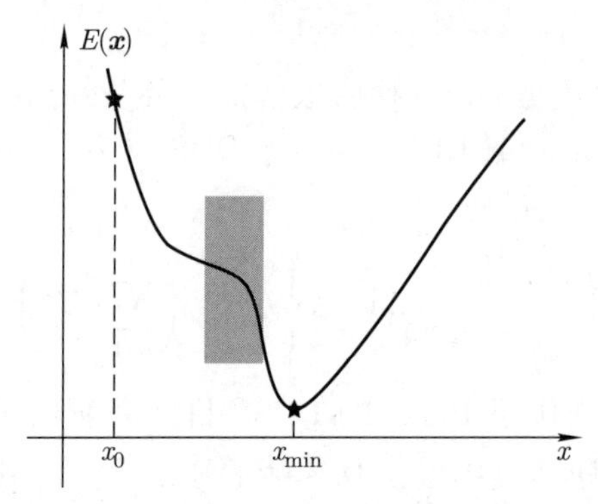

图 4.3　采用 Newton-Raphson 迭代公式可能存在的困难示意。当迭代至灰色阴影区域时, 直接使用 NR 公式会导致不稳定的结果

除了 NR 方法之外, 人们也发展了很多所谓的 quasi-Newton 方法, 这些算法并不直接计算 Hessian 矩阵, 而是从一个对 Hessian 矩阵 (或其逆) 的简单初始猜测出发, 在迭代过程中利用之前步骤中的信息不断更新改进对 Hessian 矩阵的近似, 从而达到近似二次收敛的结果。

具体应用于 SCF 问题的二次收敛方法在数学表述上比较复杂, 这里不再展开, 感兴趣的读者可以参看文献 [34—36]。

4.3 轨道基组

轨道基组, 即用来展开分子轨道的一组基函数。在量子化学的语境中, 除非明确说明, 一般说到基组时, 都是指轨道基组。基组对于量子化学方法的实际应用有着关键性的影响。在实际应用中, 抽象地讨论一个方法的精度是没有意义的, 必须结合具体的基组来讨论。

在选择什么类型的基组来实现量子化学方法时, 一般需要考虑两个方面的因素:

• 基组的准确性: 基函数包含越多实际体系的信息, 为达到一定的数值精度所需要的基函数的数目就越小;

• 计算效率: 对给定基函数, 矩阵元计算的方便程度 (效率), 相应的程序是否适合大规模并行化。

以上两个因素有时是冲突的, 一方面, 计算上 (或程序实现上) 比较便利的基组从物理的角度考虑并不是最优的, 需要使用更大的基组才能达到期望的精度; 但另一方面, 使用这类基组的程序实现往往相对简单, 更容易对算法进行优化。当前, 随着计算机计算能力的不断提升和并行计算规模的不断扩大, 第二个因素的考虑变得越来越重要。

4.3.1 基组分类

根据基函数的数学形式, 大致可以把常用的基组分成如下三类。

1. 原子型基组: 这类基组属于局域基组 (local basis set), 每个基函数都以原子核所在位置为中心, 局域在有限大小的空间范围内, 具有原子轨道的函数形式, 即每个基函数都可以表达为**与原子种类有关**的径向波函数 $R_{nl}(r)$ 与球谐函数的乘积

$$\phi_\mu(\boldsymbol{r}) \to \phi_{nlm}(\boldsymbol{r}-\boldsymbol{R}_\mu)\phi_{nlm}(\boldsymbol{r}) \equiv \phi_{nlm}(r,\theta,\varphi) = R_{nl}(r)Y_{lm}(\theta,\varphi) \tag{4.137}$$

2. 平面波: 这是最典型也是最简单的离域 (delocalized) 基组, 基函数的形式与所描述体系中包含的原子核位置、种类无关。假定所描述体系满足周期性边界条件, 平面波基函数具有如下简单形式

$$\phi_\mu(\boldsymbol{r}) \to \phi_{\boldsymbol{k}+\boldsymbol{G}}(\boldsymbol{r}) = \varOmega^{-1/2}\exp[\mathrm{i}(\boldsymbol{k}+\boldsymbol{G})\cdot\boldsymbol{r}] \tag{4.138}$$

这里 $\boldsymbol{k}$ 是 Bloch 晶格波矢, $\boldsymbol{G}$ 表示倒空间格矢, $\varOmega$ 为晶胞体积。

3. 缀加基组: 结合了以上两类基组特征, 基函数在原子核周围一定半径 (一般称为 muffin-tin(MT) 球半径, 对第 α 个原子, 记为 R_{MT}^α) 范围内具有原子轨道形式, 这个区域被称为缀加 (augmentation) 区域, 但在原子与原子之间的所谓间隙区 (interstitial, 记为 I) 则具有离域基函数 (比如平面波) 的形式, 基函数在两个区域的边界上连续衔接。最常用的缀加基组是线性化缀加平面波 (linearized augmented plane wave, LAPW)[37]。

$$\phi_\mu(\boldsymbol{r}) \to \phi_{\boldsymbol{k}+\boldsymbol{G}}(\boldsymbol{r}) = \begin{cases} \sum\limits_{lm}\left[A_{\alpha lm}^{\boldsymbol{k}+\boldsymbol{G}}u_{\alpha l}(r^\alpha;E_{\alpha l}) + B_{\alpha lm}^{\boldsymbol{k}+\boldsymbol{G}}\dot{u}_{\alpha l}(r^\alpha;E_{\alpha l})\right]Y_{lm}(\hat{\boldsymbol{r}}^\alpha) & (r^\alpha < R_{\mathrm{MT}}^\alpha) \\ \varOmega^{-1/2}\exp[\mathrm{i}\,(\boldsymbol{k}+\boldsymbol{G})\cdot\boldsymbol{r}] & (\boldsymbol{r}\in \mathrm{I}) \end{cases} \tag{4.139}$$

这里 $\boldsymbol{r}^\alpha \equiv \boldsymbol{r} - \boldsymbol{R}_\alpha$, 展开系数 $A_{\alpha lm}$ 和 $B_{\alpha lm}$ 由基函数在 MT 球半径处连续且光滑 (一阶导数连续) 条件来确定, $u_{\alpha l}(r)$ 和 $\dot{u}_{\alpha l}(r)$ 分别是原子 α 的径向薛定谔方程对应于能量 $E_{\alpha l}$ 的解及其对能量的一阶导数。

后两类基函数主要应用于固体的密度泛函理论计算, 详细讨论可参考文献 [38]。下面我们将主要讨论原子类型基组。用原子类型的基函数展开表示分子轨道的方法, 常被称为**原子轨道线性组合** (linear combination of atomic orbitals, LCAO)。关于量子化学计算中基组的更详细讨论, 可参考文献 [39]。

4.3.2 原子型基组根据径向函数分类

常用的原子类型基组可根据其径向函数的形式大致分为如下几类。

Slater 型基组

常称为 Slater type orbital, 简称 STO, 一般表示为

$$\phi_{nlm}(r,\theta,\varphi;\zeta) = N_{\mathrm{S}} r^{n-1} \mathrm{e}^{-\zeta r} Y_{lm}(\theta,\varphi) \tag{4.140}$$

这里 N_{S} 为归一化系数

$$N_{\mathrm{S}} = \frac{(2\zeta)^{n+1/2}}{\sqrt{(2n)!}} \tag{4.141}$$

如图 4.4 所示, STO 基函数的径向函数在 $r \to 0$ 的行为满足精确波函数在原子核位置所应满足的歧点条件 (cusp condition), 而在 $r \to \infty$ 的渐进区域也和精确的原子轨道渐进行为一致, 因此从物理的角度是比较理想的基函数。但是, 使用 STO 基组时, 涉及不同原子中心上的基函数的矩阵元不能解析计算, 必须在一定空间格点上数值计算, 这显著加大了计算量, 从而限制了 STO 基组在量子化学程序中的应用。

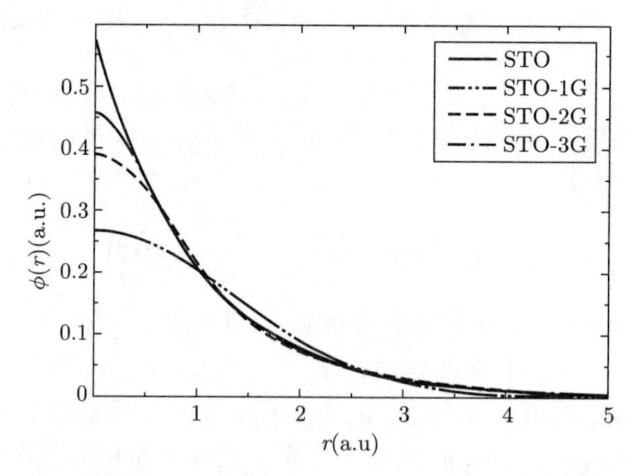

图 4.4 Slater 型轨道 (STO) 和用 n 个 Gauss 型轨道线性组合近似 STO

Gauss 型基组

常称作 Gaussian type orbital, 简称 GTO。GTO 基函数也可以如上面 STO 基函数那样表达为球坐标形式, 但更常用的是如下笛卡尔坐标形式

$$\phi_{nlm}(x,y,z;\alpha) = N_G x^{l_x} y^{l_y} z^{l_z} \mathrm{e}^{-\alpha r^2} \tag{4.142}$$

其中归一化系数为

$$N_G = \left(\frac{2\alpha}{\pi}\right)^{3/4} \left[\frac{(8\alpha)^{l_x+l_y+l_z} l_x! l_y! l_z!}{(2l_x)!(2l_y)!(2l_z)!}\right]^{1/2} \tag{4.143}$$

这里 l_x, l_y, l_z 为非负整数, $l_x + l_y + l_z = 0, 1, 2, 3, \cdots$ 分别表示 s 型, p 型, d 型, f 型, …… 函数。需要注意的是, 采用笛卡尔坐标形式时, 有 6 个 d 型函数, $x^2, xy, xz, y^2, yz, z^2$, 它们的线性组合会给出 5 个真正具有 d 对称性的轨道和 1 个 s 对称性 (即 $x^2 + y^2 + z^2 \equiv r^2$) 轨道。这一点在计算高斯基组中的基函数数目时需要注意。

如图 4.5 所示, 和 STO 相比, GTO 在原子核所在的位置是光滑的, 不满足歧点条件; 在 $r \to \infty$ 的渐进区域, GTO 函数以 $\mathrm{e}^{-\alpha r^2}$ 的形式衰减为零, 也和精确的原子轨道 $\mathrm{e}^{-\zeta r}$ 渐进行为不一致。但是, 基于 GTO 基组的矩阵元可以解析计算, 因此在程序实现和计算效率上十分有利。这主要是因为 Gaussian 函数具有如下特征: 两个不同中心的 Gaussian 函数的乘积可以转化成另一个中心的 Gaussian 函数。这里以两个 1s 型的 Gaussian 函数乘积为例 (如图 4.5 所示)

$$\phi_{1\mathrm{s}}(\boldsymbol{r} - \boldsymbol{R}_A; \alpha_A)\phi_{1\mathrm{s}}(\boldsymbol{r} - \boldsymbol{R}_B; \alpha_B) = K_{AB}\phi_{1\mathrm{s}}(\boldsymbol{r} - \boldsymbol{R}_P; \alpha_P) \tag{4.144}$$

$$\alpha_P = \alpha_A + \alpha_B$$

$$K_{AB} = \left[\frac{2\alpha_A\alpha_B}{(\alpha_A + \alpha_B)\pi}\right]^{3/4} \mathrm{e}^{-\frac{\alpha_A\alpha_B}{\alpha_A+\alpha_B}|\boldsymbol{R}_A - \boldsymbol{R}_B|^2}$$

$$\boldsymbol{R}_P = \frac{\alpha_A\boldsymbol{R}_A + \alpha_B\boldsymbol{R}_B}{\alpha_A + \alpha_B}$$

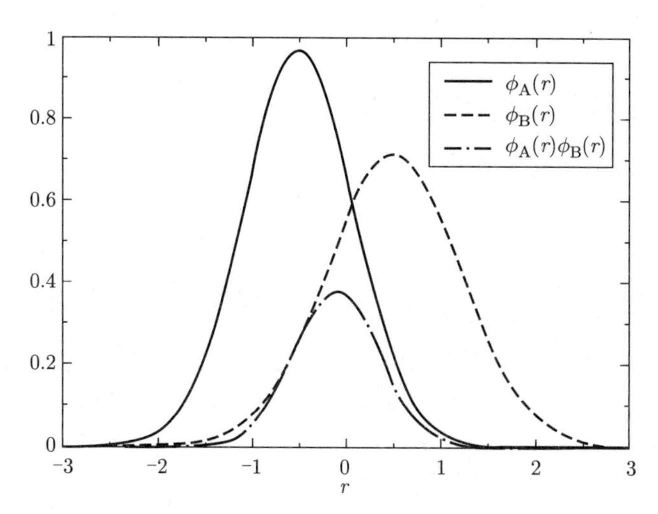

图 4.5 两个不同中心的 GTO 乘积等于另一个 GTO

【练习*】证明上式。

一般来说, 为了达到相当的精度所需要的 GTO 基函数的数量显著大于 STO 基函数的数量。在实际应用中, 一个重要的构建高斯基组的技术是用若干个 GTO 函数 (一般称为**原始高斯函数**, primitive Gaussian function) 的固定的线性组合作为新的基函数。这样形式的基函数一般被称为**收缩高斯函数** (contracted Gaussian function, CGF)

$$\phi_\mu^{\mathrm{CGF}}(\boldsymbol{r} - \boldsymbol{R}_A) = \sum_{p=1}^{L} \mathrm{d}_{p\mu}\phi_p^{\mathrm{PGF}}(\boldsymbol{r} - \boldsymbol{R}_A; \alpha_{p\mu}) \tag{4.145}$$

确定 CGF 中展开系数的比较直接的做法是最小二乘拟合 STO, 由此得到的基函数一般记为 STO-nG, 表示用 n 个 PGF 来拟合一个 STO。但更常用的做法则是基于原子的 HF 计算来确定 CGF 中包含的参数, 包括 PGF 的数目 (文献中有时称其为**收缩长度**, contraction length)、每个 PGF 的 α 值, 以及它们的系数。采用 CGF 构成的基组, 既可以利用 GTO 在矩阵元计算上的优势, 又可以显著降低基组的大小。

数值原子轨道基组

通过求解一定**限制条件**下的原子问题得到的原子轨道作为求解多原子体系的基函数, 一般被称为**数值原子轨道** (numerical atomic orbital, NAO) 基组。引入限制条件的主要目的是保证 NAO 基函数只在有限的空间范围内有贡献。

【**思考**】为什么不能直接用真正的原子轨道 (即求解原子 HF 方程得到的单电子轨道波函数) 作为基组?

这类基函数在 DFT 计算中有广泛的应用, 其主要优点是:

1. NAO 最充分地包含了体系的物理信息, 因此为达到一定精度所需要的 NAO 基组一般而言是比较小的。

2. 每个 NAO 基函数严格局域在空间一定区域, 在局域性控制方面比 STO 和 GTO 都更有优势, 可以很方便地根据基函数所处中心之间的距离来判断矩阵元是否为零, 因此更容易实现程序的并行化和计算的线性标度。

3. 相对于 STO 或 GTO 基组的构建, NAO 基组的构建是比较直接的, 很容易实现针对不同赝势, 或不同近似方法 (对密度泛函理论而言) 的基组构建。

当然, 当采用数值原子轨道基组时, 所有矩阵元的计算都只能通过数值积分的方式实现。这一点劣势在计算机性能日益提升的当下变得不再那么重要, 因此, 基于 NAO 的计算程序近年来发展非常活跃。

4.3.3 原子轨道基组根据大小分类

表征轨道基组大小的有关术语

• **最小基组 (minimal basis)**: 原子中每个占据轨道对应一个基函数, 比如, H: 1s, O: 1s、2s、2p*3。

• **双 zeta(double zeta, DZ) 基组**: 对应每个占据轨道有两个径向函数不同的基函数。比如, O: 1s 1s′ 2s 2s′ (2p 2p′)*3

• **价层双 zeta 基组 (valence double zeta, VDZ)**: 每个价层原子轨道对应两个基函数, 内层原子轨道对应一个基函数。比如, O 原子: 1s 2s 2s′ (2p 2p′)*3。类似的方式, 可以定义 **TZ**(triple zeta)、**QZ**(quadruple zeta), **5Z**(quintuple zeta), **6Z**(pentauple zeta)。一般而言, 采用 DZ、TZ 等基组符号时, 都是指 VDZ 或 VTZ。

• **极化基函数**(polarization basis function): 具有比占据价层轨道更高角动量量子数的基函数。比如, p 型轨道是 H 原子的极化函数, d 型和 f 型轨道属于 O 原子的极化基函数。极化基函数的引入对于描述化学成键的精度具有非常重要的影响。引入极化函数的基组一般标注为 DZP、TZP、TZ2P (这里 2P 表示引入两套具有不同径向函数的极化函数)。

• **弥散基函数**(diffusive basis function): 为了准确描述电子高度离域的体系 (如负离子), 常常需要额外引入在空间上特别弥散的基函数, 即 $\zeta(\alpha)$ 值特别小的 STO(GTO)。弥散函数的引入对于带负电荷体系尤其重要。不考虑弥散基函数时, 很多负离子的 HOMO 能量都是正的, 即意味着该负离子不能稳定存在。但是, 弥散基函数的使用也必须谨慎,弥散函数的引入容易导致空间不同区域基函数表示的不均衡性, 从而出现增大基组反而使计算结果恶化的情形。

在 GTO 的框架内, 基函数的构建和使用堪称一门 "艺术"。这也可以解释为何会有如此多的不同基函数。一般量子化学程序除了可以使用自带的基组之外, 也都支持使用用户自定义的其他基组。可以从 Basis Set Exchange 网站 (https://www.basissetexchange.org/) 获得各种基组文件 (参考文献 [40])。

经过半个多世纪的积累, 已经形成了几套比较成熟且被广泛接受和应用的 Gauss 基组。这里介绍两类比较常用的基组。

Pople 风格基组

这是由 John Pople 和他所领导的高斯程序团队所发展的一系列基于 CGF 的基组。

• **STO-nG**: 表示最小基组, 用 n 个 PGF 来近似 STO 基函数, 其中系数和指数参数 α 由拟合 STO 函数得到。常用的包括 STO-3G 和 STO-6G。

• **4-31G**: 一种 VDZ 基组, 内层由 4 个 PGF 组合而成的单个 CGF 作为基函数, 每个价层轨道对应两个基函数, 一个是含 3 个 PGF 的 CGF, 另一个为 PGF。与之类似并常用的还有 **3-21G**, **6-31G**。

• **6-311G** : 一种 VTZ 基组, 内层由 6 个 PGF 组合而成的单个 CGF 作为基函数, 每个价层轨道对应 3 个基函数, 一个是含 3 个 PGF 的 CGF, 另两个为 PGF。

• **6-31G***: 在 6-31G 基础上, 对 "重"(非氢) 元素加上一层极化函数, 比如对 O 来说, 加入 d 型基函数。也可标记为 **6-31G(d)**。采用笛卡尔形式的 Gauss 基组时, 有 6 个 d 型基函数, d_{xx}, d_{yy}, d_{zz}, d_{xy}, d_{yz}, d_{zx}, 由此可以组合成 5 个**真正的 d 轨道**和实际上为 s 型轨道的 $x^2 + y^2 + z^2$。因此, O 原子的 6-31G* 基组的实际组成为 (4s2p1d), 即 15 个基函数。

• **6-31G****: 在 6-31G 基础上, 氢加上一套极化函数 (即 p 型基函数), 对 "重"(非氢) 元素加上一套极化函数, 比如对 O 来说, 包含 d 型基函数。也可标记为 **6-31G(d,p)**。

• **6-31+G****: 在 6-31G** 基础上, 对 "重"(非氢) 元素价层轨道加上弥散函数。

• **6-311++G****: 在 6-311G** 基础上, 对氢元素和 "重"(非氢) 元素价层轨道都加上弥散函数。

•**6-311G(2df,2pd)**: 在 6-311G 基础上, 对氢原子加上 2 个 p 型极化函数, 1 个 d 型极化函数; 对第二周期的 "重"(非氢) 元素加上 2 个 d 型极化函数, 1 个 f 型极化函数。

【练习】对于甲醛分子 HCHO, 采用 6-31G* 基组时, 共含有多少个基函数?

相关一致性基组 (correlation consistent basis sets)

这主要是由 Dunning 及合作者所发展的一系列基组, 主要目的是在相关波函数 (所谓 post-HF) 方法计算中系统性地提高基组数值精度。所谓 correlation consistent, 一般记为 cc, 以便和耦合簇方法 (coupled cluster, CC) 作区分。它是指当设计某一个精度层次的基组时, 要同时将对相关能有相当贡献程度的基函数都包括进来。具体来说, 如果把 d 型基函数从一个增加到两个时, 必须同时加入一个 f 型基函数, 因为后者对相关能的贡献与 2 个 d 型基函数的贡献相当。基于这个思想, 可以构建一系列数值精度不断提高的基组。这些基组标记为 cc-pVnZ (n=D, T, Q, 5, 6), 表 4.1 给出了这些基组对于氢原子和第二周期元素的具体组成。另外, 也可以在这些基函数基础上额外引入弥散基函数, 这在很多程序中用前缀 aug- 表示, 即表示为 aug-cc-pVnZ。

表 4.1 相关一致性基组

基组名称	H 原子	第二周期元素
cc-pVDZ	2s1p	3s2p1d
cc-pvTZ	3s2p1d	4s3p2d1f
cc-pvQZ	4s3p2d1f	5s4p3d2f1g
cc-pv5Z	5s4p3d2f1g	6s5p4d3f2g1h
cc-pv6Z	6s5p4d3f2g1h	7s6p5d4f3g2h1i

这个系列的基组的优点是从 DZ 到 6Z, 其数值精度基本上是系统性提高的, 因此可用于系统性测试基组收敛性, 也可以把 n 作为表征基组精度的定量参数, 进行外推处理, 以获得高数值精度的结果。这一点对于第 5 章要讲到的各类相关波函数方法计算尤为重要。

表 4.2 列出了 H_2O 分子的 HF 基态总能量 (使用固定实验结构) 和优化键长与键角随着基组的收敛情况。一个非常明显的现象是, 总能量随着基组的收敛很慢, 即使使用 aug-cc-pVQZ 或 6-311++G(3df,3pd) 这样的大基组, 总能量的收敛误差仍然大于约 5 mHartree (约 3 kcal/mol), 但是平衡键长和键角等分子结构性质对基组的收敛要快很多, 使用 6-31G(d,p) 这样中等大小的基组, 基本上就可得到收敛的结果。因此在实际计算中选择什么样的基组, 一个基本原则是: **不应该把总能量绝对值作为收敛的依据, 应该根据所关注的性质随基组的收敛情况来确定基组。**

表 4.2 H_2O 分子计算结果对基组的依赖性。第二列是采用固定实验结构 ($R_{O-H} = 0.958$Å, $A_{H-O-H} = 104.5°$) 的 HF 基态能量, 第三和第四列是结构优化计算的键长和键角

基组	基组大小	E(Hartree)	R_{O-H}(Å)	A_{H-O-H}(°)
STO-3G	7	−74.963	0.989	100.0
3-21G	13	−75.585	0.967	107.7
6-31G	13	−75.984	0.949	111.6
6-31G(d)	19	−76.010	0.947	105.5
6-31G(d,p)	25	−76.023	0.943	106.0
6-311G	19	−76.009	0.945	111.9
6-311G(d)	24	−76.032	0.939	107.5
6-311G(d,p)	30	−76.046	0.941	105.5
6-311+G(d,p)	34	−76.053	0.941	106.3
6-311+G(2df,2p)	52	−76.057	0.940	106.5
6-311G(3df,3pd)	69	−76.056	0.940	106.0
6-311++G(3df,3pd)	75	−76.059	0.940	106.3
cc-pVDZ	24	−76.027	0.946	104.7
cc-pVTZ	58	−76.057	0.941	106.1
cc-PVQZ	115	−76.065	0.940	106.3
aug-cc-pvDZ	41	−76.041	0.944	106.3
aug-cc-pvTZ	92	−76.061	0.941	106.4
aug-cc-pvQZ	172	−76.066	0.940	106.4

4.3.4 基组重叠误差

最后我们讨论一下使用原子型基组时存在的一个普遍性的问题。如前所述, 采用原子类型基组时, 总能量对基组的收敛性比较慢。一般来说, 采用有限大小的原子类型基组时, 总能量的绝对误差都很大, 往往大于我们所实际关注的物理量的大小。比如 H_2O 分子, 采用 6-31G(d,p) 这样中等大小的基组时, HF 总能量相对于 **HF 极限值**(即基组无限大时的 HF 总能量) 有约 0.04 Hartree (约为 1 eV 或 100 kJ/mol) 的误差。这个误差对总能量来说已经很小了, 但对于我们所关注的物理量, 比如 H_2O 的形成能 (即对应于化学反应 $H_2 + 1/2\ O_2 \longrightarrow H_2O$ 的反应能) 而言, 这个误差仍然相当可观。但幸运的是, 实际计算所关注的物理量基本上都对应于总能量差 (或总能量相对值), 而不是总能量的绝对值。因此, 计算不同体系总能量时误差应该尽可能相当, 从而在计算总能量差时充分利用误差抵消 (error cancellation)。而所谓**基组重叠误差** (basis set superposition error, BSSE) 就是由于使用有限大小的原子类型基组, 导致计算不同大小的体系总能量时误差不相当导致的问题。

这个误差主要体现在计算分子解离能 (或结合能) 时, 即如下结合反应的反应能

$$A + B \longrightarrow AB \tag{4.146}$$

其反应能为

$$\Delta E = E(AB) - [E(A) + E(B)] \tag{4.147}$$

当采用确定大小的基组分别计算 A, B 和 AB 总能量时, 计算所得 $E(AB)$ 的误差和 $E(A)+E(B)$ 的误差并不一致。原因是: 在计算 $E(AB)$ 时, 对 A 所对应的区域的描述, 由于 B 区域基函数的存在, 与直接计算 A 本身相比, 使用了更大的基组空间。对 B 也一样。这就相当于是描述 AB 所用的基组大于分别描述 A 或 B 时所用的基组。设想一种极端情况, 设想在 AB 化合物中, A 和 B 虽然相邻, 但没有任何相互作用, 这时精确的反应能 $\Delta E = 0$。但使用有限大小的基组时

$$\begin{aligned}\Delta E &= E(AB/[AB]) - E(A/[A]) - E(B/[B]) \\ &= E(A/[AB]) + E(B/[AB]) - E(A/[A]) - E(B/[B])\end{aligned} \tag{4.148}$$

这里 $E(X/[Y])$ 表示用 Y 所对应的基函数 (标记为 $[Y]$) 计算出来的 X 的总能量。由于基组 $[AB]$ 包含 $[A]$ 和 $[B]$, 所以必定有 $E(A/[AB]) < E(A/[A])$, $E(B/[AB]) < E(B/[B])$, 因此使用有限基组时, 必定有 $\Delta E < 0$。这样的误差被称为基组重叠误差。基组重叠误差只有在使用原子类型基组时才存在, 而且一般来说会随着基组的增大而减小。

为了修正 BSSE, 量子化学家发展了一系列不同的方法。目前最为常用的做法是被称为**均横修正** (counterpoise correction, CP) 法。其基本思想是对式 (4.147) 所计算的反应能**减去**按如下方式估算的修正值

$$\Delta E_{\mathrm{CP}} = E(A^*/[AB]) + E(B^*/[AB]) - E(A^*/[A^*]) - E(B^*/[B^*]) \tag{4.149}$$

这里 A^* 表示分子 A 取其在复合分子 AB 中的结构 (一般而言, 分子 A 本身优化后的结构是和它构成 AB 复合分子时的结构是不一样的)。考虑了 CP 修正之后的反应能为

$$\Delta E = E(AB) - [E(A) + E(B)] - \Delta E_{\mathrm{CP}} \tag{4.150}$$

目前很多基于有限基组的量子化学计算都提供了这样的功能来修正基组重叠误差。值得强调的是: **基组重叠误差的影响会随着基组的增大或体系的增大而减小**。下面我们以水分子二聚体为例, 说明 CP 修正对结合能的影响。从表 4.3 中的数据可以看出, 当使用小基组时, 基组重叠误差对结合能有非常显著的影响。当使用 6-31G(d,p) 这样中等大小的基组时, 结合能仍会有约 20% 的高估。直到使用 aug-cc-pVTZ 时, 基组重叠误差的影响小于 0.1 mH, 可以忽略不计。从表格中的数据中也可以看出, $(H_2O)_2$ 总能量随基组收敛很慢, 但是结合能收敛要快很多; 考虑 CP 修正可进一步加快结合能对基组的收敛速度, 使用 cc-pVTZ 基本上就足以给出数值收敛的结合能结果。

表 4.3 基组重叠误差对水分子二聚体结合能的影响。$(H_2O)_2$ 和 H_2O 的结构均采用 HF/6-31G(d,p) 优化 (单位: mH)

基组	$E_0[(H_2O)_2]$(Ha)	E_b	E_b(CP)
STO-3G	−149.928318	8.64	3.39
3-21G	−151.185745	16.55	9.47
6-31G(d,p)	−152.056060	8.83	7.26
6-311G(d,p)	−152.102836	8.84	6.51
6-311++G(3df,3pd)	−152.124901	6.23	5.70
cc-pvDZ	−152.063123	9.14	5.99
cc-pvTZ	−152.122504	6.99	5.69
cc-pvQZ	−152.137213	6.22	5.68
aug-cc-pvDZ	−152.089774	6.09	5.74
aug-cc-pvTZ	−152.128148	5.76	5.65
aug-cc-pvQZ	−152.139032	5.73	5.68

4.4 密度矩阵和布居分析

量子化学计算除了可以用来获得化学体系的结构和能量性质 (反应能, 反应势垒等) 之外, 另一个重要应用是理解分子中的化学成键规律。这一节我们讨论如何基于 HF 计算所得的波函数信息来分析理解化学键特征。分子中每个原子上的有效电荷是表征分子化学成键特征的重要工具, 但是有效电荷本身并不是一个物理上可以严格定义的概念。量子化学家已发展了很多不同的电荷分析手段, 其中基于密度矩阵的电荷分析是较为常用的一种。这一般被称为**布居分析** (population analysis)。我们这里只讨论一些很基础的概念, 更详细的讨论可参考文献 [41–42]。

4.4.1 密度矩阵 $\boldsymbol{P}$ 和一阶约化密度矩阵的关系

电子密度, 以及更一般的一阶约化密度矩阵, 与 Roothaan 方程中引入的密度矩阵 $\boldsymbol{P}$ 之间存在密切的关系。以针对闭壳体系的 RHF 方法为例

$$\rho(\boldsymbol{r}) = 2\sum_a^{N/2} |\psi_a(\boldsymbol{r})|^2 = 2\sum_a^{N/2}\sum_\mu^K\sum_\nu^K C_{\mu a}C_{\nu a}^*\phi_\mu(\boldsymbol{r})\phi_\nu^*(\boldsymbol{r}) = \sum_\mu^K\sum_\nu^K P_{\mu\nu}\phi_\mu(\boldsymbol{r})\phi_\nu^*(\boldsymbol{r}) \quad (4.151)$$

对应 RHF 基态波函数的无自旋一阶约化密度矩阵可以表示为

$$\rho_1(\boldsymbol{r},\boldsymbol{r}') = 2\sum_a \psi_a(\boldsymbol{r})\psi_a^*(\boldsymbol{r}') = \sum_{\mu}^{K}\sum_{\nu}^{K} P_{\mu\nu}\phi_\mu(\boldsymbol{r})\phi_\nu^*(\boldsymbol{r}') \tag{4.152}$$

【**练习**】写出由 $\rho_{\mu\nu} \equiv \int \mathrm{d}\boldsymbol{r}\int \mathrm{d}\boldsymbol{r}'\phi_\mu^*(\boldsymbol{r})\rho_1(\boldsymbol{r},\boldsymbol{r}')\phi_\nu(\boldsymbol{r}')$ 构成的矩阵和密度矩阵 $\boldsymbol{P}$ 之间的关系。

4.4.2 Mulliken 和 Löwdin 有效电荷

考虑电子密度在全空间的积分, 显然这对应于总的电子数。利用之前电子密度用密度矩阵的展开式可得

$$N = \int \rho(\boldsymbol{r})d\boldsymbol{r} = \sum_{\mu\nu} P_{\mu\nu}S_{\nu\mu} = \mathrm{Tr}\,\boldsymbol{PS} = \sum_I\sum_{\mu\in I}(\boldsymbol{PS})_{\mu\mu} = \sum_I n_I \tag{4.153}$$

上式中, 我们在求矩阵 $\boldsymbol{PS}$ 的迹时, 将对轨道基组下标的加和分解为对原子 (用 I 标识) 的加和与对属于同一原子上的轨道基函数下标的加和两步。上式引入了 n_I

$$n_I \equiv \sum_{\mu\in I}(\boldsymbol{PS})_{\mu\mu} = \sum_{\mu\in I}\sum_\nu P_{\mu\nu}S_{\nu\mu} \tag{4.154}$$

表示第 I 个原子上的有效电子数。由此可以定义原子 I (记其原子核电荷为 Z_I) 上的有效电荷为

$$q_I = Z_I - n_I \tag{4.155}$$

这被称为 **Mulliken 有效电荷**。

如前文所指出的, 有效电荷的定义存在很大的人为性。另一种常用的有效电荷定义方式是 Löwdin 电荷, 是基于如下对总电子数的分解

$$N = \mathrm{Tr}\,(\boldsymbol{PS}) = \mathrm{Tr}\left(\boldsymbol{S}^{1/2}\boldsymbol{PS}^{1/2}\right) = \sum_I\sum_{\mu\in I}\left(\boldsymbol{S}^{1/2}\boldsymbol{PS}^{1/2}\right)_{\mu\mu} \tag{4.156}$$

定义原子 I 上的有效电荷为

$$q_I = Z_I - \sum_{\mu\in I}\left(\boldsymbol{S}^{1/2}\boldsymbol{PS}^{1/2}\right)_{\mu\mu} \tag{4.157}$$

为了更清晰地看到 Mulliken 电荷和 Löwdin 电荷之间的差别, 定义 $\boldsymbol{P}' \equiv \boldsymbol{S}^{1/2}\boldsymbol{PS}^{1/2}$, 并令 $\boldsymbol{X} \equiv \boldsymbol{S}^{-1/2}$, 因此有 $\boldsymbol{P} = \boldsymbol{S}^{-1/2}\boldsymbol{P}'\boldsymbol{S}^{-1/2} = \boldsymbol{XP}'\boldsymbol{X}$, 则

$$\begin{aligned}
\rho(\boldsymbol{r}) &= \sum_{\mu\nu} P_{\mu\nu}\phi_\mu(\boldsymbol{r})\phi_\nu^*(\boldsymbol{r}) \\
&= \sum_{\mu,\nu}\sum_{\lambda,\eta} X_{\mu\lambda}P'_{\lambda\eta}X_{\eta\nu}\phi_\mu(\boldsymbol{r})\phi_\nu^*(\boldsymbol{r}) \\
&= \sum_{\lambda,\eta} P'_{\lambda\eta}\left[\sum_\mu X_{\mu\lambda}\phi_\mu(\boldsymbol{r})\right]\times\left[\sum_\nu X_{\nu\eta}\phi_\nu(\boldsymbol{r})\right]^* \\
&= \sum_{\lambda,\eta} P'_{\lambda\eta}\phi'_\lambda(\boldsymbol{r})\phi'^*_\eta(\boldsymbol{r})
\end{aligned} \tag{4.158}$$

上式等号两边对坐标积分, 可得

$$N=\sum_{\lambda,\eta}P'_{\lambda\eta}\delta_{\lambda,\eta}=\sum_{\lambda}P'_{\lambda\lambda}=\sum_{A}\sum_{\mu\in I}P'_{\mu\mu}\equiv\sum_{I}n_I \tag{4.159}$$

注意到 $\phi'_\lambda=\sum_\mu X_{\mu\lambda}\phi_\mu$ 正是之前 Löwdin 正交化过程所得到的正交归一化基函数, 因此 Löwdin 有效电荷可以看作根据 Löwdin 正交化之后的基函数所定义的有效电荷。

【练习】 证明 Löwdin 有效电荷也可以表示为

$$q_I=Z_I-2\sum_{\mu\in I}\sum_{a}^{N/2}|\langle\phi'_\mu|\psi_a\rangle|^2 \tag{4.160}$$

以上两种电荷分析方式给出的结果一般而言是不同的, 并且也会随着基组的改变而变化。表 4.4 给出了使用不同基组计算得到的 CH_4, NH_3, H_2O 和 HF 分子中氢原子上的 Mulliken 和 Löwdin 有效电荷。可以看出, 有效电荷的数值强烈依赖于电荷分析的方法和所使用的基组。但同时, 对于确定的分析方法和基组, 有效电荷在不同化合物中的变化趋势是基本一致的: 随着与氢原子成键的原子的电负性增强, 氢原子的有效正电荷越来越大, 意味着化学键中的离子性成分的增强, 这和通常的化学图像一致。这个结果非常明确地表明, 这些电荷分析主要的作用是获得定性的化学成键变化趋势。

显然, 只有采用原子轨道基组时, 基于密度矩阵的布居分析才有意义。当采用离域基组 (如平面波) 时, 有时也会使用类似式 (4.160) 的方式来计算原子有效电荷, 其中 ϕ'_μ 是以原子为中心的局域原子轨道, 这样得到的电荷一般也称为 Mulliken 电荷。

表 4.4 10-电子系列分子中氢原子上的 Mulliken 和 Löwdin 有效电荷 (数据来自文献 [20], 表 3.22)

基组	CH_4	NH_3	H_2O	HF
STO-3G	0.06 0.03	0.16 0.10	0.18 0.13	0.21 0.15
4-31G	0.15 0.10	0.30 0.20	0.39 0.28	0.48 0.36
6-31G(d)	0.16 0.16	0.33 0.27	0.43 0.36	0.52 0.45
6-31G(d,p)	0.12 0.11	0.26 0.18	0.34 0.23	0.40 0.27

4.4.3 自旋密度

对于开壳层体系, 除了根据总密度矩阵定义有效电荷之外, 也可以根据自旋密度 (spin density) 分解到各原子来表征自旋极化分布

$$\begin{aligned}\rho^s(\boldsymbol{r})&\equiv\rho^\alpha(\boldsymbol{r})-\rho^\beta(\boldsymbol{r})\\&=\sum_a^{N_\alpha}\psi_a^\alpha(\boldsymbol{r})\psi_a^{\alpha*}(\boldsymbol{r})-\sum_a^{N_\beta}\psi_a^\beta(\boldsymbol{r})\psi_a^{\beta*}(\boldsymbol{r})\\&=\sum_{\mu,\nu}\left(P_{\mu\nu}^\alpha-P_{\mu\nu}^\beta\right)\phi_\mu(\boldsymbol{r})\phi_\nu^*(\boldsymbol{r})\\&=\sum_{\mu,\nu}P_{\mu\nu}^{\mathrm{s}}\phi_\mu(\boldsymbol{r})\phi_\nu^*(\boldsymbol{r})\end{aligned} \tag{4.161}$$

上式定义了自旋密度矩阵 $P_{\mu\nu}^{\mathrm{s}}\equiv P_{\mu\nu}^\alpha-P_{\mu\nu}^\beta$。类似可以定义分解到每个原子的有效自旋

分布为

$$S_I = \sum_{\mu \in I} (\boldsymbol{P}^{\mathrm{s}} \boldsymbol{S})_{\mu\mu} \tag{4.162}$$

这个量与分子磁性、电子自旋共振 (electron spin resonance, ESR) 和核磁共振 (nuclear magnetic resonance, NMR) 等性质有关。

4.4.4 键级

密度矩阵 $\boldsymbol{P}$ 也常用于分析表征化学键的强度, 定义 I 和 J 两个原子之间的**键级** (bond order) 为

$$\mathrm{BO}_{IJ} = \sum_{\mu \in I, \nu \in J} (\boldsymbol{PS})_{\mu\nu} (\boldsymbol{PS})_{\nu\mu} \tag{4.163}$$

这个概念也可推广到表征多中心键[41]。

由键级, 可以进一步计算原子的**化合价** (valence)

$$V_A = \sum_{B \neq A} \mathrm{BO}_{AB} \tag{4.164}$$

作为实例, 我们考虑 HCOOH 分子采用不同基组计算得到的 Mulliken 电荷和键级 (见表 4.5)。可以看出, 总的来说, 键级分析的结果与已有化学图像比较一致。

表 4.5 HCOOH 分子的 Mulliken 有效电荷和键级分析 (原子标号见图 4.6), 这部分计算使用了 ORCA 4.1.2[43]。

基组	q_{C}	q_{O1}	q_{O2}	q_{H1}	q_{H2}	$\mathrm{BO}_{\mathrm{C-O1}}$	$\mathrm{BO}_{\mathrm{C-O2}}$	$\mathrm{BO}_{\mathrm{C-H1}}$	$\mathrm{BO}_{\mathrm{O1-H2}}$
STO-3G	0.27	–0.30	–0.26	0.07	0.22	1.04	1.94	0.92	0.92
6-31G	0.55	–0.68	–0.52	0.21	0.43	0.92	1.81	0.90	0.76
6-31G(d,p)	0.63	–0.61	–0.54	0.14	0.37	1.00	1.87	0.94	0.84
6-31++G(d,p)	0.55	–0.52	–0.55	0.11	0.40	0.98	1.84	0.99	0.82

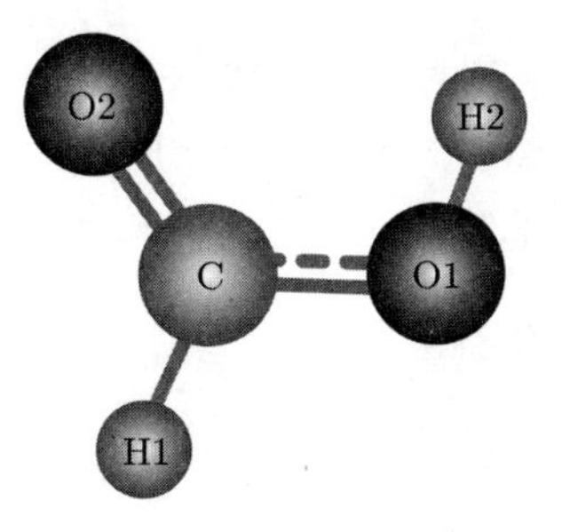

图 4.6 HCOOH 分子结构及原子标号示意

4.5 H_2 分子解离问题

在这一节中, 我们讨论 HF 方法在描述化学键断裂即分子解离过程存在的困难, 重点是 H_2 分子的解离问题。这部分讨论参考了文献 [20] 第三章。

4.5.1 RHF 描述 H_2 分子解离的困难

当采用最小基组, 即轨道基组由两个氢原子 (用 a 和 b 表示) 的 1s 轨道构成, 分别记为 ϕ_a 和 ϕ_b。利用对称性, 其 RHF 分子轨道可以直接写出来而无需求解 SCF 方程。

$$\begin{aligned}\psi_1(1) &= [2(1+S)]^{-1/2}[\phi_a(1)+\phi_b(1)] \\ \psi_2(1) &= [2(1-S)]^{-1/2}[\phi_a(1)-\phi_b(1)] \\ S &\equiv \int \phi_a^*(\boldsymbol{r}_1)\phi_b(\boldsymbol{r}_1)\mathrm{d}\boldsymbol{r}_1\end{aligned} \tag{4.165}$$

显然在解离极限 $R\to\infty$ 时, $S\to 0$。RHF 基态能量为

$$E_0^{(\mathrm{HF})} = 2h_{11} + J_{11} \tag{4.166}$$

我们考虑解离极限。由

$$\begin{aligned}\hat{h} &= -\frac{1}{2}\nabla^2 - \frac{1}{|\boldsymbol{r}-\boldsymbol{R_a}|} - \frac{1}{|\boldsymbol{r}-\boldsymbol{R_b}|} \\ &= \hat{H}_a + V_b = \hat{H}_b + V_a\end{aligned} \tag{4.167}$$

这里 $H_{a/b}$ 表示以 a/b 为中心的氢原子哈密顿算符, $V_{a/b}\equiv -1/|\boldsymbol{r}-\boldsymbol{R}_{a/b}|$。因此在解离极限时

$$h_{11} = \frac{1}{2(1+S)}\langle\phi_a+\phi_b|\hat{h}|\phi_a+\phi_b\rangle \xrightarrow{R\to\infty} E_{\mathrm{H}} \tag{4.168}$$

这里 E_{H} 表示单个氢原子的电子态能量。

$$J_{11} \equiv \langle\psi_1\psi_1|\psi_1\psi_1\rangle \xrightarrow{R\to\infty} \frac{U}{2} \tag{4.169}$$

这里

$$U \equiv \iint |\phi_a(\boldsymbol{r}_1)|^2 \frac{1}{r_{12}} |\phi_a(\boldsymbol{r}_2)|^2 \mathrm{d}\boldsymbol{r}_1\mathrm{d}\boldsymbol{r}_2 \tag{4.170}$$

表示处于同一轨道 (这里为 H 原子的 1s 轨道) 自旋相反的两个电子之间的库仑排斥能, 这个量和凝聚态物理中的 Hubbard U 值有着密切关系。

因此, 在解离极限时, H_2 的能量为

$$E_{\mathrm{H}_2}(R\to\infty) = 2E_{\mathrm{H}} + \frac{U}{2} \tag{4.171}$$

显然这是个定性错误的结果。之所以如此, 可以从解离极限时的 RHF 基态波函数来解释

$$\begin{aligned}&\Phi_0(\boldsymbol{x}_1,\boldsymbol{x}_2) = \psi_1(\boldsymbol{r}_1)\psi_1(\boldsymbol{r}_2)\Theta_{0,0}(\sigma_1,\sigma_2) \\ &\xrightarrow{R\to\infty} \frac{1}{2}[\phi_a(1)\phi_a(2)+\phi_b(1)\phi_b(2)+\phi_a(1)\phi_b(2)+\phi_b(1)\phi_a(2)]\,\Theta_{0,0}(\sigma_1,\sigma_2)\end{aligned} \tag{4.172}$$

上式括号中的四项分别对应于 $\mathrm{H}_a^- - \mathrm{H}_b^+$, $\mathrm{H}_a^+ - \mathrm{H}_b^-$, $\mathrm{H}_a^\uparrow - \mathrm{H}_b^\downarrow$, $\mathrm{H}_a^\downarrow - \mathrm{H}_b^\uparrow$ 四种电子占据构型。显然, 在解离极限时, 前两种构型不应该有贡献。在 RHF 中由于自旋配对的限制, 这四种构型在不同键长时都有相同的贡献, 由此导致了错误的解离极限行为。

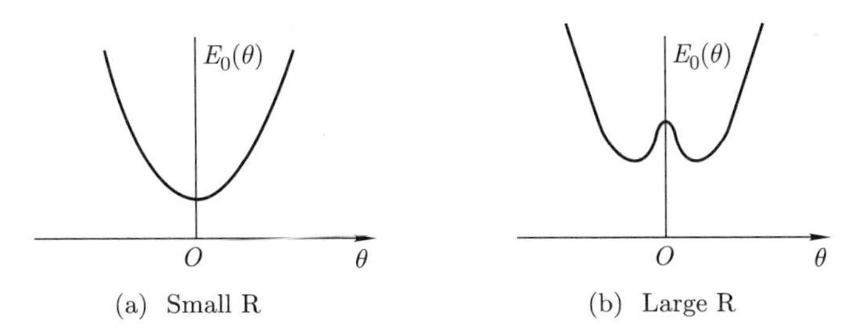

图 4.7 H_2 分子解离曲线, RHF 和 UHF 结果使用了 6-31G(d,p) 基组。摘自 A. Szabo, N. S. Ostlund, Modern Quantum Chemistry, Figure 3.19, p227

4.5.2 H_2 分子解离的 UHF 方法处理

RHF 描述 H_2 解离的困难可以在 UHF 方法中得到较好的解决, 但不是一个完美的解决。在 UHF 的框架中, 相同下标的自旋向上和向下的空间轨道可以不一样, 即

$$\psi_1^\alpha(1) = c_a^\alpha \phi_a(1) + c_b^\alpha \phi_b(1) \tag{4.173}$$

$$\psi_1^\beta(1) = c_a^\beta \phi_a(1) + c_b^\beta \phi_b(1) \tag{4.174}$$

显然这里不能要求 $\psi_1^\alpha(1)$ 和 $\psi_1^\beta(1)$ 具有确定的对称性, 否则就没有任何变分自由度可言。这意味着在 UHF 方法中, 在打破自旋对称性的同时, 往往需要同时打破空间对称性。注意到 RHF 和 UHF 都是假定基态波函数可以表达为 Slater 行列式波函数, 差别是, RHF 对 Slater 行列式波函数的形式做了限制, 而 UHF 没有做限制。因此, 满足 RHF 方程的解, 一定也是 UHF 方程的一个解, 但未必是能量最低的解。对于 H_2 解离而言, 在平衡结构附近, RHF 的解的确就是能量最低解。这其实是很普遍的情况, 对于很多闭壳层体系 (但不是所有), 即使计算过程中不做自旋对称性限制, 最后得到的仍然是 RHF 的轨道波函数。但是在 H_2 解离过程中, 在某个特殊键长会发生对称性破缺 (即 UHF) 解低于 RHF 解的突变。这个临界键长被称为 Coulson-Fischer point。为了明确地显示 RHF 到 UHF 解的转变, 我们可以用之前获得的 RHF 分子轨道的线性组合来表示 UHF 轨道, 考虑到归一化要求

$$\psi_1^\alpha(1) = \cos(\theta_\alpha)\psi_1(1) + \sin(\theta_\alpha)\psi_2(1) \tag{4.175}$$

$$\psi_1^\beta(1) = \cos(\theta_\beta)\psi_1(1) + \sin(\theta_\beta)\psi_2(1) \tag{4.176}$$

式 (4.175) 及 (4.176) 表明, 这里有两个自由变量。分子轨道不满足对称性要求, 在理论上是可以接受的, 因为分子轨道本身并不是物理可观测量。但是, 对于电子密度这样的物理可观测量, 我们仍然要求其满足对称性, 由此有

$$\begin{aligned}\rho(\boldsymbol{r}) &= |\psi_1^\alpha(\boldsymbol{r})|^2 + |\psi_1^\beta(\boldsymbol{r})|^2 \\ &= \left[\cos^2(\theta_\alpha) + \cos^2(\theta_\beta)\right] |\psi_1(\boldsymbol{r})|^2 + \left[\sin^2(\theta_\alpha) + \sin^2(\theta_\beta)\right] |\psi_2(\boldsymbol{r})|^2 \\ &\quad + 2\left[\cos(\theta_\alpha)\sin(\theta_\alpha) + \cos(\theta_\beta)\sin(\theta_\beta)\right] \psi_1(\boldsymbol{r})\psi_2(\boldsymbol{r})\end{aligned} \tag{4.177}$$

$\psi_1(\boldsymbol{r})|^2$ 和 $\psi_2(\boldsymbol{r})|^2$ 都满足左右对称性, 但 $\psi_1(\boldsymbol{r})\psi_2(\boldsymbol{r})$ 不满足, 为使 $\rho(\boldsymbol{r})$ 满足左右对称性, 要求 $\theta_\alpha = -\theta_\beta \equiv \theta$, 因此对于最小基组下求解 H_2 解离的 UHF 方程, 只有一个自由变量

θ, 这使得我们可以做简单的解析分析。将

$$\psi_1^\alpha(1) = \cos(\theta)\psi_1(1) + \sin(\theta)\psi_2(1) \tag{4.178}$$

$$\psi_1^\beta(1) = \cos(\theta)\psi_1(1) - \sin(\theta)\psi_2(1) \tag{4.179}$$

代入 UHF 的能量表达式

$$\begin{aligned} E_0(\theta) &= h_{11}^\alpha + h_{11}^\beta + J_{11}^{\alpha\beta} \\ &= \langle\psi_1^\alpha|\hat{h}|\psi_1^\alpha\rangle + \langle\psi_1^\beta|\hat{h}|\psi_1^\beta\rangle + \langle\psi_1^\alpha\psi_1^\beta|\psi_1^\alpha\psi_1^\beta\rangle \\ &= 2h_{11}\cos^2\theta + 2h_{22}\sin^2\theta + J_{11}\cos^4\theta + J_{22}\sin^4\theta + 2(J_{12} - 2K_{12})\cos^2\theta\sin^2\theta \end{aligned} \tag{4.180}$$

显然, $E_0(\theta = 0) = 2h_{11} + J_{11}$ 对应于 RHF 能量。为求能量极小值, 要求

$$\frac{\mathrm{d}E_0(\theta)}{\mathrm{d}\theta} = 4\cos\theta\sin\theta\left[h_{22} - h_{11} + J_{22}\sin^2\theta - J_{11}\cos^2\theta + \left(\cos^2\theta - \sin^2\theta\right)(J_{12} - 2K_{12})\right] \tag{4.181}$$

式 (4.181) 表明 $\theta = 0$, 即 RHF 所给出的基态解, 的确满足 $\frac{\mathrm{d}E_0(\theta)}{\mathrm{d}\theta} = 0$ 的条件, 但这只能保证 RHF 解对应于一个定点 (stationary point), 并不能保证其对应一个极小值点, 更不能保证是个全局能量最小值点。除了 $\theta = 0$ 之外, 是否存在其他有限的 θ 值, 满足 $\frac{\mathrm{d}E_0(\theta)}{\mathrm{d}\theta} = 0$ 的条件? 另外一个与之相关的问题是, $\theta = 0$ (即 RHF 解) 是否稳定? 对于第一个问题, 需要知道如下方程是否有解

$$h_{22} - h_{11} + J_{22}\sin^2\theta - J_{11}\cos^2\theta + \left(\cos^2\theta - \sin^2\theta\right)(J_{12} - 2K_{12}) = 0 \tag{4.182}$$

这显然取决于 h_{11}, h_{22}, J_{11}, J_{22}, J_{12} 和 K_{12} 等矩阵元的数值, 它们均随键长 R 而变化。为了回答第二个问题, 我们需要计算

$$E''(\theta = 0) \equiv \left.\frac{\mathrm{d}^2 E_0(\theta)}{\mathrm{d}\theta^2}\right|_{\theta=0} = 4\left(h_{22} - h_{11} - J_{11} + J_{12} - 2K_{12}\right) \tag{4.183}$$

利用

$$\varepsilon_1 = h_{11} + J_{11} \tag{4.184}$$

$$\varepsilon_2 = h_{22} + 2J_{12} - K_{12} \tag{4.185}$$

可得

$$E_0''(\theta = 0) = 4(\varepsilon_2 - \varepsilon_1 - J_{12} - K_{12}) \tag{4.186}$$

ε_1 和 ε_2 分别对应于成键和反键轨道能量。如图 4.8 所示, 在平衡位置附近两者能量差比较大, $E_0''(\theta = 0) > 0$, RHF 解为稳定解。随着键长增加, 成键-反键轨道能量差减小, 存在某个临界键长 R_c 使得当 $R > R_c$ 时, $E_0''(\theta = 0) < 0$, 这意味着存在 $\theta \neq 0$ 的 UHF 方程的解。

UHF 方法虽然能够正确描述 H_2 的解离极限, 但是对解离势能曲线的描述其实并不是很准确 (如图 4.7 所示): 在平衡位置附近, UHF 和 RHF 给出完全相同的结果, 倾向于

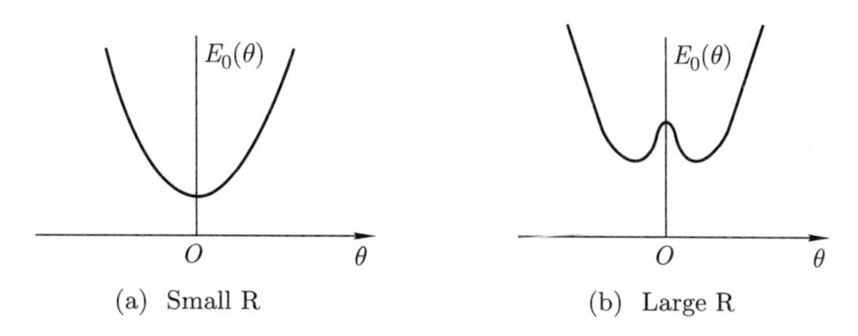

图 4.8 H_2 分子的 UHF 总能量在平衡键长和近解离键长时作为 θ 的函数示意。摘自 A. Szabo, N. S. Ostlund, Modern Quantum Chemistry, Figure 3.19, p227

高估力常数 (势能曲线在平衡位置的曲率); 当远离平衡位置时, 随着键的拉伸 UHF 能量上升过快。

【习题】

1. 推导式 (4.169)。
2. 写出解离极限时的 UHF 基态波函数。
3. 解离极限时 UHF 行列式波函数对应的 $\hat{S}^2$ 的期望值是多少?

4.6 应用实例

这一节我们讨论 HF 方法计算的一些实例。我们主要考察一些小分子, 目的是展示 HF 方法对常见物理化学性质的典型预测精度。在后续章节, 我们也将采用这些小分子来展示其他量子化学方法的精度。从后面的数值结果可以看出, 一种量子化学方法 (包括基组选择) 对不同体系和不同性质的预测精度往往表现出非常大的差异。因此, 如何客观地判断或表征一种方法的精度绝非易事。为此, 量子化学家建立了一系列由比较可靠实验数据所构成的测试集, 这些数据主要包括原子化能 (atomization energy), 生成热/焓 (heat/enthalpy of formation), 电离势 (ionization potential), 电子亲合能 (electron affinity) 等。这些测试集在表征不同理论方法的精度, 以及发展各种经验性或半经验性理论方法时发挥了重要的作用。

为了便于后面的讨论, 我们先定义一些物理量。我们用 $E(X)$ 表示物种 X 在平衡结构的电子基态能量

$$E_0(X) = E(X) + \Delta E(\text{ZPE}) \tag{4.187}$$

表示考虑了零点能 (zero point energy, ZPE) 校正后的分子能量。通常用于表征分子热化学性质的是生成焓, 即由最稳定单质合成该化合物所需要的能量。但从量子化学计算的角度, 生成焓的计算不是那么直接 (很多元素的最稳定单质是固体, 不便于做量子化学计算), 因此更常用于量子化学方法精度表征的是原子化能。利用基于实验确定的自由原子的标准生成焓, 可以将理论计算得到的原子化能数据转化为生成焓数据。分子 A_mB_n 原子化能 (或原子化热) 标记为 ΔH_a (很多文献将其标记为 ΣD_0), 定义为 0 K 时分子解离为自由原子所需要的能量, 相当于以自由原子为参考态的零温生成焓

$$\Delta H_\text{a}(A_mB_n) = E_0(A_mB_n) - mE(A) - nE(B) \tag{4.188}$$

自由原子一般都是开壳层体系。根据之前的讨论可知, 开壳层体系的量子化学计算具有

更大的挑战性。因此, 从理论计算的角度, 原子化能的准确预测对理论方法的精度要求更为苛刻。

为了考察基组选择的影响, 我们选用了一组 Pople 风格的基组, 包括 STO-3G, 3-21G, 6-31G, 6-31G(d,p), 6-311G(d,p), 6-311+G(d,p), 6-311+G(2df, 2p), 6-311++G(3df,3pd)。考虑这些基组只是为了展示各种物理化学性质的计算如何随着基组的增大而收敛, 需要注意的是, 基于这个系列基组的数值结果并不适合作外推处理。对于后者, 更合适的应该是相关一致性基组, 即 (aug-)cc-pVnZ 系列基组。

4.6.1 分子结构

表 4.6 给出了基组对 HF 结构优化计算结果的影响。可以看出, HF 方法对结构性质的预测受基组大小的影响较小, 即使采用最小基组, 已经能得到比较合理的结果。采用中等大小的基组 6-31G(d,p) 的所得结果与大基组 6-311++G(3df,3pd) 的结果之间的差别已经很小了。总的来说, HF 方法在预测分子结构时的总体表现还是相当不错的。更定量的比较可以看出, HF 倾向于低估共价键键长。

表 4.6 不同基组 HF 计算分子平衡键长/键角 (单位: 埃/度)

	CH_4	NH_3	H_2O	FH	CO	N_2
STO-3G	1.083	1.032 104.2	0.989 100.0	0.956	1.145	1.134
3-21G	1.083	1.003 112.4	0.967 107.7	0.937	1.129	1.083
6-31G	1.082	0.991 116.1	0.949 111.6	0.921	1.131	1.089
6-31G(d,p)	1.083	1.001 107.6	0.943 106.0	0.900	1.114	1.078
6-311G(d,p)	1.084	1.001 107.4	0.941 105.5	0.896	1.105	1.070
6-311+G(d,p)	1.084	1.000 108.4	0.941 106.3	0.897	1.105	1.071
6-311+G(2df,2p)	1.081	0.998 108.3	0.940 106.4	0.897	1.103	1.066
G-311++G(3df,3dp)	1.081	0.999 108.0	0.940 106.3	0.897	1.103	1.067
实验值	1.087	1.012 106.7	0.958 104.5	0.917	1.128	1.098

4.6.2 振动频率

表 4.7 给出了基组对 HF 振动频率计算结果的影响。可以看出, 对频率计算来说, 采用如 6-31G(d,p) 这样中等大小的基组, 基本上可以给出收敛的结果。HF 方法倾向于系统性地高估振动频率, 因此在实际应用中, 常常会对 HF 计算得到的振动频率乘上一个经验修正因子。比如在 Pople 等发展的 Gn 方法中, HF/6-31G(d) 计算得到的频率乘以 0.8929, 用来计算分子的零点能校正 (具体参看文献 [44])。

表 4.8 给出了用不同基组计算的偶极矩数据。可以看出, 相对于前面讨论的键长、键角或振动频率, 偶极矩对基组的要求更高; 特别是基组中是否包含极化函数影响很大。当采用足够大的基组时, HF 能比较准确预测 NH_3、H_2O 和 FH 的偶极矩。但是, CO 分子比较特别, 当采用非常小的 STO-3G 基组时, HF 给出的偶极矩与实验值符合非常好; 增大基组, 所得结果反而与实验值定性上不一致。对于甲醛 HCHO 分子, 基组收敛的偶极矩与实验值相比, 也仍有比较大的偏差。

表 4.7 不同基组 HF 计算分子振动频率 (单位: 波数 cm^{-1})

	H_2O	FH	CO	N_2
STO-3G	2170, 4141, 4392	4475	2463	2670
3-21G	1799, 3813, 3946	4061	2316	2613
6-31G	1736, 3991, 4148	4138	2286	2662
6-31G(d,p)	1769, 4147, 4264	4493	2439	2758
6-311G(d,p)	1750, 4142, 4238	4513	2441	2740
6-311+G(d,p)	1726, 4141, 4244	4492	2432	2734
6-311+G(2df,2p)	1750, 4143, 4246	4492	2429	2728
6-311++G(3df,3dp)	1745, 4131, 4230	4481	2430	2726
实验值	1595(A_1), 3657(A_1), 3756(B_2)	3961	2143	2330

表 4.8 不同基组 HF 计算分子偶极矩 (单位: Debye)。对于 CO, 正值对应 C^-O^+

	NH_3	H_2O	FH	CO	HCHO
STO-3G	1.876	1.709	1.252	0.124	1.537
3-21G	1.753	2.387	2.174	–0.397	2.657
6-31G	1.382	2.500	2.301	–0.573	3.043
6-31G(d,p)	1.839	2.146	1.944	–0.264	2.664
6-311G(d,p)	1.726	2.137	1.980	–0.153	2.653
6-311+G(d,p)	1.730	2.196	2.026	–0.184	2.816
6-311+G(2df,2p)	1.605	2.016	1.941	–0.153	2.757
G-311++G(3df,3dp)	1.562	1.967	1.906	–0.146	2.723
实验值	1.470	1.855	1.820	0.112	2.330

4.6.3 热化学性质

表 4.9 给出了 6 个闭壳层小分子的原子化能。可以看出, 采用 6-31G(d,p) 基组已经可以得到大致收敛的结果。与实验值相比, HF 方法得到的原子化能存在非常大的误差, 并且是系统性的低估。

表 4.9 不同基组用 HF 方法计算的分子的原子化能 (单位: kcal/mol)。实验值引自文献 [44]

	CH_4	NH_3	H_2O	FH	CO	N_2
STO-3G	381.6	186.1	128.1	68.8	136.4	35.5
3-21G	290.5	152.0	111.8	68.9	133.8	52.8
6-31G	289.8	156.5	116.8	72.1	128.0	57.7
6-31G(d,p)	301.5	174.8	138.1	86.8	167.9	104.7
6-311G(d,p)	297.3	173.5	137.5	87.8	169.2	106.5
6-311+G(d,p)	297.0	175.6	140.1	89.9	168.5	106.7
6-311+G(2df,2p)	298.6	178.0	141.5	90.7	171.8	112.9
6-311G(3df,3pd)	298.8	178.6	142.7	91.8	173.3	113.5
实验值	392.5	276.7	219.3	135.2	256.2	225.1

表 4.10 给出了用 HF 方法计算得到的六个简单化学反应的零温反应焓变, 可以看出, 相对于对原子化能的描述, HF 对化学反应焓变的预测表现有所改善, 但是误差仍然非常显著。

表 4.10 不同基组用 HF 方法计算的零温化学反应焓变 (单位: kcal/mol)。最后一行的实验值采用文献 [45] 中给出的零温生成焓实验值计算得到。 R1: $N_2+3H_2 \longrightarrow 2NH_3$, R2: $CO+H_2O \longrightarrow CO_2+H_2$, R3: $CO_2+CH_4 \longrightarrow 2CO+2H_2$, R4: $2CO+O_2 \longrightarrow 2CO_2$, R5: $2H_2+O_2 \longrightarrow 2H_2O$, R6: $HCO \longrightarrow CH+O$

	R1	R2	R3	R4	R5	R6
STO-3G	–13.1	–0.3	50.1	–27.9	–27.3	–
3-21G	–25.3	–6.0	48.6	–98.7	–86.8	94.6
6-31G	–29.9	3.3	49.8	–88.4	–95.0	92.4
6-31G(d,p)	–11.0	–5.9	43.6	–103.5	–91.6	120.1
6-311G(d,p)	–10.0	–5.6	40.7	–104.3	–93.1	119.6
6-311+G(d,p)	–14.1	–3.2	41.4	–104.7	–98.4	119.6
6-311+G(2df,2p)	–11.7	–5.1	42.0	–106.1	–95.9	122.2
6-311++G(3df,3pd)	–12.0	–4.6	41.3	–106.4	–97.2	123.3
实验值	–18.6	–9.7	55.6	–153.6	–114.2	190.8

4.6.4 电离势和电子亲和能

电离势和电子亲和能是表征分子得失电子能力的关键参数, 对于理解分子的化学和物理性质有着非常重要的意义。电离势和电子亲和能存在两种可能的定义方式。

1. 垂直 (vertical) 电离势/电子亲合能, 是指在分子结构保持不变条件下失去或得到电子对应的能量改变。

$$\mathrm{IP_v} = E(A^+/[A]) - E(A) \tag{4.189}$$

$$\mathrm{EA_v} = E(A) - E(A^-/[A]) \tag{4.190}$$

这里 $E(A^+/[A])$ 表示处于 A 平衡结构计算得到的 A^+ 的电子态能量。根据 Koopmans 定理, 如果忽略得失电子后轨道的弛豫, 垂直电离势和电子亲合能可以用 HOMO 和 LUMO 能量的负值所近似。使用上面公式计算垂直电离势和电子亲合能的方法, 一般称为 Δ-SCF。

2. 绝热 (adiabatic) 电离势/电子亲合能

$$\mathrm{IP} = E_0(A^+) - E_0(A) \tag{4.191}$$

$$\mathrm{EA} = E_0(A) - E_0(A^-) \tag{4.192}$$

如式 (4.191) 及 (4.192) 所示, 考虑绝热电离势或电子亲和能时, 一般会考虑零点能修正。

可以看出, 这两种定义方式分别对应不同的物理过程。实际实验测量得到的电离势/电子亲和能究竟对应于垂直还是绝热过程, 很多时候并不是完全清楚, 这一点在进行理论与实验结果比较时也需要注意。

从表 4.11、4.12、4.13 和 4.14 中的数据可以看出, 无论是根据 Koopmans 定理, 还是采

表 4.11 采用实验结构, 基于 Koopmans 定理计算得到的小分子垂直电离势 (单位: kcal/mol)。实验值引自文献 [46]。N_2 分子的对应于 $^2\Pi$ 阳离子的电离势实验值引自文献 [20] 中表 3.16

	CH_4	NH_3	H_2O	FH	CO	$N_2(^2\Sigma)$	$N_2(^2\Pi)$
STO-3G	325.6	221.4	245.6	291.2	280.2	338.5	359.5
3-21G	341.3	253.9	300.9	375.9	340.8	385.6	384.9
6-31G	341.3	260.3	314.5	395.9	345.7	395.0	390.4
6-31G(d,p)	341.3	264.0	312.0	393.6	343.6	395.2	383.7
6-311G(d,p)	342.2	265.4	311.3	399.9	346.8	396.4	384.2
6-311+G(d,p)	342.2	268.6	320.1	408.6	348.9	398.9	386.7
6-311+G(2df,2p)	342.2	269.6	320.1	408.9	348.7	398.7	386.0
6-311++G(3df,3pd)	342.2	269.8	320.5	408.6	348.4	398.7	385.8
实验值	330.9	249.5	291.0	371.7	323.1	359.3	391.6

表 4.12 采用实验结构, 用 Δ-SCF 方法计算得到的小分子垂直电离势的 HF 计算结果。实验值引自文献 [46]。N_2 分子的对应于 $^2\Pi$ 阳离子的电离势实验值引自文献 [20] 中表 3.16

	CH_4	NH_3	H_2O	FH	CO	$N_2(^2\Sigma)$	$N_2(^2\Pi)$
STO-3G	308.8	176.7	192.7	247.0	254.0	332.8	358.4
3-21G	315.8	205.5	242.9	316.3	299.7	358.6	365.2
6-31G	314.4	211.1	253.1	328.7	298.6	362.9	365.3
6-31G(d,p)	312.2	213.6	249.5	325.2	300.6	361.9	353.9
6-311G(d,p)	311.7	214.0	250.1	328.7	301.5	361.8	353.1
6-311+G(d,p)	311.7	216.5	253.9	332.1	301.8	362.2	353.4
6-311+G(2df,2p)	311.1	216.9	254.0	331.6	301.8	361.4	352.0
6-311++G(3df,3pd)	311.1	217.0	253.9	331.4	301.6	361.3	351.7
实验值	330.9	249.5	291.0	371.7	323.1	359.3	391.6

表 4.13 绝热电离势计算结果, 实验值引自文献 [47] (单位: kcal/mol)

	CH_4	NH_3	H_2O	FH	CO	$N_2(^2\Sigma)$	$N_2(^2\Pi)$
STO-3G	264.3	152.9	183.9	237.8	247.1	321.9	320.8
3-21G	275.9	184.5	235.2	307.6	299.3	358.5	360.5
6-31G	275.4	191.5	247.3	322.1	298.3	362.5	359.5
6-31G(d,p)	272.1	193.7	246.3	321.2	299.5	362.4	351.2
6-311G(d,p)	270.4	194.8	247.3	325.4	299.9	362.9	352.1
6-311+G(d,p)	270.4	197.4	251.2	328.8	300.2	363.3	352.4
6-311+G(2df,2p)	270.1	197.9	251.3	328.2	300.2	362.8	351.8
6-311++G(3df,3pd)	270.0	198.1	251.1	328.0	300.0	362.7	351.5
实验值	291.0	234.8	291.0	369.9	323.1	359.3	385.1

表 4.14 绝热电子亲和能计算结果示例 (单位: kcal/mol)。实验值引自文献 [47]

	CH_2	NH_2	OH	O_2	HCO	CN
STO-3G	–151.2	–159.4	–186.9	–156.5	–	–57.1
3-21G	–52.6	–67.1	–62.8	–28.2	–35.8	40.2
6-31G	–49.2	–47.3	–31.8	–13.4	–26.5	47.1
6-31G(d,p)	–45.2	–59.2	–34.6	–33.1	–33.2	50.2
6-311G(d,p)	–34.9	–45.9	–30.7	–31.3	–27.7	58.4
6-311+G(d,p)	–23.3	–25.1	–5.7	–17.8	–18.0	67.0
6-311+G(2df,2p)	–22.5	–25.1	–6.3	–20.2	–19.1	66.9
6-311++G(3df,3pd)	–22.1	–25.0	–6.4	–20.7	–18.7	66.8
实验值	15.0	17.8	42.2	10.1	7.2	89.0

用 Δ-SCF 方法, 所得电离势的计算结果对于基组的收敛都比较快。相比之下, 电子亲合能的计算结果表现出对基组非常强的依赖性, 需要使用非常大的基组才能得到大致收敛的结果。并且, 基组是否包含弥散函数对结果影响很大。对于这些小分子体系, Koopmans 定理给出的电离势和实验值相比, 高估了大约 10 ~ 40 kcal/mol, 而 Δ-SCF 给出的结果则大约低估了 10 ~ 40 kcal/mol。另外, 对于 N_2 分子, 两种方法都未能正确地描述从 σ 轨道和 π 轨道解离电子所需能量的相对大小, 除非使用最小基组 (STO-3G)。对于电子亲合能, 除了 CN 自由基, 对其他自由基分子, HF 方法计算得到的电子亲合能都是负的, 即负离子相对中性分子是不稳定的, 这和实验结果定性上不一致。由此可见, HF 方法在描述电子高度离域分布的体系时, 存在根本性的困难。

第 5 章 相关波函数方法

这一章我们讨论在 Hartree-Fock 近似的基础上考虑电子相关效应的各种相关波函数 (correlated wave function) 方法, 也常被称作 post-HF 方法。这些方法虽然原理上并没有超出微扰论或变分法的范畴, 但由于量子多体问题的复杂性, 其具体形式要更为复杂。值得指出的是, 本章所讨论的内容还比较基础, 属于目前日常应用中常用的方法, 但并不能反映量子化学理论的最新进展, 更系统的讨论可参考 [19, 44]。本章论述部分参考了 Szabo 和 Ostlund 的教材[20] 第四章至第六章中的内容。

5.1 电子相关问题的一般讨论

我们先讨论电子相关问题的一些一般性问题和概念。某种意义上, 理解这些概念比学习后面具体的方法更为重要, 也更具有挑战性。**电子相关** (electron correlation), 在物理学中文文献中, 也常称为电子关联, 是量子化学和凝聚态量子多体理论中最核心的概念。

5.1.1 HF 方法的局限性

HF 方法是一种平均场近似, 相当于将电子相互作用体系映射到一个非相互作用体系, 每个电子在一个考虑了其他电子平均作用的有效势中独立运动。HF 方法考虑了电子交换反对称性, 因此, 自旋相同的电子在同一位置出现的概率为 0。但是自旋相反的两个电子在同一位置出现的概率不为 0, 并且互相独立。但实际上, 由于电子之间的库仑排斥作用, 两个电子无论自旋如何都存在一定的运动相关性, 这被称为**瞬时相关** (instantaneous correlation), 也称**动态相关** (dynamical correlation)。

为了获得对动态相关更直观的理解, 考虑 H_2 的基态 HF 波函数

$$\Phi_0^{\mathrm{HF}}(1,2) = |1\bar{1}\rangle = |\psi_1\bar{\psi}_1\rangle = \psi_1(\boldsymbol{r}_1)\psi_1(\boldsymbol{r}_2)\Theta_{0,0}(\sigma_1,\sigma_2) \tag{5.1}$$

其中

$$\Theta_{0,0}(\sigma_1,\sigma_2) = \frac{1}{\sqrt{2}}\left[\alpha(\sigma_1)\beta(\sigma_2) - \alpha(\sigma_2)\beta(\sigma_1)\right] \tag{5.2}$$

分别考虑如下两种情形。

情形 1: 设电子 1 自旋向上 ($\sigma_1 = 1/2$), 电子 2 自旋向下 ($\sigma_2 = -1/2$), 两个电子分别在 $\boldsymbol{r}_1$ 和 $\boldsymbol{r}_2$ 出现的概率密度为

$$\begin{aligned} P^{\uparrow\downarrow}(\boldsymbol{r}_1, \boldsymbol{r}_2) &= |\varPhi_0^{\text{HF}}(\boldsymbol{r}_1\frac{1}{2}, \boldsymbol{r}_2 - \frac{1}{2})|^2 \\ &= |\psi_1(\boldsymbol{r}_1)|^2|\psi_1(\boldsymbol{r}_2)|^2 \times \frac{1}{2}\left[\alpha(\frac{1}{2})\beta(-\frac{1}{2}) - \alpha(-\frac{1}{2})\beta(\frac{1}{2})\right]^2 \\ &= \frac{1}{2}|\psi_1(\boldsymbol{r}_1)|^2|\psi_1(\boldsymbol{r}_2)|^2 \end{aligned} \tag{5.3}$$

情形 2: 如果两个电子自旋相同 (即都向上或向下), 则有

$$\begin{aligned} P^{\uparrow\uparrow}(\boldsymbol{r}_1, \boldsymbol{r}_2) &= |\varPhi_0^{\text{HF}}(\boldsymbol{r}_1\frac{1}{2}, \boldsymbol{r}_2\frac{1}{2})|^2 \\ &= |\psi_1(\boldsymbol{r}_1)|^2|\psi_1(\boldsymbol{r}_2)|^2 \times \frac{1}{2}\left[\alpha(\frac{1}{2})\beta(\frac{1}{2}) - \alpha(\frac{1}{2})\beta(\frac{1}{2})\right]^2 \\ &= 0 \end{aligned} \tag{5.4}$$

这说明处于 HF 基态时, 两个电子自旋平行的情况永远不会出现, 而两个自旋相反的电子在空间 $\boldsymbol{r}$ 出现的概率密度等于每个电子在该处出现概率密度的乘积, 因此完全不相关。

5.1.2 相关能

给定哈密顿量, 即对于确定的外势场和对相对论效应的近似层次 [注意: 不同的相对论效应近似会导致不同的动能算符和电子-电子相互作用形式, 比如常用的库仑作用形式 $v_{\text{ee}}(r_{12}) = 1/r_{12}$, 实际上是假定光速为无穷大时的经典极限近似], 定义精确的基态总能量和 HF 基态总能量之间的差别为**相关能** (correlation energy)

$$E_{\text{corr}} = E_0^{(\text{exact})} - E_0^{(\text{HF})} \tag{5.5}$$

需要注意的是, 对于开壳层体系, 存在不同的 HF 处理方式, 比如 RHF 或 ROHF, 从而会给出不同的 HF 基态能量。以不同的 HF 近似为参考, 相关能数值相差很大。开壳层体系相关能如何定义, 并未达成共识。

实际计算总是采用有限大小的不完备的基组, 因此相关能的实际估算依赖于基组, 因此可以定义**基组相关能** (basis set correlation energy)

$$E_{\text{corr}}(N_{\text{BS}}) = E_0^{(\text{exact})}(N_{\text{BS}}) - E_0^{(\text{HF})}(N_{\text{BS}}) \tag{5.6}$$

这里用 N_{BS} 表示基组大小, 用来表征基组的数值精度。上式等号右边第一项表示在给定基组下通过全组态相互作用 (full-CI) 方法得到的总能量, 也是该基组条件下的精确总能量; 第二项是采用相同基组的 HF 近似得到的基态能量。原则上可以通过取 $N_{\text{BS}} \to \infty$ 的极限来得到精确相关能, 即式 (5.5), 但这往往只对非常简单的体系, 比如氢分子, 才有实际可行性。

由以上讨论可知, 从对实际体系的描述精度而言, 量子化学方法的精度由三个方面因素决定:

- 对哈密顿量的近似层次;
- 相关方法的近似层次;
- 轨道基组的精度。

将理论计算结果和实验结果进行比较时, 必须同时考虑以上三个因素。

5.1.3 动态相关和静态相关

在 HF 近似中, 电子之间相互作用的效果用一个平均有效势来描述。超越平均场近似、与电子运动的瞬时相互作用有关的关联效应, 被称为**动态相关** (dynamical correlation)。某些体系 (比如解离极限下的 H_2 分子, 双自由基分子 CH_2, 开壳层过渡金属离子等), 其电子基态无法用保持体系对称性的单 Slater 行列式波函数给出**定性正确**的描述, 与此对应的电子相关效应被称为**静态相关或非动态相关** (static/non-dynamical correlation)。具有显著静态相关效应的体系也常被称为强关联体系 (strongly correlated systems)。

动态相关和静态相关的概念也可以从全组态相互作用 (FCI) 的角度来理解。假定 FCI 的波函数具有如下形式

$$|\Psi_0\rangle = c_0|\Phi_0\rangle + c_1|\Phi_1\rangle + c_2|\Phi_2\rangle + \cdots \tag{5.7}$$

如果对任意 $I \geqslant 1$ 都有 $|c_I| \ll |c_0|$, 这意味着 HF 基态波函数之外的每个行列式波函数对相关能都只有很小的贡献, 但它们的加和对相关能有重要贡献, 这些行列式波函数所描述的电子相关被称为动态相关。但如果存在**若干个**行列式波函数, $|c_I| \sim |c_0|$, 即这些行列波函数对总能量的贡献与 HF 基态波函数的贡献相当, 仅仅考虑单 Slater 行列式波函数不能给出定性正确的描述。这些行列式波函数所描述的电子相关即为静态相关。

5.1.4 大小一致性和大小延展性

根据统计热力学, 我们知道能量是个广度量, 即具有如下性质

$$\lim_{N\to\infty} \frac{E(N)}{N} = \text{const.} \tag{5.8}$$

即随着体系的增大, 平均到每个电子上的能量趋于一个常数。能正确给出以上行为的电子结构理论方法称其满足**大小延展性** (size extensivity)。

为了更直观地表征一个方法的大小延展性, John Pople 提出了**大小一致性** (size consistency) 的概念: 一个量子化学方法, 如果在计算两个相距足够远、相互作用可忽略不计的分子 A 和 B 所构成的复合体系时所得到的总能量等于分别计算 A 和 B 的总能量之和, 就说该方法满足大小一致性。**在考虑一个方法是否满足大小一致性时, 一般忽略基组数值误差, 以及 A 或 B 为开壳层 (如 H_2 解离极限) 等因素的影响**。应该指出的是, 文献中对大小一致性和大小延展性这两个概念的定义不尽一致。在有些文献中, 两者具有相同的含义。

可以证明, HF 方法满足大小一致性

$$\begin{aligned}
E_0^{(\mathrm{HF})} &= \sum_a h_{aa} + \frac{1}{2}\sum_{a,b}\langle ab||ab\rangle \\
&= \sum_A \sum_{a\in A} h_{aa} + \frac{1}{2}\sum_A \sum_{a\in A}\sum_B \sum_{b\in B}\langle ab||ab\rangle \\
&= \sum_A \sum_{a\in A}\langle\chi_a| -\frac{1}{2}\nabla^2 - \sum_{I\in A}\frac{Z_I}{|\boldsymbol{r}-\boldsymbol{R}_I|} - \sum_{I\notin A}\frac{Z_I}{|\boldsymbol{r}-\boldsymbol{R}_I|}|\chi_a\rangle \\
&\quad + \frac{1}{2}\sum_A \sum_{a,b\in A}\langle ab||ab\rangle + \frac{1}{2}\sum_A \sum_{a\in A}\sum_{B\neq A}\sum_{b\in B}\langle ab||ab\rangle
\end{aligned}$$

$$\xrightarrow{\text{非相互作用极限}} \sum_A \left[\sum_{a\in A} h_{aa}^A + \frac{1}{2} \sum_{a,b\in A} \langle ab||ab\rangle \right] = \sum_A E_{0,A}^{(\mathrm{HF})} \tag{5.9}$$

5.1.5 相关多电子波函数的歧点条件

考虑两个带电粒子, 电荷分别为 q_i 和 q_j。实际体系可以存在其他粒子, 但我们现在只关注这两个粒子, 因此可以把体系的哈密顿算符写为

$$\hat{H} = -\frac{1}{2m_i}\nabla_i^2 - \frac{1}{2m_j}\nabla_j^2 + \frac{q_i q_j}{r_{ij}} + \hat{H}' \tag{5.10}$$

定义这两个粒子的质心坐标、相对运动坐标和约化质量分别为

$$\boldsymbol{R}_{\mathrm{CM}} = \frac{m_i \boldsymbol{r}_i + m_j \boldsymbol{r}_j}{m_i + m_j} \tag{5.11}$$

$$\boldsymbol{r} = \boldsymbol{r}_i - \boldsymbol{r}_j \tag{5.12}$$

$$\mu = \frac{m_i m_j}{m_i + m_j} \tag{5.13}$$

将质心运动分离出去, 只讨论波函数 $\varPsi$ 关于相对坐标的行为

$$\hat{H}_{\boldsymbol{r}} = -\frac{1}{2\mu}\nabla^2 + \frac{q_i q_j}{r} \tag{5.14}$$

由波函数在任意位置连续的条件, 可知波函数在 $r \to 0$ 时具有如下极限行为

$$\varPsi \xrightarrow{r\to 0} c_0 + c_1 r + c_2 r^2 + \cdots \tag{5.15}$$

考虑哈密顿算符作用在以上表达式, 只考虑径向坐标部分

$$\begin{aligned}
\hat{H}_r\varPsi \equiv \left[-\frac{1}{2\mu r^2}\frac{\partial}{\partial r}r^2\frac{\partial}{\partial r} + \frac{q_i q_j}{r}\right]\left[c_0 + c_1 r + c_2 r^2 + \cdots\right] &= E\left[c_0 + c_1 r + c_2 r^2 + \cdots\right] \\
-\frac{1}{2\mu r^2}\frac{\partial}{\partial r}r^2\left[c_1 + 2c_2 r + \cdots\right] + \left[q_i q_j c_0 r^{-1} + c_1 q_i q_j + q_i q_j c_2 r + \cdots\right] &= E\left[c_0 + c_1 r + c_2 r^2 + \cdots\right] \\
-\frac{1}{2\mu r^2}\left[2c_1 r + 6c_2 r^2 + \cdots\right] + \left[q_i q_j c_0 r^{-1} + c_1 q_i q_j + q_i q_j c_2 r + \cdots\right] &= E\left[c_0 + c_1 r + c_2 r^2 + \cdots\right] \\
\left[q_i q_j c_0 - \frac{c_1}{\mu}\right] r^{-1} + \left[c_1 q_i q_j - \frac{3c_2}{\mu}\right] + O(r) &= E\left[c_0 + c_1 r + c_2 r^2 + \cdots\right]
\end{aligned} \tag{5.16}$$

为了以上方程成立, 要求

$$q_i q_j c_0 = \frac{c_1}{\mu} \tag{5.17}$$

这可以更明确地表达为

$$\left[\frac{1}{\varPsi(r_{ij})}\frac{\partial \varPsi(r_{ij})}{\partial r_{ij}}\right]_{r_{ij}\to 0} = \mu q_i q_j \tag{5.18}$$

当 i 和 j 对应两个电子时, 则有

$$\left[\frac{1}{\varPsi(r_{ij})}\frac{\partial \varPsi(r_{ij})}{\partial r_{ij}}\right]_{r_{ij}\to 0} = \frac{1}{2} \tag{5.19}$$

这被称为**相关歧点条件** (correlation cusp condition), 也被称为 **Kato 歧点**(日本科学家 Tosio Kato 最早于 1957 年证明了这个条件)[45]。

根据式 (5.18), 可知电子波函数在原子核 A(核电荷为 Z_A) 处具有如下行为

$$\left[\frac{1}{\Psi(r_{iA})}\frac{\partial\Psi(r_{iA})}{\partial r_{iA}}\right]_{r_{iA}\to 0} = -Z_A \tag{5.20}$$

第 4 章在讨论基函数性质时已经用到了这个条件。

5.1.6 电子相关方法分类

过去几十年间, 量子化学已发展了种类繁多的各种电子相关方法。这里简单讨论一下这些方法的分类。几乎所有电子相关方法都必须有一个出发点 (零阶近似), 根据零阶近似的不同, 可以把不同量子化学方法分为**单参考** (single-reference) 方法和**多参考** (multi-reference) 方法。前者的出发点是单 Slater 行列式的 HF 基态波函数, 而后者的零阶近似已经包含了多个行列式波函数的线性组合。

给定单电子基组, 全组态相互作用 (FCI) 方法是 “精确” 方法, 所有其他的不同方法都可以看作对 FCI 方法的近似。在单参考方法中, 最常用的电子相关方法主要包括三大类 (系列):

- 组态相互作用 (configuration interaction, CI)
- 多体微扰理论 (many-body perturbation theory, MBPT)
- 耦合簇 (coupled cluster, CC) 方法

多参考方法一般以多组态自洽场方法作为出发点, 也存在相应的 CI, MBPT 和 CC 方法, 以及它们之间的各种组合。

单参考电子相关方法发展已比较成熟, 并被广泛应用于分子体系的高精度量子化学计算中。相对而言, 多参考方法, 也称**多组态** (multi-configuration) 方法, 目前仍在活跃发展中[46]。由于方法的复杂性和计算量, 其应用还限于相对简单的体系, 尚未成为计算化学工作者的常用工具。多参考方法是处理开壳层体系基态和分子激发态性质的必要工具, 因此发展更为准确、高效、普适性强、用户友好的多组态方法仍是亟待量子化学家解决的前沿问题。

高精度的 “正统” 量子化学方法的计算量都会随着体系的增大而迅速增加, 极大限制了这类方法对大体系的应用, 相比而言, 量子蒙特卡罗 (quantum Monte Carlo) 方法具有更为诱人的计算标度关系, 因此近年来日益吸引人们的关注, 也是目前发展非常活跃的领域之一[47]。

虽然关注类似的问题, 凝聚态理论采用了非常不同的概念、语言和技巧来处理电子相关问题。近年来一个重要发展前沿是将凝聚态理论中的概念和方法扩展应用到分子体系, 或者反之。一个典型的实例是针对量子化学问题的密度矩阵重整化群理论 (DMRG) 的发展[48]。

5.2 组态相互作用方法

我们在第 3 章讨论自旋匹配组态函数时, 已经接触过组态 (configuration) 和组态函数的概念, 这里对此再做一些解释。“configuration” 在中文中一般译作 “组态” 或者 “构

型”, 在统计热力学的语境也译作“位形”。经典统计热力学中的“位形空间”是相对于相空间而言的, 是由体系中所有粒子在几何空间中的位置坐标所构成的空间。在原子物理中, 一个组态 (构型) 通常是指原子轨道的一种占据方式, 比如碳原子的基态电子构型 (组态) 为 $1s^22s^22p^2$, 但这实际上并不代表单个多电子波函数, 而是一组多电子波函数, 通过它们之间的线性组合, 可以得到具有不同自旋和旋转对称性的多电子波函数。

在量子化学中, 狭义的 configuration 指对称性匹配组态函数 (symmetry-adapted configuration state function, SACSF), 或简称**组态函数** (configuration state function, CSF), 这里的对称性包括自旋对称性和几何空间对称性。但在很多语境中, configuration 用来表示对给定单电子轨道的占据方式, 因此对应于一个 Slater 行列式波函数。而组态函数 (CSF) 一般是指对应于相同空间轨道占据构型的若干个 Slater 行列式波函数的线性组合, 其组合系数由对称性决定。在后面的讨论中, 为了简化起见, 我们用构型或组态指代 Slater 行列式波函数。在具体实现时, 为了保证所得多电子波函数具有确定的对称性, 很多程序使用对称性匹配组态函数作为展开多电子波函数的基组, 这样可以显著减少所需要考虑的组态数目, 但由此付出的代价是矩阵元的计算会更加复杂。因此, 有不少程序直接使用 Slater 行列式作为多电子波函数展开的基组, 这样可以简化矩阵元的计算, 但需要后续的投影处理来获得具有确定对称性的多电子波函数。

广义地说, 凡是把多电子波函数表示为多个行列式波函数 (或对称性匹配组态函数) 的线性组合, 理论上都称为组态相互作用。但狭义地说, 所谓**组态相互作用**方法, 是指用 HF 轨道构建的 Slater 行列式作为展开多电子波函数的基组, 通过线性变分法来确定展开系数的波函数方法。如果求解 HF 方程使用了 K 个基函数, 考虑了自旋之后, 共有 $2K$ 个互相正交的自旋轨道。因此, 对 N 电子体系, $\{\Phi_I\}$ 的数目为 $\binom{2K}{N}$, 随着 K 的增加呈指数增长。因此, 在实际应用中, 必须对以上展开做截断, 由此得到**截断** (truncated) **CI 方法**。

5.2.1 多组态波函数

直观地说, 如果 HF 是好的近似, 那些和 HF 基态波函数 Φ_0 越相近的组态函数对精确波函数有越重要的贡献。因此通常以 Φ_0 为参考, 将 Φ_0 中的 g 个占据轨道用未占据轨道代替, 从而构建 g 重激发的组态。

单激发 (single excitation, 简写为 S)

$$|\Phi_a^r\rangle = \hat{a}_r^\dagger \hat{a}_a |\Phi_0\rangle \tag{5.21}$$

双激发 (double excitation, 简写为 D)

$$|\Phi_{ab}^{rs}\rangle = \hat{a}_r^\dagger \hat{a}_s^\dagger \hat{a}_b \hat{a}_a |\Phi_0\rangle \tag{5.22}$$

三激发 (triple excitation, 简写为 T)

$$|\Phi_{abc}^{rst}\rangle = \hat{a}_r^\dagger \hat{a}_s^\dagger \hat{a}_t^\dagger \hat{a}_c \hat{a}_b \hat{a}_a |\Phi_0\rangle \tag{5.23}$$

显然 g-重激发的数目

$$\binom{N}{g}\binom{2K-N}{g} \tag{5.24}$$

对线性组合

$$
\begin{aligned}
|\Psi_0\rangle &= C_0\,|\Phi_0\rangle + \sum_{ar} C_a^r\,|\Phi_a^r\rangle + \sum_{\substack{a<b\\ r<s}} C_{ab}^{rs}\,|\Phi_{ab}^{rs}\rangle + \cdots \\
&= C_0\,|\Phi_0\rangle + \sum_{S} C_S\,|\Phi_S\rangle + \sum_{D} C_D\,|\Phi_D\rangle + \cdots \\
&= \sum_{n=0}^{g}\sum_{X_n} C_{X_n}|\Phi_{X_n}\rangle
\end{aligned}
\tag{5.25}
$$

采用线性变分法, 便可确定其展开系数。展开截断到 $g=1,2,3,\cdots$ 分别称为 CIS, CISD, CISDT, $\cdots$, 等。

直接应用 Slater-Condon 规则, 可以计算出矩阵元 $\langle\Phi_{X_n}|\hat{H}|\Phi_{X_m}\rangle$。根据 Slater-Condon 规则, 存在两个以上轨道差异的组态之间矩阵元为零。因此对应任意 $|n-m|>2$ 的矩阵元 $\langle\Phi_{X_n}|\hat{H}|\Phi_{X_m}\rangle=0$, 另外由 Brillioun 定理

$$
\langle\Phi_0|\hat{H}|\Phi_a^r\rangle = 0 \tag{5.26}
$$

说明单激发组态对基态能量无直接贡献, 但可以通过和双激发及三激发组态的相互作用对能量有间接贡献。另外, 单激发组态对激发态能量有重要贡献, 超越 HF 近似, 计算激发态能量最简单的方式就是 CIS 方法[49]。

【练习】 证明 Brillioun 定理。

5.2.2 双重激发与相关能

双重激发对相关能有最为重要的贡献, 这可以从 “中间归一化” (intermediate normalization) 的处理中得到更明确的体现。取 $C_0=1$, 即取 $\langle\Phi_0|\Psi_0\rangle=1$, 中间归一化

$$
(\hat{H}-E_0^{(\mathrm{HF})})|\Psi_0\rangle = (E_0-E_0^{(\mathrm{HF})})|\Psi_0\rangle \equiv E_{\mathrm{corr}}|\Psi_0\rangle \tag{5.27}
$$

两边左乘 HF 基态得到

$$
E_{\mathrm{corr}} = \langle\Phi_0|\hat{H}-E_0^{(\mathrm{HF})}|\Psi_0\rangle \tag{5.28}
$$

将上面的展开式代入, 可得

$$
E_{\mathrm{corr}} = \sum_{a<b;r<s} C_{ab}^{rs}\langle\Phi_0|\hat{H}|\Phi_{ab}^{rs}\rangle \tag{5.29}
$$

因此, 对相关能有直接贡献的只有双激发。当然, 为了获得双激发对应的展开系数, 需要求解包含所有激发构型的线性变分方程, 因此其他激发构型对相关能有间接的影响。

【实例】 最小基组 H_2 的 Full-CI 计算。

$$
\psi_1(\boldsymbol{r}) = \frac{1}{\sqrt{2(1+S)}}[\phi_a(\boldsymbol{r})+\phi_b(\boldsymbol{r})] \tag{5.30}
$$

$$
\psi_2(\boldsymbol{r}) = \frac{1}{\sqrt{2(1-S)}}[\phi_a(\boldsymbol{r})-\phi_b(\boldsymbol{r})] \tag{5.31}
$$

$$
S = \int \phi_a^*(\boldsymbol{r})\phi_b(\boldsymbol{r})\mathrm{d}\boldsymbol{r} \tag{5.32}
$$

基态波函数 $|1\bar{1}\rangle$, 激发组态有 5 个 (如图 3.4 所示), 对这个两电子体系, FCI 实际上就是 CISD。

考虑到基态是单线态, 根据之前自旋匹配的讨论, 基态波函数可表示为三项的线性组合

$$|\Psi_0\rangle = |\Phi_0\rangle + C_1|^1\Phi_1^2\rangle + C_2|\Phi_{1\bar{1}}^{2\bar{2}}\rangle \tag{5.33}$$

这里

$$|^1\Phi_1^2\rangle = 2^{-1/2}\left(|1\bar{2}\rangle - |\bar{1}2\rangle\right) = 2^{-1/2}\left[\psi_1(1)\psi_2(2) + \psi_1(2)\psi_2(1)\right]\Theta_{0,0}(1,2) \tag{5.34}$$

考虑到 ψ_1 是空间反演 ($\boldsymbol{r} \to -\boldsymbol{r}$) 偶函数, ψ_2 是奇函数, 所以 $|^1\Phi_1^2\rangle$ 是奇函数, 而 $|\Phi_0\rangle = |1\bar{1}\rangle$, $|\Phi_{1\bar{1}}^{2\bar{2}}\rangle = |2\bar{2}\rangle$ 都是偶函数, 所以可以不必考虑 $|^1\Phi_1^2\rangle$ 的贡献, 因此有

$$|\Psi_0\rangle = |\Phi_0\rangle + C_{1\bar{1}}^{2\bar{2}}|\Phi_{1\bar{1}}^{2\bar{2}}\rangle = |0\rangle + c|2\bar{2}\rangle \tag{5.35}$$

构建 CI 矩阵

$$\boldsymbol{H} = \begin{pmatrix} \langle 0|\hat{H}|0\rangle & \langle 0|\hat{H}|2\bar{2}\rangle \\ \langle 2\bar{2}|\hat{H}|0\rangle & \langle 2\bar{2}|\hat{H}|2\bar{2}\rangle \end{pmatrix} \tag{5.36}$$

先计算矩阵元

$$\langle 0|\hat{H}|0\rangle = E_0 = 2h_{11} + J_{11} \tag{5.37}$$

$$\langle 0|\hat{H}|2\bar{2}\rangle = \langle 1\bar{1}||2\bar{2}\rangle = K_{12} \tag{5.38}$$

$$\langle 2\bar{2}|\hat{H}|2\bar{2}\rangle = 2h_{22} + J_{22} \tag{5.39}$$

【练习】证明式 (5.38)。

将波函数展开代入式 (5.27) 得

$$\left(\hat{H} - E_0\right)\left(|0\rangle + c|2\bar{2}\rangle\right) = E_{\text{corr}}\left(|0\rangle + c|2\bar{2}\rangle\right) \tag{5.40}$$

左乘 $\langle 0|$ 态, 得到

$$E_{\text{corr}} = c\langle 0|\hat{H}|2\bar{2}\rangle = cK_{12} \tag{5.41}$$

左乘 $\langle 2\bar{2}|$ 态, 得到

$$\langle 2\bar{2}|\hat{H}|0\rangle + c\langle 2\bar{2}|\hat{H} - E_0|2\bar{2}\rangle = cE_{\text{corr}} \tag{5.42}$$

定义

$$\Delta \equiv \frac{1}{2}\langle 2\bar{2}|\hat{H} - E_0|2\bar{2}\rangle = h_{22} - h_{11} + \frac{1}{2}(J_{22} - J_{11}) \tag{5.43}$$

则有

$$K_{12} + 2\Delta c = E_{\text{corr}}c \tag{5.44}$$

将前面得到的 $c=E_{\text{corr}}/K_{12}$ 代入, 得到一个二次方程 (记 $x=E_{\text{corr}}$)

$$\begin{aligned}\frac{x^2}{K_{12}}-2\varDelta\frac{x}{K_{12}}-K_{12}&=0\\x^2-2\varDelta x-K_{12}^2&=0\\x&=\varDelta\pm\sqrt{\varDelta^2+K_{12}^2}\end{aligned}\tag{5.45}$$

由于相关能必须为负值, 因此

$$E_{\text{corr}}=\varDelta-\sqrt{\varDelta^2+K_{12}^2}\tag{5.46}$$

相应的系数为

$$c=\frac{E_{\text{corr}}}{K_{12}}=\frac{\varDelta}{K_{12}}-\sqrt{1+\left(\frac{\varDelta}{K_{12}}\right)^2}\tag{5.47}$$

因此, 使用最小基组, H_2 的 FCI 基态能量为

$$E_0=E_0^{(\text{HF})}+E_{\text{corr}}=2h_{11}+J_{11}+\varDelta-\sqrt{\varDelta^2+K_{12}^2}\tag{5.48}$$

很容易验证, 以上解给出正确的解离极限

$$E_0\xrightarrow{R\to\infty}2E_{\text{H}}\tag{5.49}$$

相应的波函数可以写为

$$|\varPsi_0\rangle\xrightarrow{R\to\infty}2^{-1}[\phi_a(1)\phi_b(2)+\phi_b(1)\phi_a(2)][\alpha(1)\beta(2)-\alpha(2)\beta(1)]\tag{5.50}$$

【练习】推导以上解离极限的结论。

5.2.3 CID 方法

下面我们一般性地讨论考虑双重激发的 CI 方法, 即 CID(也记作 DCI)

$$|\varPsi\rangle=|\varPhi_0\rangle+\sum_{c<d,t<u}c_{cd}^{tu}|\varPhi_{cd}^{tu}\rangle\tag{5.51}$$

代入一般方程式 (5.27)

$$(\hat{H}-E_0^{(\text{HF})})\left(|\varPhi_0\rangle+\sum_{c<d,t<u}c_{cd}^{tu}|\varPhi_{cd}^{tu}\rangle\right)=E_{\text{corr}}\left(|\varPhi_0\rangle+\sum_{c<d,t<u}c_{cd}^{tu}|\varPhi_{cd}^{tu}\rangle\right)\tag{5.52}$$

两边分别左乘 $\langle\varPhi_0|$ 和 $\langle\varPhi_{ab}^{rs}|$

$$\sum_{c<d,t<u}c_{cd}^{tu}\langle\varPhi_0|\hat{H}|\varPhi_{cd}^{tu}\rangle=E_{\text{corr}}\tag{5.53}$$

$$\langle\varPhi_{ab}^{rs}|\hat{H}|\varPhi_0\rangle+\sum_{c<d,t<u}c_{cd}^{tu}\langle\varPhi_{ab}^{rs}|\hat{H}-E_0^{(\text{HF})}|\varPhi_{cd}^{tu}\rangle=E_{\text{corr}}c_{ab}^{rs}\tag{5.54}$$

上式可以写成矩阵形式

$$\begin{pmatrix}0&\boldsymbol{b}^\dagger\\\boldsymbol{b}&\boldsymbol{D}\end{pmatrix}\begin{pmatrix}1\\\boldsymbol{c}\end{pmatrix}=E_{\text{corr}}\begin{pmatrix}1\\\boldsymbol{c}\end{pmatrix}\tag{5.55}$$

其中

$$b_{abrs} \equiv \langle \Phi_{ab}^{rs} | \hat{H} | \Phi_0 \rangle \tag{5.56}$$

$$D_{abrs,cdtu} = \langle \Phi_{ab}^{rs} | \hat{H} - E_0^{(\mathrm{HF})} | \Phi_{cd}^{tu} \rangle \tag{5.57}$$

这里 $abrs$ 构成矩阵的一个集合下标, $\boldsymbol{b}$ 和 $\boldsymbol{c}$ 是列矩阵 (矢量)。显然, 相关能是矩阵

$$\boldsymbol{H}' = \begin{pmatrix} 0 & \boldsymbol{b}^\dagger \\ \boldsymbol{b} & \boldsymbol{D} \end{pmatrix} \tag{5.58}$$

的最小本征值。以上矩阵本征方程可以转化成如下迭代方程

$$E_{\mathrm{corr}} = \boldsymbol{b}^\dagger \left[E_{\mathrm{corr}} \mathbf{1} - \boldsymbol{D} \right]^{-1} \boldsymbol{b} \tag{5.59}$$

【练习】推导 (5.59)。

原则上可以通过对 (5.59) 迭代求解来得到相关能。一般而言, 相对于 $\boldsymbol{D}$ 矩阵的对角元

$$D_{abrs,abrs} = \langle \Phi_{ab}^{rs} | \hat{H} - E_0^{(\mathrm{HF})} | \Phi_{ab}^{rs} \rangle = E(\Phi_{ab}^{rs}) - E_0^{(\mathrm{HF})} \tag{5.60}$$

相关能是个小量, 因此第一步迭代, 将 $E_{\mathrm{corr}} = 0$ 代入式 (5.59) 右侧即可给出不错的近似

$$E_{\mathrm{corr}} = -\boldsymbol{b}^\dagger \boldsymbol{D}^{-1} \boldsymbol{b} \tag{5.61}$$

在实际计算中, 由于 $\boldsymbol{D}$ 往往是个很大的矩阵, 计算其逆矩阵会有很大的计算量, 作为进一步近似, 可以忽略其非对角元, 从而有

$$\left(\boldsymbol{D}^{-1} \right)_{abrs,cdtu} \simeq \frac{\delta_{ac} \delta_{bd} \delta_{rt} \delta_{su}}{\langle \Phi_{ab}^{rs} | \hat{H} - E_0^{(\mathrm{HF})} | \Phi_{ab}^{rs} \rangle} \tag{5.62}$$

从而有

$$E_{\mathrm{corr}} = -\sum_{a<b,r<s} \frac{\langle \Phi_0 | \hat{H} | \Phi_{ab}^{rs} \rangle \langle \Phi_{ab}^{rs} | \hat{H} | \Phi_0 \rangle}{\langle \Phi_{ab}^{rs} | \hat{H} - E_0^{(\mathrm{HF})} | \Phi_{ab}^{rs} \rangle} \equiv \sum_{a<b,r<s} E_{\mathrm{corr}} \binom{rs}{ab} \tag{5.63}$$

上式和我们下面要讨论的多体微扰理论中相关能的二阶表达式有着密切的关系, 本身就可以作为对相关能的近似。同时, 上式加和中的每一项对应于特定双重激发对相关能的贡献。这可以很直接的计算, 并可以在 CID 计算中用来预先判断特定双重激发的重要性, 如果其贡献小于一定的数值, 便可以忽略其对矩阵 $\boldsymbol{D}$ 的贡献, 从而降低 $\boldsymbol{D}$ 的维度。

【练习*】证明 (5.63) 在一定的条件下可以近似为

$$E_{\mathrm{corr}} = \sum_{a<b,r<s} \frac{|\langle ab||rs \rangle|^2}{\varepsilon_a + \varepsilon_b - \varepsilon_r - \varepsilon_s} \tag{5.64}$$

5.2.4 截断 CI 大小一致性问题

截断 CI 方法在理论上非常简单明晰, 其实际求解也很直接, 其精度可随着截断阶数的提高而系统性改进。但尽管有这些优点, CI 方法并没有成为一个主流的量子化学方法, 除了因为相关能关于截断阶数的收敛很慢这个重要因素之外, 更重要的是截断 CI 方

法不满足大小一致性 (或延展性) 的要求。下面我们用两个相距无穷远的 H_2 构成的复合体系 [记为 $2(H_2)$] 作为实例来分析 CISD 的大小一致性。

考虑两个 H_2 分子, 相距足够远, 从而可认为无相互作用, 用 $1_i, 2_i$ $(i=1,2)$ 表示第 i 个 H_2 中的第 1 和 2 分子轨道。两个分子作为整体时, 其 HF 基态波函数为

$$|\Phi_0\rangle = |1_1\bar{1}_1 1_2\bar{1}_2\rangle \tag{5.65}$$

由于反对称化的要求, 它并不能表示为两个 H_2 分子的波函数的直接乘积, 即

$$\Phi_0(1,2,3,4) \neq \Phi_0^{(H_2)}(1,2)\Phi_0^{(H_2)}(3,4) \tag{5.66}$$

但是由于两个 H_2 分子相距足够远, 交换反对称性不会导致任何后果, 相应能量是分子 HF 能量的加和

$$E_0^{(HF)}(2H_2) = 2E_0^{(HF)}(H_2) \tag{5.67}$$

我们用 CISD 方法来处理这个体系。由于对称性的原因, 单激发与双激发组态之间的矩阵元都为零, 因此只需要考虑双激发组态的贡献 (即 CID)。如图 5.1 所示, 考虑所有可能的双激发, 存在多种可能的激发构型, 但当两个 H_2 分子相距足够远时, 只有 I 和 II 这两种双激发有实质性贡献。

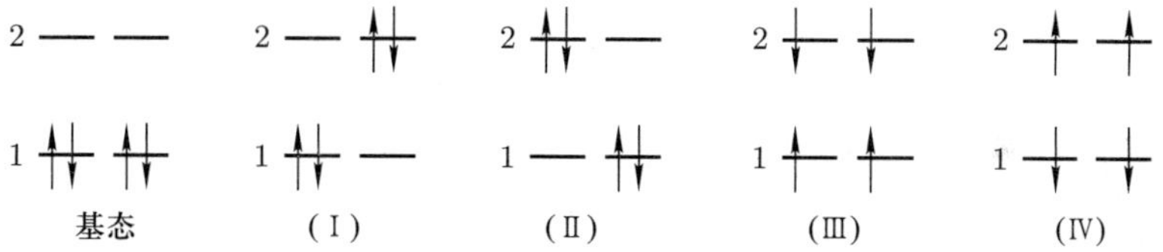

图 5.1 对两个相距无穷远的 H_2 分子所构成的复合体进行 CID 涉及的电子构型示意

$$\begin{aligned}|\Psi_0\rangle = |\Psi_0\rangle &= |\Phi_0\rangle + c_1|\Phi_{1_1\bar{1}_1}^{2_1\bar{2}_1}\rangle + c_2|\Phi_{1_2\bar{1}_2}^{2_2\bar{2}_2}\rangle \\ &\equiv |\Phi_0\rangle + c_1|\Phi_1\rangle + c_2|\Phi_2\rangle\end{aligned} \tag{5.68}$$

代入式 (5.27), 可得相应的矩阵方程为

$$\begin{pmatrix} 0 & K_{12} & K_{12} \\ K_{12} & 2\Delta & 0 \\ K_{12} & 0 & 2\Delta \end{pmatrix}\begin{pmatrix} 1 \\ c_1 \\ c_2 \end{pmatrix} = E_{\text{corr}}\begin{pmatrix} 1 \\ c_1 \\ c_2 \end{pmatrix} \tag{5.69}$$

【练习】推导式 (5.69)。

求解以上矩阵本征方程可得

$$E_{\text{corr}}^{(\text{CID})}(2H_2) = \Delta - \sqrt{\Delta^2 + 2K_{12}^2} \tag{5.70}$$

和之前单个氢分子的结果相比

$$E_{\text{corr}}^{(\text{CID})}(H_2) = \Delta - \sqrt{\Delta^2 + K_{12}^2} \tag{5.71}$$

显然它们不满足简单倍数关系, 因此不满足大小一致性要求。

大小一致性问题会随体系的增大变得越发严重。对于有 N 个相距足够远 (从而没有相互作用) 的 H_2 分子构成的复合体系, 其 CID 波函数可以写为

$$|\Psi_0^{(\mathrm{CID})}\rangle = |\Phi_0\rangle + \sum_{i=1}^{N} c_i |\Phi_{1_i\bar{1}_i}^{2_i\bar{2}_i}\rangle \tag{5.72}$$

可以证明

$$E_{\mathrm{corr}}(N\mathrm{H}_2) = \Delta - \sqrt{\Delta^2 + NK_{12}^2} \tag{5.73}$$

显然, 随着 N 的增加, 平均到每个分子的相关能趋于 0。

【练习*】推导式 (5.73)。

作为对比, 下面讨论对 $2(\mathrm{H}_2)$ 体系的 FCI 处理, 对这个体系而言, FCI 意味着考虑四重激发的贡献。

$$\begin{aligned}|\Psi_0\rangle &= |\Phi_0\rangle + c_1|\Phi_{1_1\bar{1}_1}^{2_1\bar{2}_1}\rangle + c_2|\Phi_{1_2\bar{1}_2}^{2_2\bar{2}_2}\rangle + c_3|\Phi_{1_1\bar{1}_1 1_2\bar{1}_2}^{2_1\bar{2}_1 2_2\bar{2}_2}\rangle \\ &\equiv |\Phi_0\rangle + c_1|\Phi_1\rangle + c_2|\Phi_2\rangle + c_3|\Phi_3\rangle\end{aligned} \tag{5.74}$$

将其代入 CI 方程

$$(\hat{H} - E_0^{(\mathrm{HF})})|\Psi_0\rangle = E_{\mathrm{corr}}|\Psi_0\rangle$$

分别左乘 $\langle\Phi_0|$, $\langle\Phi_1|$,$\langle\Phi_2|$ 和 $\langle\Phi_3|$, 可得如下矩阵方程

$$\begin{pmatrix} 0 & K_{12} & K_{12} & 0 \\ K_{12} & 2\Delta & 0 & K_{12} \\ K_{12} & 0 & 2\Delta & K_{12} \\ 0 & K_{12} & K_{12} & 4\Delta \end{pmatrix} \begin{pmatrix} 1 \\ c_1 \\ c_2 \\ c_3 \end{pmatrix} = E_{\mathrm{corr}} \begin{pmatrix} 1 \\ c_1 \\ c_2 \\ c_3 \end{pmatrix} \tag{5.75}$$

求解式 (5.75), 可得

$$E_{\mathrm{corr}}(2\mathrm{H}_2) = 2\left[\Delta - \sqrt{\Delta^2 + K_{12}^2}\right] = 2E_{\mathrm{corr}}(H_2) \tag{5.76}$$

因此满足大小一致性的要求。另外值得注意的是

$$\begin{aligned} c_1 = c_2 &= \frac{\Delta - \sqrt{\Delta^2 + K_{12}^2}}{K_{12}} \\ c_3 &= c_1^2 \end{aligned} \tag{5.77}$$

在这个特殊例子中, 四重激发的系数正好是双重激发系数的平方。对于一般的情形, 这当然并不成立。但如果作为近似, 将四重激发以及所有高阶激发的 CI 展开系数不是用变分法来确定, 而是近似表达为双重激发系数的乘积, 便有可能在不增加变分参数的同时, 获得更准确并满足大小一致性的新方法。这实际上正是后面将要讨论的耦合簇方法的基本思想。

【练习*】推导式 (5.75), 式 (5.76) 和式 (5.77)。

5.2.5 直接 CI 方法

即使将 CI 展开截断到比较低的阶数 (如 D 或 T), 组态的数目也会随着轨道基组的增加而迅速增加, 使得相应的哈密顿矩阵的大小超过计算机存储能力。这个问题在计算化学发展早期 (20 世纪 60—80 年代) 显得尤其尖锐。另外, 实际求解 CI 矩阵方程的目的一般是为了获得包括基态在内的少数几个低能量本征态, 而不是所有本征态。数学上, 人们已经发展了很多矩阵迭代算法, 可以在不必对整个矩阵做对角化的条件下高效地获得一个很大矩阵的少量低本征值和及相应的本征矢量。其中在量子化学中应用非常广泛的是由量子化学家 E. R. Davidson 发展的 Davidson 迭代算法[50]。在这些迭代算法中, 并不需要提前构建完整的哈密顿矩阵, 而只需要能计算 $\boldsymbol{H}\boldsymbol{c}_i$, 这里 $\boldsymbol{c}_i$ 是所要求解的第 i 个本征矢量。为此, B. O. Roos 提出了从分子积分 (即 $h_{\mu\nu}$, $s_{\mu\nu}$ 和 $\langle\mu\nu|\lambda\eta\rangle$) 直接实时 (on-the-fly) 计算 $\boldsymbol{H}\boldsymbol{c}_i$ 的算法, 可以显著增加 CI 计算中所能考虑的组态数目。这被称为直接 CI(direct CI) 方法[51]。这个看似简单的算法改进对于量子化学的实际应用有非常重要的意义。类似的思想在很多其他场合也有应用。

5.2.6 应用实例

下面我们给一些 CI 方法的应用实例。

表 5.1 给出了三个小分子在平衡键长和 2 倍平衡键长时, 采用不同阶截断 CI 方法的结果。有几点值得注意:

1. 相比于双激发组态, 单激发组态对能量的贡献较小, 但随着偏离平衡位置, 其贡献明显增大。

2. 高阶激发组态的贡献在分子结构远离平衡位置时明显增大。

3. 一般而言, 需要考虑到 CISDTQ 才能获得较为令人满意的精度。当然, 这里考察的是相关能本身, 像化学反应能那样的总能量差值随截断阶数的收敛很可能会快一些, 但其精度取决于反应前后电子状态改变的程度。

表 5.1 使用 DZP 基组, 采用不同阶截断 CI 计算的 BH, FH 和 H_2O 分子在平衡键长 (R_e) 和 2 倍平衡键长 ($2R_e$) 得到的相关能与 FCI 相关能之差。数据来自文献 [44]

方法	BH(R_e)	BH($2R_e$)	HF(R_e)	HF($2R_e$)	H_2O(R_e)	H_2O($2R_e$)
CID	6.02	20.8	10.3	35.5	13.7	84.8
CISD	5.21	14.5	9.38	27.6	12.9	75.6
CISDT	3.60	10.1	7.01	19.2	10.6	60.3
CISDTQ	0.03	0.16	0.28	0.92	0.40	6.29

单位: mHartree(1mH = 0.6275 kcal/mol)

表 5.2 给出了分别用 CID 和 CISD 计算的 CO 分子的能量和偶极矩。HF 方法给出定性错误的偶极矩方向。仅仅考虑双重激发不足以克服 HF 方法的局限性, 考虑了单重激发后的 CISD(138D+62S), 虽然在基态能量上比考虑了相同数量组态函数的 CID(200D) 更高一些, 但能定性正确地重现偶极矩的符号。这个例子再次表明, 虽然单激发组态对能量的贡献很小, 但对于正确描述电荷分布等能量之外的其他物理性质有不可忽略的贡献。

表 5.2 CISD 和 CID 计算 CO 分子的偶极矩 (数据转引自文献 [20] Table 4.10, 计算使用了考虑到 f 轨道的 STO 基组)。偶极矩为正意味着 $C^- O^+$

计算方法	基态能量 (Hartree)	偶极矩
HF	–112.788	–0.108
CID(138 D)	–113.016	–0.068
CID(200 D)	–113.034	–0.072
CISD(138 D+62 S)	–113.018	+0.030
实验值		+0.044

5.3 多体微扰论

5.3.1 引言

微扰论是求解量子力学问题最为常用的近似方法之一。一般的量子力学微扰论称为 Rayleigh-Schrödinger 微扰理论 (RSPT), 而以 Hartree-Fock 方法作为零阶近似将其应用于多电子问题是由 C. Møller 和 M. S. Plesset 于 1934 年提出的[52], 因此在量子化学文献中一般称作 MPPT, 或记作 MPn, 这里 n 表示微扰阶数。在凝聚态理论中, 这个理论更一般地被称为多体微扰理论 (many-body perturbation theory, MBPT)。更确切地说, MBPT 是一个更为一般的概念, 我们这里讨论的是多体微扰理论的一个比较特殊的应用, 即针对多电子体系**基态总能量**的多体微扰理论。在凝聚态理论中, MBPT 更多地被应用于研究体系的激发或响应性质。

MBPT 又常被称为图形微扰理论 (diagrammatic perturbation theory), 原因是在多体微扰理论中广泛使用了代数表达式的图形表示技巧。这种技术源于费曼 (R. Feynman) 在量子电动力学中发展的费曼图 (Feynman diagram)。在考虑高阶微扰时, 直接用代数方法表示每一项的贡献变得异常复杂繁琐。费曼发现, 可以按照一定的规则构建每个代数表达式的图形表示, 图形本身也满足一定的运算规则, 可以用图形来枚举所有可能的贡献, 并基于图形来进行运算和变换, 这可以极大地简化多体微扰论的数学表述和操作。基于微扰项的图形表示可以非常直观地表述大小一致性 (延展性) 要求。K. A. Bruckner 最早考察了多体微扰理论的大小一致性问题, 他猜测基于 RSPT 得到的总能量满足大小一致性, 并通过对有限阶的微扰展开验证了这个猜测。但他无法给出一般性的证明。受费曼图的启发, J. Goldstone 发展了针对多电子体系基态能量的 Goldstone 图技术, 他发现, 所有破坏大小一致性的病态 (ill-behaved) 微扰项都对应于非连接图 (unlinked diagrams), 这些图会互相抵消, 对相关能有实质贡献的项都对应于连接图 (linked diagrams)。对于其他物理量的图形技术也可以得出类似的结论。这个结论被称为 linked cluster theorem, 是多体微扰理论中最重要的定理之一。

5.3.2 微扰理论回顾

我们首先简单回顾一下第 2 章对微扰论的主要结论。为了讲求解本征方程

$$\hat{H}|j\rangle = E_j|j\rangle \tag{5.78}$$

将哈密顿算符分解为零阶项和微扰项之和

$$\hat{H} = \hat{H}_0 + \hat{V} \tag{5.79}$$

$$\hat{H}_0|j^{(0)}\rangle = E_j^{(0)}|j^{(0)}\rangle \tag{5.80}$$

精确本征基态能量表达为微扰展开

$$E_0 = E_0^{(0)} + \delta E_0^{(1)} + \delta E_0^{(2)} + \delta E_0^{(3)} + \cdots \tag{5.81}$$

一阶、二阶和三阶的能量修正计算公式分别为

$$\delta E_0^{(1)} = \langle 0^{(0)}|\hat{V}|0^{(0)}\rangle \equiv V_{00} \tag{5.82}$$

$$\delta E_0^{(2)} = \sum_{k>0} \frac{|V_{k0}|^2}{E_0^{(0)} - E_k^{(0)}} \tag{5.83}$$

$$\delta E_0^{(3)} = \sum_{k>0}\sum_{m>0} \frac{V_{0k}V_{km}V_{m0}}{\left(E_0^{(0)} - E_k^{(0)}\right)\left(E_0^{(0)} - E_m^{(0)}\right)} - \delta E_0^{(1)} \sum_{k>0} \frac{|V_{k0}|^2}{\left(E_0^{(0)} - E_k^{(0)}\right)^2} \tag{5.84}$$

5.3.3 Møller-Plesset 微扰论中的哈密顿算符分解

运用微扰论的第一步是将哈密算符分解为零阶项 $\hat{H}_0$ 和微扰项 $\hat{V}$。HF 方法是对多电子波函数的近似, 如果以 HF 方法作为零阶近似, 那对应的零阶哈密顿算符是什么? 我们可以从零阶波函数 $\varPsi_n^{(0)}$ 来反推 $\hat{H}_0$ 的形式。$\varPsi_n^{(0)}$ 是由 HF 轨道构成的行列式波函数 $\varPhi_n$, 由此可知

$$\hat{H}_0 = \sum_{i=1}^{N} \hat{f}(i) \tag{5.85}$$

相应的微扰项即

$$\hat{V} = \sum_{i<j} r_{ij}^{-1} - \sum_{i} \hat{v}_{\mathrm{HF}}(i) \tag{5.86}$$

零阶基态能量是

$$E_0^{(0)} = \langle \varPhi_0|\hat{H}_0|\varPhi_0\rangle = \sum_a \varepsilon_a \tag{5.87}$$

显然这并不是 HF 基态能量。

一阶能量修正

$$\delta E_0^{(1)} = \langle \varPhi_0|\hat{V}|\varPhi_0\rangle = -\frac{1}{2}\sum_{ab}\langle ab||ab\rangle \tag{5.88}$$

【练习】推导以上结论。

$$E_0^{(0)} + \delta E_0^{(1)} = \langle \varPhi_0|\hat{H}|\varPhi_0\rangle \equiv E_0^{(\mathrm{HF})} \tag{5.89}$$

因此, 对 HF 能量的真正修正始于二阶微扰。

5.3.4 二阶能量修正 (MP2)

应用对基态的二阶微扰一般表达式

$$\delta E_0^{(2)} = \sum_{j\neq 0} \frac{|\langle \varPhi_0|\hat{V}|\varPhi_j\rangle|^2}{E_0^{(0)} - E_j^{(0)}} \tag{5.90}$$

这里对 j 的加和包含所有对 HF 基态行列式波函数的激发组态的加和。但利用

$$\langle \varPhi_0|\hat{V}|\varPhi_j\rangle = \langle \varPhi_0|\hat{H}|\varPhi_j\rangle \tag{5.91}$$

并根据 Brillouin 定理排除单激发, 以及 Slater-Condon 规则排除三阶及以上激发, 可得

$$\delta E_0^{(2)} = \sum_{a<br<s} \frac{|\langle \varPhi_0|\hat{H}|\varPhi_{ab}^{rs}\rangle|^2}{\varepsilon_a + \varepsilon_b - \varepsilon_r - \varepsilon_s} = \sum_{a<b}\sum_{r<s} \frac{|\langle ab||rs\rangle|^2}{\varepsilon_a + \varepsilon_b - \varepsilon_r - \varepsilon_s} \tag{5.92}$$

也可以放开对加和下标的限制, 得到

$$\delta E_0^{(2)} = \frac{1}{4}\sum_{a,b}\sum_{r,s} \frac{|\langle ab||rs\rangle|^2}{\varepsilon_a + \varepsilon_b - \varepsilon_r - \varepsilon_s} \tag{5.93}$$

经过适当变换, 上式也可表示为

$$\delta E_0^{(2)} = \frac{1}{2}\sum_{a,b}\sum_{r,s} \left[\frac{\langle ab|rs\rangle\langle rs|ab\rangle}{\varepsilon_a + \varepsilon_b - \varepsilon_r - \varepsilon_s} - \frac{\langle ab|rs\rangle\langle rs|ba\rangle}{\varepsilon_a + \varepsilon_b - \varepsilon_r - \varepsilon_s}\right] \tag{5.94}$$

上式第一项被称为**二阶直接 (或库仑) 作用相关能**, 第二项为**二阶交换** (second-order exchange, SOX) **作用相关能**。

【**练习**】从式 (5.93) 推导式 (5.94)。

特别地, 对于闭壳层体系, 可以化简给出 (这时 a,b,r,s 是空间轨道下标)

$$\delta E_0^{(2)} = \sum_{a,b}\sum_{r,s} \frac{2\langle ab|rs\rangle\langle rs|ab\rangle - \langle ab|rs\rangle\langle rs|ba\rangle}{\varepsilon_a + \varepsilon_b - \varepsilon_r - \varepsilon_s} \tag{5.95}$$

【**练习**】从式 (5.94) 推导式 (5.95)。

我们也可以写出三阶修正的能量表达式

$$\begin{aligned}\delta E_0^{(3)} = &\frac{1}{8}\sum_{a,b,c,d}\sum_{r,s} \frac{\langle ab||rs\rangle\langle rs||cd\rangle\langle cd||ab\rangle}{(\varepsilon_a + \varepsilon_b - \varepsilon_r - \varepsilon_s)(\varepsilon_c + \varepsilon_d - \varepsilon_r - \varepsilon_s)} \\ &+ \frac{1}{8}\sum_{a,b}\sum_{r,s,t,u} \frac{\langle ab||rs\rangle\langle rs||tu\rangle\langle tu||ab\rangle}{(\varepsilon_a + \varepsilon_b - \varepsilon_r - \varepsilon_s)(\varepsilon_a + \varepsilon_b - \varepsilon_t - \varepsilon_u)} \\ &+ \sum_{a,b,c}\sum_{r,s,t} \frac{\langle ab||rs\rangle\langle rt||ac\rangle\langle cs||tb\rangle}{(\varepsilon_a + \varepsilon_b - \varepsilon_r - \varepsilon_s)(\varepsilon_a + \varepsilon_c - \varepsilon_r - \varepsilon_t)}\end{aligned} \tag{5.96}$$

【**练习****】推导以上三阶修正能量表达式。

可以看出, 三阶修正的能量表达式已经非常复杂了。如果将反对称化双电子积分 $\langle ab||rs\rangle$ 进一步展开, 实际表达式将更加复杂。由此可以看出, 如果直接用代数方式来表述二阶以上的微扰修正, 数学上将变得极其繁杂, 这也是为什么图形技术的引入对多体微扰理论具有非常重要的意义。

5.3.5 实例分析: H_2 最小基组的多体微扰计算

我们仍然用最小基组的 H_2 为例, 来展示多体微扰理论的实际应用。对于这个简单体系, 只需要考虑 $a=b=1, r=s=2$, 因此有

$$\delta E_0^{(2)}=\frac{K_{12}^2}{2(\varepsilon_1-\varepsilon_2)} \tag{5.97}$$

我们可以分析一下这个结果与之前 FCI 结果的关系。FCI 给出最小基组下精确相关能为

$$E_{\text{corr}}=\Delta-\sqrt{\Delta^2+K_{12}^2}=\Delta\left(1-\sqrt{1+\frac{K_{12}^2}{\Delta^2}}\right)\simeq-\frac{K_{12}^2}{2\Delta} \tag{5.98}$$

其中

$$\Delta=\frac{1}{2}\langle\Phi_{1\bar{1}}^{2\bar{2}}|\hat{H}-E_0^{(\text{HF})}|\Phi_{1\bar{1}}^{2\bar{2}}\rangle=h_{22}-h_{11}+\frac{J_{22}-J_{11}}{2} \tag{5.99}$$

利用

$$\varepsilon_1=h_{11}+J_{11} \tag{5.100}$$

$$\varepsilon_2=h_{22}+2J_{12}-K_{12} \tag{5.101}$$

因此有

$$\Delta=\varepsilon_2-\varepsilon_1+\delta_{12} \tag{5.102}$$

$$\delta_{12}=\frac{1}{2}(J_{11}+J_{22})+K_{12}-2J_{12} \tag{5.103}$$

在平衡位置附近, δ_{12} 相对于 $\varepsilon_2-\varepsilon_1$ 是个小量, 因此

$$E_{\text{corr}}\simeq\frac{K_{12}^2}{2(\varepsilon_1-\varepsilon_2)} \tag{5.104}$$

这正是二阶微扰修正的结果。

【**练习**】推导 H_2 最小基组的三阶能量修正的表达式为

$$\delta E_0^{(3)}=\frac{K_{12}^2\left[J_{11}+J_{22}+2K_{12}-4J_{12}\right]}{4(\varepsilon_1-\varepsilon_2)^2} \tag{5.105}$$

5.3.6 多体微扰理论的大小一致性分析

考虑 N 个无相互作用的 H_2 分子 (如图 5.2 所示)。HF 基态波函数为

$$|\Phi_0\rangle=|1_1\bar{1}_1\cdots1_i\bar{1}_i\cdots1_N\bar{1}_N\rangle \tag{5.106}$$

其 HF 基态能量为

$$E_0^{(\text{HF})}=N(2\varepsilon_1-J_{11}) \tag{5.107}$$

因此满足大小一致性。

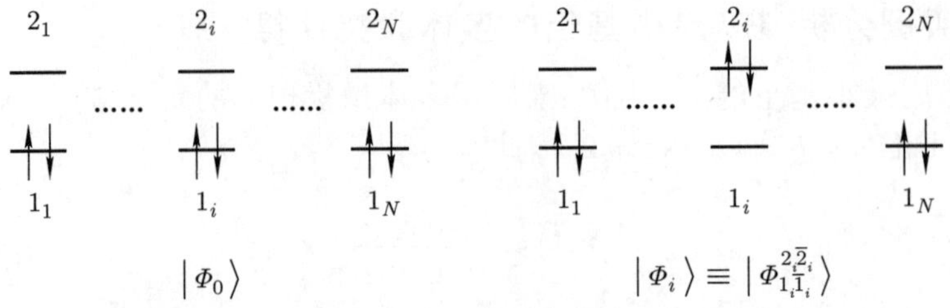

$|\Phi_0\rangle$ $\qquad$ $|\Phi_i\rangle \equiv |\Phi_{1_i\bar{1}_i}^{2_i\bar{2}_i}\rangle$

图 5.2 N 个 H_2 分子 HF 基态和双激发组态示意

对于二阶修正, 只有 $|\Phi_{1_i\bar{1}_i}^{2_i\bar{2}_i}\rangle$ 形式的双重激发才会有贡献, 从而有

$$\delta E_0^{(2)} = \sum_i^N \frac{|\langle\Phi_0|\hat{V}|\Phi_{1_i\bar{1}_i}^{2_i\bar{2}_i}\rangle|^2}{2(\varepsilon_1 - \varepsilon_2)} = \sum_i^N \frac{|\langle 1_i\bar{1}_i||2_i\bar{2}_i\rangle|^2}{2(\varepsilon_1 - \varepsilon_2)} = \frac{NK_{12}^2}{2(\varepsilon_1 - \varepsilon_2)} \tag{5.108}$$

因此也满足大小一致性。

【练习】直接应用闭壳层 MP2 能量表达式 (5.95) 证明以上结论。

考虑三阶修正。根据式 (5.84) 三阶修正有两项贡献

$$\begin{aligned}\delta E_0^{(3)} &= A + B \\ A &= \sum_{n,m\neq 0} \frac{\langle 0|\hat{V}|n\rangle\langle n|\hat{V}|m\rangle\langle m|\hat{V}|0\rangle}{(E_0^{(0)} - E_n^{(0)})(E_0^{(0)} - E_m^{(0)})} \\ B &= -\delta E_0^{(1)} \sum_{n\neq 0} \frac{\langle 0|\hat{V}|n\rangle\langle n|\hat{V}|0\rangle}{(E_0^{(0)} - E_n^{(0)})^2}\end{aligned} \tag{5.109}$$

考虑 B 的贡献, 注意到

$$\delta E_0^{(1)} = -\frac{1}{2}\sum_{a,b}\langle ab||ab\rangle = -\sum_{a<b}\langle ab||ab\rangle = -\sum_i \langle 1_i\bar{1}_i||1_i\bar{1}_i\rangle = -NJ_{11} \tag{5.110}$$

从而有

$$\begin{aligned} B &= -\delta E_0^{(1)} \sum_i^N \frac{|\langle\Phi_0|\hat{V}|\Phi_i\rangle|^2}{4(\varepsilon_1 - \varepsilon_2)^2} \\ &= -\delta E_0^{(1)} \sum_i^N \frac{|\langle 1_i\bar{1}_i||2_i\bar{2}_i\rangle|^2}{4(\varepsilon_1 - \varepsilon_2)^2} \\ &= -\delta E_0^{(1)} \frac{NK_{12}^2}{4(\varepsilon_1 - \varepsilon_2)^2} \\ &= \frac{N^2 J_{11} K_{12}^2}{4(\varepsilon_1 - \varepsilon_2)^2} \end{aligned} \tag{5.111}$$

因此, B 的贡献并不满足大小一致性。下面看 A 的贡献

$$
\begin{aligned}
A &= \sum_{n,m\neq 0} \frac{\langle 0|\hat{V}|n\rangle\langle n|\hat{V}|m\rangle\langle m|\hat{V}|0\rangle}{(E_0^{(0)} - E_n^{(0)})(E_0^{(0)} - E_m^{(0)})} \\
&= \sum_i \frac{\langle 0|\hat{V}|\varPhi_i\rangle\langle \varPhi_i|\hat{V}|\varPhi_i\rangle\langle \varPhi_i|\hat{V}|0\rangle}{4(\varepsilon_1 - \varepsilon_2)^2} \\
&= \sum_i \frac{K_{12}^2\langle \varPhi_i|\hat{V}|\varPhi_i\rangle}{4(\varepsilon_1 - \varepsilon_2)^2}
\end{aligned} \tag{5.112}
$$

对上式中矩阵元

$$
\begin{aligned}
\langle \varPhi_i|\hat{V}|\varPhi_i\rangle &= \langle \varPhi_i|\hat{H} - \hat{H}_0|\varPhi_i\rangle \\
&= [2(N-1)h_{11} + (N-1)J_{11} + 2h_{22} + J_{22}] - [2(N-1)\varepsilon_1 + 2\varepsilon_2] \\
&= [2(N-1)h_{11} + (N-1)J_{11} + 2h_{22} + J_{22}] \\
&\quad - [2(N-1)(h_{11} + J_{11}) + 2(h_{22} + 2J_{12} - K_{12})] \\
&= -NJ_{11} + J_{22} + J_{11} + 2K_{12} - 4J_{12}
\end{aligned} \tag{5.113}
$$

因此有

$$
A = -\frac{N^2 J_{11} K_{12}^2}{4(\varepsilon_1 - \varepsilon_2)^2} + \frac{NK_{12}^2\left[J_{22} + J_{11} + 2K_{12} - 4J_{12}\right]}{4(\varepsilon_1 - \varepsilon_2)^2} \tag{5.114}
$$

因此, A 中包含一项不满足大小一致性的贡献, 正好与 B 抵消, 使得总的三阶修正项满足大小一致性

$$
\delta E_0^{(3)} = \frac{NK_{12}^2\left[J_{22} + J_{11} + 2K_{12} - 4J_{12}\right]}{4(\varepsilon_1 - \varepsilon_2)^2} \tag{5.115}
$$

这实际上是多体微扰理论 (更确切地说是基于瑞利-薛定谔微扰论的多体微扰理论) 的一般性特征, 每一阶修正项中都包含一些不满足大小一致性的贡献, 但它们之间互相抵消, 使得相关能的每一阶修正都满足大小一致性。这个结论的一般性证明由 J. Goldstone 的连接簇 (linked-cluster theorem) 定理给出。

5.3.7 多体微扰理论的图表示*

考虑到费曼图在多体理论中的广泛应用, 我们在此做一个简单介绍。这里的讨论非常初步, 稍微更详细的讨论可以参看文献 [20] 第六章, 如有兴趣更系统学习费曼图和多体微扰理论, 可参看教材 [53—55]。

针对多电子体系基态能量 (以 HF 近似作为出发点) 的计算, 可以设计不同的图表示技术, 比较常用的是 **Goldstone 图**。Goldstone 图由如下基本元素构成: **库仑作用线** (Coulomb interaction lines), 一般用一条横的 (也有文献用竖的) 虚线或波浪线表示, 两端断点各有一个带有进入和出去方向箭头的线段; 后者分为与未占据轨道对应的**粒子线** (particle lines) 和与占据轨道对应的**空穴线** (hole lines) 两种。粒子线箭头向上, 空穴线箭头向下。每条粒子线或空穴线都带有一个相应的轨道下标。

Goldstone 图规则

可以根据如下规则来建立 Goldstone 图和代数表达式之间的关系。

1. 每条库仑作用线贡献一个库仑矩阵元, 对应规则为 ⟨ 左进右进 | 左出右出 ⟩ [注: 也有教材采取 ⟨ 左出右出 | 左进右进 ⟩ 的惯例]。图 5.3 给出了两种可能的库仑作用线的情况。【思考: 一共有多少可能的情况?】

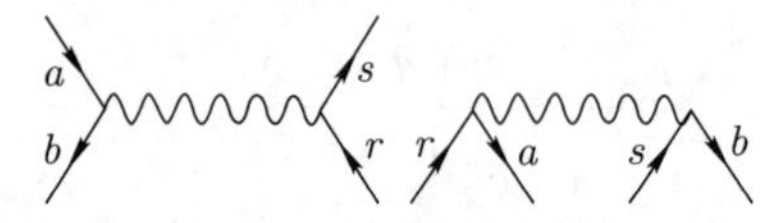

图 5.3 库仑作用线以及与其相连的粒子和空穴线示意, 左: $\langle ar|bs\rangle$; 右: $\langle rs|ab\rangle$

2. 每对相邻的库仑作用线贡献分母因子 $\sum\varepsilon_{\text{hole}} - \sum\varepsilon_{\text{particle}}$, 这里加和符号的含义是指在相邻一对库仑作用线之间划一条线, 对穿过的空穴线和粒子线对应的轨道指标进行加和。

3. 整体符号由 $(-1)^{h+l}$, 其中 h 表示图中空穴线的数量, l 表示图中包含的由粒子或空穴线所围成的封闭环 (closed loop) 的数量。

4. 对图中所有空穴线和粒子线对应的下标加和。

5. 如果图具有左右对称性, 则乘上系数 $\frac{1}{2}$。

6. 对闭壳层体系, 对占据轨道 (空穴线) 下标的加和可以按如下规则转化为对占据空间轨道下标的加和, $\sum^{N} \rightarrow 2^{l}\sum^{N/2}$。

下面以二阶和若干三阶的微扰项为例, 示意以上规则的应用。

表 5.3 Goldstone 图及其对应的代数表达式示例

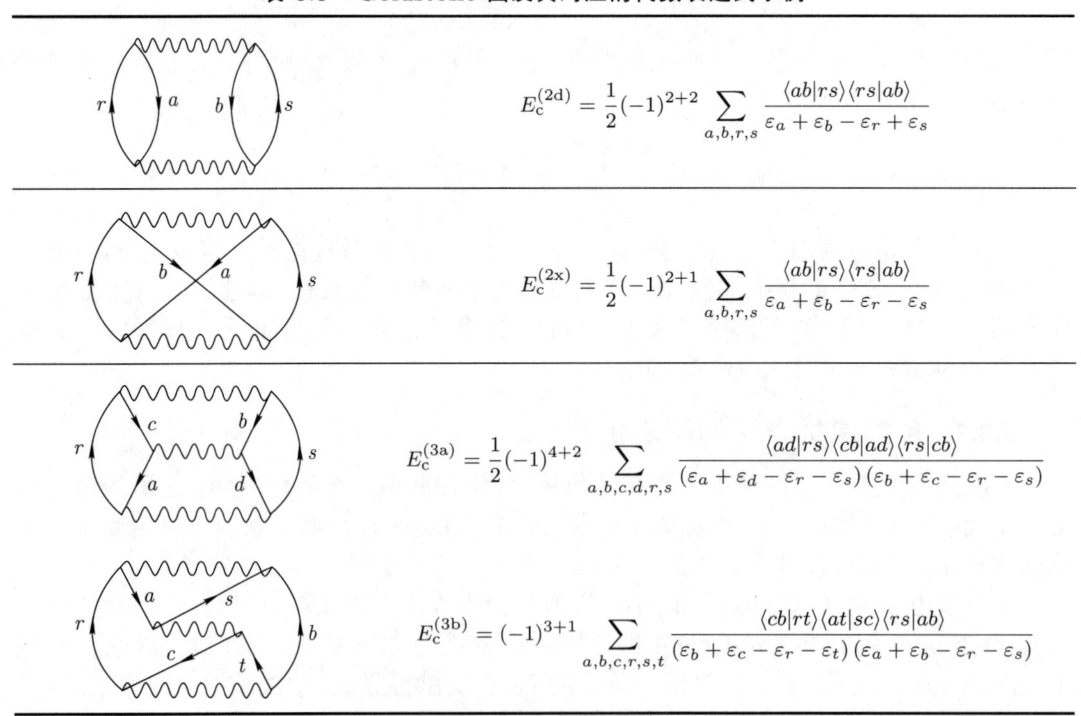

$$E_{\text{c}}^{(2\text{d})} = \frac{1}{2}(-1)^{2+2}\sum_{a,b,r,s}\frac{\langle ab|rs\rangle\langle rs|ab\rangle}{\varepsilon_a+\varepsilon_b-\varepsilon_r+\varepsilon_s}$$

$$E_{\text{c}}^{(2\text{x})} = \frac{1}{2}(-1)^{2+1}\sum_{a,b,r,s}\frac{\langle ab|rs\rangle\langle rs|ab\rangle}{\varepsilon_a+\varepsilon_b-\varepsilon_r-\varepsilon_s}$$

$$E_{\text{c}}^{(3\text{a})} = \frac{1}{2}(-1)^{4+2}\sum_{a,b,c,d,r,s}\frac{\langle ad|rs\rangle\langle cb|ad\rangle\langle rs|cb\rangle}{(\varepsilon_a+\varepsilon_d-\varepsilon_r-\varepsilon_s)(\varepsilon_b+\varepsilon_c-\varepsilon_r-\varepsilon_s)}$$

$$E_{\text{c}}^{(3\text{b})} = (-1)^{3+1}\sum_{a,b,c,r,s,t}\frac{\langle cb|rt\rangle\langle at|sc\rangle\langle rs|ab\rangle}{(\varepsilon_b+\varepsilon_c-\varepsilon_r-\varepsilon_t)(\varepsilon_a+\varepsilon_b-\varepsilon_r-\varepsilon_s)}$$

【练习】写出如下图所示的 Goldstone 图对应的相关能代数表达式。

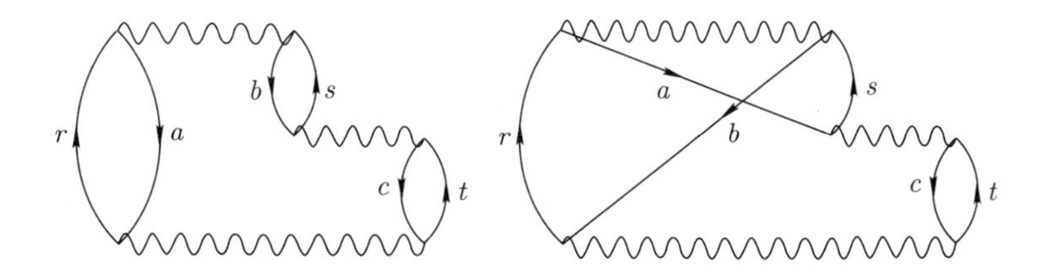

图重加和

图形表示的一个重要应用是可以很直观地将某一类图加和到无穷多项,这样操作一般称为**重加和** (resummation) 或**部分加和** (partial summation)。

如图 5.4 所示,其对应的代数表达式如下

$$
\begin{aligned}
\varDelta_1 &= \frac{1}{2}\frac{\langle ab|rs\rangle\langle rs|ab\rangle}{(\varepsilon_a+\varepsilon_b-\varepsilon_r-\varepsilon_s)} + \frac{1}{2}\frac{\langle ab|rs\rangle\langle rs|rs\rangle\langle rs|ab\rangle}{(\varepsilon_a+\varepsilon_b-\varepsilon_r-\varepsilon_s)^2} + \frac{1}{2}\frac{\langle ab|rs\rangle\langle rs|rs\rangle\langle rs|rs\rangle\langle rs|ab\rangle}{(\varepsilon_a+\varepsilon_b-\varepsilon_r-\varepsilon_s)^3} + \cdots \\
&= \frac{1}{2}\frac{\langle ab|rs\rangle\langle rs|ab\rangle}{(\varepsilon_a+\varepsilon_b-\varepsilon_r-\varepsilon_s)} \times \left[1 + \frac{\langle rs|rs\rangle}{\varepsilon_a+\varepsilon_b-\varepsilon_r-\varepsilon_s} + \left(\frac{\langle rs|rs\rangle}{\varepsilon_a+\varepsilon_b-\varepsilon_r-\varepsilon_s}\right)^2 + \cdots\right] \\
&= \frac{1}{2}\frac{\langle ab|rs\rangle\langle rs|ab\rangle}{(\varepsilon_a+\varepsilon_b-\varepsilon_r-\varepsilon_s)}\left[1 - \frac{\langle rs|rs\rangle}{\varepsilon_a+\varepsilon_b-\varepsilon_r-\varepsilon_s}\right]^{-1} \\
&= \frac{1}{2}\frac{\langle ab|rs\rangle\langle rs|ab\rangle}{\varepsilon_a+\varepsilon_b-\varepsilon_r-\varepsilon_s-\langle rs|rs\rangle}
\end{aligned} \tag{5.116}
$$

$$
\varDelta_2 = -\frac{1}{2}\sum_{a,b,r,s}\frac{\langle ab|rs\rangle\langle rs|ba\rangle}{\varepsilon_a+\varepsilon_b-\varepsilon_r-\varepsilon_s-\langle rs|rs\rangle} \tag{5.117}
$$

如果将以上两套图放在一起进行加和, 可得

$$
\varDelta_3 = \frac{1}{2}\sum_{a,b,r,s}\frac{\langle ab|rs\rangle\langle rs|ab\rangle - \langle ab|rs\rangle\langle rs|ba\rangle}{\varepsilon_a+\varepsilon_b-\varepsilon_r-\varepsilon_s-\langle rs|rs\rangle} \tag{5.118}
$$

最后, 我们给出著名的无规相近似 (random phase approximation, RPA) 相关能的表示, 如图 5.5 所示。

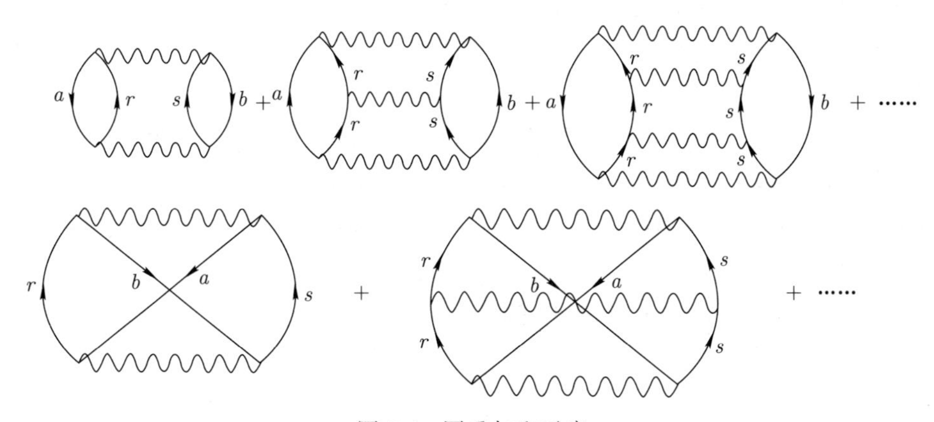

图 5.4 图重加和示意

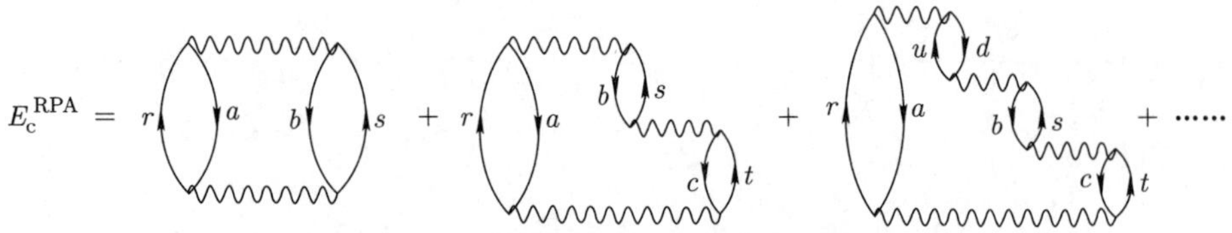

$$E_c^{\rm RPA} = \cdots + \cdots + \cdots + \cdots\cdots$$

图 5.5 对应于 RPA 相关能的图表示

连接簇定理

利用 Goldstone 图表示, 可以更方便地讨论多体微扰理论的大小一致性问题。可以证明, 微扰展开项中不满足大小一致性的项的共同特点是, 它们对应的 Goldstone 图都是非连接图 (unlinked diagrams), 即与它们对应的图可以分成彼此没有连接的小片。可以严格证明, 这些非连接图正好互相抵消。因此, 连接图 (linked diagrams) 所对应的贡献都满足大小一致性。计算体系的相关能, 只需要把所有拓扑不等价的连接图的贡献进行加和。这个结论被称为**连接簇定理** (linked cluster theorem)。

5.3.8 应用实例

从表 5.4 可以看出, 如同截断 CI 方法一样, 计算精度随着多体微扰理论的阶数系统性提高。值得注意的是, 对于 FH 和 H_2O 而言, MP4 给出的相关能的误差已经小于 1 mH, 但是对于 BH 分子, 即使考虑到 MP5, 误差仍然还有 2.5 mH 左右。原因是, FH 和 H_2O 的 HOMO-LUMO 能隙都比较大, 这种情况下多体微扰收敛随着阶数收敛比较快。但相对而言, BH 分子的 HOMO-LUMO 能隙比较小, 因此其相关能随着微扰阶数的增加收敛要慢很多。同样的原因, 在 2 倍平衡键长时, FH 和 H_2O 分子中相关能随着微扰阶数收敛显著变慢。

表 5.4 使用 DZP 基组, 采用不同阶多体微扰理论计算的 BH, FH 和 H_2O 分子在平衡键长 (R_e) 和 2 倍平衡键长 ($2R_e$) 得到的相关能与 FCI 相关能之差 (单位: mH, 1 mH = 0.6275 kcal/mol)。数据来自文献 [44]。表格中最后一行的 HOMO-LUMO 能隙 (单位: eV) 是采用 G09 程序中的 HF/6-31G(d,p) 方法计算得到

方法	BH(R_e)	BH($2R_e$)	FH(R_e)	FH($2R_e$)	H_2O(R_e)	H_2O($2R_e$)
MP2	28.6	52.8	7.80	24.0	13.0	53.7
MP3	11.1	27.1	5.44	27.0	7.22	74.6
MP4(SDQ)	5.69	15.0	2.75	12.5	4.40	34.2
MP4	5.06	13.3	–0.26	4.84	0.92	14.9
MP5	2.52	6.07	0.81	8.10	0.70	17.0
E_g(HOMO-LUMO)	11.4	11.2	23.0	12.1	19.3	10.9

表 5.5 给出了 MP2 对一些小分子平衡键长的预测, 可以看出, 基本上, 采用 6-31G(d,p) 基组, MP2 对键长的预测基本上能达到收敛, 并且非常好地符合实验结果。相对而言, MP2 对于不饱和化合物 (CO 和 N_2) 分子键长的预测误差略大一些。【思考: 为什么? 】

表 5.5 不同基组 MP2 计算分子平衡键长 (单位: Å)

	CH_4	NH_3	H_2O	FH	CO	N_2
STO-3G	1.099	1.057, 100.9	1.014, 97.3	0.975	1.198	1.229
3-21G	1.093	1.019, 110.3	0.989, 105.2	0.959	1.171	1.149
6-31G	1.096	1.010, 114.2	0.974, 109.3	0.947	1.177	1.154
6-31G(d,p)	1.085	1.012, 106.1	0.961, 103.8	0.921	1.151	1.131
6-311G(d,p)	1.090	1.014, 106.0	0.958, 102.4	0.913	1.139	1.120
6-311+G(d,p)	1.090	1.014, 107.3	0.960, 103.5	0.917	1.140	1.120
6-311+G(2df,2p)	1.085	1.010, 107.3	0.959, 104.3	0.918	1.137	1.113
6-311++G(3df,3dp)	1.085	1.012, 106.7	0.959, 104.1	0.917	1.135	1.113
实验值[56]	1.087	1.012, 106.7	0.958, 104.5	0.917	1.128	1.098

从表 5.6 给出的数据可以看出, MP2 方法对于分子振动频率的预测精度显著高于 HF 方法。与 HF 方法总是显著系统地高估振动频率不同的是, MP2 对 H_2O 和 FH (σ 键分子) 的振动频率仍然高估, 但对于 CO 和 N_2 (π 键分子), 则表现为低估频率值。

表 5.6 不同基组 MP2 计算分子振动频率 (单位: 波数 cm^{-1})

	H_2O	FH	CO	N_2
STO-3G	2075, 3798, 4057	4145	2009	1669
3-21G	1722, 3505, 3663	3755	1942	1847
6-31G	1662, 3659, 3835	3789	1922	1958
6-31G(d,p)	1682, 3892, 4030	4192	2119	2175
6-311G(d,p)	1667, 3906, 4013	4250	2136	2180
6-311+G(d,p)	1629, 3883, 4002	4198	2124	2176
6-311+G(2df,2p)	1648, 3859, 3983	4165	2127	2192
6-311++G(3df,3dp)	1623, 3873, 3992	4176	2131	2195
实验值[56]	1595, 3657, 3756	3961	2143	2330

表 5.7 给出了 MP2 计算的小分子原子化能的结果。和 HF 相比, MP2 显著改进了对原子化能的预测。通过比较 6-31G(d,p) 与 6-311++G(3df,3pd) 的结果可以看出, 为获得一定的数值精度, MP2 能对基组的要求显著高于 HF。这也是所有相关波函数 (post-HF) 方法在计算能量相关性质时的一个普遍趋势。

表 5.8 给出了 MP2 计算的化学反应焓变的数据。与之前 HF 的结果相比, MP2 表现出显著的改进。另外值得注意的是, 反应焓变的数值受基组影响非常大, 对于反应焓绝对值比较小的反应尤其如此。这是由于反应前后化学成键状态有显著变化, 反应物和产物总能量之间没有有效误差抵消作用, 因此导致反应焓变的结果对总能量的数值误差比较敏感。

表 5.7 不同基组用 MP2 方法计算的分子的原子化能 (单位: kcal/mol)

	CH_4	NH_3	H_2O	FH	CO	N_2
STO-3G	412.4	220.0	154.4	81.5	217.4	152.0
3-21G	338.6	206.1	158.0	96.6	221.1	169.9
6-31G	338.2	212.4	166.8	103.6	217.1	177.6
6-31G(d,p)	371.6	248.5	201.7	125.2	253.1	211.0
6-311G(d,p)	369.9	250.6	203.5	127.7	255.2	214.6
6-311+G(d,p)	369.6	253.8	208.1	131.7	254.6	215.5
6-311+G(2df,2p)	378.7	264.1	215.5	135.9	263.0	226.7
6-311G(3df,3pd)	383.1	268.8	220.0	138.9	265.2	228.1
实验值[57]	392.5	276.7	219.3	135.2	256.2	225.1

表 5.8 不同基组用 MP2 方法计算的零温化学反应焓变 (单位: kcal/mol)。最后一行的实验值采用文献 [58] 中给出的零温生成焓实验值计算得到。 R1 : $N_2 + 3H_2 \longrightarrow 2NH_3$, R2 : $CO + H_2O \longrightarrow CO_2 + H_2$, R3 : $CO_2 + CH_4 \longrightarrow 2CO + 2H_2$, R4 : $2CO + O_2 \longrightarrow 2CO_2$, R5 : $2H_2 + O_2 \longrightarrow 2H_2O$, R6 : $HCO \longrightarrow CH + O$。

	R1	R2	R3	R4	R5	R6
STO-3G	60.4	–30.7	31.9	–54.8	6.6	-
3-21G	16.6	–26.9	43.6	–108.2	–54.4	163.1
6-31G	11.5	–16.5	45.7	–110.1	–77.2	161.1
6-31G(d,p)	–2.3	–18.3	54.7	–133.8	–97.2	192.5
6-311G(d,p)	–3.6	–15.9	51.2	–134.7	–102.8	192.4
6-311+G(d,p)	–9.2	–11.6	51.8	–136.0	–112.7	192.6
6-311+G(2df,2p)	–13.9	–14.9	58.4	–144.8	–114.9	199.8
6-311++G(3df,3pd)	–17.7	–12.8	58.9	–145.7	–120.0	201.5
实验值	–18.6	–9.7	55.6	–153.6	–114.2	190.8

5.4 耦合簇方法

耦合簇 (coupled cluster) 理论, 可以说是最成功的相关波函数方法。和多体微扰理论一样, CC 方法也满足大小一致性且不满足变分原理。实际上, CC 方法的结果也可以在多体微扰理论的框架中, 系统应用前一节所展示的重加和技巧得到。

耦合簇方法最早由 Fritz Coester 于 20 世纪 50 年代在核物理中发展[59]。20 世纪 60 年代, 由于某种机缘巧合, Jiří Čížek 发现了这个发表于核物理学术刊物的方法, 并针对原子和分子多电子体系基态问题将其重新做了表述[60]。耦合簇方法在量子化学中获得了长足的发展, 对于简单体系 (非强相关体系), 耦合簇方法可说是最为准确的单参考态方法, 通常作为 “精确” 量子化学方法, 为其他近似方法的发展提供基准数据。耦合簇方法也可以扩展到对电离势、电子亲和能、电子激发态等性质的计算[44]。

5.4.1 团簇算符

定义如下**团簇算符** (cluster operators)

$$\hat{T}_1 = \sum_{a,r} c_a^r \hat{a}_r^\dagger \hat{a}_a \tag{5.119}$$

$$\hat{T}_2 = \sum_{a<b,r<s} c_{ab}^{rs} \hat{a}_r^\dagger \hat{a}_s^\dagger \hat{a}_b \hat{a}_a \tag{5.120}$$

$$\cdots$$

$$\hat{T}_n = \sum_{a<b<\cdots<c,r<s<\cdots<t} c_{ab\cdots c}^{rs\cdots t} \hat{a}_r^\dagger \hat{a}_s^\dagger \cdots \hat{a}_t^\dagger \hat{a}_c \cdots \hat{a}_b \hat{a}_a \tag{5.121}$$

分别是对应于单重、双重、……、n 重激发的团簇算符, 其中 c_a^r, c_{ab}^{rs} 等为待定系数。耦合簇方法的核心思想是假定精确基态波函数可表示为

$$|\Psi_0\rangle = \mathrm{e}^{\hat{T}}|\Phi_0\rangle \equiv \mathrm{e}^{\hat{T}_1+\hat{T}_2+\cdots+\hat{T}_N}|\Phi_0\rangle \tag{5.122}$$

这里 $|\Phi_0\rangle$ 表示 HF 基态行列式波函数。这被称为**指数拟设** (exponential ansatz), 算符 $\mathrm{e}^{\hat{T}}$ 称为**波算符** (wave operator)。在 CC 方法中, 同样采用中间归一化, 即

$$\langle\Phi_0|\Psi_0\rangle = \langle\Phi_0|\mathrm{e}^{\hat{T}}|\Phi_0\rangle = 1 \tag{5.123}$$

因此基态总能量可简单表达为

$$E_0 = \langle\Phi_0|\hat{H}\mathrm{e}^{\hat{T}}|\Phi_0\rangle \tag{5.124}$$

实际计算中, 必须对团簇算符 $\hat{T}$ 做截断, 不同截断决定了不同层次的 CC 方法

- CCD: $\hat{T} \simeq \hat{T}_2$
- CCSD: $\hat{T} \simeq \hat{T}_1 + \hat{T}_2$
- CCSDT: $\hat{T} \simeq \hat{T}_1 + \hat{T}_2 + \hat{T}_3$

5.4.2 CC 与 CI 比较

CI 方法可以用类似的算符方式来表示

$$|\Psi_0^{(\mathrm{CI})}\rangle = \left(1 + \sum_{i=1}^{n} \hat{C}_i\right)|\Psi_0\rangle \tag{5.125}$$

其中

$$\hat{C}_n = \sum_{a<b<\cdots<c} \sum_{r<s<\cdots<t} c_{ab\cdots c}^{rs\cdots t} \hat{a}_r^\dagger \hat{a}_s^\dagger \cdots \hat{a}_t^\dagger \hat{a}_c \cdots \hat{a}_b \hat{a}_a \tag{5.126}$$

可以看出, 当截断到相同的阶数 n 时, CI 和 CC 包含的未知系数的数目是一样的, 但是在 CC 中, 即使截断到有限的阶数, 也包含了一部分更高阶激发的贡献。但是这些高阶激发对应的系数并不是独立的变分变量, 而是由低阶激发的系数决定, 这是和 CI 方法的不同之处。

$$\begin{aligned}
\mathrm{e}^{\hat{T}}|\Phi_0\rangle &= \left[1 + \hat{T} + \frac{1}{2}\hat{T}^2 + \frac{1}{3!}\hat{T}^3 + \cdots\right]|\Phi_0\rangle \\
&= \left[1 + \left(\hat{T}_1+\hat{T}_2+\hat{T}_3+\cdots\right) + \frac{1}{2}\left(\hat{T}_1+\hat{T}_2+\hat{T}_3+\cdots\right)^2 + \frac{1}{3!}\left(\hat{T}_1+\hat{T}_2+\hat{T}_3+\cdots\right)^3 + \cdots\right]|\Phi_0\rangle \\
&= \left[1 + \hat{T}_1 + \left(\hat{T}_2 + \frac{1}{2}\hat{T}_1^2\right) + \left(\hat{T}_3 + \hat{T}_1\hat{T}_2 + \frac{1}{6}\hat{T}_1^3\right) + \cdots\right]|\Phi_0\rangle
\end{aligned} \tag{5.127}$$

5.4.3 确定团簇算符系数

下面讨论如何确定团簇算符中的系数。一种概念上比较直接的做法是将式 (5.122) 给出的多电子波函数作为试探波函数, 应用变分原理来确定这些系数

$$E_0 = \min_{c_a^r, c_{ab}^{rs}, \cdots} \frac{\langle \Psi | \hat{H} | \Psi \rangle}{\langle \Psi | \Psi \rangle} = \min_{c_a^r, c_{ab}^{rs}, \cdots} \frac{\langle \Phi_0 | \left(\mathrm{e}^{\hat{T}} \right)^\dagger \hat{H} \mathrm{e}^{\hat{T}} | \Phi_0 \rangle}{\langle \Phi_0 | \left(\mathrm{e}^{\hat{T}} \right)^\dagger \mathrm{e}^{\hat{T}} | \Phi_0 \rangle} \tag{5.128}$$

这被称为变分耦合簇 (variational coupled cluster) 方法。但是, 由于团簇算符 $\hat{T}$ 不是厄米算符, 很难基于上述表达式发展有效的近似。实际的做法是将耦合簇波函数表达式代入薛定谔方程中

$$\begin{aligned} & \hat{H} | \Psi_0 \rangle = E_0 | \Psi_0 \rangle \\ \Rightarrow \ & \hat{H} \mathrm{e}^{\hat{T}} | \Phi_0 \rangle = E \mathrm{e}^{\hat{T}} | \Phi_0 \rangle \\ \Rightarrow \ & \mathrm{e}^{-\hat{T}} \hat{H} \mathrm{e}^{\hat{T}} | \Phi_0 \rangle = E | \Phi_0 \rangle \end{aligned} \tag{5.129}$$

显然, 基态能量为

$$E_0 = \langle \Phi_0 | \mathrm{e}^{-\hat{T}} \hat{H} \mathrm{e}^{\hat{T}} | \Phi_0 \rangle \tag{5.130}$$

将式 (5.129) 等号两侧左乘不同阶的激发组态 $\langle \Phi_{a\cdots}^{r\cdots} |$, 可得到一系列方程

$$\langle \Phi_{a\cdots}^{r\cdots} | \mathrm{e}^{-\hat{T}} \hat{H} \mathrm{e}^{\hat{T}} | \Phi_0 \rangle = 0 \tag{5.131}$$

显然, 方程的数目和未知系数的数目是一样的, 因此通过求解这些方程可以得到这些系数。但由于这些不是线性方程, 因此必须通过迭代求解。相对于之前的变分 CC 法, 以上方案的关键优势是可以利用 Baker-Campbell-Hausdorff(BCH) 公式来展开 $\mathrm{e}^{-\hat{T}} \hat{H} \mathrm{e}^{\hat{T}}$, 并且由于哈密顿算符只包含单体和两体项, 因此可以得到有限的展开

$$\mathrm{e}^{-\hat{T}} \hat{H} \mathrm{e}^{\hat{T}} = \hat{H} + [\hat{H}, \hat{T}] + \frac{1}{2} [[\hat{H}, \hat{T}], \hat{T}] + \frac{1}{6} [[[\hat{H}, \hat{T}], \hat{T}], \hat{T}] + \cdots \tag{5.132}$$

显然, 对团簇算符 $\hat{T}$ 截断得越早, 上面展开式所包含的项就越少。不过, 即便如此, 相对而言, 耦合簇方法涉及的方程都非常复杂, 其程序实现也更加烦琐。很多情况下, 量子化学家需要借助符号编程 (symbolic programming) 工具, 由计算机来进行公式推导, 并将其直接翻译为计算程序。

由上述讨论可知, 耦合簇方法得到的电子基态总能量不满足变分原理。

耦合簇方法的计算量随着截断阶数的增加增长非常快, 目前比较常用的是 CCSD(T)。在这个方法中, 单激发 $\hat{T}_1$ 和双激发 $\hat{T}_2$ 团簇算符中的系数通过自洽计算得到, 而三激发团簇算符 $\hat{T}_3$ 中的系数则通过微扰法确定; 其计算量相对于 CCSDT 小一个数量级, 但对一般闭壳层体系已可获得化学精度的计算结果, 经常用来获得 “精确的” 量子化学计算结果。

5.4.4 CCD 方程

为了对耦合簇方法有一个更具体的理解, 我们考虑 CCD 方法, 即簇算符中只考虑双重激发的贡献

$$\hat{T} \simeq \hat{T}_2 = \sum_{a<b} \sum_{r<s} c_{ab}^{rs} \hat{a}_r^\dagger \hat{a}_s^\dagger \hat{a}_b \hat{a}_a \tag{5.133}$$

因此

$$|\Psi_0\rangle = \mathrm{e}^{\hat{T}_2}|\Phi_0\rangle = |\Phi_0\rangle + \sum_{a<b}\sum_{r<s} c_{ab}^{rs}\hat{a}_r^\dagger\hat{a}_s^\dagger\hat{a}_b\hat{a}_a|\Phi_0\rangle + \frac{1}{2}\sum_{a<b}\sum_{r<s}\sum_{c<d}\sum_{t<u} c_{ab}^{rs}c_{cd}^{tu}\hat{a}_r^\dagger\hat{a}_s^\dagger\hat{a}_b\hat{a}_a\hat{a}_t^\dagger\hat{a}_u^\dagger\hat{a}_d\hat{a}_c|\Phi_0\rangle + \cdots \tag{5.134}$$

右侧第三项显然会产生四重激发组态, 但其系数表示为二重激发组态系数的乘积, 由于存在多种二重激发的组合给出相同的四重激发, 上式可以写为

$$|\Psi_0\rangle = \mathrm{e}^{\hat{T}_2}|\Phi_0\rangle = |\Phi_0\rangle + \sum_{a<b}\sum_{r<s} c_{ab}^{rs}|\Phi_{ab}^{rs}\rangle + \sum_{a<b<c<d}\sum_{r<s<t<u} c_{ab}^{rs} * c_{cd}^{tu}|\Phi_{abcd}^{rstu}\rangle + \cdots \tag{5.135}$$

其中

$$\begin{aligned} c_{ab}^{rs} * c_{cd}^{tu} &\equiv c_{ab}^{rs}c_{cd}^{tu} - \overline{c_{ab}^{rs} * c_{cd}^{tu}} \\ &\equiv c_{ab}^{rs}c_{cd}^{tu} - c_{ac}^{rs}c_{bd}^{tu} + c_{ad}^{rs}c_{bc}^{tu} - c_{ab}^{rt}c_{cd}^{su} + c_{ac}^{rt}c_{bd}^{su} - c_{ad}^{rt}c_{bc}^{su} \\ &\quad + c_{ab}^{ru}c_{cd}^{st} - c_{ac}^{ru}c_{bd}^{st} + c_{ad}^{ru}c_{bc}^{st} + c_{ab}^{tu}c_{cd}^{rs} - c_{ac}^{tu}c_{bd}^{rs} + c_{ad}^{tu}c_{bc}^{rs} \\ &\quad - c_{ab}^{su}c_{cd}^{rt} + c_{ac}^{su}c_{bd}^{rt} - c_{ad}^{su}c_{bc}^{rt} + c_{ab}^{st}c_{cd}^{ru} - c_{ac}^{st}c_{bd}^{ru} + c_{ad}^{st}c_{bc}^{ru} \end{aligned} \tag{5.136}$$

【练习】**推导以上结论。

将式 (5.135) 代入方程

$$(\hat{H} - E_0^{(\mathrm{HF})})|\Psi_0\rangle = E_{\mathrm{corr}}|\Psi_0\rangle$$

得

$$\begin{aligned} &(\hat{H} - E_0^{(\mathrm{HF})})\left(|\Phi_0\rangle + \sum_{c<d}\sum_{t<u} c_{cd}^{tu}|\Phi_{cd}^{tu}\rangle + \sum_{c<d<e<f}\sum_{t<u<v<w} c_{cd}^{tu} * c_{ef}^{vw}|\Phi_{cdef}^{tuvw}\rangle + \cdots\right) \\ &= E_{\mathrm{corr}}\left(|\Phi_0\rangle + \sum_{c<d}\sum_{t<u} c_{cd}^{tu}|\Phi_{cd}^{tu}\rangle + \sum_{c<d<e<f}\sum_{t<u<v<w} c_{cd}^{tu} * c_{ef}^{vw}|\Phi_{cdef}^{tuvw}\rangle + \cdots\right) \end{aligned} \tag{5.137}$$

两边左乘 $\langle\Phi_0|$, 可得

$$E_{\mathrm{corr}} = \sum_{a<b}\sum_{r<s} c_{ab}^{rs}\langle\Phi_0|\hat{H}|\Phi_{ab}^{rs}\rangle \tag{5.138}$$

式 (5.137) 两边左乘 $\langle\Phi_{ab}^{rs}|$

$$\langle\Phi_{ab}^{rs}|\hat{H}|\Phi_0\rangle + \sum_{c<d}\sum_{t<u} c_{cd}^{tu}\langle\Phi_{ab}^{rs}|\hat{H} - E_0^{(\mathrm{HF})}|\Phi_{cd}^{tu}\rangle + \sum_{c<d<e<f}\sum_{t<u<v<w} c_{cd}^{tu} * c_{ef}^{vw}\langle\Phi_{ab}^{rs}|\hat{H}|\Phi_{cdef}^{tuvw}\rangle = E_{\mathrm{corr}}c_{ab}^{rs} \tag{5.139}$$

根据 Slater-Condon 规则, 式 (5.139) 第三项可以简化为

$$\begin{aligned} \sum_{c<d<e<f}\sum_{t<u<v<w} c_{cd}^{tu} * c_{ef}^{vw}\langle\Phi_{ab}^{rs}|\hat{H}|\Phi_{cdef}^{tuvw}\rangle &= \sum_{c<d}\sum_{t<u} c_{ab}^{rs} * c_{cd}^{tu}\langle\Phi_{ab}^{rs}|\hat{H}\Phi_{abcd}^{rstu}\rangle \\ &= \sum_{c<d}\sum_{t<u} c_{ab}^{rs} * c_{cd}^{tu}\langle\Phi_0|\hat{H}|\Phi_{cd}^{tu}\rangle \end{aligned} \tag{5.140}$$

因此有

$$\langle\Phi_{ab}^{rs}|\hat{H}|\Phi_0\rangle+\sum_{c<d}\sum_{t<u}c_{cd}^{tu}\langle\Phi_{ab}^{rs}|\hat{H}-E_0^{(\mathrm{HF})}|\Phi_{cd}^{tu}\rangle+\sum_{c<d}\sum_{t<u}c_{ab}^{rs}*c_{cd}^{tu}\langle\Phi_0|\hat{H}|\Phi_{cd}^{tu}\rangle=E_{\mathrm{corr}}c_{ab}^{rs} \tag{5.141}$$

将 (5.138) 代入式 (5.141), 并利用式 (5.136), 可简化为

$$\langle\Phi_{ab}^{rs}|\hat{H}|\Phi_0\rangle+\sum_{c<d}\sum_{t<u}c_{cd}^{tu}\langle\Phi_{ab}^{rs}|\hat{H}-E_0^{(\mathrm{HF})}|\Phi_{cd}^{tu}\rangle-\sum_{c<d}\sum_{t<u}\overline{c_{ab}^{rs}*c_{cd}^{tu}}\langle\Phi_0|\hat{H}|\Phi_{cd}^{tu}\rangle=0 \tag{5.142}$$

以上方程是关于二重激发团簇系数 $\{c_{ab}^{rs}\}$ 的非线性方程。可以看出, 这里所需要计算的库仑矩阵元和 CID 或三阶多体微扰理论是一样的。

如果忽略式 (5.141) 左侧第三项, 即可得到 CID 方程。如果忽略式 (5.142) 等号左侧第三项, 即相当于对式 (5.136) 取近似 $c_{ab}^{rs}*c_{cd}^{tu}\simeq c_{ab}^{rs}c_{cd}^{tu}$, 可得

$$\langle\Phi_{ab}^{rs}|\hat{H}|\Phi_0\rangle+\sum_{c<d,t<u}c_{cd}^{tu}\langle\Phi_{ab}^{rs}|\hat{H}-E_0^{(\mathrm{HF})}|\Phi_{cd}^{tu}\rangle=0 \tag{5.143}$$

这被称为线性耦合簇 (L-CC) 近似, 利用前面讨论 CID 方程时引入过的符号

$$\boldsymbol{b}_{abrs}\equiv\langle\Phi_{ab}^{rs}|\hat{H}|\Phi_0\rangle \tag{5.144}$$

$$\boldsymbol{D}_{abrs,cdtu}=\langle\Phi_{ab}^{rs}|\hat{H}-E_0^{(\mathrm{HF})}|\Phi_{cd}^{tu}\rangle \tag{5.145}$$

结合式 (5.138) 和式 (5.142), 可以写出 L-CC 近似中的相关能的表达式为

$$E_{\mathrm{corr}}=-\boldsymbol{b}^{\dagger}\boldsymbol{D}^{-1}\boldsymbol{b} \tag{5.146}$$

根据前面的讨论, 这个近似也可在 CID 方程的基础上得到, 但将其看成是对 CID 的近似并不完全合适, 因为 L-CC 近似满足大小一致性要求。

CCD 方法在文献中也被称为**耦合对多电子理论** (coupled-pair many-electron theory, CPMET)。

【练习*】应用以上 CCD 方程分析两个相距无穷远的 H_2 分子复合体条的相关能, 验证其满足大小一致性。

5.4.5 应用实例

将表 5.9 中的数据与之前 MPn 系列的结果做比较, 可以看到 MP 微扰方法与 CC 方法的一个显著差别: CC 计算获得的相关能随着阶数增加的收敛行为在平衡键长和 2 倍平衡键长时并没有表现出显著不同。在偏离平衡键长时, 出现违背变分原理的情形的可能性大大增加。

表 5.9 使用 DZP 基组, 采用不同阶耦合簇方法计算 BH, FH 和 H_2O 分子在平衡键长 (R_e) 和 2 倍平衡键长 ($2R_e$) 得到的相关能与 FCI 相关能之差。数据来自文献 [44]

方法	BH(R_e)	BH($2R_e$)	FH(R_e)	FH($2R_e$)	H_2O(R_e)	H_2O($2R_e$)
CCD	2.72	12.8	3.76	21.9	5.01	40.2
CCSD	1.79	5.05	3.01	10.2	4.12	21.4
CCSD(T)	0.41	0.41	0.40	−0.26	0.72	4.63
CCSDT	0.07	−0.09	0.27	1.13	0.53	−2.47
CCSD(TQ)	0.05	−0.59	0.33	−0.18	0.19	−1.96
CCSDTQ	0.00	0.00	0.02	0.06	0.02	−0.02

表 5.10 列出了用不同基组做 CCSD 结构优化计算得到的一些小分子的键长结果。可以看出, 一方面, 如果使用的基组足够准确 [6-31G(d,p) 以上], CCSD 对键长的预测具有非常高的精度。但另一方面, 在实际应用中, 使用 CCSD 做结构优化一般来说并不现实。在大部分情况下, 一般会用计算量相对较小的 MP2 或密度泛函理论方法来做结构优化, 然后用 CCSD 或 CCSD(T) 做单点 (即固定结构的) 能量计算, 以获得比较准确的能量性质。

表 5.10 不同基组 CCSD 计算分子平衡键长 (单位: Å)

	CH_4	NH_3	H_2O	FH	CO	N_2
STO-3G	1.108	1.070	1.028	0..995	1.182	1.189
3-21G	1.097	1.024	0.993	0.962	1.158	1.121
6-31G	1.100	1.014	0.976	0.948	1.163	1.128
6-31G(d)	1.094	1.020	0.970	0.934	1.142	1.113
6-31G(d,p)	1.087	1.014	0.961	0.920	1.142	1.113
6-311G(3df,3dp)	1.088	1.013	0.956	0.911	1.126	1.096
实验值	1.087	1.012	0.958	0.917	1.128	1.098

5.5 多组态电子相关方法

对于强关联体系, 量子化学已发展了一系列多组态或多参考态方法, 但现有方法无论理论表述还是实际应用都比较复杂, 所能处理的体系也还比较有限。强关联体系的量子化学方法是目前理论化学研究中最为活跃的领域之一。在这一节, 我们只介绍几类相对比较简单的方法的基本思想。更详细讨论可参看相关专著 [46]。

5.5.1 多组态自洽场

概念上最直接的多组态方法是将多电子波函数表达为由一组正交归一轨道构成的多个行列式波函数或组态函数 (configuration state function) 的线性组合, 并同时对轨道和组合系数进行变分优化,

$$|\widetilde{\Psi}\rangle = \sum_I C_I|\Phi_I\rangle = \sum_I C_I|\chi_{I_1}\chi_{I_2}\cdots\chi_{I_N}\rangle \tag{5.147}$$

$$E_0 = \min_{C_I,\chi_i} \frac{\langle\widetilde{\Psi}|\hat{H}|\widetilde{\Psi}\rangle}{\langle\widetilde{\Psi}|\widetilde{\Psi}\rangle} \tag{5.148}$$

对应于相同组态数目, MCSCF 的计算复杂性远大于相应的截断 CI 方法, 因此, 一般来说, 前者所能考虑的组态数目远小于后者。使用 MCSCF 的主要目的是处理静态相关效应, 对动态相关效应的描述并不够准确。MCSCF 方法可对强关联体系提供定性正确的描述, 但定量的描述需要以 MCSCF 为出发点, 做进一步的多参考态计算。

MCSCF 方法的实际实现主要涉及两个方面, 一个是考虑哪些组态, 另一个是对于确定的组态展开, 如何优化轨道和展开系数。对于第一个问题, 目前最常用的做法是基于完备活性空间 (complete active space, CAS) 来确定组态, 相应的 MCSCF 一般称为 CASSCF 方法。对于第二个问题, 相比于 HF 方程, 求解 MCSCF 方程的计算复杂性显著增加, 因此需要设计发展更为复杂精巧的算法, 这方面的具体讨论可以参看文献 [61]。

下面我们对 CAS 做一定的讨论。CAS 的基本思想是将用来构建 MCSCF 波函数的单电子空间轨道分成三类 (如图 5.6 所示):

- 非活性轨道 (inactive orbitals): 在所有组态波函数中都为双占据的轨道。
- 活性轨道 (active orbitals): 在所有组态波函数中至少出现一次的轨道; 给定电子数, 这些轨道的所有可能占据方式就构成了完备活性空间, 也就是 MCSCF 波函数中所考虑的组态函数。
- 虚轨道 (virtual orbitals): 也称外部 (external) 或次级 (secondary) 轨道, 这些轨道在任何组态函数中都不出现。

一般将完备活性空间记为 CAS(N, M), 这里 N 表示占据活性空间的电子数, M 表示活性空间轨道的数目。CAS 中组态数目随着活性轨道数 M 呈指数增长。因此实际计算能够处理的活性轨道数目有很大的限制。

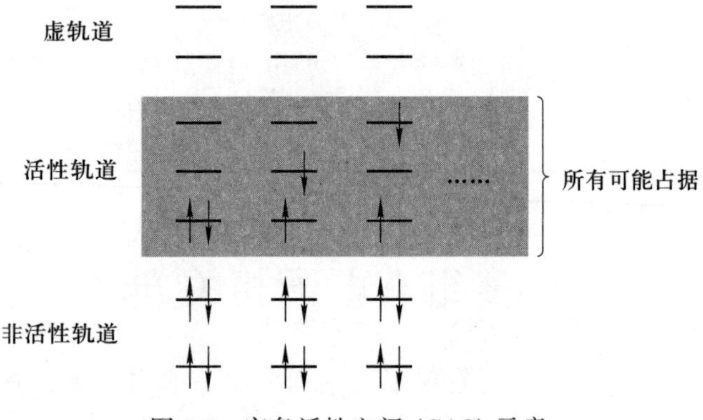

图 5.6 完备活性空间 (CAS) 示意

对 CAS 概念的一个扩展是 RAS(restricted active space)(如图 5.7 所示), 记为 RAS(N,

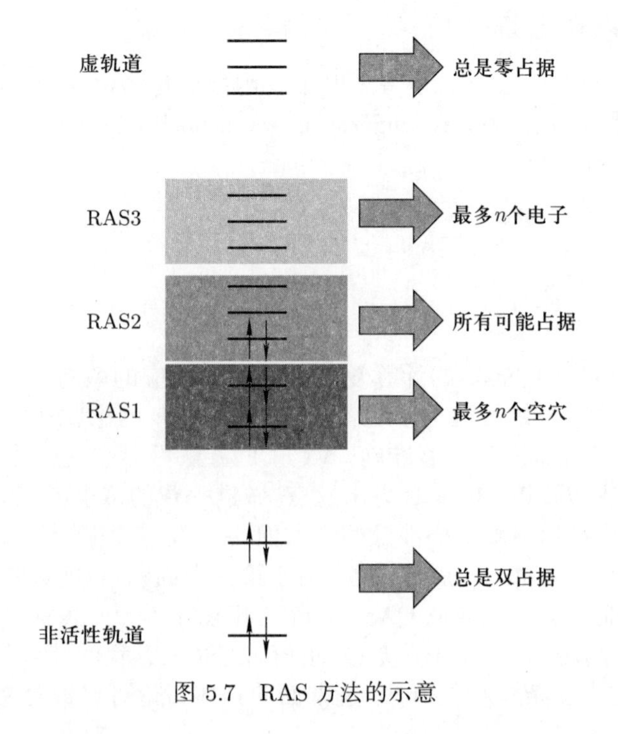

图 5.7 RAS 方法的示意

M_1, M_2, M_3, n), 这时活性轨道被分为三组, 分别记为 RAS1, RAS2, RAS3。其中 RAS1 中的轨道在大部分组态函数中大多为双占据, 最多可有 n 个电子被激发; 而 RAS3 中的轨道一般多为未占据, 最多可填充 n 个电子; RAS2 中的轨道则考虑所有可能的占据。

显然, 以上 CAS 或 RAS 的思想同样可应用于组态相互作用方法, 相应的方法称为 CASCI 和 RASCI。

关于多组态自洽场方法的更详细讨论可参考文献 [46, 61]。

5.5.2 多参考组态相互作用 (MRCI)

顾名思义, MRCI 的基本思想是基于多个组态函数来构建 CI 展开中的激发组态, 这时多个组态构成了参考态空间, 多电子变分波函数表达为这些参考态, 以及它们所有可能的单激发 (S) 和双激发 (D) 组态的线性组合 (原则上应考虑更高激发组态, 但实际应用一般只考虑到双激发)

$$|\Psi^{\text{MRCI}}\rangle = \sum_R c_R|\Phi_R\rangle + \sum_R\sum_{a,p} c_a^p(R)\hat{E}_{pa}|\Phi_R\rangle + \sum_R\sum_{a,b}\sum_{p,q} c_{ab}^{pq}(R)\hat{E}_{pa}\hat{E}_{qb}|\Phi_R\rangle \quad (5.149)$$

式 (5.149) 中, 我们用 R 来标记参考组态, 下标 a,b 和 p,q 分别表示第 R 个参考组态中的占据轨道和未占据轨道。如图 5.8 所示, 把所有轨道分为内部轨道 (internal orbitals) 和外部轨道 (external orbitals), 并进一步把内部轨道分成非活性轨道和活性轨道。可以将式 (5.149) 写成如下等价的形式

$$|\Psi^{\text{MRCI}}\rangle = \sum_I c_I|\Phi_I\rangle + \sum_S\sum_p c_S^p|\Phi_S^p\rangle + \sum_D\sum_{p,q} c_D^{pq}|\Phi_D^{pq}\rangle \quad (5.150)$$

这里, I,S,D 分别标记了内部轨道总占据电子数为 $N, N-1, N-2$ 时的不同占据构型, p,q 为外部轨道下标。显然, MRCI 方法的核心是如何选择参考态。如果应用前面讨论的 CAS 思想, 并将 CAS 空间中的所有组态都作为参考组态, 这在文献中一般称为二阶组态相互作用 (second order CI, SOCI) 方法。但这样的做法往往会导致参考态数目过大的问题, 实际应用中往往选择 CAS 空间中的一部分组态作为参考组态, 比如选择 CASSCF 波函数系数绝对值比较大的那些组态。

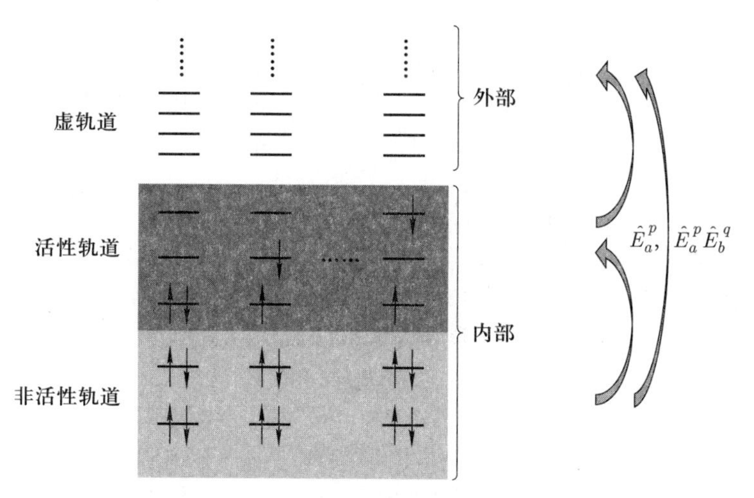

图 5.8 MRCI 方法示意

对于选定的参考组态, 人们也发展了很多的技巧以减小组态展开中变分系数的数量。一种可能性是对所考虑的单激发和双激发做一些预筛选, 排除那些预期贡献比较小

的组态。另一常用技巧是对组态展开系数做一定的限制，其思想有点类似在构建轨道基组时将一组高斯函数的固定线性组合作为基函数的策略。下面简单介绍几种比较有代表性的收缩方案。

外收缩 MRCI

在外收缩 (externally contracted, EC)MRCI 中，多电子波函数表达为

$$\begin{aligned}|\Psi^{\mathrm{EC-MRCI}}\rangle &= \sum_I c_I|\Phi_I\rangle + \sum_S c_S\left[\sum_p \tilde{c}_S^p|\Phi_S^p\rangle\right] + \sum_D c_D\left[\sum_{p,q}\tilde{c}_D^{pq}|\Phi_D^{pq}\rangle\right] \\ &\equiv \sum_I c_I|\Phi_I\rangle + \sum_S c_S|\widetilde{\Psi}_S\rangle + \sum_D c_D|\widetilde{\Psi}_D\rangle \end{aligned} \tag{5.151}$$

其中外收缩系数 $\tilde{c}_S^p$ 和 $\tilde{c}_D^{pq}$ 通过微扰的方式来确定。显然，使用外收缩技巧显著降低了变分系数的数量。

内收缩 MRCI

在内收缩 (internally contracted, IC)MRCI 中，假定存在一个参考多组态波函数，比如 MCSCF 基态波函数

$$|\widetilde{\Psi}_0\rangle = \sum_R c_R^0|\Phi_R\rangle \tag{5.152}$$

内收缩的基本思想是将激发算符直接作用于 $|\widetilde{\Psi}_0\rangle$ 来产生组态展开的基函数

$$|\Psi^{\mathrm{IC-MRCI}}\rangle = c_0|\widetilde{\Psi}_0\rangle + \sum_{a,p} c_a^p|\widetilde{\Psi}_a^p\rangle + \sum_{a,b,c,p} c_{ab}^{pc}|\widetilde{\Psi}_{ab}^{pc}\rangle + \sum_{a,b,p,q}\sum_{s=\pm 1} c_{ab;s}^{pq}|\widetilde{\Psi}_{ab;s}^{pq}\rangle \tag{5.153}$$

其中

$$|\widetilde{\Psi}_a^p\rangle \equiv \hat{E}_{pa}|\widetilde{\Psi}_0\rangle \tag{5.154}$$

$$|\widetilde{\Psi}_{ab}^{pc}\rangle \equiv \hat{E}_{pa}\hat{E}_{cb}|\widetilde{\Psi}_0\rangle \tag{5.155}$$

$$|\widetilde{\Psi}_{ab;s=\pm 1}^{pq}\rangle \equiv \left[\hat{E}_{pa}\hat{E}_{qb} + s\hat{E}_{pb}\hat{E}_{qa}\right]|\widetilde{\Psi}_0\rangle \tag{5.156}$$

上面的内收缩 MRCI 在具体实现上有一定的麻烦。为克服这个困难，Werner 和 Knowles 提出只对涉及两个外部轨道的构型进行内收缩的处理方案

$$|\Psi^{\mathrm{IC-MRCI}}\rangle = \sum_I c_I|\Phi_I\rangle + \sum_{S,p} c_S^p|\Phi_S^p\rangle + \sum_{a,b,p,q}\sum_{s=\pm 1} c_{ab;s}^{pq}|\widetilde{\Psi}_{ab;s}^{pq}\rangle \tag{5.157}$$

在实际应用中发现，由于内收缩处理导致的误差一般都比较小 ($0.1\% \sim 0.2\%$)。

关于 MRCI 的更详细讨论可以参看综述 [62—64]。

5.5.3 多参考微扰理论 (MRPT)

在 MCSCF 基础上，同样可以应用多体微扰理论的思想来描述动态相关效应。但是，相比于单参考微扰理论，多参考微扰理论要复杂很多。由于 MCSCF 中的轨道不是某个单电子体系的本征函数，因此，如何定义零阶哈密顿量就不再那么显然，存在很多不同的可能性。过去几十年间，人们发展了很多不同的多参考微扰理论。由于它们的理论表述都比较复杂，我们这里不做展开，只提一下目前比较常用的两个方法。

CASPTn: 这是由 Roos 与合作者发展的基于 CASSCF 的微扰理论, 其中最常用的是 CASPT2, 在包括 Gaussian 在内的很多量子化学软件都有实现。具体可参看文献 [65]。

NEVPT(n-electron valence state perturbation theory): 这是由 Malrieu 与合作者发展的另外一个基于 CAS 概念的多参考微扰理论, 具体讨论可参看 [66—68]。

5.6 复合方法

从前面的讨论可知, 量子化学理论提供了一系列可系统性提高理论精度的计算方法。但为了获得准确可靠的数据, 必须同时提高方法的层次 (比如 MP2→ MP3→MP4→ $\cdots$) 和轨道基组的完备性。不幸的是, 随着方法层次的提高, 计算量随着体系或基组的大小 (用 N 来表示) 增长非常迅速 (见表 5.11)。

表 5.11 常见量子化学方法的计算量关于 N 的形式标度关系, 引自文献 [69]

方法	计算量标度关系
HF	N^4
MP2	N^5
MP3, CISD, MP4SDQ, CCSD, QCISD	N^6
MP4, CCSD(T), QCISD(T)	N^7
MP5, CISDT, CCSDT	N^8
MP6	N^9
MP7, CISDTQ, CCSDTQ	N^{10}

对于热化学性质, 理论计算的目标是达到化学精度, 即对化学反应能的预测误差小于 $1 \sim 2$ kcal/mol。为了以有限的计算量达到化学精度, 理论化学家发展了很多复合方法 (composite methods), 其基本思想是利用不同因素之间近似存在的可加和性, 把不同层次的理论方法与不同大小的基组间进行结合, 来近似获得最高层次最大基组的计算精度。

下面以 Pople 与合作者发展的 Gn 系列复合方法[57,70−73] 为例, 说明这类方法的基本思想。对于相对简单的体系 (即原子数较少, 且不涉及开壳层、近简并等强相关特征), 可以用这些方法获得高精度的计算结果。另外, 这类复合方法的设计理念也很有启发性, 可应用于很多实际复杂体系的理论计算。

Pople 与合作者最早发展了一系列复合计算方案, 其基本策略是将高阶相关方法的中等大小基组的计算与低阶相关方法的大基组计算结合起来, 并引入经验性的更高阶修正, 以实现对分子热化学性质的高精度计算。以 G3[72] 为例, 包括如下一系列计算步骤。

1. 采用 HF/6-31G(d) 进行结构优化和振动频率计算, 将所得频率乘以修正因子 0.8929, 用来计算体系的零点能 (zero point energy, ZPE), ΔE(ZPE)。

2. 采用 MP2(full)/6-31G(d) 做进一步的结构优化。这里 MP2(full) 指在 MP2 计算时考虑所有占据轨道的贡献。与之相对的是 MP2(FC), 指忽略内层电子激发对相关能的贡献, 这被称为冻芯 (frozen core, FC) 近似。类似的近似处理也可应用于其他相关波函数方法, 这也是很多量子化学程序的缺省设置。

3. 使用上一步优化的结构做 MP4/6-31G(d) 的单点计算。

4. 在 MP4 层次上计算弥散基函数修正

$$\Delta E(+) = E[\text{MP4/6-31+G(d)}] - E[\text{MP4/6-31G(d)}] \tag{5.158}$$

5. 在 MP4 层次上计算更高极化基函数修正

$$\Delta E(\text{2df,p}) = E[\text{MP4/6-31G(2df,p)}] - E[\text{MP4/6-31G(d)}] \tag{5.159}$$

6. 采用 QCISD(T) 估算超越 MP4 的相关能修正

$$\Delta E(\text{QCI}) = E[\text{CISD(T)/6-31G(d)}] - E[\text{MP4/6-31G(d)}] \tag{5.160}$$

7. 大基组修正

$$\begin{aligned}\Delta E(\text{G3Large}) = {} & E[\text{MP2/G3Large}] + E[\text{MP2/6-31G(d)}] \\ & - E[\text{MP2/6-31G(2df,p)}] - E[\text{MP4/6-31+G(d)}]\end{aligned} \tag{5.161}$$

这里 G3Large 是为实现高精度计算设计的一个比较接近完备的大基组。这一项不仅为了修正前几步计算中基组的不完备性, 也修正了弥散基函数与更高极化基函数对相关能贡献的不可加和性。将以上各项结合起来, 得到

$$E(\text{combined}) = E[\text{MP4/6-31G(d)}] + \Delta E(+) + \Delta E(\text{2df,p}) + \Delta E(\text{QCI}) + \Delta E(\text{G3Large}) \tag{5.162}$$

8. 更高阶修正 (higher level correction, HLC)

$$\Delta(\text{HLC}) = \begin{cases} -An_\beta - B(n_\alpha - n_\beta) & \text{分子} \\ -Cn_\beta - D(n_\alpha - n_\beta) & \text{原子} \end{cases} \tag{5.163}$$

其中 $A(C)$ 表示对分子 (原子) 中每一对价电子的修正, 而 $B(D)$ 是对分子 (原子) 中每个未配对电子的修正。它们的数值通过拟合 G2/97 测试集[58] 中的实验数据来确定, 分别是 $A = 6.386$ mHa, $B = 2.977$ mHa, $C = 6.219$ mHa, $D = 1.185$ Ha。这是唯一的经验修正项。考虑了 HLC 之后, 分子的电子态能量为

$$E_{\text{el}}(\text{G3}) = E(\text{combined}) + \Delta(\text{HLC}) \tag{5.164}$$

考虑零点能, 得到零温时分子基态能量

$$E_0(\text{G3}) = E_{\text{el}}(\text{G3}) + \Delta E(\text{ZPE}) \tag{5.165}$$

利用分子结构和振动频率, 也可以计算得到有限温度下的分子气相热力学量 (焓, 熵和自由能等)。

Gn 系列目前包含 G1[57,70]、G2[71]、G3[72] 和 G4[73], 另外还有一些其他的变种, 比如将前面第 4、5 步改为使用 MP2, 则得到 G3MP2。

第 6 章　密度泛函理论

在前面的章节中, 我们已经给出了电子密度的定义

$$\rho\left(\boldsymbol{r}_1\right) \equiv N \int \left|\Psi\left(\boldsymbol{x}_1, \boldsymbol{x}_2, \cdots, \boldsymbol{x}_N\right)\right|^2 \mathrm{d}\sigma_1 \mathrm{d}\boldsymbol{x}_2 \cdots \mathrm{d}\boldsymbol{x}_N \tag{6.1}$$

上式也可以通过电子密度算符 (一次量子化) 表达为

$$\hat{\rho}(\boldsymbol{r}) = \sum_{i=1}^{N} \delta(\boldsymbol{r}_i - \boldsymbol{r}) \tag{6.2}$$

$$\rho(\boldsymbol{r}) = \langle \Psi | \hat{\rho}(\boldsymbol{r}) | \Psi \rangle \tag{6.3}$$

【练习】基于以上定义, 推导出行列式波函数所对应的电子密度表达式。

【练习*】用场算符如何表示电子密度? 换言之, 密度算符的二次量子化表示是什么?

显然, 对于 N 电子体系

$$\int \rho(\boldsymbol{r}) \mathrm{d}\boldsymbol{r} = N \tag{6.4}$$

另外, 可以证明, 电子密度在原子核周围满足如下歧点条件 (cusp condition)

$$\lim_{r_A \to 0} \left[\frac{1}{2\bar{\rho}(r_A)} \frac{\mathrm{d}}{\mathrm{d}r_A} \bar{\rho}(r_A)\right] = -Z_A \tag{6.5}$$

其中 $\bar{\rho}(r_A)$ 表示以原子 A 为中心的球平均电子密度。在渐进区域 (即远离所有原子核的区域), 电子密度具有如下渐进行为

$$\rho(\boldsymbol{r}) \sim \exp\left[-2(I_{\min})^{1/2} r\right] \tag{6.6}$$

其中, $I_{\min}$ 表示体系的最小电离势 (很多语境中的电离势都是指最小电离势)。

从上面的讨论可知, 如果已知一个多原子体系的电子密度, 通过对其积分, 可以得到体系的电子数; 根据歧点条件, 可以确定原子核的位置和核电荷。因此, 电子密度包含了决定体系哈密顿算符的所有信息, 而给定哈密顿算符, 原则上可以得到体系的任何物理性质。从这个意义上说, 体系的所有性质都是电子密度的泛函。以上结论的基础是歧点条件, 但是密度泛函理论具有更一般的物理内涵, 并不依赖于歧点条件。

6.1　Hohenberg-Kohn 定理

我们先给出作为密度泛函理论基础的 Hohenberg-Kohn 定理 (简称 H-K 定理)[74] 的证明。

6.1.1 H-K 第一定理

考虑如下多电子体系哈密顿算符

$$\hat{H}=\sum_i\left[-\frac{1}{2}\nabla_i^2+v(\boldsymbol{r_i})\right]+\sum_{i<j}\frac{1}{r_{ij}}\equiv\hat{T}+\hat{V}+\hat{V}_{\rm ee} \tag{6.7}$$

这里我们用 $v(\boldsymbol{r})$ 表示在位置 $\boldsymbol{r}$ 处的电子所感受到的体系中所有原子核对它的吸引作用, 对应于电子所感受到的**外势场**。这里为简化起见, 电子哈密顿算符中没有包含核-核相互作用项, 对于固定原子核位置, 这只是一个常数, 对电子结构没有影响。

【定理 1】 对于任意具有**局域外势场** $v(\boldsymbol{r})$ 的电子相互作用体系, 其基态电子密度与外势场之间, 除了一个常数不确定性之外, 存在一一对应关系。换句话说, 基态电子密度可以完全确定外势场。

这里有必要解释一下几个有关的术语。

局域外势场 (local external potential): 即电子所感受到的外势场只和电子所处位置有关。与局域势相对的, 是**非局域势** (nonlocal potential)。Hartree-Fock 方法中的交换势, 即为典型的非局域势。实际体系中电子所感受的外势场一般都是局域的。比如, 不存在外加电场或磁场时, 电子所感受到的外势场即所有原子核的吸引势, 显然是局域的。非局域的外势场一般都是在一定的近似理论 (比如 HF 近似) 中产生的, 或者人为假想引入的。

势场的常数不确定性: $v(\boldsymbol{r})+c$(c 是任意实常数) 和 $v(\boldsymbol{r})$ 对应于同一个外势场。常数 c 只改变能量零点的选择, 不会带来任何实质性的改变, 因此存在任意性。

【证明】

正如 Hohenberg-Kohn 最早工作所展示的那样, 这个看起来很不一般的定理可以 “貌似” 很简单地用反证法予以证明。假定存在两个不同的局域外势场 $v^{(1)}(\boldsymbol{r})$ 和 $v^{(2)}(\boldsymbol{r})$ [即要求 $v^{(2)}(\boldsymbol{r})-v^{(1)}(\boldsymbol{r})\neq c$], 求解各自相应的 N 电子薛定谔方程可以得到相同的基态电子密度 $\rho(\boldsymbol{r})$。下面我们来证明这个假定会导致矛盾的结果。对应于 $v^{(1)}(\boldsymbol{r})$ 和 $v^{(2)}(\boldsymbol{r})$, 可确定两个不同的哈密顿算符 $\hat{H}^{(1)}$ 和 $\hat{H}^{(2)}$, 它们分别给出基态波函数 $\Psi^{(1)}$ 和 $\Psi^{(2)}$, 并假定它们都是**非简并**的。

【练习】 证明必定有 $\Psi^{(1)}\neq\Psi^{(2)}$。

根据前面的假定, $\Psi^{(1)}$ 和 $\Psi^{(2)}$ 给出相同的电子密度, 则有

$$E^{(1)}=\langle\Psi^{(1)}|\hat{H}^{(1)}|\Psi^{(1)}\rangle<\langle\Psi^{(2)}|\hat{H}^{(1)}|\Psi^{(2)}\rangle \tag{6.8}$$

由于

$$\begin{aligned}\langle\Psi^{(2)}|\hat{H}^{(1)}|\Psi^{(2)}\rangle&=\langle\Psi^{(2)}|\hat{H}^{(2)}-\hat{V}^{(2)}+\hat{V}^{(1)}|\Psi^{(2)}\rangle\\&=E^{(2)}+\int\rho(\boldsymbol{r})\left[v^{(1)}(\boldsymbol{r})-v^{(2)}(\boldsymbol{r})\right]\mathrm{d}\boldsymbol{r}\end{aligned} \tag{6.9}$$

因此有

$$E^{(1)}<E^{(2)}+\int\rho(\boldsymbol{r})\left[v^{(1)}(\boldsymbol{r})-v^{(2)}(\boldsymbol{r})\right]\mathrm{d}\boldsymbol{r} \tag{6.10}$$

将前面的讨论中的上标 1 和 2 互换, 则可以得到

$$E^{(2)}<E^{(1)}+\int\rho(\boldsymbol{r})\left[v^{(2)}(\boldsymbol{r})-v^{(1)}(\boldsymbol{r})\right]\mathrm{d}\boldsymbol{r} \tag{6.11}$$

将上面两式相加, 得到如下显然荒谬的结果

$$E^{(1)} + E^{(2)} < E^{(1)} + E^{(2)} \tag{6.12}$$

由此可知, 一开始的假定, 即两个不同的局域外势场可以给出相同的基态电子密度, 是不成立的。因此, 不同的基态电子密度必定对应不同的外势场, 基态电子密度和外势场之间存在一一对应关系。

前面的证明, 用到了**外势场局域性**这个条件, 以及**基态非简并**的条件。对于基态简并的情形, 电子密度与外势场之间的一一对应关系不再成立, 但仍然可以证明, 基态电子密度可唯一确定外势场 (在考虑了常数不确定性之后) 的结论对于基态简并的情形仍然成立。具体讨论可参看文献 [75]。

【推论】既然多电子体系的哈密顿算符完全由外势场 $v(\boldsymbol{r})$ 和电子数 N 决定, 而根据 H-K 第一定理, 电子密度可以完全确定外势, 而电子密度的积分即得到电子数 N, 因此电子密度可确定哈密顿算符, 从而决定体系的所有物理性质。从这个意义上说, 体系的所有性质都是电子密度的泛函。但由于大部分物理量和电子密度的泛函关系都不知道, 也很难做近似, 因此这个结论并没有太大的实际意义。

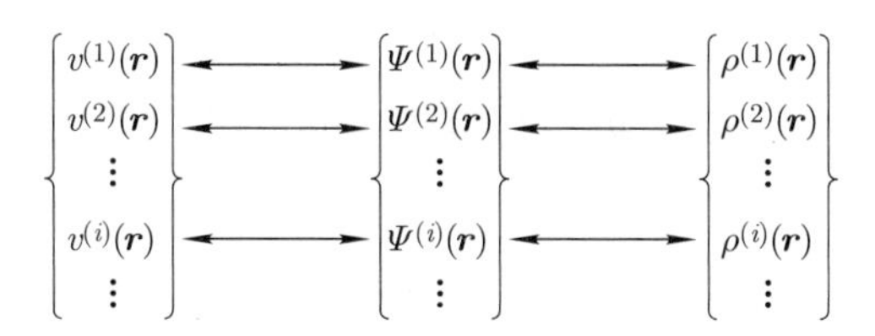

图 6.1 Hohenberg-Kohn 第一定理示意

6.1.2 H-K 第二定理

【定理 2】给定外势场, 基态总能量作为电子密度的泛函, 满足变分原理。

【证明】既然电子密度可以唯一确定外势场 (除了常数不确定性之外), 因此, 对于给定外势场 $v(\boldsymbol{r})$, 可以定义如下能量泛函

$$E_v[\rho] = \langle \Psi_\rho | \hat{H} | \Psi_\rho \rangle \tag{6.13}$$

其中 $\hat{H}$ 是对应于外势场 $v(\boldsymbol{r})$ 的哈密顿算符, 而 Ψ_ρ 是由 $\rho(\boldsymbol{r})$ 所确定的外势场 (记为 v_ρ) 所对应的哈密顿算符的基态波函数

$$\left\{ \sum_i \left[-\frac{1}{2}\nabla_i^2 + v_\rho(\boldsymbol{r}_i) \right] + \hat{V}_{\mathrm{ee}} \right\} \Psi_\rho = E_\rho \Psi_\rho \tag{6.14}$$

可以将式 (6.13) 所定义的能量泛函进行分解

$$E_v[\rho] = \int \rho(\boldsymbol{r}) v(\boldsymbol{r}) \mathrm{d}\boldsymbol{r} + F_{\mathrm{HK}}[\rho] \tag{6.15}$$

其中

$$F_{\mathrm{HK}}[\rho] = \langle \Psi_\rho | \hat{T} + \hat{V}_{\mathrm{ee}} | \Psi_\rho \rangle \equiv T[\rho] + V_{\mathrm{ee}}[\rho] \tag{6.16}$$

由于 $F_{\mathrm{HK}}[\rho]$ 不依赖于外势场 $v(\boldsymbol{r})$, 包含体系所有电子的动能和电子-电子相互作用能, 因此是个**普适性泛函** (universal functional)。

令与外势场 $v(\boldsymbol{r})$ 所对应的基态电子密度为 $\rho_0(\boldsymbol{r})$, 基态能量为 E_0, 由变分原理

$$E_0 = \langle \Psi_{\rho_0} | \hat{H} | \Psi_{\rho_0} \rangle \leqslant \langle \Psi_\rho | \hat{H} | \Psi_\rho \rangle \tag{6.17}$$

因此有

$$E_0 = E_v[\rho_0] \leqslant E_v[\rho] \tag{6.18}$$

上式当且仅当 $\rho = \rho_0$ 时取等号。

H-K 第二定理表明, 如果已知普适泛函 $F_{\mathrm{HK}}[\rho]$ 的形式, 则可以通过求解总能量关于电子密度的泛函 $E_v[\rho]$ 最小值获得对应于确定外势场的基态总能量, 即

$$E_0 = \min_{\rho \to N} E_v[\rho] \tag{6.19}$$

这是典型的限制最小化 (constrained minimization) 问题, 其相应的欧拉 - 拉格朗日方程具有如下简单的形式

$$\begin{aligned} &\delta \left\{ E_v[\rho] - \mu \left[\int \rho(\boldsymbol{r}) d\boldsymbol{r} - N \right] \right\} = 0 \\ &\Rightarrow \mu = \frac{\delta E_v[\rho]}{\delta \rho(\boldsymbol{r})} = v(\boldsymbol{r}) + \frac{\delta F_{\mathrm{HK}}[\rho]}{\delta \rho(\boldsymbol{r})} \end{aligned} \tag{6.20}$$

可以证明 μ 实际上对应于体系的化学势。求解以上方程可以得到体系的**基态总能量**和相应的**基态电子密度**。

【思考】根据以上定理, 求解密度泛函理论的变分方程原则上能在不求解薛定谔方程的条件下得到精确的多电子波函数吗?

上述两个定理的证明看起来很简单, 结论也非常诱人, 但实际上却隐含着对电子密度和能量泛函 $E_v[\rho]$ 非常苛刻的要求。

首先, 从第一定理的证明过程可以看出, 作为能量泛函自变量的电子密度并不是任意的电子密度, 而必须是满足 **v-可表示性** (v-representability) 条件的电子密度。只有那些可以从一定局域外势场的非简并基态波函数计算获得的电子密度才是 v-可表示的。但是, 什么样的电子密度满足 v-可表示性条件, 在数学上完全不清楚。H-K 第一定理相当于建立了如图 6.1 所示的三个集合之间的一一对应关系:

- $\mathcal{S}_v$: 所有物理上可以实现, 且对应的基态非简并的局域外势场的集合;
- $\mathcal{S}_\Psi$: 集合 $\mathcal{S}_v$ 中所有外势场的非简并基态波函数的集合;
- $\mathcal{S}_\rho$: 集合 $\mathcal{S}_\Psi$ 中所有波函数对应的电子密度的集合。

以数学严格的方式表征这三个集合中的元素, 存在非常大的困难。

其次, 应用第二定理求解基态能量, 需要对能量泛函 $E_v[\rho]$ 求泛函导数, 这相当于假定其定义域 $\mathcal{S}_\rho$ 是连续的, 即对任意 v-可表示的电子密度 $\rho(\boldsymbol{r})$ 引入一个无穷小的连续变化 $\delta\rho(\boldsymbol{r})$ 所得新电子密度 $\rho(\boldsymbol{r}) + \delta\rho(\boldsymbol{r})$ 也仍然属于 $\mathcal{S}_\rho$。这其实是一个很苛刻的数学条件, 对于实际物理体系很难严格证明其是否成立。

最后, H-K 定理只是在原则上确认了建立基态能量作为电子密度泛函的可能性, 但关于如何构建这样的泛函, 并没有提供任何线索。

6.1.3 Levy 限制性搜索表述

H-K 定理只对满足 v-可表示性条件的电子密度才成立，但很多物理上看起来很合理的电子密度都不是 v-可表示的，v-可表示性所对应的数学条件并不清楚。为了克服这个概念上的困难，Levy 提出了**限制性搜索表述** (constrained search formalism)，可以将总能量泛函的定义域扩展到 N-可表示性电子密度[76]。

首先定义 **N-可表示性** (N-representability) 条件：凡是可以从某个满足交换反对称性的 N 电子波函数得到的电子密度称为 N-可表示的电子密度。相对于 v-可表示性条件，N-可表示电子密度所应满足的条件有明确的数学表述：可以通过构建的方式证明，满足如下条件的电子密度都是 N-可表示的 (更具体讨论可参考文献 [4] 第二章)

$$\rho(\boldsymbol{r}) \geqslant 0 \tag{6.21}$$

$$\int \rho(\boldsymbol{r})\mathrm{d}\boldsymbol{r} = N \tag{6.22}$$

$$\int \left|\nabla \left[\rho(\boldsymbol{r})\right]^{1/2}\right|^2 \mathrm{d}\boldsymbol{r} \leqslant \infty \tag{6.23}$$

Levy 限制性搜索的基本思想非常简单。根据量子力学，N 电子体系的基态总能量可由对 N 电子波函数的变分得到 (假定波函数都是归一化的)

$$E_0 = \min_{\Psi}\langle\Psi|\hat{H}|\Psi\rangle \equiv \langle\Psi_0|\hat{H}|\Psi_0\rangle \tag{6.24}$$

$$\Psi_0 = \arg\min_{\Psi}\langle\Psi|\hat{H}|\Psi\rangle \tag{6.25}$$

这里我们用符号 $\arg\min_x f(x)$ 表示令函数 (或泛函) 取极小值的自变量 (或自变量函数)x。后面我们将频繁使用这种方式以简化表述。Levy 的限制性搜索是将以上取极小值过程分成两步进行

$$E_0 = \min_{\rho(\boldsymbol{r})}\min_{\Psi\to\rho}\langle\Psi|\hat{H}|\Psi\rangle = \min_{\rho(\boldsymbol{r})} E_v[\rho] \tag{6.26}$$

其中定义了能量泛函

$$E_v[\rho] = \min_{\Psi\to\rho}\langle\Psi|\hat{T}+\hat{V}_{\mathrm{ee}}|\Psi\rangle + \int\rho(\boldsymbol{r})v(\boldsymbol{r})\mathrm{d}\boldsymbol{r} \equiv F_{\mathrm{L}}[\rho] + \int\rho(\boldsymbol{r})v(\boldsymbol{r})\mathrm{d}\boldsymbol{r} \tag{6.27}$$

其中我们引入了普适泛函的新定义方式

$$F_{\mathrm{L}}[\rho] \equiv \min_{\Psi\to\rho}\langle\Psi|\hat{T}+\hat{V}_{\mathrm{ee}}|\Psi\rangle \equiv \langle\Psi_\rho|\hat{T}+\hat{V}_{\mathrm{ee}}|\Psi_\rho\rangle \tag{6.28}$$

$$\Psi_\rho \equiv \arg\min_{\rho}\langle\Psi|\hat{T}+\hat{V}_{\mathrm{ee}}|\Psi\rangle \tag{6.29}$$

【思考】上式定义的 Ψ_ρ 与 H-K 第二定理证明过程中引入的 Ψ_ρ 有什么差别?

这个定义虽然看起来与之前 $F_{\mathrm{HK}}[\rho]$ 形式上非常相似，但是只要求 ρ 是 N-可表示的电子密度。

密度泛函理论的严格数学基础仍然存在一些没有解决的问题，感兴趣的读者可参看文献 [78]。

6.2 Kohn-Sham 方法

密度泛函理论的一个里程碑性的突破是 Kohn-Sham 方法的发展[79]。在很多文献中，Kohn-Sham 方法被称为 Kohn-Sham ansatz[38]。在中文文献，ansatz 一般翻译为“拟设”。

因此, ansatz 是具有如下属性的命题: 在理论推演开始时假定其成立, 但其是否成立需要根据由它得出的结论是否合理来进行判断。把 Kohn-Sham 方法称为 ansatz, 表明它不是一个可以完全数学严格地推导出来的理论, 而是需要做一定逻辑上的跳跃。这些逻辑或数学上的不连续性有些在后来的发展中被补上了, 但仍有一些空白存在。或许将来会有人将这些空白填上, 也可能有些假设最终被证明数学上并不严格成立, 但在某种意义上这也不会妨碍基于 Kohn-Sham 框架的 DFT 方法继续获得广泛应用。这大概也是密度泛函理论的奇妙之处吧。

6.2.1 Kohn-Sham 方程

Kohn-Sham ansatz: 一个 N 电子相互作用体系的基态电子密度同时也是某个**虚拟的** (fictitious) **非相互作用** (non-interacting) **体系**的基态密度, 后者被称为 Kohn-Sham(KS) 参考体系, 其相应的外势为 $v_{\mathrm{KS}}(\boldsymbol{r})$。换句话说, 这里假定了相互作用体系的基态电子密度同时满足**非相互作用 v 可表示性** (non-interacting v-representability) 条件。既然是无相互作用体系, 其基态波函数是如下单电子薛定谔方程 (Kohn-Sham 单电子方程) 的能量最低的 N 个轨道构成的行列式波函数

$$\left[-\frac{1}{2}\nabla^2 + v_{\mathrm{KS}}(\boldsymbol{r})\right]\psi_i(\boldsymbol{x}) = \varepsilon_i\psi_i(\boldsymbol{x}) \tag{6.30}$$

其相应的动能为

$$T_s = \sum_i^N \langle\psi_i| - \frac{1}{2}\nabla^2|\psi_i\rangle \tag{6.31}$$

这是无相互作用体系的动能。电子密度可以表达为

$$\rho(\boldsymbol{r}) = \sum_i^N \int |\psi_i(\boldsymbol{x})|^2 \mathrm{d}\sigma \tag{6.32}$$

由于 $v_{\mathrm{KS}}(\boldsymbol{r})$ 完全由 $\rho(\boldsymbol{r})$ 决定, 因此也是 $\rho(\boldsymbol{r})$ 的泛函, 相应的 Kohn-Sham 方程解出的所有单电子波函数, 被称为 KS 轨道, 也是电子密度的泛函。T_s 的表达式中虽然没有出现电子密度, 但也是电子密度的泛函。这种通过 KS 轨道而依赖于电子密度的泛函, 被称为电子密度的**隐式泛函** (implicit functionals), 也称作轨道泛函 (orbital functionals)。

引入 Kohn-Sham 参考体系之后, 原 N 电子相互作用体系的总能量 (注意: 不是 KS 参考体系的总能量!) 可写为

$$E[\rho] \equiv E_{\mathrm{KS}}[\rho] = T_s[\rho] + \int \rho(\boldsymbol{r})v(\boldsymbol{r})\mathrm{d}\boldsymbol{r} + E_{\mathrm{H}}[\rho] + E_{\mathrm{xc}}[\rho] \tag{6.33}$$

其中最后一项定义为

$$E_{\mathrm{xc}}[\rho] = (T[\rho] - T_s[\rho]) + (V_{\mathrm{ee}}[\rho] - E_{\mathrm{H}}[\rho]) \tag{6.34}$$

这其实是一种 “把脏东西都扫到地毯下面 (sweep the dirt under the rug)” 的做法, 因为 E_{xc} 包含了所有未知的东西, 即精确动能和 Kohn-Sham 非相互作用体系动能之差, 以及精确的电子-电子相互作用能与电子之间的经典库仑排斥能之差。

【练习】写出 Kohn-Sham 非相互作用体系的总能量表达式。

由于电子密度由一组单电子轨道得到, 对电子密度的变分可以转化为对轨道的变分。只要这些轨道是由电子密度来决定, 那么我们就依然在 DFT 的框架内。因此我们的问题转化为

$$E_0 = \min_{\langle\psi_i|\psi_j\rangle=\delta_{ij}} E_{\mathrm{KS}}[\{\psi_i\}] \tag{6.35}$$

为此我们引入辅助泛函

$$\Omega[\{\psi_i\}] = E_{\mathrm{KS}}[\{\psi_i\}] - \sum_{i,j}^{N} \lambda_{ji}\left(\langle\psi_i|\psi_j\rangle - \delta_{ij}\right) \tag{6.36}$$

由变分

$$\frac{\delta\Omega}{\delta\psi_i^*(\boldsymbol{x})} = 0 \tag{6.37}$$

可以得到

$$\left[-\frac{1}{2}\nabla^2 + v_{\mathrm{KS}}(\boldsymbol{r})\right]\psi_i(\boldsymbol{x}) = \sum_j \lambda_{ji}\psi_j(\boldsymbol{x}) \tag{6.38}$$

其中

$$v_{\mathrm{KS}}(\boldsymbol{r}) = v(\boldsymbol{r}) + v_{\mathrm{H}}(\boldsymbol{r}) + v_{\mathrm{xc}}(\boldsymbol{r}) \tag{6.39}$$

$$v_{\mathrm{H}}(\boldsymbol{r}) = \frac{\delta E_{\mathrm{H}}}{\delta\rho(\boldsymbol{r})} \tag{6.40}$$

$$v_{\mathrm{xc}}(\boldsymbol{r}) = \frac{\delta E_{\mathrm{xc}}}{\delta\rho(\boldsymbol{r})} \tag{6.41}$$

由于 $\rho(\boldsymbol{r})$ 对占据轨道 $\{\psi_i(\boldsymbol{x})|i=1,2,\cdots,N\}$ 的任意幺正变换都保持不变, 因此总可以选择合适的占据轨道, 使得 $\lambda_{ij} = \varepsilon_i\delta_{ij}$, 因此有

$$\left[-\frac{1}{2}\nabla^2 + v_{\mathrm{KS}}(\boldsymbol{r})\right]\psi_i(\boldsymbol{x}) = \varepsilon_i\psi_i(\boldsymbol{x}) \tag{6.42}$$

这就是著名的 Kohn-Sham 方程。

【练习】写出用 KS 轨道能量表示的总能量表达式。

形式上, Kohn-Sham 方程和 Hartree-Fock 方程很类似, 甚至可以说比后者更简单。但在理论上, Hartree-Fock 方程是在明确的近似之下 (即将多电子波函数近似为单 Slater 行列式) 得到的, 故得到的任何结果必定是近似的。相比之下, Kohn-Sham 方程原则上可以给出精确的基态总能量和电子密度。当然, 前提是如下条件成立: ① 相互作用体系的基态电子密度 $\rho(\boldsymbol{r})$ 同时满足相互作用 v-可表示性和非相互作用 v-可表示性条件, 即 Kohn-Sham ansatz 严格成立; ② 交换-相关泛函 E_{xc} 的精确形式已知。遗憾的是, 对这两点, 理论上都无法提供严格完满的解答。

6.2.2 KS 轨道的物理意义

从 Kohn-Sham 方程的推导过程可以看出, KS 轨道能量是作为保证轨道之间满足正交归一性条件而引入的 Lagrange 乘子。在不少文献中, 常以此作为 KS 轨道能量没有实

际物理意义的依据。这样的论证其实并不确切。在 Hartree-Fock 方法中, HF 轨道能量也是以这种方式引入的, 但它们在一定近似下有确定的物理意义 (即 Koopmans 定理)。相比之下, KS 轨道能量不具备如此明确的物理意义。但是, 我们的确可以对最高占据轨道 (即 HOMO) 所对应的能量, 赋予明确的物理意义。取离原子核无限远处的势为 0, 即 $v(\boldsymbol{r}) \xrightarrow{|\boldsymbol{r}|\to\infty} 0$, 对应于**精确的交换-相关泛函**, 有

$$-\varepsilon_{\text{HOMO}}^{(\text{KS})} = I \tag{6.43}$$

其中 $I \equiv E(N-1) - E(N)$ 是 N 电子体系的最小电离势, 即本章开头引入的 $I_{\min}$。但是上式仅在精确的交换-相关泛函已知的情况才成立。如果采用后面要介绍的各种近似交换相关泛函时, 一般而言上式并不成立, 即通过求总能量差 (这种做法一般称为 ΔSCF 方法) 得到的电离势

$$I = E(N-1) - E(N) \tag{6.44}$$

与 Kohn-Sham HOMO 能量的负值并不相等。

尽管没有严格的理论基础, 但在实际应用中, 仍然会把 KS 轨道能量, 无论是占据的, 还是未占据的, 应用于描述电子激发过程, 包括光电子能谱所对应的单电子激发, 也称准粒子激发 (quasi-particle excitation), 和光吸收谱所对应的中性激发 (neutral excitation), 但其精度强烈地依赖于使用什么样的交换相关泛函近似。在固体材料中, 也广泛使用 KS 轨道能量 $\{\varepsilon_{n\boldsymbol{k}}\}$ 作为对电子能带结构的描述。一般而言, KS 轨道能量对于波矢 $\boldsymbol{k}$ 的依赖性 (称作能带色散关系) 是比较准确的, 但是对带隙 (band gap) 的描述, 往往存在系统性的低估误差, 这就是著名的带隙问题 (band gap problem)[80]。

6.2.3 交换相关能

在 Kohn-Sham 框架中, DFT 把一个 N 电子相互作用体系映射到一个具有相同基态电子密度的非相互作用体系; 通过求解一个具有自洽场形式的单电子薛定谔方程, 原则上可以获得精确的基态总能量和电子密度。显然这是个巨大的概念上的简化。但是根据**复杂性守恒定律**, 作为这个简化的代价, 我们引入了一个理论上高度复杂的量, 即交换-相关泛函。DFT 自创立以来的半个世纪中, 最主要的工作就是发展对交换-相关泛函的近似。下一节我们将讨论具体的各种近似泛函形式, 这里我们给出一个交换-相关泛函的精确表达式。这个表达式虽然在实际应用中没有什么用处, 但可以作为发展近似泛函的出发点, 并提供很有启发性的物理图像。

根据之前的讨论, 交换-相关泛函定义为

$$E_{\text{xc}}[\rho] = (T[\rho] - T_s[\rho]) + (V_{\text{ee}}[\rho] - E_{\text{H}}[\rho]) \tag{6.45}$$

这里

$$T[\rho] \equiv \langle \Psi_\rho | \hat{T} | \Psi_\rho \rangle \tag{6.46}$$

$$V_{\text{ee}}[\rho] \equiv \langle \Psi_\rho | \hat{V}_{\text{ee}} | \Psi_\rho \rangle \tag{6.47}$$

我们把对应于 $\rho(\boldsymbol{r})$ 的非相互作用体系能量最低的 N 个单电子轨道构成的行列式波函数记为

$$\Phi_\rho = |\psi_1 \cdots \psi_N\rangle \tag{6.48}$$

则交换相关泛函可以写作

$$E_{\mathrm{xc}}[\rho]=\Big(\langle\Psi_\rho|\hat{T}|\Psi_\rho\rangle-\langle\Phi_\rho|\hat{T}|\Phi_\rho\rangle\Big)+\Big(\langle\Psi_\rho|\hat{V}_{\mathrm{ee}}|\Psi_\rho\rangle-E_{\mathrm{H}}[\rho]\Big)\tag{6.49}$$

在发展近似交换相关泛函时, 一般将其分解为交换能和相关能两项的加和

$$E_{\mathrm{xc}}[\rho]=E_{\mathrm{c}}[\rho]+E_{\mathrm{x}}[\rho]\tag{6.50}$$

其中交换能泛函定义为

$$\begin{aligned}E_{\mathrm{x}}[\rho]&=\langle\Phi_\rho|\hat{V}_{\mathrm{ee}}|\Phi_\rho\rangle-E_{\mathrm{H}}[\rho(\boldsymbol{r})]\\&=-\frac{1}{2}\sum_{i,j}^{N}\int\mathrm{d}\boldsymbol{x}_1\int\mathrm{d}\boldsymbol{x}_2\frac{\psi_i^*(\boldsymbol{x}_1)\psi_j^*(\boldsymbol{x}_2)\psi_j(\boldsymbol{x}_1)\psi_i(\boldsymbol{x}_2)}{r_{12}}\\&=-\frac{1}{2}\int\mathrm{d}\boldsymbol{x}_1\int\mathrm{d}\boldsymbol{x}_2\frac{|\gamma_1(\boldsymbol{x}_1,\boldsymbol{x}_2)|^2}{r_{12}}\end{aligned}\tag{6.51}$$

这里我们引入了用 KS 轨道表示的一阶约化密度矩阵

$$\gamma_1(\boldsymbol{x}_1,\boldsymbol{x}_2)=\sum_{j}^{N}\psi_j(\boldsymbol{x}_1)\psi_j^*(\boldsymbol{x}_2)\tag{6.52}$$

式 (6.51) 是用 KS 轨道所计算的 HF 交换能, 也称**精确交换 (exact exchange, EXX)**, 它通过 KS 轨道而依赖于电子密度, 因此是电子密度的隐式泛函。

DFT 框架中的**相关能 (correlation energy)** 定义为

$$E_{\mathrm{c}}[\rho]=\langle\Psi_\rho|\hat{T}+\hat{V}_{\mathrm{ee}}|\Psi_\rho\rangle-\langle\Phi_\rho|\hat{T}+\hat{V}_{\mathrm{ee}}|\Phi_\rho\rangle\tag{6.53}$$

可以证明

$$E_{\mathrm{c}}[\rho]\leqslant 0\tag{6.54}$$

【练习】证明上式。

【讨论】给定多电子体系, DFT 框架中的 E_{c} 与 post-HF 量子化学框架中的相关能哪个更负?

根据定义

$$\begin{aligned}E_{\mathrm{c}}^{(\mathrm{QC})}&=E_0^{(\mathrm{exact})}-\langle\Phi_0^{(\mathrm{HF})}|\hat{T}+\hat{V}_{\mathrm{ee}}+\hat{V}|\Phi_0^{(\mathrm{HF})}\rangle\\&=E_0^{(\mathrm{exact})}-\min_{\Phi}\langle\Phi|\hat{T}+\hat{V}_{\mathrm{ee}}+\hat{V}|\Phi\rangle\end{aligned}\tag{6.55}$$

另外, 设 ρ_0 为对应于 $v(\boldsymbol{r})$ 的基态电子密度, 则有

$$\begin{aligned}E_{\mathrm{c}}^{(\mathrm{DFT})}&=\langle\Psi_{\rho_0}|\hat{T}+\hat{V}_{\mathrm{ee}}|\Psi_{\rho_0}\rangle-\langle\Phi_{\rho_0}|\hat{T}+\hat{V}_{\mathrm{ee}}|\Phi_{\rho_0}\rangle\\&=\langle\Psi_{\rho_0}|\hat{T}+\hat{V}_{\mathrm{ee}}+\hat{V}|\Psi_{\rho_0}\rangle-\langle\Phi_{\rho_0}|\hat{T}+\hat{V}_{\mathrm{ee}}+\hat{V}|\Phi_{\rho_0}\rangle\\&=E_0^{(\mathrm{exact})}-\langle\Phi_{\rho_0}|\hat{T}+\hat{V}_{\mathrm{ee}}+\hat{V}|\Phi_{\rho_0}\rangle\\&=E_0^{(\mathrm{exact})}-E_0^{(\mathrm{HF})}[\Phi_{\mathrm{KS}}]\leqslant E_0^{(\mathrm{exact})}-E_0^{(\mathrm{HF})}[\Phi_{\mathrm{HF}}]\equiv E_{\mathrm{c}}^{(\mathrm{QC})}\end{aligned}\tag{6.56}$$

式中 $E_0^{(\mathrm{HF})}[\Phi_{\mathrm{KS}}]$ 表示用 KS 轨道计算的 HF 总能量。因此有

$$E_{\mathrm{c}}^{(\mathrm{DFT})}\leqslant E_{\mathrm{c}}^{(\mathrm{QC})}\tag{6.57}$$

【**练习***】Hartree-Fock 方法中的交换能与 DFT 的交换能是否有确定的大小关系?

交换相关能的绝热连接表示

前面交换相关泛函的定义依赖于 Ψ_ρ, 即对应于 ρ 的全电子波函数, 这显然是未知的。因此, 很难直接从这个定义有效地构建密度泛函近似。下面我们给出交换相关泛函的**绝热连接** (adiabatic connection, AC) 表述, 有时也被称为**耦合常数积分** (coupling constant integration), 其结论非常有启发性, 在 DFT 发展过程中发挥了重要作用。绝热连接是指如下 "**思想实验**": 对电子间的相互作用引入一个强度控制参数 λ, 也称耦合常数 (coupling constant)

$$v_{\mathrm{ee}}^{\lambda}(r_{12}) \equiv \lambda v_{\mathrm{ee}}(r_{12}) \equiv \frac{\lambda}{r_{12}} \tag{6.58}$$

设想以无限缓慢的速度将 λ 从 $\lambda=0$ 增加到 $\lambda=1$, 并在此过程中保持电子密度 $\rho(\boldsymbol{r})$ 不变。为此, 需要同时引入一个随 λ 变化的外势场的修正, 总的外势场记为 $v_\lambda(r)$。显然有

$$v_{\lambda=0}(\boldsymbol{r}) = v_{\mathrm{KS}}(\boldsymbol{r}) \tag{6.59}$$

$$v_{\lambda=1}(\boldsymbol{r}) = v(\boldsymbol{r}) \tag{6.60}$$

对于任意 $\lambda \in [0,1]$, 应用 Levy 的限制性搜索表述, 定义普适泛函

$$F_\lambda[\rho(\boldsymbol{r})] \equiv \min_{\Psi\to\rho}\langle\Psi|\hat{T}+\lambda\hat{V}_{\mathrm{ee}}|\Psi\rangle \equiv \langle\Psi_\rho^\lambda|\hat{T}+\lambda\hat{V}_{\mathrm{ee}}|\Psi_\rho^\lambda\rangle \tag{6.61}$$

$$\Psi_\rho^\lambda = \arg\min_{\Psi\to\rho}\langle\Psi|\hat{T}+\lambda\hat{V}_{\mathrm{ee}}|\Psi\rangle \tag{6.62}$$

注意到

$$F_{\lambda=0}[\rho] = \langle\Psi_\rho^{\lambda=0}|\hat{T}|\Psi_\rho^{\lambda=0}\rangle = \langle\Phi_\rho|\hat{T}|\Phi_\rho\rangle \equiv T_s[\rho] \tag{6.63}$$

$$F_{\lambda=1}[\rho] = \langle\Psi_\rho^{\lambda=1}|\hat{T}+\hat{V}_{\mathrm{ee}}|\Psi_\rho^{\lambda=1}\rangle \equiv T[\rho]+V_{\mathrm{ee}}[\rho] \tag{6.64}$$

因此有

$$E_{\mathrm{xc}}[\rho] = F_1[\rho]-F_0[\rho]-E_{\mathrm{H}}[\rho] = \int_0^1\left[\frac{\partial F_\lambda[\rho]}{\partial\lambda}-E_{\mathrm{H}}[\rho]\right]\mathrm{d}\lambda \tag{6.65}$$

假定对任意 λ, ρ 同时满足 N-可表示条件和 v-可表示条件, 则可知 Ψ_ρ^λ 满足

$$\hat{H}_\lambda|\Psi_\rho^\lambda\rangle \equiv \left(\hat{T}+\lambda\hat{V}_{\mathrm{ee}}+\hat{V}_\lambda\right)|\Psi_\rho^\lambda\rangle = E_\lambda|\Psi_\rho^\lambda\rangle \tag{6.66}$$

这里 $\hat{V}_\lambda \equiv \sum_{i=1}^N v_\lambda(\boldsymbol{r}_i)$, 是与 $v_\lambda(\boldsymbol{r})$ 所对应的 N 电子体系势能算符。利用 Hellmann-Feynman 定理, 则有

$$\begin{aligned}\frac{\partial E_\lambda}{\partial\lambda} &= \left\langle\Psi_\rho^\lambda\left|\frac{\partial H_\lambda}{\partial\lambda}\right|\Psi_\rho^\lambda\right\rangle \\ &= \left\langle\Psi_\rho^\lambda\left|\hat{V}_{\mathrm{ee}}\right|\Psi_\rho^\lambda\right\rangle + \int\rho(\boldsymbol{r})\frac{\partial v_\lambda(\boldsymbol{r})}{\partial\lambda}\mathrm{d}\boldsymbol{r}\end{aligned} \tag{6.67}$$

另外

$$E_\lambda[\rho] = F_\lambda[\rho]+\int v_\lambda(\boldsymbol{r})\rho(\boldsymbol{r})\mathrm{d}\boldsymbol{r} \tag{6.68}$$

因此有

$$\frac{\partial F_\lambda[\rho]}{\partial\lambda}=\frac{\partial E_\lambda}{\partial\lambda}-\int\rho(\boldsymbol{r})\frac{\partial v_\lambda(\boldsymbol{r})}{\partial\lambda}\mathrm{d}\boldsymbol{r}=\langle\Psi_\rho^\lambda|V_{\mathrm{ee}}|\Psi_\rho^\lambda\rangle \tag{6.69}$$

由此得到交换相关泛函的积分表示

$$E_{\mathrm{xc}}[\rho]=\int_0^1\left(\langle\Psi_\rho^\lambda|\hat{V}_{\mathrm{ee}}|\Psi_\rho^\lambda\rangle-E_{\mathrm{H}}[\rho]\right)\mathrm{d}\lambda \tag{6.70}$$

定义依赖于 λ 的辅助泛函

$$U_{\mathrm{xc}}^\lambda[\rho]=\langle\Psi_\rho^\lambda|\hat{V}_{\mathrm{ee}}|\Psi_\rho^\lambda\rangle-E_{\mathrm{H}}[\rho] \tag{6.71}$$

因此有

$$E_{\mathrm{xc}}[\rho]=\int_0^1 U_{\mathrm{xc}}^\lambda[\rho]\mathrm{d}\lambda \tag{6.72}$$

以上就是交换相关泛函的绝热连接表示。对于 U_{xc}^λ, 我们同样可以将交换能分出来, 定义依赖于耦合常数 λ 的相关能

$$U_{\mathrm{c}}^\lambda[\rho]\equiv U_{\mathrm{xc}}^\lambda-E_{\mathrm{x}}[\rho]=\langle\Psi_\rho^\lambda|\hat{V}_{\mathrm{ee}}|\Psi_\rho^\lambda\rangle-\langle\Phi_\rho|\hat{V}_{\mathrm{ee}}|\Phi_\rho\rangle \tag{6.73}$$

很显然

$$U_{\mathrm{xc}}^{\lambda=0}=E_{\mathrm{x}}^{\mathrm{EXX}} \tag{6.74}$$

这意味着 $U_{\mathrm{c}}^{\lambda=0}=0$。

交换相关空穴密度

为了得到更有启发意义的表示, 应用第 3 章的二阶约化密度矩阵表示电子相互作用能的结论

$$\langle\Psi_\rho^\lambda|\hat{V}_{\mathrm{ee}}|\Psi_\rho^\lambda\rangle=\frac{1}{2}\iint\frac{\rho(\boldsymbol{r}_1)h_{\mathrm{xc}}^\lambda(\boldsymbol{r}_1,\boldsymbol{r}_2)}{r_{12}}\mathrm{d}\boldsymbol{r}_1\mathrm{d}\boldsymbol{r}_2+E_{\mathrm{H}}[\rho] \tag{6.75}$$

这里 $h_{\mathrm{xc}}^\lambda(\boldsymbol{r}_1,\boldsymbol{r}_2)$ 是与多电子波函数 Ψ_ρ^λ 所对应的交换-相关空穴密度, 因此满足

$$\int h_{\mathrm{xc}}^\lambda(\boldsymbol{r}_1,\boldsymbol{r}_2)\mathrm{d}\boldsymbol{r}_2=-1 \tag{6.76}$$

从而有

$$\begin{aligned}E_{\mathrm{xc}}[\rho]&=\int_0^1\left(\langle\Psi_\rho^\lambda|\hat{V}_{\mathrm{ee}}|\Psi_\rho^\lambda\rangle-E_{\mathrm{H}}[\rho]\right)\mathrm{d}\lambda\\&=\frac{1}{2}\int_0^1\mathrm{d}\lambda\iint\frac{\rho(\boldsymbol{r}_1)h_{\mathrm{xc}}^\lambda(\boldsymbol{r}_1,\boldsymbol{r}_2)}{r_{12}}\mathrm{d}\boldsymbol{r}_1\mathrm{d}\boldsymbol{r}_2\\&=\frac{1}{2}\iint\frac{\rho(\boldsymbol{r}_1)\bar{h}_{\mathrm{xc}}(\boldsymbol{r}_1,\boldsymbol{r}_2)}{r_{12}}\mathrm{d}\boldsymbol{r}_1\mathrm{d}\boldsymbol{r}_2\end{aligned} \tag{6.77}$$

其中

$$\bar{h}_{\mathrm{xc}}(\boldsymbol{r}_1,\boldsymbol{r}_2)=\int_0^1 h_{\mathrm{xc}}^\lambda(\boldsymbol{r}_1,\boldsymbol{r}_2)\mathrm{d}\lambda \tag{6.78}$$

被称为**绝热连接平均交换-相关空穴** (adiabatic connection averaged exchange-correlation hole) 密度, 其具体表达式仍然未知, 但可通过理论分析得到一些它所应满足的精确关系式, 这对于构建近似交换-相关泛函有重要的意义。式 (6.77) 给出了一个很直观的物理图像: **交换相关能可以看作电子与其周围所形成的交换-相关空穴之间的库仑作用能**, 因此可以通过分析交换-相关空穴的空间分布特征来理解多电子体系的交换-相关作用。这样的直观图像对于构建近似泛函有非常重要的启发性。

根据前面交换能和相关能的分离, 可以把交换相关空穴分解为交换空穴 (exchange hole) 和相关空穴 (correlation hole), 文献中有时也分别称为费米空穴 (Fermi hole) 和库仑空穴 (Coulomb hole)

$$h_{\mathrm{xc}}(\boldsymbol{r}_1,\boldsymbol{r}_2) = h_{\mathrm{x}}(\boldsymbol{r}_1,\boldsymbol{r}_2) + h_{\mathrm{c}}(\boldsymbol{r}_1,\boldsymbol{r}_2) \tag{6.79}$$

其中交换空穴密度根据式 (6.51) 定义为

$$h_{\mathrm{x}}(\boldsymbol{r}_1,\boldsymbol{r}_2) = -\frac{\displaystyle\int \mathrm{d}\sigma_1 \int \mathrm{d}\sigma_2 |\gamma_1(\boldsymbol{x}_1,\boldsymbol{x}_2)|^2}{\rho(\boldsymbol{r}_1)} \tag{6.80}$$

对于闭壳层体系, 可以证明

$$h_{\mathrm{x}}(\boldsymbol{r}_1,\boldsymbol{r}_2) = -\frac{2\left|\rho_1(\boldsymbol{r}_1,\boldsymbol{r}_2)\right|^2}{\rho(\boldsymbol{r}_1)} \tag{6.81}$$

其中

$$\rho_1(\boldsymbol{r}_1,\boldsymbol{r}_2) = \sum_{i}^{N/2} \psi_i(\boldsymbol{r}_1)\psi_i^*(\boldsymbol{r}_2) \tag{6.82}$$

【练习*】推导以上结论。

【练习】证明式 (6.81) 满足如下和规则 (sum rule)

$$\int \mathrm{d}\boldsymbol{r}_2 h_{\mathrm{x}}(\boldsymbol{r}_1,\boldsymbol{r}_2) = -1 \tag{6.83}$$

根据式 (6.81) 和 (6.82) 可以证明

$$\int \mathrm{d}\boldsymbol{r}_2 h_{\mathrm{c}}(\boldsymbol{r}_1,\boldsymbol{r}_2) = 0 \tag{6.84}$$

绝热连接平均的交换相关空穴 $\overline{h}_{\mathrm{xc}}(\boldsymbol{r}_1,\boldsymbol{r}_2)$ 的实际计算即使对于简单体系也非常困难。图 6.2 中, 我们显示了 H_2 分子中 $h_{\mathrm{xc}}^{\lambda=1}(\boldsymbol{r}_1,\boldsymbol{r}_2)$ 在不同键长时, 给定电子的位置 (即 $\boldsymbol{r}_1$, 图中用箭头标志), 沿着键轴方向空穴的分布情况。有几点值得关注:

1. 交换空穴 (即图中的 Fermi hole) 总是负的, 且高度离域;

2. 相关空穴 (即图中的 Coulomb hole) 在电子 ($\boldsymbol{r}_1$) 周围是负的, 远离电子时是正的, 其分布也是高度离域的;

3. 交换空穴和相关空穴之间存在显著的抵消作用, 使得总的交换-相关空穴主要局域在电子周围, 这在键长远大于平衡键长时尤其如此。

从以上分析可以看出, 交换能和相关能之间实际上存在很强的抵消作用。虽然我们在构建泛函近似时, 常常分别对两者做近似, 但密度泛函近似总体的精度取决于交换项和相关项之间能否具有足够好的误差抵消。

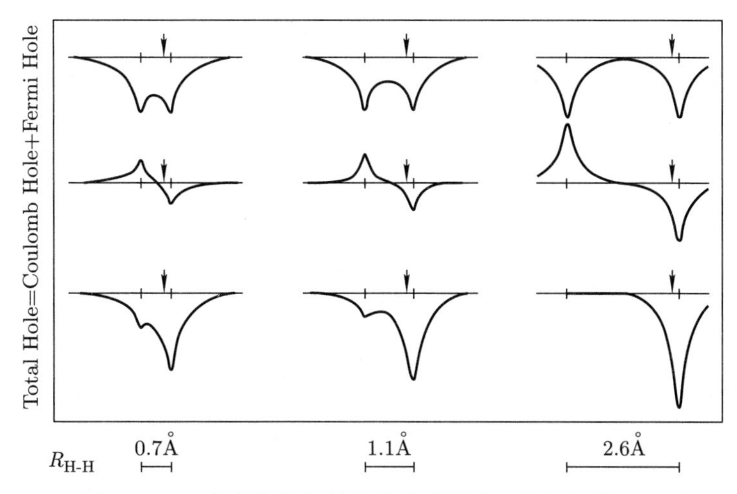

图 6.2 H_2 中交换和相关空穴密度分布 (来自文献 [81])

6.2.4 自旋密度泛函理论

下面我们将密度泛函理论扩展到存在外磁场的情形。将一个多电子体系置于外磁场中, 磁场既可与电子自旋耦合, 也可与电子的轨道运动相耦合。一般而言, 前者是主要的, 后者只在强磁场中才变得重要。考虑后者的密度泛函理论称为流密度泛函理论 (current density functional theory, CDFT)[82]。这里我们只考虑外磁场与电子自旋的耦合, 对应于**自旋密度泛函理论** (spin density functional theory, SDFT)[82−84]。存在外磁场 $\boldsymbol{B}(\boldsymbol{r})$ 时, 体系的哈密顿算符可以写为

$$\hat{H}=\sum_i\left[-\frac{1}{2}\nabla_i^2+v(\boldsymbol{r}_i)+2\beta_{\rm e}\boldsymbol{B}(\boldsymbol{r}_i)\cdot\hat{\boldsymbol{s}}_i\right]+\hat{V}_{\rm ee} \tag{6.85}$$

其中 $\beta_{\rm e}=\frac{e\hbar}{2m_{\rm e}c}$ 为 Bohr 磁子 (magneton)。定义**电子磁化密度算符** (electron magnetization density operator)

$$\hat{\boldsymbol{m}}(\boldsymbol{r})=-2\beta_{\rm e}\sum_i^N\hat{\boldsymbol{s}}_i\delta(\boldsymbol{r}-\boldsymbol{r}_i) \tag{6.86}$$

对以上算符求关于电子基态波函数的期望值, 便可得相应的电子磁化密度

$$\boldsymbol{m}(\boldsymbol{r})=\langle\Psi_0|\hat{\boldsymbol{m}}(\boldsymbol{r})|\Psi_0\rangle \tag{6.87}$$

这时哈密顿算符可以写为

$$\hat{H}=\hat{T}+\hat{V}_{\rm ee}+\int[v(\boldsymbol{r})\hat{\rho}(\boldsymbol{r})-\boldsymbol{B}(\boldsymbol{r})\cdot\hat{\boldsymbol{m}}(\boldsymbol{r})]\,{\rm d}\boldsymbol{r} \tag{6.88}$$

为了简化讨论, 假定磁场只在 z 方向上的分量不为零, 即 $\boldsymbol{B}(\boldsymbol{r})=B(\boldsymbol{r})\boldsymbol{e}_z$, 这时电子磁化密度也只有 z 方向上分量, $\boldsymbol{m}(\boldsymbol{r})=m(\boldsymbol{r})\boldsymbol{e}_z$。可以证明

$$m(\boldsymbol{r})=\beta_{\rm e}\left[\rho_\beta(\boldsymbol{r})-\rho_\alpha(\boldsymbol{r})\right] \tag{6.89}$$

这里 ρ_σ, $\sigma=(\alpha,\beta)$ 分别为自旋向上和自旋向下的电子密度, 并有

$$\rho(\boldsymbol{r})\equiv\rho_\alpha(\boldsymbol{r})+\rho_\beta(\boldsymbol{r}) \tag{6.90}$$

【练习】证明式 (6.89)。

由以上分析可看出，当存在外磁场时，仅仅用电子密度 $\rho(\boldsymbol{r})$ 并不足以完全表征体系，而需要同时考虑 $\rho(\boldsymbol{r})$ 和电子磁化密度 $m(\boldsymbol{r})$，或者等价地，自旋电子密度 $\rho_\alpha(\boldsymbol{r})$ 和 $\rho_\beta(\boldsymbol{r})$。我们这里用 Levy 限制性搜索的方式引入自旋密度泛函理论

$$\begin{aligned}
E_0 &= \min_{\Psi}\langle\Psi|\hat{T}+\hat{V}_{\mathrm{ee}}+\int[v(\boldsymbol{r})\hat{\rho}(\boldsymbol{r})-B(\boldsymbol{r})\hat{m}(\boldsymbol{r})]\,\mathrm{d}\boldsymbol{r}|\Psi\rangle \\
&= \min_{\{\rho_\sigma\}}\min_{\Psi\to\{\rho_\sigma\}}\langle\Psi|\hat{T}+\hat{V}_{\mathrm{ee}}+\int[v(\boldsymbol{r})\hat{\rho}(\boldsymbol{r})-B(\boldsymbol{r})\hat{m}(\boldsymbol{r})]\,\mathrm{d}\boldsymbol{r}|\Psi\rangle \\
&= \min_{\{\rho_\sigma\}}\left\{F[\rho_\alpha,\rho_\beta]+\int[v(\boldsymbol{r})\rho(\boldsymbol{r})-B(\boldsymbol{r})m(\boldsymbol{r})]\,\mathrm{d}\boldsymbol{r}\right\} \\
&= \min_{\{\rho_\sigma\}}\left\{F[\rho_\alpha,\rho_\beta]+\int[v(\boldsymbol{r})+\beta_{\mathrm{e}}B(\boldsymbol{r})]\,\rho_\alpha(\boldsymbol{r})\mathrm{d}\boldsymbol{r}+\int[v(\boldsymbol{r})-\beta_{\mathrm{e}}B(\boldsymbol{r})]\,\rho_\beta(\boldsymbol{r})\mathrm{d}\boldsymbol{r}\right\}
\end{aligned} \tag{6.91}$$

定义自旋依赖的外势场

$$v(\boldsymbol{x})\equiv v(\boldsymbol{r},\sigma)\equiv v^\sigma(\boldsymbol{r})=\begin{cases} v^\alpha(\boldsymbol{r})\equiv v(\boldsymbol{r})+\beta_{\mathrm{e}}B(\boldsymbol{r}) & \left(\sigma=+\dfrac{1}{2}\right) \\ v^\beta(\boldsymbol{r})\equiv v(\boldsymbol{r})-\beta_{\mathrm{e}}B(\boldsymbol{r}) & \left(\sigma=-\dfrac{1}{2}\right)\end{cases} \tag{6.92}$$

因此上式可以写为

$$E_0=\min_{\{\rho_\sigma\}}\left\{F[\rho_\alpha,\rho_\beta]+\sum_{\sigma=\alpha,\beta}\int v^\sigma(\boldsymbol{r})\rho_\sigma(\boldsymbol{r})\mathrm{d}\boldsymbol{r}\right\} \tag{6.93}$$

这里引入了以自旋密度为变量的普适泛函

$$F[\rho_\alpha,\rho_\beta]=\min_{\Psi\to\{\rho_\sigma\}}\langle\Psi|\hat{T}+\hat{V}_{\mathrm{ee}}|\Psi\rangle \tag{6.94}$$

可以看出，这个普适泛函的定义和是否存在外磁场并没有关系。虽然 SDFT 的引入是为了描述在外磁场中的多电子体系基态性质，但同样可以将 SDFT 应用于外磁场为零的情况，这时基态总能量可以表达为

$$E_0=\min_{\{\rho_\sigma\}}\left\{F[\rho_\alpha,\rho_\beta]+\int v(\boldsymbol{r})\rho(\boldsymbol{r})\mathrm{d}\boldsymbol{r}\right\}\equiv\min_{\{\rho_\sigma\}}E_v[\rho_\alpha,\rho_\beta] \tag{6.95}$$

SDFT 实际上也主要用于不存在外磁场的情形，用来处理一般 N 电子体系的基态问题。

在自旋密度泛函理论的框架中，同样可以引入 Kohn-Sham ansatz，即假定存在一个外势场依赖于自旋的无相互作用体系，它与真实相互作用体系具有相同的基态自旋电子密度 $\rho_\sigma(\boldsymbol{r})\equiv\rho(\boldsymbol{x})$，从而其总能量可以写为

$$E[\rho_\alpha,\rho_\beta]\equiv E_{\mathrm{KS}}[\rho_\alpha,\rho_\beta]=T_s[\rho_\alpha,\rho_\beta]+\int\rho(\boldsymbol{r})v(\boldsymbol{r})\mathrm{d}\boldsymbol{r}+E_{\mathrm{H}}[\rho]+E_{\mathrm{xc}}[\rho_\alpha,\rho_\beta] \tag{6.96}$$

其中

$$\rho_\sigma(\boldsymbol{r})=\sum_i^{N^\sigma}|\psi_i^\sigma(\boldsymbol{r})|^2 \tag{6.97}$$

$$T_s[\rho_\alpha,\rho_\beta]=\sum_{\sigma=\alpha,\beta}\sum_i^{N^\sigma}\langle\psi_i^\sigma|-\frac{1}{2}\nabla^2|\psi_i^\sigma\rangle \tag{6.98}$$

相应的, 可以得到自旋依赖的 Kohn-Sham 方程

$$\left[-\frac{1}{2}\nabla^2 + v_{\mathrm{KS}}^{\sigma}(\boldsymbol{r})\right]\psi_i^{\sigma}(\boldsymbol{r}) = \varepsilon_i^{\sigma}\psi_i^{\sigma}(\boldsymbol{r}) \tag{6.99}$$

其中

$$v_{\mathrm{KS}}^{\sigma}(\boldsymbol{r}) = v(\boldsymbol{r}) + v_{\mathrm{H}}(\boldsymbol{r}) + v_{\mathrm{xc}}^{\sigma}(\boldsymbol{r}) \tag{6.100}$$

$$v_{\mathrm{xc}}^{\sigma}(\boldsymbol{r}) = \frac{\delta E_{\mathrm{xc}}[\rho_{\alpha}, \rho_{\beta}]}{\delta\rho_{\sigma}(\boldsymbol{r})} \tag{6.101}$$

【**练习***】证明: 在 SDFT 中, 精确交换空穴密度可以表达为

$$h_{\mathrm{x}}(\boldsymbol{r}_1, \boldsymbol{r}_2) = -\frac{\sum_{\sigma}|\rho_1^{\sigma}(\boldsymbol{r}_1, \boldsymbol{r}_2)|^2}{\rho(\boldsymbol{r}_1)} \tag{6.102}$$

其中

$$\rho_1^{\sigma}(\boldsymbol{r}_1, \boldsymbol{r}_2) = \sum_{i}^{N^{\sigma}}\psi_i^{\sigma}(\boldsymbol{r}_1)\psi_i^{\sigma*}(\boldsymbol{r}_2) \tag{6.103}$$

6.2.5 交换相关泛函的精确条件

在讨论具体的各种泛函近似之前, 这里我们先给出精确交换相关泛函所应满足的一些条件。这些条件是过去几十年间理论科学工作者不懈努力的结果, 其证明往往需要非常深入仔细、有时甚至算得上比较艰深的理论分析。因此, 我们这里只给出结论, 更详细讨论可参考文献 [85] 及其所引文献。

坐标标度关系 (coordinate scaling relations)

假定对整个空间做均匀收缩或膨胀, 对应于电子密度 $\rho(\boldsymbol{r})$, 定义相应的标度化密度 (scaled density) 为

$$\rho_{\gamma}(\boldsymbol{r}) \equiv \gamma^3\rho(\gamma\boldsymbol{r}) \tag{6.104}$$

可以证明, 精确的能量泛函满足如下标度关系

$$E_{\mathrm{H}}[\rho_{\gamma}] = \gamma E_{\mathrm{H}}[\rho] \tag{6.105}$$

$$T_{\mathrm{s}}[\rho_{\gamma}] = \gamma^2 T_{\mathrm{s}}[\rho] \tag{6.106}$$

$$E_{\mathrm{x}}[\rho_{\gamma}] = \gamma E_{\mathrm{x}}[\rho] \tag{6.107}$$

$$E_{\mathrm{c}}[\rho_{\gamma}] = \gamma^2 U_{\mathrm{c}}^{1/\gamma}[\rho] \tag{6.108}$$

其中 U_c^{λ} 在前文关于交换相关泛函的绝热连接表示中有定义, 即式 (6.73)

$$\begin{aligned} E_{\mathrm{c}}[\rho_{\gamma}] &> E_{\mathrm{c}}[\rho] \quad (\gamma > 1) \\ E_{\mathrm{c}}[\rho_{\gamma}] &< E_{\mathrm{c}}[\rho] \quad (\gamma < 1) \end{aligned} \tag{6.109}$$

【**练习**】证明式 (6.105)。

单电子体系精确条件

对于只包含一个电子的体系, 精确的交换相关能应该满足如下条件

$$E_{\mathrm{x}}[\rho]=-E_{\mathrm{H}}[\rho] \qquad (N=1) \tag{6.110}$$

$$E_{\mathrm{c}}[\rho]=0 \qquad (N=1) \tag{6.111}$$

相应的交换相关势应满足

$$V_{\mathrm{x}}(\boldsymbol{r};[\rho])=-V_{\mathrm{H}}(\boldsymbol{r};[\rho]) \qquad (N=1) \tag{6.112}$$

$$V_{\mathrm{c}}(\boldsymbol{r};[\rho])=0 \qquad (N=1) \tag{6.113}$$

因此, 对于单电子体系, 交换-相关能应该严格地抵消 Hartree 能所描述的单个电子与自身的经典库仑排斥能。实际上很多近似泛函都不满足以上条件, 这被称为**自相互作用误差** (self-interaction error, SIE)。

分段线性条件

在前面的讨论中, 交换相关泛函的定义域限定为对应于整数电子数 N 的电子密度, $\int \rho(\boldsymbol{r})\mathrm{d}\boldsymbol{r}=N\in$ Integer。在很多理论讨论中, 特别是涉及有限温度或开放体系的时候, 必须把泛函定义域扩展到电子数可连续变化的分数电子数的情形

$$\int \rho(\boldsymbol{r})\mathrm{d}\boldsymbol{r}=N\equiv M+\omega \qquad \omega\in[0,1) \tag{6.114}$$

为了讨论能量泛函对分数电子数的依赖关系, 首先需要简单地讨论一下 Lieb 凸函数假设[77]: 对于给定外势场 $v(\boldsymbol{r})$ 的库仑体系 (即电子间以及电子与核电荷之间的相互作用为库仑作用; 显然真实的物理体系都是库仑体系), $E_v(M)$ 是整数电子数 M 的凸 (convex) 函数。对任意 $\lambda\in(0,1)$, 满足如下条件的函数 $f(x)$ 称为凹函数

$$f[\lambda x_1+(1-\lambda)x_2]\leqslant \lambda f(x_1)+(1-\lambda)f(x_2) \tag{6.115}$$

显然, 如果 $f(x)$ 二阶可导, 则凸函数的定义等价于要求 $f''(x)>0$。

基于 Lieb 凸函数假设, 可以证明, 体系基态能量作为分数电子 $N=M+\omega$ 的函数, 满足如下**分段线性** (piecewise linearity condition, PWL) 条件

$$E(N=M+\omega)=(1-\omega)E(M)+\omega E(M+1) \tag{6.116}$$

由此可得出如下重要的结论: 在绝对零度极限时, 体系总能量对电子数的导数 (即化学势) 在 $N=M-\delta$ 和 $N=M+\delta$ 不相等, 当 $N\in(M-1,M)$ 时

$$E(N)=(M-N)E(M-1)+(N-M+1)E(M) \tag{6.117}$$

$$\mu=\mu^{-}\equiv\left.\frac{\mathrm{d}E(N)}{\mathrm{d}N}\right|_{N=M-\delta}=E(M)-E(M-1)=-I(M) \tag{6.118}$$

当 $N\in(M,M+1)$ 时

$$E(N)=(M+1-N)E(M)+(N-M)E(M+1) \tag{6.119}$$

$$\mu=\mu^{+}\equiv\left.\frac{\mathrm{d}E(N)}{\mathrm{d}N}\right|_{N=M+\delta}=E(M+1)-E(M)=-A(M)=-I(M+1) \tag{6.120}$$

基于凸函数假设, 可以推出如下重要结论: 对库仑体系, 一定有 (前提条件是电离或电子亲和过程中结构保持不变)

$$I(M) \geqslant A(M) \tag{6.121}$$

而对于任意电中性物种 X 和 Y, 有

$$I(X) > A(Y) \tag{6.122}$$

这意味着, 对应于电荷转移过程, $X + Y \longrightarrow X^+ + Y^-$, 必定有 $\Delta E > 0$ (注意: 如果 X 和 Y 是分子, 则这个结论只适用于在电荷转移过程中 X 和 Y 的内部结构保持固定的情形)。

分段线性条件对于电子结构理论方法其实是一个很苛刻的条件, 与很多性质, 包括能隙、对外电场的响应、氧化还原反应能 (体系得失电子的能力)、半导体缺陷能级等都有密切关系。文献中常把违背这个条件所对应的误差称为**多电子自相互作用误差** (many-electron self-interaction error), 也称离域误差 (delocalization error)[86]。

其他精确条件

Kohn-Sham Koopmans 定理: 类似于 HF-Koopmans 定理, 当**采用精确交换泛函**, 且取离所有原子核无穷远的渐进区域外势为零, 即 $v(r \to \infty) = 0$

$$I(N) = -\varepsilon_{\mathrm{HOMO}}^{\mathrm{KS}}(N) \tag{6.123}$$

自旋标度关系: 对于交换能, 可以证明如下自旋依赖关系

$$E_{\mathrm{x}}[\rho_\alpha, \rho_\beta] = \frac{1}{2}E_{\mathrm{x}}[2\rho_\alpha] + \frac{1}{2}E_{\mathrm{x}}[2\rho_\beta] \tag{6.124}$$

由于存在这个关系, 我们后面讨论交换泛函近似时, 很多时候只给依赖于总自旋的交换泛函表达式。相关能泛函对自旋的依赖性更加复杂, 没有简单的解析表达式。

Lieb-Oxford 关系式: 根据定义, 可以严格证明如下不等式关系[87]

$$E_{\mathrm{x}}[\rho] \geqslant E_{\mathrm{xc}}[\rho] \geqslant U_{\mathrm{xc}}^{\lambda=1}[\rho] > -1.679 \int \rho^{4/3}(\boldsymbol{r})\mathrm{d}\boldsymbol{r} \tag{6.125}$$

6.3 交换-相关泛函近似

6.3.1 近似交换相关泛函的雅各天梯

如前所述, 发展对 $E_{\mathrm{xc}}[\rho]$ 的近似是 DFT 自诞生以来最为核心的任务。人们为此付出了巨大努力, 获得了令人瞩目的成功, 但也仍然存在一些长期未得到解决的问题。发展准确且能高效计算的交换–相关泛函新近似至今仍是一个非常活跃的前沿领域。

到目前为止, 已经发展了数百种不同的近似泛函 (参看图 6.3)。对各种近似交换相关泛函的一个非常好的概括是 John Perdew 提出的所谓雅各天梯 (Jacob's ladder) 的图景[90], 如图 6.4 所示。雅各天梯的故事源于《圣经: 创世纪 28》。在这个圣经故事中, 雅各梦见一个巨大的梯子从人间通向天堂。John Perdew 把人们对高精度近似交换-相关泛函的探索比作攀登雅各天梯的过程。在这里, "人间" 指仅描述经典库仑排斥作用的 Hartree 近似, 而 "天堂" 则指达到化学精度 (chemical accuracy)。不同的近似泛函根据其所包含

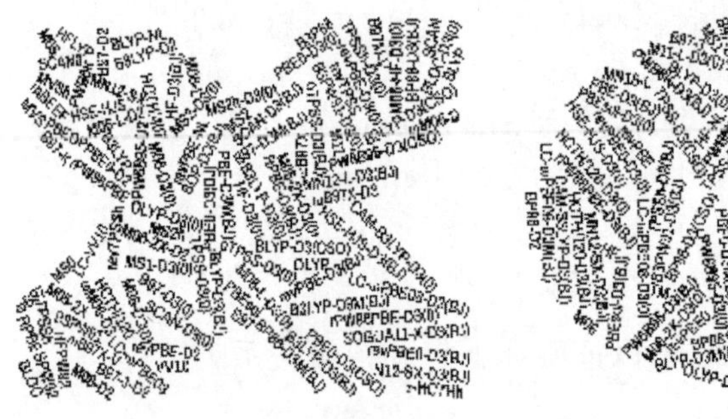

图 6.3 上图引自文献 [88], 泛函名字的字体大小反映了这种泛函的使用程度 (根据在 SCI 中出现频率)。下图引自文献 [89]

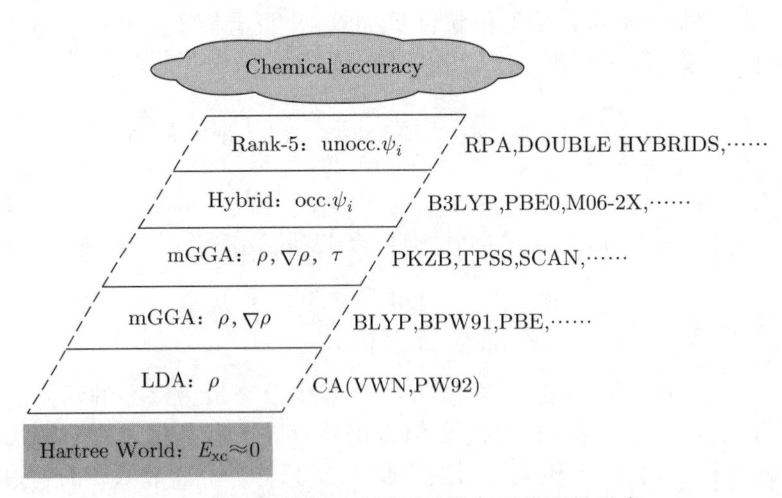

图 6.4 近似交换相关泛函的雅各天梯图景示意

的信息复杂度, 由低向高, 分为如下几个等级 (为简化起见, 这里暂时不显式地标记自旋依赖性)。

1. 第一阶是局域密度近似 (local density approximation, LDA), 其中能量泛函的积分

表达式中被积函数仅仅是电子密度 $\rho(\boldsymbol{r})$ 的函数, 一般表达为

$$E_{\mathrm{xc}}[\rho]=\int\rho(\boldsymbol{r})\varepsilon_{\mathrm{xc}}[\rho(\boldsymbol{r})]\mathrm{d}\boldsymbol{r}\tag{6.126}$$

2. 第二阶是广义梯度近似 (generalized gradient approximation, GGA), 泛函被积函数是电子密度和电子密度梯度 $\nabla\rho$ 的函数

$$E_{\mathrm{xc}}[\rho]=\int\rho(\boldsymbol{r})\varepsilon_{\mathrm{xc}}[\rho(\boldsymbol{r}),\nabla\rho(\boldsymbol{r})]\mathrm{d}\boldsymbol{r}\tag{6.127}$$

3. 第三阶被称为 meta-GGA (mGGA), 其中泛函被积函数进一步是电子密度的二阶梯度 $\nabla^2\rho(\boldsymbol{r})$ 和 KS 动能密度 $\tau(\boldsymbol{r})$ 的函数。

$$\tau(\boldsymbol{r})=\frac{1}{2}\sum_i^N|\nabla\psi_i(\boldsymbol{r})|^2\tag{6.128}$$

$$E_{\mathrm{xc}}[\rho]=\int\rho(\boldsymbol{r})\varepsilon_{\mathrm{xc}}[\rho(\boldsymbol{r}),\nabla\rho(\boldsymbol{r}),\tau(\boldsymbol{r})]\mathrm{d}\boldsymbol{r}\tag{6.129}$$

GGA 与 mGGA 在文献中常被称为半局域 (semi-local) 泛函近似 (有些语境下也包含 LDA)。

4. 第四阶泛函有时被称为 hyper-GGA, 其特点是依赖于占据 (occupied) 的 KS 轨道。正如 KS 动能一样, 由于 KS 轨道本身也是电子密度的泛函, 因此原则上这类泛函虽然依赖于单电子轨道, 但仍然可以是严格意义上的密度泛函。最常用的 hyper-GGA 就是杂化泛函, 即把 HF 交换能与 LDA/GGA/mGGA 交换-相关能以一定形式混合。

5. 第五阶, 交换-相关泛函依赖于所有 KS 轨道, 即占据轨道和未占据轨道 (unoccupied orbitals), 代表性的例子是无规相近似 (random phase approximation) 相关能和双杂化泛函 (doubly hybrid functionals)。

Perdew 提出雅各天梯的构想, 除了把已有泛函作分类之外, 其更重要的目的是强调他及其合作者所倡导的发展近似交换相关泛函的理念: 通过逐步地引入泛函所依赖的成分, 并在每一阶都尽可能满足已知的精确交换相关泛函的限制性条件, 以系统化的方式提高近似泛函的精度, 如同在 post-HF 量子化学中的情形那样。但实际近似泛函的发展并未如 Perdew 所希望的那样, 而是始终是在理论严格性和经验实用性两者此消彼长的矛盾中往前推进。由于经验主义或实用主义思想的盛行甚至 "泛滥", 目前 DFT 领域中的各种近似交换-相关泛函名目繁多、且函数形式多种多样 ("千奇百怪"), 以至于有科学家将现有近似泛函比作一个 "动物园"。

6.3.2 均匀电子气模型和局域密度近似

LDA 的基本思想是将在均匀电子气 (homogeneous/uniform electron gas (HEG/UEG)) 模型中得到的交换-相关能对电子密度的依赖性推广应用到非均匀电子气体系中。我们先对均匀电子气模型做一个简单介绍。

均匀电子气模型

均匀电子气模型, 有时也称作凝胶模型 (jellium model), 是描述固体电子结构最简单的理论模型, 它将原子核所带的正电荷近似描述为均匀的正电荷背景, 相应的电子密度作为实空间坐标的函数是个常数。而且, 可以证明, 正电荷之间的排斥能、正电荷与电子之间的库仑吸引能以及电子之间的经典库仑排斥能 (即 Hartree 能) 正好互相抵消。这时,

电子-电子相互作用能就是纯粹的交换-相关能。如果忽略交换-相关能, 就得到自由电子气模型。在密度泛函理论的框架中, 自由电子气模型即均匀电子气所对应的 Kohn-Sham 非相互作用体系。因此, 均匀电子气体系的 KS 轨道就是平面波。为了简化数学处理, 引入周期性边界条件, 即任意单电子轨道满足

$$\psi(\boldsymbol{r}+L\boldsymbol{e}_i)=\psi(\boldsymbol{r}) \qquad i=(x,y,z) \tag{6.130}$$

这是理论描述晶体电子结构常用的处理技巧, 被称为 Born-van Karman (BvK) 周期性边界条件。这时, KS 单电子轨道可写为如下周期归一化的平面波形式

$$\psi_{\boldsymbol{k}}(\boldsymbol{r})=V^{-1/2}\mathrm{e}^{\mathrm{i}\boldsymbol{k}\cdot\boldsymbol{r}} \tag{6.131}$$

这里 $V\equiv L^3$ 为空间周期性重复的体积, 并设该体积中的电子数为 N。由于周期性边界条件, 平面波波矢 $\boldsymbol{k}$ 只能取离散值

$$\boldsymbol{k}=\frac{2\pi n_x}{L}\boldsymbol{e}_x+\frac{2\pi n_y}{L}\boldsymbol{e}_y+\frac{2\pi n_z}{L}\boldsymbol{e}_z, \qquad n_x,n_y,n_z=0,\pm1,\pm2,\cdots\cdots \tag{6.132}$$

不同波矢的平面波满足正交归一化条件

$$\int_V \mathrm{d}\boldsymbol{r}\psi_{\boldsymbol{k}}^*(\boldsymbol{r})\psi_{\boldsymbol{k}'}(\boldsymbol{r})=V^{-1}\int_V \mathrm{d}\boldsymbol{r}\mathrm{e}^{-\mathrm{i}(\boldsymbol{k}-\boldsymbol{k}')\cdot\boldsymbol{r}}=\delta_{\boldsymbol{k},\boldsymbol{k}'} \tag{6.133}$$

对于确定的一组量子数 (n_x,n_y,n_z), 轨道能量为

$$\varepsilon_{\boldsymbol{k}}\equiv\varepsilon_{n_x,n_y,n_z}=\frac{k^2}{2}=\frac{2\pi^2}{V^{2/3}}\left(n_x^2+n_y^2+n_z^2\right) \tag{6.134}$$

有必要强调的是: 引入 BvK 周期性边界条件的主要目的是简化数学处理, L(或 V) 的具体取值并没有实际意义。在理论推导的最后总是取 $L\to\infty$ 的极限, 均匀电子气体系的所有性质都由电子密度 $\rho=N/V$ 决定。

根据泡利不相容原理, 对应于均匀电子体系的基态, 电子按照每个轨道填充自旋相反的两个电子的规则依次填充在能量由低到高的轨道中。最高占据轨道的能量称为**费米能**, 记为 ε_{F}, 对应的波矢绝对值称为**费米波矢**, 记为 k_{F}, $\varepsilon_{\mathrm{F}}=k_{\mathrm{F}}^2/2$。可以证明, k_{F} 与电子密度有如下关系

$$k_{\mathrm{F}}=(3\pi^2)^{1/3}\rho^{1/3} \tag{6.135}$$

自由电子气模型的动能密度 (平均到单位体积) 为

$$t^{\mathrm{HEG}}(\rho)=\frac{3}{10}(3\pi^2)^{2/3}\rho^{5/3} \tag{6.136}$$

这也是均匀电子气体系的 KS 动能密度。

【**练习***】推导式 (6.135) 和式 (6.136)。

局域密度近似

对于均匀电子气, 显然有

$$E_{\mathrm{xc}}^{\mathrm{HEG}}[\rho]=N\varepsilon_{\mathrm{xc}}(\rho)=\int_V \rho\varepsilon_{\mathrm{xc}}^{\mathrm{HEG}}(\rho)\mathrm{d}\boldsymbol{r} \tag{6.137}$$

其中 $\varepsilon_{\mathrm{xc}}^{\mathrm{HEG}}(\rho)$ 表示电子密度为 ρ 的均匀电子气体系中平均每个电子的交换相关能。将上式扩展到实际非均匀体系, 即得局域密度近似

$$E_{\mathrm{xc}}^{\mathrm{LDA}}[\rho]=\int \rho(\boldsymbol{r})\varepsilon_{\mathrm{xc}}^{\mathrm{HEG}}[\rho(\boldsymbol{r})]\mathrm{d}\boldsymbol{r} \tag{6.138}$$

可以将 $\varepsilon_{\mathrm{xc}}^{\mathrm{HEG}}(\rho)$ 分解为交换能和相关能

$$\varepsilon_{\mathrm{xc}}^{\mathrm{HEG}}=\varepsilon_{\mathrm{x}}^{\mathrm{HEG}}+\varepsilon_{\mathrm{c}}^{\mathrm{HEG}} \tag{6.139}$$

其中交换部分有解析表达式, 最早由 Dirac 和 Slater 分别独立推导得到。一般称其为 Slater 交换能 (简写为 S)

$$\varepsilon_{\mathrm{x}}^{\mathrm{HEG}}(\rho)=-\frac{3}{4}(3\rho/\pi)^{1/3} \tag{6.140}$$

【练习*】推导式 (6.140)。

相关能部分没有精确的解析表达式, 但可以用量子蒙特卡罗 (QMC) 方法得到几乎数值精确的结果。QMC 的计算由 D. M. Ceperley 和 B. J. Alder(CA) 于 20 世纪 70 年代末完成[91]。为了实际应用的方便, 通常需要把 QMC 得到的数值结果用一定形式的解析表达式来参数化拟合。目前最常用的两种参数化表达式是:

• VWN: S. Vosko, L. Wilk 和 M. Nusair 在 1980 发表的论文[92]中给出了多个拟合公式, 其中公式 5 给出结果最佳, 所以有时记为 VWN5。

• PW92: J. P. Perdew 和 Y. Wang 于 1992 年发表的相关能拟合表达式[93], 是对之前 J.P. Perdew 和 A. Zunger 在 1981 年[94]提出的拟合表达式 (PZ81) 的改进。

由于这些泛函都是对同一 QMC 数值结果的不同拟合, 因此它们给出的结果一般来说是比较接近的。

均匀电子气模型的电子密度通常用电子特征半径 (以 Bohr 半径 a_0 为单位) 来表征, 它表示每个电子平均占据的空间对应的球半径

$$\frac{4}{3}\pi(a_0r_s)^3=\frac{1}{\rho} \tag{6.141}$$

r_s 有时也被称为电子相互作用强度参数, 可近似当作体系中电子间的库仑排斥能与电子动能的比值。r_s 越大, 体系电子相互作用的强度便越大。

【思考】这是为什么?

在现代密度泛函理论方法尚未广为人知的 20 世纪 60—70 年代, 在分子和材料体系电子结构计算中曾获得广泛应用的是由 Slater 提出的 Xα 方法[95]。从 DFT 的视角看, 这实际上也是一种 LDA 方法, 相当于只考虑交换项, 同时为了弥补忽略相关能导致的误差, 对交换能引入经验修正因子 α。

如果对 KS 动能也采用局域密度近似, 即将式 (6.136) 给出自由电子气动能密度应用于实际非均匀体系, 这时总能量可表示为电子密度的显式泛函 (忽略交换相关能的贡献)

$$E^{\mathrm{TF}}[\rho]=\int\frac{3}{10}(3\pi^2)^{2/3}\rho^{5/3}(\boldsymbol{r})\mathrm{d}\boldsymbol{r}+\int v(\boldsymbol{r})\rho(\boldsymbol{r})\mathrm{d}\boldsymbol{r}+\frac{1}{2}\iint\frac{\rho(\boldsymbol{r})\rho(\boldsymbol{r}')}{|\boldsymbol{r}-\boldsymbol{r}'|}\mathrm{d}\boldsymbol{r}\mathrm{d}\boldsymbol{r}' \tag{6.142}$$

这便是 Thomas-Fermi (TF) 模型。如果进一步考虑交换能的贡献, 便得到 Thomas-Fermi-Dirac(TFD) 模型

$$E^{\mathrm{TFD}}[\rho]=E^{\mathrm{TF}}[\rho]+\int\rho(\boldsymbol{r})\varepsilon_{\mathrm{x}}^{\mathrm{HEG}}[\rho(\boldsymbol{r})]\mathrm{d}\boldsymbol{r} \tag{6.143}$$

TF 模型和 TFD 模型具有非常简单的总能泛函形式, 可以非常高效地应用于复杂体系。但是, 这些高度简化的模型不能描述化学成键作用, 因此无法应用于实际体系的电子结构理论计算。尽管如此, 科学家们也一直没有放弃发展完全不依赖于轨道的密度泛函理论 (orbital-free DFT, OFDFT) 的梦想。关于这方面的最新进展, 感兴趣的读者可参考综述文献 [96]。

自旋依赖性

很多文献把考虑了自旋依赖性的局域密度近似称为局域自旋密度近似 (local spin density approximation, LSDA)【注意: 在后面的讨论中, 即使考虑自旋极化的情形, 我们也用 LDA 这个名称】

$$E_{\mathrm{xc}}^{\mathrm{LSDA}}[\rho_\alpha,\rho_\beta]=\int\rho(\boldsymbol{r})\varepsilon_{\mathrm{xc}}[\rho_\alpha(\boldsymbol{r}),\rho_\beta(\boldsymbol{r})]\mathrm{d}\boldsymbol{r} \tag{6.144}$$

从 LDA 扩展到 LSDA, 关键是如何处理对自旋极化的依赖关系。根据交换能满足的精确自旋标度关系

$$E_{\mathrm{x}}^{\mathrm{LSDA}}[\rho_\alpha,\rho_\beta]=\frac{1}{2}E_{\mathrm{x}}^{\mathrm{LDA}}[2\rho_\alpha]+\frac{1}{2}E_{\mathrm{x}}^{\mathrm{LDA}}[2\rho_\beta] \tag{6.145}$$

利用 LDA 交换能泛函的解析表达式, 并引入自旋极化参数

$$\zeta=\frac{\rho_\alpha-\rho_\beta}{\rho}=\frac{\rho_\alpha-\rho_\beta}{\rho_\alpha+\rho_\beta} \tag{6.146}$$

可得

$$\begin{aligned}\rho_\alpha&=\frac{1+\zeta}{2}\rho\\ \rho_\beta&=\frac{1-\zeta}{2}\rho\end{aligned} \tag{6.147}$$

可以证明, LSDA 交换能泛函可以表达为

$$E_{\mathrm{x}}^{\mathrm{LSDA}}[\rho_\alpha,\rho_\beta]=\int\rho(\boldsymbol{r})\varepsilon_{\mathrm{x}}\left[\rho(\boldsymbol{r}),\zeta(\boldsymbol{r})\right]\mathrm{d}\boldsymbol{r} \tag{6.148}$$

$$\varepsilon_{\mathrm{x}}(\rho,\zeta)=\varepsilon_{\mathrm{x}}^0(\rho)+\left[\varepsilon_{\mathrm{x}}^1(\rho)-\varepsilon_{\mathrm{x}}^0(\rho)\right]f(\zeta) \tag{6.149}$$

其中, $\varepsilon_{\mathrm{x}}^0(\rho)$ 等于式 (6.140) 所给出的无自旋极化均匀电子气模型的电子交换能密度, 而 $\varepsilon_{\mathrm{x}}^1(\rho)=2^{1/3}\varepsilon_{\mathrm{x}}^0(\rho)$ 表示电子自旋完全极化时的交换能密度, $f(\zeta)$ 可以看作自旋插值公式

$$f(\zeta)=\frac{1}{2}\left(2^{1/3}-1\right)^{-1}\left[(1+\zeta)^{4/3}+(1-\zeta)^{4/3}-2\right] \tag{6.150}$$

【**练习***】证明式 (6.149)。

遗憾的是, 相关能密度对于自旋极化的依赖性没有如此简单的解析形式。

LDA 为何如此成功?

实际体系显然远远偏离均匀电子气模型, 但大量实际应用却表明, LDA 能给出远超预期的准确性。这在相当长的一段时间内给人们带来了很大的困惑, 并很大程度上影响了人们 (特别是量子化学家们) 对 DFT 方法的信心[97]。但实际上, LDA 的成功并非偶然。首先可以证明, 精确泛函所应满足的一些形式化条件, LDA 都可以满足。另外, 理解

LDA 的成功根源也可以从我们之前得到的交换-相关泛函的绝热连接表示获得启发。前面我们证明了

$$E_{\mathrm{xc}}[\rho]=\frac{1}{2}\iint\frac{\rho(\boldsymbol{r}_1)\bar{h}_{xc}(\boldsymbol{r}_1,\boldsymbol{r}_2)}{r_{12}}\mathrm{d}\boldsymbol{r}_1\mathrm{d}\boldsymbol{r}_2 \tag{6.151}$$

其中交换-相关空穴密度 $\bar{h}_{\mathrm{xc}}(\boldsymbol{r}_1,\boldsymbol{r}_2)$ 满足如下求和规则

$$\int\mathrm{d}\boldsymbol{r}_2\bar{h}_{\mathrm{xc}}(\boldsymbol{r}_1,\boldsymbol{r}_2)=-1 \tag{6.152}$$

由于电子间库仑作用只和电子间距离有关, 交换-相关能可以用球平均 (spherically averaged, SA) 交换-相关空穴密度来表示

$$E_{\mathrm{xc}}[\rho]=\frac{1}{2}\int\mathrm{d}\boldsymbol{r}\rho(\boldsymbol{r})\int_0^\infty 4\pi s\bar{h}_{xc}^{\mathrm{SA}}(\boldsymbol{r},s)\mathrm{d}s \tag{6.153}$$

其中

$$\bar{h}_{xc}^{\mathrm{SA}}(\boldsymbol{r},s)=\frac{1}{4\pi}\int\bar{h}_{\mathrm{xc}}(\boldsymbol{r},\boldsymbol{r}+\boldsymbol{s})\mathrm{d}\hat{\boldsymbol{s}} \tag{6.154}$$

这里 $\mathrm{d}\hat{\boldsymbol{s}}$ 表示对矢量 $\boldsymbol{s}$ 的角度部分进行积分。式 (6.153) 表明, 交换相关能只依赖于球平均之后的交换相关空穴的函数行为。LDA 可以从均匀电子气体系的交换-相关空穴密度得到

$$E_{\mathrm{xc}}^{\mathrm{LDA}}=\int\rho(\boldsymbol{r})\varepsilon_{\mathrm{xc}}[\rho(\boldsymbol{r})]\mathrm{d}\boldsymbol{r} \tag{6.155}$$

$$\varepsilon_{\mathrm{xc}}(\rho)=\frac{1}{2}\int\frac{1}{r_{12}}h_{\mathrm{xc}}^{\mathrm{HEG}}(\boldsymbol{r}_1-\boldsymbol{r}_2;\rho)\mathrm{d}\boldsymbol{r}_2 \tag{6.156}$$

$h_{\mathrm{xc}}^{\mathrm{LDA}}$ 满足积分为 -1 的求和规则。对于真实的非均匀电子体系, 如 Ne 原子, O. Gunnarsson 等人[98]的工作表明, 尽管 $h_{\mathrm{xc}}^{\mathrm{HEG}}$ 本身与精确的交换相关空穴密度相差甚远, 但在取球平均之后却和精确结果非常接近。

6.3.3 广义梯度近似

LDA 对很多物理化学性质的预测, 特别是固体材料性质, 有非常不错的表现。但是其精度在其他方面, 特别是对于分子体系的结合能和化学反应能的描述, 还是不能令人满意, 使得 LDA 无法用于分子热化学性质的预测。为了使 DFT 对化学问题有用, 需要发展超越 LDA 的交换-相关泛函近似。既然 LDA 是基于均匀电子气模型得到的, 而实际体系电子分布显然是非均匀的, 一个很自然的想法是将均匀电子气模型作为实际体系的零阶近似, 以电子密度梯度 $\nabla\rho(\boldsymbol{r})$ 作为微扰, 由此可以得到交换相关能的梯度展开近似 (gradient expansion approximation, GEA)。实际上, Kohn 和 Sham 在其 1965 年的开创性论文中就提出了 GEA 的思想。其后很多人在这方面开展了不少工作, 推导了交换相关能不同阶的梯度展开项。但是, 人们很快发现, 基于 GEA 得到的近似泛函存在很多根本的局限性, 其结果往往比 LDA 更差。这是因为真实体系的电子密度梯度远超过了可将其视为微扰的合理范围。更重要的是, 基于有限阶梯度展开的近似泛函违反了精确泛函所应满足的一些重要的形式条件。

GEA 的失败启发人们通过其他间接途径来引入密度梯度修正, 在考虑对梯度依赖性的同时, 尽可能满足已知精确条件, 由此获得的近似泛函被称为广义梯度近似 (generalized gradient approximation, GGA), 一般表达为如下形式

$$E_{\mathrm{xc}}^{\mathrm{GGA}}[\rho_\alpha,\rho_\beta]=\int\rho(\boldsymbol{r})\varepsilon_{\mathrm{xc}}^{\mathrm{HEG}}[\rho_\alpha(\boldsymbol{r}),\rho_\beta(\boldsymbol{r})]F_{\mathrm{xc}}[\rho_\alpha(\boldsymbol{r}),\rho_\beta(\boldsymbol{r}),\nabla\rho_\alpha(\boldsymbol{r}),\nabla\rho_\beta(\boldsymbol{r})]\mathrm{d}\boldsymbol{r} \tag{6.157}$$

GGA 泛函的发展并不是基于严格的数学推导或某个特定的模型体系, 因此, 与 LDA 相比, GGA 的一个明显特点是: GGA 存在很多不同的变种, 它们不仅在形式上差别很大, 而且对各种实际体系性质的预测也表现出非常不同的精度。这是实际应用中必须注意的问题。使用 GGA 时, 需要明确说明是哪个泛函。由于现存各种 GGA 泛函种类很多, 这里我们只是大致讨论一下几类 GGA 泛函的发展思路。

我们大致可以把现有 GGA 泛函分为第一性原理 GGA、半经验性 GGA 和经验性 GGA 三大类。某种意义上, 这样的分类也适用于下文讨论的其他形式的近似泛函。

第一性原理 GGA

这主要是指由 Perdew 及其合作者发展的一系列泛函。这类泛函建立在尽可能多地满足精确泛函所应满足的各种限制性条件基础之上。其大致的思路是, 设计一定的泛函形式, 其中包含的待定参数通过要求满足各种已知的限制性条件来确定, 尽可能不使用通过拟合实验数据来确定的经验性参数。值得指出的是, 这类泛函的数学形式本身是设计出来的, 而不是基于第一性原理推导出来的, 因此也包含一定的人为因素。另外, 由于已知的精确条件并不完备, 不足以唯一地确定 GGA 泛函的形式或其中的参数。这类泛函最为成功的例子是 PBE[99]。

半经验性 GGA

这是以 A. Becke 所发展的一系列泛函为代表, 其特点是根据物理上的考虑构建一定形式的泛函, 其中包含的少量参数通过拟合一定的实验数据或原型实际体系 (如惰性气体原子) 的精确理论数值来确定。之所以称之为“半经验性” GGA, 在于这类泛函结合了物理上的要求或限制 (包括之前讨论的一些精确泛函所应满足的条件) 和对实际体系数据的拟合。这方面一个非常成功的实例是 A. Becke 于 1988 年发展的 B88 交换泛函[100], 我们这里做一定的介绍。

考虑到最低阶梯度修正 (lowest-order gradient correction, LGC), 交换能作为密度的泛函可以写为

$$E_{\mathrm{x}}^{\mathrm{LGC}}=E_{\mathrm{x}}^{\mathrm{LDA}}-\beta\sum_{\sigma}\int\frac{(\nabla\rho_\sigma)^2}{\rho_\sigma^{4/3}}\mathrm{d}\boldsymbol{r} \tag{6.158}$$

这里 β 是个常数, 在密度梯度 $\nabla\rho\to 0$ 时可以精确得到。考虑 LGC 并将 β 作为一个经验参数, 这个方法作为对 Xα 方法的扩展, 被称为 X$\alpha\beta$ 方法。但是 LGC 对应的交换势在原子或分子体系的渐进区域 (即远离原子核、电子密度趋于零的区域) 发散, 即在 $r\to\infty$ 的渐进区域具有定性错误的行为。克服以上问题的最简单处理是采用如下形式的泛函

$$E_{\mathrm{x}}^{\mathrm{B86}}=E_{\mathrm{x}}^{\mathrm{LDA}}-\beta\sum_{\sigma}\int\rho_\sigma^{4/3}(\boldsymbol{r})\frac{x_\sigma^2(\boldsymbol{r})}{1+\gamma x_\sigma^2(\boldsymbol{r})}\mathrm{d}\boldsymbol{r} \tag{6.159}$$

这里

$$x_\sigma(\boldsymbol{r})=\frac{|\nabla\rho_\sigma(\boldsymbol{r})|}{\rho_\sigma^{4/3}} \tag{6.160}$$

是无量纲的约化密度梯度。参数 β 和 γ 通过拟合一组数值精确的原子交换能数据来确定。这个交换泛函近似由 A. Becke 于 1986 年[101] 提出, 记为 B86。在 B88 中[100], A. Becke 采用了一种更为复杂的形式

$$E_{\mathrm{x}}^{\mathrm{B88}}=E_{\mathrm{x}}^{\mathrm{LDA}}-\beta\sum_{\sigma}\int\rho_{\sigma}^{4/3}(\boldsymbol{r})\frac{x_{\sigma}^{2}(\boldsymbol{r})}{1+6\beta x_{\sigma}(\boldsymbol{r})\sinh^{-1}x_{\sigma}(\boldsymbol{r})}\mathrm{d}\boldsymbol{r} \tag{6.161}$$

和 B86 相比, B88 只包含一个参数 β, 它是通过拟合惰性气体原子的 Hartree-Fock 交换能来确定的。

另外需要提一下的是 LYP 相关能 GGA 泛函[102], 其出发点是 Colle-Salvetti(CS)[103] 模型相关能公式, 后者基于对相关波函数的形式分析经过一系列近似得到, 其中包含的若干参数通过拟合 He 原子的数据得到。LYP GGA 泛函的具体表达式比较复杂, 不在这里列出。它能非常准确地描述原子的相关能。B88 交换能和 LYP 相关能结合给出的 BLYP 泛函, 是对分子体系而言最为准确的 GGA 泛函之一。

经验性 GGA

A. Becke 在 1997 年的工作[104] 进一步扩展了泛函发展的经验性特征, 某种意义上开启了经验泛函的先河 (也有人会认为是开启了泛函发展的 "潘多拉之盒"), 其中所使用的技巧有一定的代表性, 因此我们对其做一定的讨论。这个工作所提出的泛函在文献中一般被称为 B97。

B97 本身是个经验性的杂化泛函, 总的交换-相关能写为如下形式

$$E_{\mathrm{xc}}=E_{\mathrm{x}}^{\mathrm{GGA}}+E_{\mathrm{c}}^{\mathrm{GGA}}+c_{\mathrm{x}}E_{\mathrm{x}}^{\mathrm{HF}} \tag{6.162}$$

其中第三项包含一定比例的精确交换能, 即用 KS 轨道计算的 HF 交换能。$E_{\mathrm{x}}^{\mathrm{GGA}}$ 写为如下形式

$$E_{\mathrm{x}}^{\mathrm{GGA}}=\sum_{\sigma}\int e_{\mathrm{x}}^{\mathrm{LSDA}}[\rho_{\sigma}(\boldsymbol{r})]g_{\mathrm{x}\sigma}[x_{\sigma}^{2}(\boldsymbol{r})]\mathrm{d}^{3}r \tag{6.163}$$

其中

$$e_{\mathrm{x}}^{\mathrm{LSDA}}(\rho_{\sigma})=-\frac{3}{2}\left(\frac{3}{4\pi}\right)^{1/3}\rho_{\sigma}^{4/3} \tag{6.164}$$

表示具有密度为 ρ_σ 的完全自旋极化的均匀电子气体系单位体积交换能密度 (exchange energy density per volume), $g_{\mathrm{x}\sigma}$ 是依赖于密度梯度的修正因子。由于自旋相同和相反的电子之间的相关作用有明显差别, 因此相关能分解为自旋相同和自旋相反两部分的贡献

$$E_{\mathrm{c}}^{\mathrm{GGA}}=E_{\mathrm{c}\alpha\beta}^{\mathrm{GGA}}+\sum_{\sigma}E_{\mathrm{c}\sigma\sigma}^{\mathrm{GGA}} \tag{6.165}$$

$$E_{\mathrm{c}\alpha\beta}^{\mathrm{GGA}}=\int e_{\mathrm{c}\alpha\beta}^{\mathrm{LSDA}}(\rho_{\alpha},\rho_{\beta})g_{\mathrm{c}\alpha\beta}(x_{\mathrm{avg}}^{2}) \tag{6.166}$$

$$E_{\mathrm{c}\sigma\sigma}^{\mathrm{GGA}}=\int e_{\mathrm{c}\sigma\sigma}^{\mathrm{LSDA}}(\rho_{\sigma})g_{\mathrm{c}\sigma\sigma}(x_{\sigma}^{2}) \tag{6.167}$$

其中

$$x_{\mathrm{avg}}^{2}=\frac{1}{2}\left(x_{\alpha}^{2}+x_{\beta}^{2}\right) \tag{6.168}$$

$$e_{\mathrm{c}\alpha\beta}^{\mathrm{LSDA}}(\rho_{\alpha},\rho_{\beta})=e_{\mathrm{c}}^{\mathrm{HEG}}(\rho_{\alpha},\rho_{\beta})-e_{\mathrm{c}}^{\mathrm{HEG}}(\rho_{\alpha},0)-e_{\mathrm{c}}^{\mathrm{HEG}}(\rho_{\beta},0) \tag{6.169}$$

$$e_{\mathrm{c}\sigma\sigma}^{\mathrm{LSDA}}(\rho_{\sigma})=e_{\mathrm{c}}^{\mathrm{HEG}}(\rho_{\sigma},0) \tag{6.170}$$

上式中 $e_{\rm c}^{\rm HEG}(\rho_\alpha,\rho_\beta)$ 表示对应于自旋密度 ρ_α 和 ρ_β 的均匀电子气单位体积相关能密度 (correlation energy density per volume)。

对于修正因子 $g_{{\rm x}\sigma}$, $g_{{\rm c}\alpha\beta}$ 和 $g_{{\rm c}\sigma\sigma}$, 先考虑如下简单函数形式

$$\begin{aligned} g_{{\rm x}\sigma}(x_\sigma^2) &= \frac{1+b_{\rm x}x_\sigma^2}{1+\gamma_{\rm x}x_\sigma^2} \\ g_{{\rm c}\alpha\beta}(x_{\rm avg}^2) &= \frac{1}{1+\gamma_{{\rm c}\alpha\beta}x_{\rm avg}^2} \\ g_{{\rm c}\sigma\sigma}(x_\sigma^2) &= \frac{1}{1+\gamma_{{\rm c}\sigma\sigma}x_\sigma^2} \end{aligned} \tag{6.171}$$

通过拟合由 H 到 Ne 的 10 个原子的交换能和相关能, 上式中参数的取值分别确定为 $b_{\rm x}=0.00787$, $\gamma_{\rm x}=0.004$, $\gamma_{{\rm c}\alpha\beta}=0.006$ 和 $\gamma_{{\rm c}\sigma\sigma}=0.2$。为了获得一种能系统化提高拟合精度的泛函形式, 并考虑到约化梯度 x_σ 的取值范围在零和无穷大之间, 从拟合的角度并不合适, A. Becke 提出如下三个新的无量纲辅助变量

$$\begin{aligned} u_{{\rm x}\sigma} &\equiv \frac{\gamma_{\rm x}x_\sigma^2}{1+\gamma_{\rm x}x_\sigma^2} \\ u_{{\rm c}\alpha\beta} &\equiv \frac{\gamma_{{\rm c}\alpha\beta}x_{\rm avg}^2}{1+\gamma_{{\rm c}\alpha\beta}x_{\rm avg}^2} \\ u_{{\rm c}\sigma\sigma} &\equiv \frac{\gamma_{{\rm c}\sigma\sigma}x_\sigma^2}{1+\gamma_{{\rm c}\sigma\sigma}x_\sigma^2} \end{aligned} \tag{6.172}$$

利用这些变量, 式 (6.171) 可以写为如下简单形式

$$\begin{aligned} g_{{\rm x}\sigma}(x_\sigma^2) &= 1+0.967u_{{\rm x}\sigma} \\ g_{{\rm c}\alpha\beta}(x_{\rm avg}^2) &= 1-u_{{\rm c}\alpha\beta} \\ g_{{\rm c}\sigma\sigma}(x_\sigma^2) &= 1-u_{{\rm c}\sigma\sigma} \end{aligned} \tag{6.173}$$

由以上表达式推广, 对 $g_{{\rm x}\sigma}$, $g_{{\rm c}\alpha\beta}$ 和 $g_{{\rm c}\sigma\sigma}$ 分别表达为 $u_{{\rm x}\sigma}$, $u_{{\rm c}\alpha\beta}$ 和 $u_{{\rm c}\sigma\sigma}$ 的多项式

$$g_a = \sum_{i=0}^{m} c_i^{(a)} u^i \qquad a={\rm x}\sigma, {\rm c}\alpha\beta, {\rm c}\sigma\sigma \tag{6.174}$$

其中 $c_i^{({\rm x}\sigma)}$, $c_i^{({\rm c}\alpha\beta)}$, $c_i^{({\rm c}\sigma\sigma)}$, 以及式 (6.162) 中的 $c_{\rm x}$ 等一共 $3m+4$ 个参数。Becke 通过拟合 G2 测试集 (这是由 Pople 与合作者建立的一套包含数十个小分子的基本物理化学性质实验数据的测试集, 包括 56 个小分子的原子化能, 42 个分子的电离势, 8 个分子的质子结合能, 以及从 H 到 Ne 等 10 个原子的精确总能量[71]) 来确定这些参数。Becke 发现, 采用 $m=2$ 基本上达到了拟合的最优效果; 进一步增大 m, 很难显著减小拟合误差, 反而会增加过拟合的可能性。

从上面的讨论可以看出, 采用不同的泛函形式, 使用不同的实验数据来进行参数拟合, 就会给出不同的泛函。由此可以理解为何文献中会涌现出如此众多的近似泛函。

6.3.4 mGGA 泛函

除了电子密度和密度梯度之外, mGGA 还依赖于 KS 动能密度, 有时也考虑对电子密度二阶导数的依赖性 (注意: 为简化符号表示, 从这里开始不再显式地标明自旋依赖

性)

$$E_{\mathrm{xc}}^{\mathrm{mGGA}} = \int \rho(\boldsymbol{r})\varepsilon_{\mathrm{xc}}^{\mathrm{HEG}}\{\rho(\boldsymbol{r})F_{\mathrm{xc}}[\rho(\boldsymbol{r}), \nabla\rho(\boldsymbol{r}), \tau(\boldsymbol{r})]\}\mathrm{d}\boldsymbol{r} \tag{6.175}$$

其中

$$\tau(\boldsymbol{r}) = \sum_{i}^{N} |\nabla\psi_i(\boldsymbol{r})|^2 \tag{6.176}$$

与 GGA 一样, mGGA 也同样可以大致分为第一性原理的、半经验性的和经验性的三大类。这里我们重点介绍一下近年来引起较大关注的 SCAN 泛函[105]。

SCAN 全称是 "strongly constrained and appropriately normed", 其中 "strongly constrained" 是指其满足在 mGGA 框架内的所有 17 个已知精确条件, "appropriately normed" 则是指在满足精确条件的基础上对仍然存在的自由参数通过拟合若干规范性体系的精确理论数据来确定, 后者包括: ① 中性惰性原子的交换能和相关能关于原子序数 Z 的渐进展开; ② Ar_2 结合能曲线; ③ 对应于若干电子密度的凝胶表面 (jellium surface) 的交换-相关能。

和发展 GGA 类似, 发展 mGGA 泛函很重要的一步是定义对应于 KS 动能密度的无量纲量。SCAN 采用了如下无量纲量

$$\alpha(\boldsymbol{r}) \equiv \frac{\tau(\boldsymbol{r}) - \tau_{\mathrm{W}}(\boldsymbol{r})}{\tau^{\mathrm{HEG}}(\boldsymbol{r})} \tag{6.177}$$

其中

$$\tau^{\mathrm{HEG}}(\boldsymbol{r}) = \frac{3}{10}\left(3\pi^2\right)^{2/3}\rho^{5/3} \tag{6.178}$$

为均匀电子气的动能密度

$$\tau^{\mathrm{W}}(\boldsymbol{r}) = \frac{1}{8}\frac{|\nabla\rho|^2}{\rho} \tag{6.179}$$

是 Weissaecker 动能密度, 对应于单轨道电子密度 (即占据一个空间轨道产生的电子密度, 对应于 1 个电子, 或 2 个自旋配对电子, 或所有电子占据同一个轨道, 即假定电子是波色子的情形) 所对应的动能密度。

$\alpha(\boldsymbol{r})$ 的取值能定性地反映不同区域的化学键特征: 在由单个轨道贡献的共价键区域, $\alpha \simeq 0$; 在电子密度变化缓慢区域, 一般对应于金属键, $\alpha \simeq 1$; 而在典型的非键相互作用区域, $\alpha \gg 1$ 。因此, 采用 α 作为 mGGA 中的变量, 有望能更好地描述不同类型的化学键。另外值得一提的是, 在密度泛函理论计算中常用来进行化学键分析的电子局域化函数 (electron localization function, ELF)[106] 也是基于 α 而定义的

$$\mathrm{ELF}(\boldsymbol{r}) = \frac{1}{1+\alpha^2(\boldsymbol{r})} \tag{6.180}$$

SCAN 泛函的具体形式比较复杂, 因此这里不做进一步展开。mGGA 经历了很多年的发展, 终于在 SCAN 这里获得了与之前 LDA/GGA 相比较为显著的改进。

应该指出的是, 由于动能密度依赖于 KS 轨道, 而不能直接用电子密度解析表示, 因此 mGGA 属于轨道泛函[107]。对于轨道泛函, 在 Kohn-Sham 框架 (交换-相关势是空间

局域势) 中, 其交换相关势并不能直接以简单的方式计算得到, 关于这一点, 我们将在后文杂化泛函部分再具体讨论。也正因为如此, mGGA 的程序实现并不是很直接, 现有程序中的 mGGA 有不同的实现方式。有些程序并没有实现完整的 mGGA, 而是用某个 LDA/GGA 的交换-相关势做自洽迭代, 只是用 mGGA 计算总能量。也有一些程序是在广义 Kohn-Sham 理论的意义上实现了 mGGA。

6.3.5 杂化泛函

在实际应用中, 对很多性质的描述, HF 和 LDA/GGA 方法往往给出相反的误差趋势。比如对于材料带隙的预测, LDA/GGA 一般都明显低估带隙, 而 HF 则显著高估带隙。对于这一点的根源, 目前已有很充分的理论上的认识。如前所述, 在绝对零度时, 一个相互作用体系的基态能量作为电子数 N 的函数应该满足分段线性条件。但是, HF 总能量作为 N 的函数, 总有向上 (正) 偏离, 表现为凹 (concave) 函数行为; 而 LDA/GGA 总能量作为 N 的函数, 总是向下 (负) 偏离, 表现为凸 (convex) 函数行为[108]。显然, 如果将 LDA/GGA 与 HF 以合适的比例混合, 就有可能得到更接近精确的结果。困难在于如何确定这个比例, 最优的比例对不同体系是不同的。杂化泛函最早由 A. Becke 基于绝热连接的思想而发展起来[109], 并在对化学体系的应用中获得了非常大的成功, 其最常用的实现形式, B3LYP[110], 在化学家中几乎成为 DFT 的代名词。经过几十年的发展, 杂化泛函种类繁多, 并且不断有新的杂化泛函形式出现。我们这里重点讨论常见的杂化泛函的基本思想。更详细的讨论可参看综述文献 [111, 112]。

OEP 方法与广义 Kohn-Sham 理论

在介绍具体的杂化泛函之前, 我们先讨论一个概念上的问题: 和 LDA/GGA 不同, 杂化泛函依赖于 KS 轨道, 如何计算相应的交换-相关势? 有两种可能性:

(1) 要求交换-相关势是局域势 $v_{\rm xc}(\boldsymbol{r})$, 这时交换相关势仍然定义为交换-相关能关于电子密度的泛函导数 $v_{\rm xc}(\boldsymbol{r}) \equiv \delta E_{\rm xc}/\delta\rho(\boldsymbol{r})$, 但由于交换-相关泛函表示为轨道的泛函, 相应的交换相关势不能像在 LDA/GGA 中那样通过直接的泛函求导得到, 而是需要求解一个积分方程, 这被称为优化有效势 (optimized effective potential, OEP) 方法。

(2) 使用非局域的交换相关势 $\hat{v}_{\rm xc}^{\rm NL}$, 这相当于直接对总能量作关于单电子轨道的变分计算, 相应的交换相关势定义为

$$\hat{v}_{\rm xc}^{\rm NL}\psi_j(\boldsymbol{r}) \equiv \int v_{\rm xc}^{\rm NL}(\boldsymbol{r},\boldsymbol{r}')\psi_j(\boldsymbol{r}'){\rm d}\boldsymbol{r}' \equiv \frac{\delta E_{\rm xc}[\{\psi_i\}]}{\delta\psi_j^*(\boldsymbol{r})} \tag{6.181}$$

【练习*】推导对应于精确交换能的非局域交换势的表达式。

这两种做法在概念、程序实现、计算量及计算结果等方面, 都有明显的差别。下面我们分别作一些讨论。

OEP 方法

依赖于 KS 轨道波函数 (有时也还同时依赖于 KS 轨道能量) 的泛函被称为轨道泛函, 也称作隐式泛函。在 Kohn-Sham 理论的框架中, 隐式交换相关泛函所对应的局域势的计算较为复杂。为简单起见, 我们这里考虑只依赖于占据 KS 轨道的情形, 包括精确

交换和 mGGA。应用泛函导数的链式规则, 我们有

$$\begin{aligned}v_{\mathrm{xc}}(\boldsymbol{r}) &= \frac{\delta E_{\mathrm{xc}}}{\delta\rho(\boldsymbol{r})} \\ &= \sum_{i\in\mathrm{occ}}\int \frac{\delta E_{\mathrm{xc}}}{\delta\psi_i^*(\boldsymbol{r}')}\frac{\delta\psi_i^*(\boldsymbol{r}')}{\delta\rho(\boldsymbol{r})}\mathrm{d}\boldsymbol{r}' + \mathrm{c.c.} \\ &= \sum_{i\in\mathrm{occ}}\iint \frac{\delta E_{\mathrm{xc}}}{\delta\psi_i^*(\boldsymbol{r}')}\frac{\delta\psi_i^*(\boldsymbol{r}')}{\delta v_{\mathrm{KS}}(\boldsymbol{r}'')}\frac{\delta v_{\mathrm{KS}}(\boldsymbol{r}'')}{\delta\rho(\boldsymbol{r})}\mathrm{d}\boldsymbol{r}'\mathrm{d}\boldsymbol{r}'' + \mathrm{c.c.}\end{aligned} \tag{6.182}$$

上式中 c.c. 表示是前一项的复共轭 (complex conjugate)。引入如下辅助函数

$$Q_{\mathrm{xc}}(\boldsymbol{r}'') = \sum_{i\in\mathrm{occ}}\iint \frac{\delta E_{\mathrm{xc}}}{\delta\psi_i^*(\boldsymbol{r}')}\frac{\delta\psi_i^*(\boldsymbol{r}')}{\delta v_{\mathrm{KS}}(\boldsymbol{r}'')}\mathrm{d}\boldsymbol{r}' + \mathrm{c.c.} \tag{6.183}$$

则有

$$v_{\mathrm{xc}}(\boldsymbol{r}) = \int Q_{\mathrm{xc}}(\boldsymbol{r}'')\frac{\delta v_{\mathrm{KS}}(\boldsymbol{r}'')}{\delta\rho(\boldsymbol{r})}\mathrm{d}\boldsymbol{r}'' \tag{6.184}$$

应用 KS 响应函数的定义

$$\chi_s(\boldsymbol{r},\boldsymbol{r}') \equiv \frac{\delta\rho(\boldsymbol{r})}{\delta v_{\mathrm{KS}}(\boldsymbol{r}')} \tag{6.185}$$

可得如下交换相关势所满足的积分方程

$$\int v_{\mathrm{xc}}(\boldsymbol{r}')\chi_s(\boldsymbol{r}',\boldsymbol{r})\mathrm{d}\boldsymbol{r}' = Q_{\mathrm{xc}}(\boldsymbol{r}) \tag{6.186}$$

下面我们推导 $Q_{\mathrm{xc}}(\boldsymbol{r})$ 的具体表达式。由于 $\psi_i(\boldsymbol{r})$ 是如下 Kohn-Sham 方程的解

$$\left[-\frac{1}{2}\nabla^2 + v_{\mathrm{KS}}(\boldsymbol{r})\right]\psi_i(\boldsymbol{r}) = \varepsilon_i\psi_i(\boldsymbol{r}) \tag{6.187}$$

对 $v_{\mathrm{KS}}(\boldsymbol{r})$ 引入微扰 $\delta v_{\mathrm{KS}}(\boldsymbol{r})$, 根据微扰理论, 轨道的一阶扰动为

$$\delta\psi_i(\boldsymbol{r}) = \sum_{j\neq i}\frac{\langle\psi_j|\delta v_{\mathrm{KS}}|\psi_i\rangle}{\varepsilon_i-\varepsilon_j}\psi_j(\boldsymbol{r}) = \sum_{j\neq i}\int\frac{\psi_j^*(\boldsymbol{r}')\delta v_{\mathrm{KS}}(\boldsymbol{r}')\psi_i(\boldsymbol{r}')\psi_j(\boldsymbol{r})}{\varepsilon_i-\varepsilon_j}\mathrm{d}\boldsymbol{r}' \tag{6.188}$$

因此

$$\frac{\delta\psi_i(\boldsymbol{r})}{\delta v_{\mathrm{KS}}(\boldsymbol{r}')} = \left[\sum_{j\neq i}\frac{\psi_j(\boldsymbol{r})\psi_j^*(\boldsymbol{r}')}{\varepsilon_i-\varepsilon_j}\right]\psi_i(\boldsymbol{r}') \equiv G_i(\boldsymbol{r},\boldsymbol{r}')\psi_i(\boldsymbol{r}') \tag{6.189}$$

上式引入了

$$G_i(\boldsymbol{r},\boldsymbol{r}') \equiv \sum_{j\neq i}\frac{\psi_j(\boldsymbol{r})\psi_j^*(\boldsymbol{r}')}{\varepsilon_i-\varepsilon_j} \tag{6.190}$$

很多文献中也称其为格林函数, 但它与真正的格林函数 (Green's function)

$$G(\boldsymbol{r},\boldsymbol{r}';\omega) \equiv \sum_{j}\frac{\psi_j(\boldsymbol{r})\psi_j^*(\boldsymbol{r}')}{\omega-\varepsilon_j} \tag{6.191}$$

还是有所差别的。应用前面定义的非局域交换相关势, 即式 (6.181), 可得

$$Q_{\mathrm{xc}}(\boldsymbol{r})=\sum_{i}^{\mathrm{occ}}\sum_{j}^{\mathrm{unocc}}\frac{\langle\psi_j|v_{\mathrm{xc}}^{\mathrm{NL}}|\psi_i\rangle}{\varepsilon_i-\varepsilon_j}\psi_i^*(\boldsymbol{r})\psi_j(\boldsymbol{r})+\mathrm{c.c.} \tag{6.192}$$

【练习*】推导以上公式。

【练习*】应用式 (6.189) 推导 KS 响应函数的如下计算公式

$$\chi_s(\boldsymbol{r},\boldsymbol{r}')=2\sum_{i}^{\mathrm{occ}}\sum_{j}^{\mathrm{unocc}}\frac{\psi_j^*(\boldsymbol{r})\psi_i^*(\boldsymbol{r}')\psi_i(\boldsymbol{r})\psi_j(\boldsymbol{r}')}{\varepsilon_i-\varepsilon_j}+\mathrm{c.c.} \tag{6.193}$$

从上面的推导可以看出, OEP 方程是个积分方程, 计算起来比较麻烦; 而且 $\chi_s(\boldsymbol{r},\boldsymbol{r}')$ 和 $Q_{\mathrm{xc}}(\boldsymbol{r})$ 的计算涉及对所有未占据态的加和。更为麻烦的是, 在数学上, OEP 方程存在一定的奇异性, 需要基于物理的考虑引入一定的规则化 (regularization) 限制条件之后才能得到合理的解。

关于轨道泛函和 OEP 方法更系统的讨论, 可参看综述 [107]。

广义 Kohn-Sham 理论

通过 OEP 方法求解局域交换相关势存在诸多困难, 因此至今仍停留在基础研究阶段, 很少被应用于实际体系的计算。绝大部分的杂化泛函计算都使用了基于式 (6.181) 的非局域交换相关势, 这也是杂化泛函方法于 20 世纪 90 年代初刚开始发展的时候人们所实际采用的方法, 可以看作把 Kohn-Sham DFT 与 Hartree-Fock 方法的一种混合, 这也是“杂化” 名称的由来。由此便引出了一个概念上的问题: 杂化泛函方法是否还属于密度泛函理论的范畴。为此, Seidl 等人提出了广义 Kohn-Sham 方案 (generalized Kohn-Sham, GKS)[113], 通过对 Kohn-Sham 非相互作用体系进行概念上的扩展, 将杂化泛函也纳入密度泛函理论的框架之中。

基于绝热连接的杂化泛函

根据之前讨论过的交换-相关泛函的绝热连接表示

$$E_{\mathrm{xc}}[\rho]=\int_0^1 U_{\mathrm{xc}}^{\lambda}[\rho]\mathrm{d}\lambda \tag{6.194}$$

容易看出, $U_{\mathrm{xc}}^{\lambda=0}=E_{\mathrm{x}}^{\mathrm{HF}}$ 为用 KS 轨道计算的 HF 交换能, 即精确交换。假定 $U_{\mathrm{xc}}^{\lambda}$ 近似为 λ 的线性函数, 则有

$$E_{\mathrm{xc}}[\rho]\simeq\frac{1}{2}\left(U_{\mathrm{xc}}^{\lambda=0}+U_{\mathrm{xc}}^{\lambda=1}\right)\simeq\frac{1}{2}\left(E_{\mathrm{x}}^{\mathrm{HF}}+E_{\mathrm{xc}}^{\mathrm{SL}}\right) \tag{6.195}$$

这里我们用 SL(semi-local) 来代表 LDA/GGA/mGGA 型的半局域交换相关近似。这是 Becke 于 1993 年提出的第一个杂化泛函[109], 有时称为 half-half (HH) 杂化泛函。在此基础上, Becke 进一步做了经验化的扩展, 提出了如下三参数杂化方案, 一般记为 B3[114]

$$E_{\mathrm{xc}}[\rho]\simeq E_{\mathrm{xc}}^{\mathrm{LDA}}+a_0\left(E_{\mathrm{x}}^{\mathrm{HF}}-E_{\mathrm{x}}^{\mathrm{LSDA}}\right)+a_{\mathrm{X}}\Delta E_{\mathrm{x}}^{\mathrm{GGA}}+a_{\mathrm{C}}\Delta E_{\mathrm{c}}^{\mathrm{GGA}} \tag{6.196}$$

这里 $\Delta E_{\mathrm{x}}^{\mathrm{GGA}}$ 和 $\Delta E_{\mathrm{c}}^{\mathrm{GGA}}$ 分别是对 LDA 交换和相关能的 GGA 修正, 在 Becke 原来的工作中, GGA 交换选择为 B88 交换能泛函, 而 GGA 相关能修正则采用了 PW91 相关能泛函。这里的三个参数 $a_0=0.20$, $a_{\mathrm{X}}=0.72$, $a_{\mathrm{C}}=0.81$ 通过最小二乘拟合 Pople 的 G2-1 数据集来确定。在后来的研究中, 人们发现使用 LYP 相关能的 B3 方案, 即 B3LYP, 具有更

优的表现[110]。B3LYP 作为杂化泛函的代表, 被广泛应用于量子化学, 特别是只包含主族元素的分子体系。

PBE0 是由 Perdew 等提出[115] 的另一个基于绝热连接思想所发展的杂化泛函, 但不同于 B3, 它没有用实验数据来确定参数, 在很多文献中常被称为第一性原理杂化泛函

$$E_{\mathrm{xc}}^{\mathrm{PBE0}}[\rho] = \frac{1}{4}\left(E_{\mathrm{x}}^{\mathrm{HF}} - E_{\mathrm{x}}^{\mathrm{PBE}}\right) + E_{\mathrm{xc}}^{\mathrm{PBE}} = \frac{1}{4}E_{\mathrm{x}}^{\mathrm{HF}} + \frac{3}{4}E_{\mathrm{x}}^{\mathrm{PBE}} + E_{\mathrm{c}}^{\mathrm{PBE}} \tag{6.197}$$

其中 HF 所占比重 1/4 是基于如下观察确定: 对很多分子体系的多体微扰理论处理, 考虑到四阶修正 (MP4) 即可得到化学精度的结果。因此, 虽然没有用实验的数据进行拟合, PBE0 泛函的有效性也依赖于对 MP4 精度的经验观察, 因此并不是真正严格意义上的 "第一性原理" 杂化泛函。

长程修正杂化泛函

对于分子体系, LDA/GGA 的很多局限性都和其交换-相关势具有错误的渐进行为有关, 为此人们提出可以将库仑作用分解为短程和长程两部分贡献的加和 (如图 6.5), 分别用不同的近似来描述短程和长程作用所对应的交换-相关能。这个思想被称为作用程分离 (range separation)。可以用不同的方式实现作用程的分离, 最常用的是采用误差函数 (error function, erf) 和它的补函数 (erfc)

$$\frac{1}{r_{12}} = \frac{\mathrm{erfc}(\omega r_{12})}{r_{12}} + \frac{\mathrm{erf}(\omega r_{12})}{r_{12}} \equiv v_{\mathrm{ee}}^{\mathrm{sr},\omega}(r_{12}) + v_{\mathrm{ee}}^{\mathrm{lr},\omega}(r_{12}) \tag{6.198}$$

erfc 部分表示短程 (short-range, sr) 作用, erf 部分表示长程 (long range, lr) 作用, ω 是作用程分离参数。

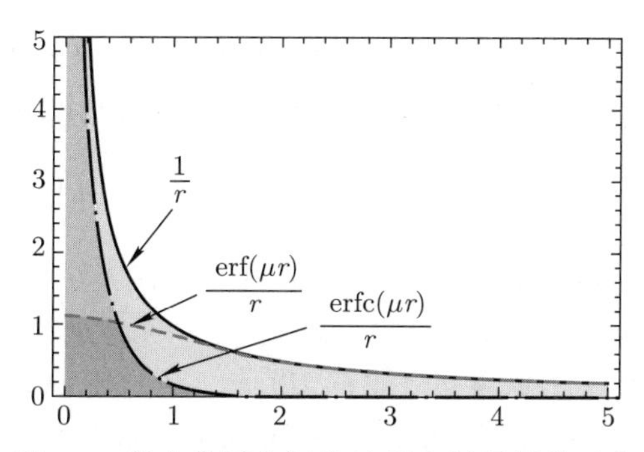

图 6.5 库仑作用分解为长程和短程部分示意

在长程修正 (long-range corrected, LC) 杂化泛函中, 长程部分的贡献按 Hartree-Fock 理论处理, 而短程部分采用 LDA/GGA 来描述

$$E_{\mathrm{xc}}^{\mathrm{LC}} = E_{\mathrm{x}}^{\mathrm{HF}}[\gamma_1; v_{\mathrm{ee}}^{\mathrm{lr},\omega}] - E_{\mathrm{x}}^{\mathrm{SL}}[\rho; v_{\mathrm{ee}}^{\mathrm{lr},\omega}] + E_{\mathrm{xc}}^{\mathrm{SL}}[\rho] \tag{6.199}$$

这里我们用 $E_{\mathrm{x}}^{\mathrm{HF}}[\gamma_1; v_{\mathrm{ee}}^{\mathrm{lr},\omega}]$ 表示使用长程库仑作用 $v_{\mathrm{ee}}^{\mathrm{lr},\omega}$ 计算的 Hartree-Fock 交换能, 它依赖于一阶约化密度矩阵 γ_1, $E_{\mathrm{x}}^{\mathrm{SL}}[\rho; v_{\mathrm{ee}}^{\mathrm{lr},\omega}]$ 是相应的半局域 (LDA/GGA/mGGA) 近似。显然, 上式也可以等价地表示为

$$E_{\mathrm{xc}}^{\mathrm{LC}} = E_{\mathrm{x}}^{\mathrm{HF}}[\gamma_1; v_{\mathrm{ee}}^{\mathrm{lr},\omega}] + E_{\mathrm{x}}^{\mathrm{SL}}[\rho; v_{\mathrm{ee}}^{\mathrm{sr},\omega}] + E_{\mathrm{c}}^{\mathrm{SL}}[\rho] \tag{6.200}$$

LC 杂化泛函的重要特点是其交换相关势具有正确的渐进行为, 这对于带负电荷的分子体系的描述, 以及在含时密度泛函理论的框架内描述电子激发性质, 都具有重要影响。更具体的, 我们提一下两个总体性能表现比较出色的长程修正杂化泛函。

LC-ωPBE: Vydrov 等发现, 使用 $\omega = 0.4$(原子单位) 的误差函数, 并与 PBE 泛函结合, 对很多热化学性质和反应势垒的预测可以获得非常高的精度, 这个泛函一般记为 LC-w PBE[116,117]。

ω**B97X**: Chai 和 Head-Gordon[118] 把长程修正与 B97 经验泛函结合起来, 提出了如下形式的杂化泛函

$$E_{\text{xc}}^{\omega\text{B97X}} = E_{\text{x}}^{\text{HF}}[\gamma_1; v_{\text{ee}}^{\text{lr},\omega}] + c_X E_{\text{x}}^{\text{HF}}[\gamma_1; v_{\text{ee}}^{\text{sr},\omega}] + E_{\text{x}}^{\text{SR-B97}} + E_{\text{c}}^{\text{B97}} \tag{6.201}$$

其中

$$E_{\text{x}}^{\text{SR-B97}} = \sum_{\sigma} \int e_{\text{x}}^{\text{SR-LSDA}}[\rho_\sigma(\boldsymbol{r})] g_{\text{x}\sigma}(s_\sigma^2) \text{d}\boldsymbol{r} \tag{6.202}$$

这里 $e_{\text{x}}^{\text{SR-LSDA}}$ 表示对应于短程库仑作用的均匀电子气体系交换能密度。上式中的 $g_{\text{x}\sigma}$ 以及 $E_{\text{c}}^{\text{B97}}$ 均采用 B97 的方式处理, 并对所有参数重新拟合, 由此得到的杂化泛函被称为 ωB97X。

屏蔽杂化泛函

实际上, 在 A. Becke 针对分子体系计算提出 HH 和 B3 杂化泛函之前, 为了改进 LDA/GGA 对固体材料电子能带结构性质的描述, D. M. Bylander 和 L. Kleinmann[119] 就提出了称为 modified LDA (MLDA) 的方法, 实际上也是一种杂化泛函方法。在之后的文献中, 该方法常被称为屏蔽交换 (screened exchange, SX)。其基本思想很简单, 就是采用 Thomas-Fermi 屏蔽模型中给出的屏蔽库仑势

$$v_{\text{sc}}^{\text{TF}}(r_{12}) = \frac{e^{-k_{\text{TF}} r_{12}}}{r_{12}} \tag{6.203}$$

来计算 HF 交换能, 并对其余部分的交换-相关能贡献用 LDA 来描述

$$E_{\text{xc}}^{\text{SX}} = E_{\text{x}}^{\text{HF}}[\gamma_1; v_{\text{sc}}^{\text{TF}}] - E_{\text{x}}^{\text{LDA}}[\rho; v_{\text{sc}}^{\text{TF}}] + E_{\text{xc}}^{\text{LDA}} \tag{6.204}$$

相对于 LDA 而言, 该方法能显著改进对材料带隙的描述[113,120]。

屏蔽的思想也被应用于 HSE 泛函[121]。发展 HSE 泛函最初的目的是为了克服 PBE0 在固体体系计算上的困难。将通常的 (即把 HF 与 LDA/GGA 直接混合) 杂化泛函应用于固体计算时, 由于库仑作用的长程属性, HF 交换能和交换势的计算量很大。为了克服这个困难, Heyd 等提出只对短程库仑作用按 HF 处理, 即

$$E_{\text{xc}}^{\text{HSE}}[\rho] = \frac{1}{4}\left(E_{\text{x}}^{\text{HF}}[\gamma_1; v_{\text{ee}}^{\text{sr},\omega}] - E_{\text{x}}^{\text{PBE}}[\gamma_1; v_{\text{ee}}^{\text{sr},\omega}]\right) + E_{\text{xc}}^{\text{PBE}} \tag{6.205}$$

其中作用程分离参数 ω 通过拟合 G2 数据集[71] 中的实验数据来确定。在实际计算中, 一般取 $0.2 \sim 0.3 \text{Å}^{-1}$。在实际应用中发现, HSE 对于很多材料性质 (特别是半导体带隙) 的预测有优于 PBE0 的表现[122], 这可归结为通过使用短程库仑作用, 一定程度上考虑了固体中电子间的屏蔽效应[123]。HSE 形式的杂化泛函在文献中常被称为**屏蔽杂化泛函**。

一般形式的杂化泛函

将杂化 (混合 HF 和 LDA/GGA)、长程修正和屏蔽等思想结合起来, 可以得出更一般形式的杂化泛函。为此, 先对库仑作用做如下重组

$$\begin{aligned} v_{\text{ee}}(r_{12}) &= \left[\alpha_{\text{sr}} v_{\text{ee}}^{\text{sr},\omega}(r_{12}) + \alpha_{\text{lr}} v_{\text{ee}^{\text{lr},\omega}(r_{12})}\right] + \left[(1-\alpha_{\text{sr}})\, v_{\text{ee}}^{\text{lr},\omega}(r_{12}) + (1-\alpha_{\text{lr}})\, v_{\text{ee}}^{\text{sr},\omega}(r_{12})\right] \\ &\equiv v_{\text{sc}}(r_{12}; \alpha_{\text{sr}}, \alpha_{\text{lr}}, \omega) + \bar{v}_{\text{sc}}(r_{12}; \alpha_{\text{sr}}, \alpha_{\text{lr}}, \omega) \end{aligned} \tag{6.206}$$

对第一项对应的电子交换相关能采用 HF 处理, 而第二项采用 LDA/GGA/mGGA 形式的半局域近似

$$E_{\mathrm{xc}}^{\mathrm{hyb}}=E_{\mathrm{x}}^{\mathrm{HF}}\left[\gamma_1;v_{\mathrm{sc}}\right]-E_{\mathrm{x}}^{\mathrm{SL}}\left[\rho;v_{\mathrm{sc}}\right]+E_{\mathrm{xc}}^{\mathrm{SL}}\left[\rho\right] \tag{6.207}$$

更具体地

$$E_{\mathrm{xc}}^{\mathrm{hyb}}=\alpha_{\mathrm{sr}}\left(E_{\mathrm{x}}^{\mathrm{HF}}\left[\gamma_1;v_{\mathrm{ee}}^{\mathrm{sr},\omega}\right]-E_{\mathrm{x}}^{\mathrm{SL}}\left[\rho;v_{\mathrm{ee}}^{\mathrm{sr},\omega}\right]\right)+\alpha_{\mathrm{lr}}\left(E_{\mathrm{x}}^{\mathrm{HF}}\left[\gamma_1;v_{\mathrm{ee}}^{\mathrm{lr},\omega}\right]-E_{\mathrm{x}}^{\mathrm{SL}}\left[\rho;v_{\mathrm{ee}}^{\mathrm{lr},\omega}\right]\right)+E_{\mathrm{xc}}^{\mathrm{SL}}\left[\rho\right] \tag{6.208}$$

以上形式的近似泛函有时也称为作用程分离 (range separated) 杂化泛函。如何确定参数 α_{sr},α_{lr} 和 ω, 文献中提出了不同的方法, 有些文献采用了经验性的策略, 通过拟合实验数据来确定, 也有些文献基于物理模型, 比如针对固体电子能带结构的描述, 基于模型介电函数来确定这些参数。也有文献提出通过要求计算结果满足 Kohn-Sham Koopmans 定理或分段线性条件来确定参数。更详细讨论可参看文献 [112]。

6.3.6 第五阶泛函

第五阶泛函近似具有比较复杂的形式, 其计算量也往往和 MP2 相当, 远高于半局域或杂化泛函近似, 因此某种意义上失去了常规 DFT 方法相对于 post-HF 的相关波函数方法在计算效率上的优势。但与此同时, 由于 LDA/GGA 已经能在很大程度上描述动态相关效应, 在此基础上引入依赖于所有未占据轨道的相关能修正, 便有可能以 MP2 的计算量来获得 CCSD(T) 的计算精度。

双杂化泛函

双杂化泛函的基本思想是在通常杂化泛函的基础上, 进一步将 MP2 相关能与 LDA/GGA 相关能按一定比例进行混合, 因此这可以看成是将波函数方法和 DFT 方法进一步进行混合, 以充分利用两者的优势, 并克服彼此的局限性。双杂化泛函也可以从交换相关能的绝热连接表示公式获得启发。根据绝热连接表示

$$E_{\mathrm{xc}}=\int_0^1 U_{\mathrm{xc}}^{\lambda}[\rho]\mathrm{d}\lambda \tag{6.209}$$

可以证明

$$U_{\mathrm{xc}}^{\lambda=0}=E_{\mathrm{x}}^{\mathrm{HF}} \tag{6.210}$$

$$\left.\frac{\partial U_{\mathrm{xc}}^{\lambda}}{\partial\lambda}\right|_{\lambda=0}=2E_{\mathrm{c}}^{(\mathrm{GL2})} \tag{6.211}$$

这里 $E_{\mathrm{c}}^{(\mathrm{GL2})}$ 是 Görling-Levy(GL) 微扰理论 [124] 的二阶能量修正表达式

$$E_{\mathrm{c}}^{(\mathrm{GL2})}=\sum_{i,j}^{\mathrm{occ}}\sum_{a,b}^{\mathrm{unocc}}\frac{|\langle\psi_i\psi_j||\psi_a\psi_b\rangle|^2}{\epsilon_i+\epsilon_j-\epsilon_a-\epsilon_b}+\sum_{i}^{\mathrm{occ}}\sum_{a}^{\mathrm{unocc}}\frac{|\langle\psi_i|v_{\mathrm{x}}^{(\mathrm{HF})}-v_{\mathrm{x}}^{(\mathrm{KS})}|\psi_a\rangle|^2}{\epsilon_i-\epsilon_a} \tag{6.212}$$

这里 $v_{\mathrm{x}}^{(\mathrm{HF})}$ 表示 HF 非局域交换势, 而 $v_{\mathrm{x}}^{(\mathrm{KS})}$ 为采用前文介绍的 OEP 方法计算得到的局域交换势。Görling-Levy 微扰理论是以 Kohn-Sham 非相互作用体系所对应的哈密顿算符作为电子哈密顿算符的零阶近似, 对电子基态能量进行微扰展开的多体微扰理论。显然, 上式的第一项是用 KS 轨道计算得到的 MP2 相关能计算公式。

【练习*】推导式 (6.212)。

如果将 $U_{\mathrm{xc}}^{\lambda}[\rho]$ 近似为 λ 的线性函数

$$U_{\mathrm{xc}}^{\lambda} \simeq U_{\mathrm{x}}^{\lambda=0} + \left.\frac{\partial U_{\mathrm{xc}}^{\lambda}}{\partial \lambda}\right|_{\lambda=0} \lambda \tag{6.213}$$

代入绝热连接公式, 可得

$$E_{\mathrm{xc}} \simeq E_{\mathrm{x}}^{\mathrm{HF}} + E_{\mathrm{c}}^{(\mathrm{GL2})} \tag{6.214}$$

对以上结论做经验化推广, 并注意到式 (6.212) 第二项的贡献往往较小从而可以忽略的事实, 稍作简化的双杂化泛函表达式为

$$E_{\mathrm{xc}}^{\mathrm{DH}} = \alpha_{\mathrm{HF}} E_{\mathrm{x}}^{\mathrm{HF}} + (1-\alpha_{\mathrm{HF}}) E_{\mathrm{x}}^{\mathrm{SL}} + \alpha_{\mathrm{c}} E_{\mathrm{c}}^{\mathrm{MP2}} + (1-\alpha_{c})\, E_{\mathrm{c}}^{\mathrm{SL}} \tag{6.215}$$

参照 B3 杂化泛函的策略, 可以得到如下包含更多参数的双杂化泛函

$$\begin{aligned} E_{\mathrm{xc}}^{\mathrm{DH}} = {} & \alpha_{\mathrm{HF}} E_{\mathrm{x}}^{\mathrm{HF}} + (1-\alpha_{\mathrm{HF}}) E_{\mathrm{x}}^{\mathrm{LDA}} + \alpha_{\mathrm{x}}^{\mathrm{GGA}} \Delta E_{\mathrm{x}}^{\mathrm{GGA}} + \alpha_{\mathrm{c}}^{\mathrm{MP2}} E_{\mathrm{c}}^{\mathrm{MP2}} \\ & + \left(1-\alpha_{\mathrm{c}}^{\mathrm{MP2}}\right) E_{\mathrm{c}}^{\mathrm{LDA}} + \alpha_{\mathrm{c}}^{\mathrm{GGA}} \Delta E_{\mathrm{c}}^{\mathrm{GGA}} \end{aligned} \tag{6.216}$$

关于双杂化泛函更详细的讨论可参看文献 [125—129]。

ACFDT 泛函

另一类吸引了很多关注的第五阶泛函是基于绝热连接涨落耗散定理 (adiabatic connection fluctuation dissipation theorem, ACFDT) 的交换相关能泛函, 这里简述其基本思想, 详细讨论可参考综述 [130, 131]。

基于交换相关能的绝热连接表示和绝对零度时的涨落耗散定理, 交换相关能可精确地表示为如下形式

$$E_{\mathrm{xc}} = -\frac{1}{2\pi}\int_0^{\infty} \mathrm{d}u \int_0^1 \mathrm{d}\lambda \iint \mathrm{d}\boldsymbol{r}\mathrm{d}\boldsymbol{r}' v_{\mathrm{ee}}(\boldsymbol{r},\boldsymbol{r}')\left[\chi_{\lambda}(\boldsymbol{r},\boldsymbol{r}';\mathrm{i}u) - \delta(\boldsymbol{r}-\boldsymbol{r}')\rho(\boldsymbol{r})\right] \tag{6.217}$$

其中 $\chi_{\lambda}(\boldsymbol{r},\boldsymbol{r}';\omega)$ 是对应于电子相互作用强度常数为 λ 时体系的密度响应函数, 可以证明, 精确交换能可以表示为

$$E_{\mathrm{x}} = -\frac{1}{2\pi}\int_0^{\infty} \mathrm{d}u \iint \mathrm{d}\boldsymbol{r}\mathrm{d}\boldsymbol{r}' v_{\mathrm{ee}}(\boldsymbol{r},\boldsymbol{r}')\left[\chi_0(\boldsymbol{r},\boldsymbol{r}';\mathrm{i}u) - \delta(\boldsymbol{r}-\boldsymbol{r}')\rho(\boldsymbol{r})\right] \tag{6.218}$$

其中 $\chi_0(\boldsymbol{r},\boldsymbol{r}';\omega)$ 是 Kohn-Sham 响应函数 $\chi_0(\boldsymbol{r}t,\boldsymbol{r}'t')$ 在时间域上的傅立叶变换, 后者定义为

$$\chi_0(\boldsymbol{r}t,\boldsymbol{r}'t') \equiv \frac{\delta\rho(\boldsymbol{r},t)}{\delta v_{\mathrm{KS}}(\boldsymbol{r}',t')} \tag{6.219}$$

这些其实都是含时密度泛函理论 (time-dependent density-functional theory, TDDFT) 中的基本概念[132−133]。因此, 相关能为

$$E_{\mathrm{c}} = -\frac{1}{2\pi}\int_0^{\infty} \mathrm{d}u \int_0^1 \mathrm{d}\lambda \iint \mathrm{d}\boldsymbol{r}\mathrm{d}\boldsymbol{r}' v_{\mathrm{ee}}(\boldsymbol{r},\boldsymbol{r}')\left[\chi_{\lambda}(\boldsymbol{r},\boldsymbol{r}';iu) - \chi_0(\boldsymbol{r},\boldsymbol{r}';iu)\right] \tag{6.220}$$

根据含时密度泛函理论

$$\chi_{\lambda}(\boldsymbol{r},\boldsymbol{r}';\omega) = \chi_0(\boldsymbol{r},\boldsymbol{r}';\omega) + \int \mathrm{d}\boldsymbol{r}_1 \int \mathrm{d}\boldsymbol{r}_2 \chi_0(\boldsymbol{r},\boldsymbol{r}_1;\omega)\left[\lambda v_{\mathrm{ee}}(\boldsymbol{r}_1,\boldsymbol{r}_2) + f_{\mathrm{xc}}^{\lambda}(\boldsymbol{r}_1,\boldsymbol{r}_2;\omega)\right]\chi_{\lambda}(\boldsymbol{r}_2,\boldsymbol{r}';\omega) \tag{6.221}$$

其中 $f_{\mathrm{xc}}^{\lambda}(\boldsymbol{r}_1,\boldsymbol{r}_2;\omega)$ 被称为交换-相关核 (exchange-correlation kernel)。忽略交换相关核 (即取 $f_{\mathrm{xc}}^{\lambda}\simeq 0$) 的贡献, 并将上式代入式 (6.220), 这时对 λ 的积分可解析求解, 得到如下无规相近似 (random phase approximation, RPA) 相关能

$$E_{\mathrm{c}}=\frac{1}{2\pi}\int_0^{\infty}\mathrm{d}u\mathrm{Tr}\left[\ln\left(1-\boldsymbol{\chi}_0(iu)\boldsymbol{v}_{\mathrm{ee}}\right)+\boldsymbol{\chi}_0(iu)\boldsymbol{v}_{\mathrm{ee}}\right] \tag{6.222}$$

上式采用了矩阵符号表示, 其中 $\mathrm{Tr}[\boldsymbol{AB}]\equiv\int\mathrm{d}\boldsymbol{r}\int\mathrm{d}\boldsymbol{r}'A(\boldsymbol{r},\boldsymbol{r}')B(\boldsymbol{r}',\boldsymbol{r})$。

ACFDT 的详细推导需要用到量子多体理论和含时密度泛函理论, 因篇幅原因, 这里不作展开。ACFDT-RPA 相关能的计算要比双杂化泛函更为复杂, 但它也有很多优点。近年来随着计算能力的提高以及 ACFDT-RPA 方法在一些重要计算程序的程序实现, 这类方法吸引了越来越多的兴趣, 从已发表的结果看, 它有一些传统 LDA/GGA 或杂化泛函所不具备的优点, 比如能正确预测 TiO_2[134] 和 FeS_2[135] 不同晶相相对稳定性, 这是绝大部分其他低阶泛函近似都无法做到的。

6.3.7 范德华修正

前面讨论的近似泛函, 除了属于第五阶泛函的 ACFDT 泛函和双杂化泛函之外, LDA、GGA、mGGA 和杂化泛函存在一个共同的局限, 就是无法正确地描述范德华色散相互作用 [注: 化学中范德华相互作用一般包括偶极-偶极作用, 永久偶极与诱导偶极之间的取向作用, 以及瞬间偶极之间的色散相互作用。但在密度泛函理论文献中, 很多时候把范德华相互作用与色散相互作用作为同义词使用]。色散相互作用一般定义为两个电子密度没有重叠的原子、分子或分子片之间由于电子振荡所产生的瞬间偶极矩之间的相互吸引作用, 是一种典型的长程相关效应。LDA 和 GGA 是电子密度的显式泛函, 设两个电荷中性区域 A 和 B 的电子密度分别为 $\rho_A(\boldsymbol{r})$ 和 $\rho_B(\boldsymbol{r})$, 如果它们在空间上没有重叠, 则显然有

$$E_{\mathrm{xc}}^{\mathrm{LDA/GGA}}[\rho_A+\rho_B]=E_{\mathrm{xc}}^{\mathrm{LDA/GGA}}[\rho_A]+E_{\mathrm{xc}}^{\mathrm{LDA/GGA}}[\rho_B] \tag{6.223}$$

因此两者之间没有任何电子交换-相关作用。类似的, 对于 mGGA 和杂化泛函, 由于它们依赖于占据轨道, 后者或位于区域 A, 或位于区域 B, 同样导致两个区域之间没有任何交换相关作用。实际情形要更为复杂一些, 有些近似泛函在描述纯粹由色散作用结合的复合体系 (如 Ar_2) 时, 也能给出定性上看起来 "正确" 的有结合作用的结果, 但其结合能一般存在很大误差, 如 LDA 往往会显著高估非键结合能。它们给出的结合能曲线往往表现出错误的渐进行为。比如两个分子之间的色散作用, 其正确渐进行为应该是随分子间距离以 $1/R^6$ 的形式衰减为零, 但 LDA 给出的结合能曲线则是呈指数衰减。

近年来, 如何克服描述范德华色散作用的困难成为 DFT 领域中非常活跃的前沿课题, 这很大程度是因为随着计算能力的增加, DFT 被越来越多地应用于包含几百甚至成千上万个原子的大体系, 如生物大分子的折叠构象。对于这样的大体系, 能否正确描述色散作用对计算结果有着关键性的影响。到目前为止发展的大部分方法都是作为对传统近似泛函的修正而提出的。Klimes 和 Michaelides 仿照 Perdew 的雅各天梯的方式, 将不同方法根据其形式的复杂性分成不同的等级阶梯 (下面简称范德华修正阶梯)。与 Perdew 雅各天梯的情形类似, 范德华修正阶梯主要起到一个分类的功能。对于特定体系, 并不能保证 "高阶" 方法一定优于 "低阶" 方法。下面我们简单介绍一下现有的范德华修正方法, 更深入的讨论以及有关的最新进展可参看综述文献 [136–138]。

零阶方法: 这类方法能给出定性正确的结合作用, 但其渐进行为并不正确, 属于这类方法的有 LDA、PBEsol[139]、SCAN[105] 这样没有显式地考虑对范德华色散作用修正, 但仍能一定程度上描述通过色散作用结合的复合物稳定结构的近似泛函方法。Minnesota 系列的经验泛函方法, 通过在训练集中包含通过弱相互作用数据集, 也能对与数据集中的分子有一定相似性的体系给出较为准确的结合能[140]。

一阶方法: 也称简单 C_6 修正方法, 是在一般的半局域或杂化泛函近似的基础上显式地加入具有 $1/R^6$ 渐进行为的修正项

$$E_{\text{tot}}^{\text{DFT-D}} = E_{\text{tot}}^{\text{DFT}} - \sum_{A<B} f(R_{AB}, A, B)\frac{C_6^{AB}}{R_{AB}^6} \tag{6.224}$$

上式中函数 $f(R_{AB}, A, B)$ 为衰减函数 (damping function), 其作用是保证任意两个原子 A 和 B 距离足够近从而出现电子密度重叠时, C_6 修正项的贡献消失为零。显然如何选择衰减函数、如何确定 C_6 系数是这类方法的关键。在简单 C_6 修正方法中, C_6 系数一般采用经验拟合的方式确定, 并且只和 A 与 B 原子种类有关, 不随化学环境的改变而变化。属于这一类最常用的是 DFT-D2 方法[141]。

二阶方法: 这类方法采用与一阶方法相同的形式, 但 C_6 系数根据原子的化学环境实时 (on-the-fly) 计算, 目前主要有 DFT-D3[142]、Tkatchenko-Scheffler(TS)[143]、Becke-Johnson (BJ)[144] 等方法。

三阶方法: 长程密度泛函, 也称范德华密度泛函 (vdW-DF), 这类方法通过显式地包含长程非局域泛函来描述色散相互作用, 其一般形式如下

$$E_{\text{xc}} = E_{\text{x}}^{\text{GGA}} + E_{\text{c}}^{\text{LDA}} + \iint \mathrm{d}\boldsymbol{r}_1 \mathrm{d}\boldsymbol{r}_2 \rho(\boldsymbol{r}_1)\rho(\boldsymbol{r}_2)\phi(\boldsymbol{r}_1, \boldsymbol{r}_2) \tag{6.225}$$

其中 $\phi(\boldsymbol{r}_1, \boldsymbol{r}_2)$ 称为色散作用核 (kernel), 其形式比较复杂。更详细讨论可参看综述 [145]。

第四阶方法: 属于这类的是像 ACFDT-RPA 和双杂化泛函那样显式依赖于对所有未占据轨道加和的方法, 也就是属于第五阶雅各天梯的近似泛函方法。这类方法能对色散作用给出理论上更为严格的描述, 但同时计算量也远大于前几类方法。

6.4 Kohn-Sham 方程的数值求解

在形式上, Kohn-Sham 方程和 Hartree-Fock 方程非常类似, 求解的过程也基本相同, 也需要通过引入一定的基组, 将微分方程转化为能用计算机高效求解的矩阵方程, 并通过 SCF 迭代进行求解。因此, 求解 Hartree-Fock 方程的大部分技巧都可直接应用于 Kohn-Sham 方程的求解。另外, 由于 LDA/GGA 中的交换-相关势是依赖于电子密度的、空间坐标的局域函数, Kohn-Sham 方程的求解也有一些与 Hartree-Fock 方程不同的地方, 通过适当的处理, Kohn-Sham 方程的求解可以比 Hartree-Fock 方程更为高效。对于具有周期性固体体系尤其如此, 这也是为什么 DFT 是目前材料第一性原理理论模拟的 "标准模型"。关于针对材料体系的 DFT 实现的详细讨论, 可参看文献 [38]。

下面我们讨论 Kohn-Sham 方程数值求解的几个比较重要的方面。

在 Hartree-Fock 方法中, 当采用高斯基组时, 所有矩阵元的计算都可以解析计算。但在 DFT 计算中, 有关矩阵元的计算要更为复杂一些, 下面我们具体讨论一下 Hartree 势和交换-相关势矩阵元的常用计算方法。

Hartree 势

如果采用高斯基组, Hartree 势 $v_{\mathrm{H}}(\boldsymbol{r})$ 矩阵元可以按和 Hartree-Fock 计算中一样的处理

$$V_{\mu\nu}^{\mathrm{H}} \equiv \langle\phi_\mu|v_{\mathrm{H}}|\phi_\nu\rangle \equiv \int \phi_\mu^*(\boldsymbol{r})v_{\mathrm{H}}(\boldsymbol{r})\phi_\nu(\boldsymbol{r})\mathrm{d}\boldsymbol{r} = \sum_{\lambda,\eta}^{K} P_{\lambda\eta}\langle\mu\eta|\nu\lambda\rangle \tag{6.226}$$

这样的方式需要用到四中心双电子积分, 使得 DFT 的计算复杂性和 Hartree-Fock 方法一样, 即 $O(N^4)$。在杂化泛函计算中, 由于精确交换总是要用到四中心积分, 因此用这种方法处理 Hartree 势并不会增加计算复杂性。但这并不适用于 STO 或数值原子基组。当使用后者时, 在 LDA 或 GGA 计算中, 更为高效的做法是引入辅助基组 (auxiliary basis set), 记为 $\{\phi_k'(\boldsymbol{r})\}$, 来展开电子密度

$$\rho(\boldsymbol{r}) = \sum_k \rho_k\phi_k'(\boldsymbol{r}) \tag{6.227}$$

从而有

$$V_{\mu\nu}^{\mathrm{H}} = \sum_k \rho_k \int \mathrm{d}\boldsymbol{r} \int \mathrm{d}\boldsymbol{r}' \frac{\phi_\mu^*(\boldsymbol{r})\phi_\nu(\boldsymbol{r})\phi_k'(\boldsymbol{r}')}{|\boldsymbol{r}-\boldsymbol{r}'|} \tag{6.228}$$

使用辅助基组, 虽然需要额外拟合密度的展开系数, 但这样只需计算三中心积分, 可以将矩阵元计算的复杂度降到 $O(N^3)$。由于辅助基组本质上是用来展开两个轨道的乘积, 因此有些文献中也将其称为乘积基组 (product basis), 使用辅助基组的方法也被称为恒等分解 (resolution of identity, RI)。辅助基组也可以用于降低一般双电子积分的计算复杂性, 因此也被广泛应用于基于 STO 或数值原子基组的杂化泛函和 post-Hartree-Fock 方法的程序实现。更详细的讨论可参看文献 [146]。

计算 Hartree 势的另一常用方法是通过求解 Poisson 方程

$$\nabla^2 v_{\mathrm{H}}(\boldsymbol{r}) = -4\pi\rho(\boldsymbol{r}) \tag{6.229}$$

【练习*】证明 $v_{\mathrm{H}}(\boldsymbol{r})$ 的积分形式满足 Poisson 方程。

由于在一定格点上求解 Poisson 方程已有非常成熟高效的算法和程序, 这个方法也有非常广泛的应用。显然, 已知离散格点上的 Hartree 势, 其对应矩阵元的计算也表示为相应格点上的离散数值积分

$$V_{\mu\nu}^{\mathrm{H}} = \sum_I w_I\phi_\mu^*(\boldsymbol{r}_I)v_{\mathrm{H}}(\boldsymbol{r}_I)\phi_\nu(\boldsymbol{r}_I) \tag{6.230}$$

其中 w_I 是和积分格点有关的权重。

在周期性体系 (晶体或表面) 计算中, 由于库仑作用的长程性, 必须采用一些专门的技巧来处理 Hartree 势的计算问题, 具体讨论可参看文献 [38] 中的附录 F。

交换-相关势

在 LDA/GGA 中, 交换相关势对电子密度的函数依赖关系形式比较复杂, 因此, 必须在一定的空间格点上计算电子密度 $\rho(\boldsymbol{r})$, 从而将交换-相关势矩阵元的计算也转化为离散格点数值积分

$$V_{\mu\nu}^{\mathrm{xc}} = \sum_I w_I\phi_\mu^*(\boldsymbol{r}_I)V_{\mathrm{xc}}(\boldsymbol{r}_I)\phi_\nu(\boldsymbol{r}_I) \tag{6.231}$$

显然, 积分格点的细密程度会对计算结果的精度和计算效率都有较大影响。现有程序一般都有一套缺省的积分格点选取方式, 在精度和效率之间实现某种妥协。缺省设置能满足绝大部分应用的需求, 但在某些情形中可能需要增加积分格点的精细度。

6.5 应用实例分析

这一节我们对各种密度泛函理论方法以及前一章相关波函数方法在预测分子物理化学性质的精度方面做一些比较。我们仍以之前考虑的小分子体系为主要实例。已有大量文献工作对各种方法做系统性比较, 有兴趣的读者可参看文献 [89, 128, 147]。

6.5.1 分子结构与振动频率

从表 6.1 的数据可以看出, 对于分子结构和分子振动性质, 即使最简单的 LDA, 已经能给出比较合理的描述。相对而言, 使用 GGA 或者杂化泛函的改进并不是很明显。对于振动频率 (表 6.2) 来说, 所有 DFT 方法的表现都显著优于 Hartree-Fock 方法, 差不多可以达到和 MP2 和 CCSD 相当的精度。

表 6.1 使用 6-31G(d,p) 基组, 不同方法计算分子平衡键长/键角 (单位: Å/°)

	CH_4	NH_3	H_2O	FH	CO	N_2
HF	1.081	0.998, 108.3	0.940, 106.4	0.897	1.103	1.066
MP2	1.085	1.012, 106.1	0.961, 103.8	0.921	1.151	1.131
CCSD	1.087	1.014, 105.9	0.961, 104.2	0.920	1.142	1.113
SVWN5	1.099	1.026, 105.8	0.973, 103.6	0.933	1.142	1.111
BLYP	1.099	1.028, 104.6	0.976, 102.6	0.936	1.151	1.118
BPW91	1.098	1.025, 104.9	0.972, 102.9	0.932	1.149	1.116
PBE	1.099	1.026, 104.8	0.973, 102.7	0.933	1.149	1.117
B3LYP	1.092	1.018, 105.8	0.965, 103.7	0.925	1.138	1.105
PBE0	1.091	1.015, 106.0	0.961, 104.0	0.920	1.135	1.103
实验值	1.087	1.012, 106.7	0.958, 104.5	0.917	1.128	1.098

表 6.2 使用 6-31G(d,p) 基组, 不同方法计算分子振动频率 (单位: cm^{-1})

	H_2O	FH	CO	N_2
HF	1769, 4147, 4264	4493	2439	2758
MP2	1682, 3892, 4030	4192	2119	2175
CCSD	1698, 3894, 4019	4194	2217	2411
SVWN5	1595, 3722, 3844	4008	2168	2402
BLYP	1640, 3645, 3755	3917	2105	2337
BPW91	1640, 3707, 3823	3988	2121	2358
PBE	1636, 3701, 3817	3978	2124	2360
B3LYP	1665, 3800, 3913	4085	2209	2458
PBE0	1667, 3876, 3996	4169	2241	2497
实验值	1595, 3657, 3756	3961	2143	2330

6.5.2 热化学性质

根据前面章节的结果可知, 能量性质的计算对基组的要求比较高。为此, 我们使用 6-31G(d,p) 进行结构优化和频率计算, 用 6-311++G(3df,3pd) 做单点能量计算。下面表格中 CCSD(T) 的结果是用 CCSD 优化的结构计算总能量得到的。

对于原子化能 (表 6.3), 和 Hartree-Fock 方法的结果正好相反, LDA 系统性地高估原子化能, 即高估了化合物相对于自由原子的稳定性。与 LDA 相比, 几种不同 GGA 对原子化能的预测都有非常显著的改进。杂化泛函的精度又有进一步提高, 其总体精度甚至可以和 CCSD(T) 相比。

表 6.3 不同基组用 MP2 方法计算的分子的原子化能 (单位: kcal/mol)

	CH_4	NH_3	H_2O	FH	CO	N_2
HF	298.5	178.3	142.5	91.8	173.1	113.2
MP2	382.3	268.3	219.8	138.9	264.9	227.7
CCSD	382.3	265.8	212.6	132.6	243.5	205.7
CCSD(T)	385.0	369.4	215.8	134.5	251.2	214.8
SVWN5	435.1	316.6	254.1	157.2	296.6	263.6
BLYP	389.4	280.9	220.4	136.2	259.5	236.6
BPW91	388.2	276.8	218.8	135.5	261.1	233.3
PBE	392.4	281.0	221.8	137.0	266.6	240.0
B3LYP	392.7	279.6	218.2	134.1	252.9	225.8
PBE0	389.3	273.4	214.1	131.6	253.2	221.6
实验值[57]	392.5	276.7	219.3	135.2	256.2	225.1

表 6.4 给出不同方法计算若干简单化学反应焓变的结果。MP2 方法总体表现很不错。相比之下, CCSD(T) 对 R1、R2 和 R5 反应焓变的预测误差都小于 1 kcal/mol, 对 R3 和 R6 的误差略大一些, 但对 R4 误差达到约 20 kcal/mol。在密度泛函理论方法中, LDA(SVWN5) 的误差显著大于 HF, GGA 和杂化泛函有明显改进, 但和 CCSD(T) 比起来, 误差仍要更大一些。

表 6.4 不同基组用 Hartree-Fock 方法计算的零温化学反应焓变 (单位: kcal/mol)。最后一行的实验值采用文献 [58] 中给出的零温生成焓实验值计算得到。 R1 : $N_2 + 3H_2 \longrightarrow 2NH_3$, R2 : $CO + H_2O \longrightarrow CO_2 + H_2$, R3 : $CO_2 + CH_4 \longrightarrow 2CO + 2H_2$, R4 : $2CO + O_2 \longrightarrow 2CO_2$, R5 : $2H_2 + O_2 \longrightarrow 2H_2O$, R6 : $HCO \longrightarrow CH + O$

	R1	R2	R3	R4	R5	R6
HF	−12.1	−4.7	41.4	−106.7	−97.3	123.1
MP2	−17.4	−12.8	58.7	−146.1	−120.4	201.2
CCSD	−19.7	−6.6	52.0	−128.9	−115.6	180.0
CCSD(T)	−17.7	−9.0	52.5	−132.3	−114.4	186.4
SVWN5	−48.4	−24.2	95.7	−170.0	−121.6	237.2
BLYP	−16.3	−17.7	58.9	−136.4	−101.0	198.3
BPW91	−22.1	−20.6	68.3	−143.9	−102.7	201.9
PBE	−27.3	−20.9	73.8	−147.2	−105.4	207.2
B3LYP	−22.1	−14.9	61.7	−137.1	−107.3	191.6
PBE0	−31.3	−17.0	73.5	−144.0	−110.1	194.3
实验值	−18.6	−9.7	55.6	−153.6	−114.2	190.8

6.5.3 Kohn-Sham Koopmans 定理的有效性

为了检验基于 Kohn-Sham Koopmans 定理计算分子电离势的准确性, 考虑了对若干小分子, 以及苯 (C_6H_6) 和萘 ($C_{10}H_8$)。我们考虑了更多的杂化泛函。从表 6.5 中的数据可以看出, LDA 和 GGA 给出的结果比较接近, 都显著低估电离势。杂化泛函的结果非常强烈地依赖于杂化泛函中精确交换所占的比重。B3LYP 和 PBE0 的结果只是略优于 LDA 和 GGA。包含 50% 精确交换的 BHHLYP 也仍然显著低估电离势。相比之下, 两个长程修正的杂化泛函 (LC-wPBE 和 wB97X) 总体上有比较好的表现, 但对于 FH 分子, 仍表现出显著的低估。

表 6.5 基于 Koopmans 定理计算小分子 (如非说明, 几何结构参数均采用来自 CCCBD 网站[56] 的实验结构) 的垂直电离势 (单位: eV)。实验值引自文献 [148]。N_2 分子的对应于 $^2\Pi$ 阳离子的电离势实验值引自文献 [20] 中表 3.16。$C_{10}H_8$(萘) 分子的结构用 B3LYP/6-311+G(2d,p) 优化, 其电离势的实验值引自文献 [56]

	CH_4	NH_3	H_2O	FH	CO	$N_2(^2\Sigma)$	$N_2(^2\Pi)$	C_6H_6	$C_{10}H_8$
HF	14.84	11.70	13.90	17.72	15.11	17.29	16.73	9.16	7.90
SVWN5	9.48	6.28	7.40	9.83	9.13	10.44	11.91	6.54	5.72
BLYP	9.39	6.11	7.20	9.64	9.01	10.27	11.50	6.14	5.31
BPW91	9.47	6.18	7.25	9.67	9.07	10.30	11.64	6.30	5.48
PBE	9.46	6.18	7.24	9.65	9.04	10.28	11.65	6.33	5.51
B3LYP	10.78	7.51	8.83	11.56	10.54	11.98	12.91	7.08	6.15
PBE0	11.00	7.75	9.09	11.86	10.75	12.22	13.19	7.30	6.35
BHHLYP	12.49	9.26	10.93	14.09	12.46	14.19	14.58	8.07	7.01
LC-wPBE	13.99	10.71	12.09	14.80	13.83	15.29	16.31	9.81	8.65
wB97X	13.60	10.33	11.73	14.50	13.44	14.91	15.82	9.49	8.35
实验值	14.35	10.82	12.62	16.12	14.01	15.58	16.98	9.23	8.14

参考文献

[1] 赵新生, 蒋鸿. 中级物理化学 (第二版). 北京: 北京大学出版社, 2019.

[2] F. W. Byron, Jr., R. W. Fuller. *Mathematics of Classical and Quantum Physics.* Dover Publications, 1992.

[3] J. J. Sakurai.*Modern Quantum Mechanics.* Ed. by S. F. Tuan. Addison-Wesley Publishing Company, 1994.

[4] R. G. Parr, W. Yang. *Density-functional theory of atoms and molecules.* New York: Oxford University Press, 1989.

[5] H. Jiang, W. Yang. Conjugate-Gradient Optimization Method for Orbital-Free Density Functional Calculations. J. Chem. Phys., 121 (2004), 2030–2036.

[6] 徐光宪, 黎乐民, 王德民. 量子化学 —— 基本原理和从头计算法. 北京: 科学出版社, 2007.

[7] D. J.Griffths. *Introduction to Quantum Mechanics (2nd edition).* Pearson Education International, 2005.

[8] S. Baroni, et al. Phonons and Related Crystal Properties from Density-Functional Perturbation Theory. Rev. Mod. Phys., 2 (2001), 73.

[9] M. Born, K. Huang. *Dynamical Theory of Crystal Lattices.* Oxford University Press, 1954.

[10] A. Nitzan. *Chemical Dynamics in Condensed Phases: Relaxation, Transfer and Reactions in Condensed Molecular Systems.* Oxford University Press, 2006.

[11] V. May, O. Kühn. *Charge and Energy Transfer Dynamics in Molecular Systems (3rd edition).* Weinhein: Wiley, 2011.

[12] G. Grosso, G. P. Parravicini. *Solid State Physics.* New York: Academic Press, 2000.

[13] D. Marx, J. Hutter. *Ab Initio Molecular Dynamics: Basic Theory and Advanced Methods.* Cambridge University Press, 2009.

[14] J. Behler. Four Generations of High-Dimensional Neural Network Potentials. Chem. Rev., 121 (2021), 10037–10072.

[15] K. G. Dyall, K. Faegri, Jr. *Introduction to Relativistic Quantum Chemistry.* Oxford University Press, 2007.

[16] M. Reiher, A. Wolf. *Relativistic Quantum Chemistry: The Fundamental Theory of Molecular Science.* Weinheim: Wiley, 2009.

[17] W. Liu, ed. *Handbook of Relativistic Quantum Chemistry.* Berlin Heidelberg: Springer,2017.

[18] R. McWeeny. *Methods of Molecular Quantum Mechanics (2nd edition).* New York: Academic Press, 1992.

[19] T. Helgaker, P. Jorgensen, J. Olsen. *Molecular Electronic-Structure Theory.* New York: John Wiley & Sons, 2000.

[20] A. Szabo, N. S. Ostlund. *Modern Quantum Chemistry.* New York: McGraw-Hill, 1989.

[21] E. R. Davidson. *Reduced Density Matrices in Quantum Chemistry.* New York: Academic Press, 1976.

[22] C. Edmiston, K. Ruedenberg. Localized Atomic and Molecular Orbitals. Rev. Mod. Phys., 35 (1963), 457–465.

[23] N. Marzari, et al. Maximally Localized Wannier Functions: Theory and Applications. Rev. Mod. Phys., 84 (2012), 1419–1475.

[24] C. C. J. Roothaan. Self-Consistent Field Theory for Open Shells of Electronic Systems. Rev. Mod. Phys., 32 (1960), 179–185.

[25] C. C. J. Roothaan. New Developments in Molecular Orbital Theory. Rev. Mod. Phys., 23(1951), 69–89.

[26] H. B. Schlegel, J. J. W. McDouall. Do You Have SCF Stability and Convergence Problems?. *Computational Advances in Organic Chemistry: Molecular Structure and Reactivity.* Ed. by C. Oegretir, I. G. Csizmadia. Dordrecht, Netherlands: Kluwer Academic Publishers, 1991, 167–185.

[27] G. Kresse, J. Furthmüller. Efficient Iterative Schemes for Ab Initio Total-energy Calculations Using a Plane-wave Basis Set. Phys. Rev. B, 54 (1996), 11169.

[28] J. Cioslowski. Why Does the Aitken Extrapolation Often Help to Attain Convergence in Self-Consistent Field Calculations?. J. Chem. Phys., 89 (1988), 2121.

[29] P. Pulay. Convergence Acceleration of Iterative Sequences. The Case of SCF Iteration. Chem. Phys. Lett., 73 (1980), 393–398.

[30] P. Pulay. Improved SCF Convergence Acceleration. J. Comput. Chem., 3 (1982), 556–560.

[31] N. Kudin, E. Cancés G. E. Scuseria. A Black-Box Self-Consistent Field Convergence Algorithm: One Step Closer. J. Chem. Phys., 116 (2002), 8255.

[32] M. C. Payne, et al. Iterative Minimization Techniques for ab Initio Total Energy Calculations: Molecular Dynamics and Conjugate Gradients. Rev. Mod. Phys., 64 (1992), 1045–1097.

[33] W. H. Press, et al. *Numerical Recipes: The Art of Scientific Computing.* Cambridge, England: Cambridge University, 1989.

[34] G. B.Bacskay. A Quadratically Convergent Hartree-Fock (QC-SCF) Method. Application to Closed Systems. Chem. Phys., 61 (1981), 385.

[35] A. Banerjee, et al. Search for Stationary Points on Surfaces. J. Phys. Chem., 89 (1985), 52.

[36] G.Chaban, M. W. Schmidt, M. S. Gordon. Approximate Second Order Method for Orbital Optimization of SCF and MCSCF Wavefunctions. Theor. Chem. Acc., 97 (1997),88.

[37] D. J. Singh, L. Nordstrom. *Planewaves, Pseudopotentials and the LAPW Method(2nd Ed.).* New York: Springer, 2006.

[38] R. M. Martin.*Electronic Structure: Basic Theory and Practical Methods (2nd Ed.)* Cambridge University Press, 2020.

[39] D. Feller, E. R. Davidson. Basis Sets for Ab Initio Molecular Orbital Calculations and Intermolecular Interactions. Rev. Comput. Chem., Ed. by K. B. Lipkowitz and D. B.Boyd. Vol. 1. Wiley, 1990.

[40] B. P. Pritchard, et al. A New Basis Set Exchange: An Open, Up-to-date Resource for the Molecular Sciences Community. J. Chem. Inf. Model., 59 (2019), 4814-4820.

[41] S. M. Bachrach. Population Analysis and Electron Densities from Quantum Mechanics. Rev. Comput. Chem. Ed. by K. B. Lipkowitz, D. B. Boyd. Vol. 5. Wiley, 1994, 171–227.

[42] F. Jensen. *Introduction to Computational Chemistry.* 3rd. Wiley, 2017.

[43] F. Neese, et al. The ORCA Quantum Chemistry Program Package. J. Chem. Phys., 152 (2020), 224108.

[44] R. J.Barlett, J. F. Stanton. Applications of Post-Hartree-Fock Methods: A Tutorial. Rev. Comput. Chem. Ed. by K. B. Lipkowitz and D. B. Boyd. Vol. 5. Wiley, 1994, 65–169.

[45] T. Kato. On the eigenfunctions of many-particle systems in quantum mechanics.Commu.Pure Appl. Math., 10 (1957), 151.

[46] B. O.Roos, et al. *Multiconfigurational Quantum Chemistry.* Hoboken, New Jersey: Wiley, 2016.

[47] B. M. Austin, D. Y. Zubarev, W. A. Lester, Jr. Quantum Monte Carlo and Related Approaches. Chem. Rev., 112 (2012), 263–288.

[48] G. K. -L. Chan, S. Sharma. The Density Matrix Renormalization Group in Quantum Chemistry. Ann. Rev. Phys. Chem., 62 (2011), 465–481.

[49] A. Dreuw, M. Head-Gordon. Single-Reference Ab Initio Methods for the Calculation of Excited States of Large Molecules. Chem. Rev., 105 (2005), 4009–4037.

[50] E. R. Davidson. The Iterative Calculation of a Few of the Lowest Eigenvalues and Corresponding Eigenvectors of Large Real Symmetric Matrices. J. Comput. Phys., 17 (1975), 87–94.

[51] B. O. Roos. A new method for large-scale Cl calculations. Chem. Phys. Lett., 15 (1972), 153–159.

[52] C. Møller, M. S. Plesset. Note on an Approximation Treatment for Many-Electron Systems. Phys. Rev., 46 (1934), 618–622.

[53] R. D.Mattuck. *A guide to Feynman diagrams in the many-body problem.* 2nd edition. New York: McGraw-Hill, 1976.

[54] A. L. Fetter, J. D. Walecka. *Quantum theory of many-particle systems.* New York: McGraw-Hill, 1971.

[55] G. D. Mahan. *Many-particle physics.* 3rd Edition. Netherlands: Kluwer Academic, 2000.

[56] NIST Computational Chemistry Comparison and Benchmark Database, NIST Standard Reference Database Number 101, Release 21, August 2020, Ed. by Russell D. Johnson Ⅲ. http://cccbdb.nist.gov/, DOI:10.18434/T47C7Z.

[57] J. A.Pople, et al. Gaussian-1 Theory: A General Procedure for Prediction of Molecular Energies. J. Chem. Phys., 90 (1989), 5622.

[58] L. A. Curtiss, et al. Assessment of Gaussian-2 and Density Functional Theories for the Computation of Enthalpies of Formation. J. Chem. Phys., 106 (1997), 1063–1079.

[59] F.Coester. Bound States of a Many-Particle System. Nucl. Phys., 7 (1958), 421–424.

[60] J. Čížek. On the Correlation Problem in Atomic and Molecular Systems. Calculation of Wavefunction Components in Ursell-Type Expansion Using Quantum-Field Theoretical Methods. J. Chem. Phys., 45 (1966), 4256.

[61] B. O. Roos. The Multiconfigurational (MC) Self-Consistent Field (SCF) Theory. *Lecture Notes in Quantum Chemistry.* Ed. by B. O. Roos. Berlin: Springer, 1992, 177–254.

[62] C. D. Sherrill, H. F. Schaeffer Ⅲ. The Configuration Interaction Method: Advances in Highly Correlated Approaches. Adv. Quantum Chem. Ed. by P.-O. Lowdin, et al. Vol.34. Berlin: Academic Press, 1999, 143–269.

[63] P. E. M. Siegbahn. The Configuration Interaction Method. Lecture Notes in Quantum Chemistry. Ed. by B. O. Roos. Berlin: Springer, 1992, 255–294.

[64] 文振翼, 王育彬. 多参考组态相互作用. 理论化学原理与应用. 帅志刚, 邵久书, 编. 科学出版社, 2008, 248–308.

[65] K. Andersson, B. O. Roos. Multiconfigurational Second Order Perturbation Theory. *Modern Electronic Structure Theory Part I*. Ed. by D. R. Yarkony. World Scientific, 1995, 55–109.

[66] C. Angeli, et al. Introduction of N-Electron Valence States for Multireference Perturbation Theory. J. Chem. Phys., 114 (2001), 10252.

[67] C. Angeli, R. Cimiraglia, J.-P. Malrieu. N-Electron Valence State Perturbation Theory: A Fast Implementation of the Strongly Contracted Variant. Chem. Phys. Lett., 350 (2001), 297.

[68] C. Angeli, R. Cimiraglia, J.-P. Malrieu. N-Electron Valence State Perturbation Theory: A Spinless Formulation and an Efficient Implementation of the Strongly Contracted and of the Partially Contracted Variants. J. Chem. Phys., 117 (2002), 9138.

[69] C. J. Cramer.*Essentials of Computational Chemistry: Theories and Models*. 2nd Ed. Wiley, 2004.

[70] L. A. Curtiss, et al. Gaussian-1 Theory of Molecular Energies for Second-Row Compounds. J. Chem. Phys., 93 (1990), 2537–2545.

[71] L. A. Curtiss, et al. Gaussian-2 Theory for Molecular Energies of First- and Second-Row Compounds. J. Chem. Phys., 94 (1991), 7221–7230.

[72] L. A. Curtiss, et al. Gaussian-3 (G3) Theory for Molecules Containing First and Second-Row Atoms. J. Chem. Phys., 109 (1998), 7764.

[73] L. A. Curtiss, P. C. Redfern, K.Raghavachari. Gaussian-4 Theory. J. Chem. Phys., 126 (2007), 084108.

[74] P. Hohenberg, W. Kohn. Inhomogeneous Electron Gas. Phys. Rev. B, 136 (1964), 864.

[75] R. M. Dreizler, E. K. U. Gross. *Density Functional Theory: An Approach to the Quantum Many-Body Problem*. Berlin: Springer-Verlag, 1990.

[76] M. Levy. Universal Variational Functionals of Electron Densities, First-Order Density Matrices and Natural Spin-Orbitals and Solution of the v-Representability Problem. Proc. Natl. Acad. Sci. USA, 76.12 (1979), 6062–6065.

[77] E. H. Lieb. Density Functionals for Coulomb Systems. *Density Functional Methods in Physics*. Ed. by W. Kohn, R. M. Dreizler, J. da Providência. Springer, 1985.

[78] R. van Leeuwen. Density Functional Approach to the Many-Body Problem: Key Concepts and Exact Functionals. Adv. Quantum Chem., 43 (2003), 25–99.

[79] W. Kohn, L. J. Sham. Self-Consistent Equations Including Exchange and Correlation Effects. Phys. Rev. A, 140 (1965), 1133.

[80] H. Jiang and M.-Y. Zhang. Density-Functional Theory Methods for Electronic Band Structure Properties of Materials. Sci. Sin. Chim., 50 (2020), 1344–1362.

[81] E. J.Baerends, O. V. Gritsenko. A Quantum Chemical View of Density Functional Theory. J. Phys. Chem. A, 101 (1997), 5383–5403.

[82] G. Vignale, M. Rasolt. Current Density Functional and Spin Density Functional Theory for Inhomogeneous Electronic Systems in Strong Magnetic Fields. Phys. Rev. B, 37 (1988), 10685–10696.

[83] U. von Barth , L. Hedin. A Local Exchange-Correlation Potential for the Spin Polarized Case. I. J. Phys. C: Solid State Phys., 5 (1972), 1629.

[84] A. K. Rajagopal, J. Callaway. Inhomogeneous Electron Gas. Phys. Rev. B, 7 (1973), 1912–1919.

[85] J. P. Perdew, S. Kurth. Density Functionals for Non-Relativistic Coulomb Systems in the New Century. *A primer in density functional theory.* Ed. by C. Fiohais, F. Nogueira, M. Marques. Verlag Berlin Heidelberg: Springer, 2003. Chap. 1, 1–55.

[86] A. J. Cohen, P. Mori-Sanchez, W. Yang. Insights into Current Limitations of Density Functional Theory. Science, 321 (2008), 792.

[87] E. H.Lieb, S. Oxford. Improved Lower Bound on the Indirect Coulomb Energy. Int. J. Quantum Chem., 19 (1981), 427–439.

[88] K. Burke. Perspective on Density Functional Theory. J. Chem. Phy., 136 (2012), 150901.

[89] N.Mardirossian, M. Head-Gordon. Thirty Years of Density Functional Theory in Computational Chemistry: An Overview and Extensive Assessment of 200 Density Functionals. Mol. Phys., 115 (2017), 2315–2372.

[90] J. P. Perdew, K. Schmidt. Jacob's Ladder of Density Functional Approximations for the Exchange-Correlation Energy. AIP Conf. Proc., 577 (2001), 1.

[91] D. M. Ceperley, B. J. Alder. Ground State of the Electron Gas by a Stochastic Method. Phys. Rev. Lett., 45 (1980), 566.

[92] S. H. Vosko, L. Wilk, M. Nusair. Accurate Spin-Dependent Electron Liquid Correlation Energies for Local Spin Density Calculations: A Critical Analysis. Can. J. Phys., 58 (1980), 100.

[93] J. P. Perdew, Y. Wang. Accurate and Simple Analytic Representation of the Electron-Gas Correlation Energy. Phys. Rev. B, 45 (1992), 13244.

[94] J. P. Perdew, A. Zunger. Self-Interaction Correction to Density-Functional Approximations for Many-Electron Systems. Phys. Rev. B, 23 (1981), 5048.

[95] J. C. Slater. A Simplification of the Hartree-Fock Method. Phys. Rev., 81 (1951), 385–390.

[96] W. C. Witt, et al. Orbital-Free Density Functional Theory for Materials Research. J. Mater. Res., 33 (2018), 777–795.

[97] R. O. Jones. Density Functional Theory: Its Origins, Rise to Prominence, and Future. Rev.Mod. Phys., 87 (2015), 897–923.

[98] O. Gunnarsson, M. Jonson, B. I. Lundqvist. Descriptions of Exchange and Correlation Effects in Inhomogeneous Electron Systems. Phys. Rev. B., 20 (1979), 3136–3164.

[99] J. P. Perdew, K. Burke, M. Ernzerhof. Generalized Gradient Approximation Made Simple. Phys. Rev. Lett., 77 (1996), 3865.

[100] A. D. Becke. Density-Functional Exchange-Energy Approximation with Correct Asymptotic Behavior. J. Chem. Phys., 88 (1988), 2547.

[101] A. D. Becke. Density Functional Calculations of Molecular Bond Energies. J. Chem. Phys., 84 (1986), 4524.

[102] C. Lee, W. Yang, R. G. Parr. Development of the Colle-Salvetti Correlation-Energy Formula into a Functional of the Electron Density. Phys. Rev. B, 37 (1988), 785.

[103] R. Colle, O. Salvetti. Approximate Calculation of the Correlation Energy for the Closed Shells. Theoret. Chim. Acta (Berl.), 37 (1975), 329–334.

[104] Axel D. Becke. Density-Functional Thermochemistry. V. Systematic Optimization of Exchange Correlation Functionals. J. Chem. Phys., 107 (1997), 8554–8560.

[105] J. Sun, A.Ruzsinszky, J. P. Perdew. Strongly Constrained and Appropriately Normed Semilocal Density Functional. Phys. Rev. Lett., 115 (2015), 036402.

[106] A. D. Becke, K. E. Edgecombe. A Simple Measure of Electron Localization in Atomic and Molecular Systems. J. Chem. Phys., 92 (1990), 5397.

[107] S. Kïmmel, L. Kronik. Orbital-Dependent Density Functionals: Theory and Applications. Rev. Mod. Phys., 80 (2008), 3.

[108] P. Mori-Sanchez, A. J. Cohen, W. Yang. Many-Electron Self-Interaction Error in Approximate Density Functionals. J. Chem. Phys., 125 (2006), 201102.

[109] A. D. Becke. A New Mixing of Hartree-Fock and Local Density-Functional Theories. J. Chem. Phys., 98 (1993), 1372.

[110] P. J. Stephens, et al. Ab-Initio Calculation of Vibrational Absorption and Circular-Dichroism Spectra using Density-Functional Force-Fields. J. Phys. Chem., 98 (1994), 11623–11627.

[111] R. Baer, E.Livshits, U. Salzner. Tuned Range-Separated Hybrids in Density Functional Theory. Ann. Rev. Phys. Chem., 61 (2010), 85.

[112] M. -Y. Zhang, et al. Hybrid Functionals with System-Dependent Parameters: Conceptual Foundations and Methodological Developments. WIREs Comput. Mol. Sci., 10 (2020), 1476.

[113] A. Seidl, et al. Generalized Kohn-Sham Schemes and the Band-Gap Problem. Phys. Rev.B, 53 (1996), 3764–3774.

[114] A. D. Becke. Density-Functional Thermochemistry. Ⅲ. The Role of Exact Exchange. J. Chem. Phys., 98 (1993), 5648–5652.

[115] J. P. Perdew, M. Ernzerhof, K. Burke. Rationale for Mixing Exact Exchange with Density Functional Approximations. J. Chem. Phys., 105 (1996), 9982.

[116] O. A. Vydrov, et al. Importance of Short-Range versus Long-Range Hartree-Fock Exchange for the Performance of Hybrid Density Functionals. J. Chem. Phys., 125 (2006), 074106.

[117] O. A. Vydrov, G. E. Scuseria. Assessment of a Long-Range Corrected Hybrid Functional. J. Chem. Phys., 125 (2006), 234109.

[118] J. -D. Chai, M. Head-Gordon. Systematic Optimization of Long-Range Corrected Hybrid Density Functionals. J. Chem. Phys., 128 (2008), 084106.

[119] D. M. Bylander,L. Kleinman. Good Semiconductor Band Gaps with a Modified Local-Density Approximation. Phys. Rev. B, 41 (1990), 7868.

[120] R. Asahi, W .Mannstadt, A. J. Freeman. Optical Properties and Electronic Structures of Semiconductors with Screened-Exchange LDA. Phys. Rev. B, 59 (1997), 7486–7492.

[121] J. Heyd, G. E. Scuseria, M. Ernzerhof. Hybrid Functionals Based on a Screened Coulomb Potential. J. Chem. Phys., 118 (2003), 8207.

[122] J. Heyd, et al. Energy Band Gaps and Lattice Parameters Evaluated with the Heyd-Scuseria-Ernzerhof Screened Hybrid Functional. J. Chem. Phys., 123 (2005), 174101.

[123] B. G. Janesko, T. M. Henderson, G. E. Scuseria. Screened Hybrid Density Functionals for Solid-State Chemistry and Physics. Phys. Chem. Chem. Phys., 11 (2009), 443.

[124] A.Görling, M. Levy. Exact Kohn-Sham Scheme Based on Perturbation Theory. Phys. Rev. A, 50 (1994), 196.

[125] I. Y. Zhang,X. Xu. Doubly Hybrid Density Functional for Accurate Description of Thermo-Chemistry, Thermochemical Kinetics and Nonbonded Interactions. Int. Rev. Phys. Chem., 30 (2011), 115–160.

[126] N. Q. Su, X. Xu. Development of New Density Functional Approximations. Annu. Rev.Phys. Chem., 68 (2017), 155–182.

[127] I. Y. Zhang, X. Xu. On the Top Rung of Jacob's Ladder of Density Functional Theory: Toward Resolving the Dilemma of SIE and NCE. WIREs Comput. Mol. Sci., 11 (2021).

[128] I. Y. Zhang, X. Xu. *A new-generation density functional: Towards chemical accuracy for chemistry of main group elements.* Heidelberg: Springer, 2014.

[129] L. Goerigk, S. Grimme. Double-Hybrid Density Functionals. WIREs Comput. Mol. Sci.,4 (2014), 576–600.

[130] X. Ren, et al. Random-Phase Approximation and Its Applications in Computational Chemistry and Materials Science. J. Mater. Sci., 47 (2012), 7447–7471.

[131] G. P. Chen, et al. Random-Phase Approximation Methods. Ann. Rev. Phys. Chem. 68(2017), 421–445.

[132] M. A. L. Marques, et al., eds. *Time-dependent density functional theory.* Lect. Notes. Phys. 706. Berlin Heidelberg: Springer, 2006.

[133] C. A. Ullrich. *Time-Dependent Density-Functional Theory: Concepts and Applications.* Oxford University Press, 2012.

[134] Z.-H. Cui, F. Wu, H. Jiang. First-Principles Study of Relative Stability of Rutile and Anatase TiO_2 Using the Random Phase Approximation. Phys. Chem. Chem. Phys., 18 (2016), 29914–29922.

[135] M. -Y. Zhang, Z. -H. Cui, H. Jiang. RelativeStability of FeS_2 Polymorphs with the Random Phase Approximation Approach. J. Mater. Chem. A, 6 (2018), 6606–6616.

[136] J. Klimes, A. Michaelides. Perspective: Advances and Challenges in Treating van der Waals Dispersion Forces in Density Functional Theory. J. Chem. Phys., 137 (2012), 120901.

[137] S. Grimme, et al. Dispersion-Corrected Mean-Field Electronic Structure Methods. Chem. Rev., 116 (2016), 5105–5154.

[138] J. Hermann, R. A.DiStasio, Jr., A. Tkatchenko. First-Principles Models for van der Waals Interactions in Molecules and Materials: Concepts, Theory, and Applications. Chem. Rev., 117 (2017), 4714–4758.

[139] J. P. Perdew, et al. Restoring the Density-Gradient Expansion for Exchange in Solids and Surfaces. Phys. Rev. Lett., 100 (2008), 136406.

[140] Y. Zhao, D. G. Truhlar. The M06 Suite of Density Functionals for Main Group Thermochemistry, Thermochemical Kinetics, Noncovalent Interactions, Excited States, and Transition Elements: Two New Functionals and Systematic Testing of Four M06-Class Functionals and 12 Other Functionals. Theor. Chem. Acc., 120 (2008), 215–241.

[141] S. Grimme. Semiempirical GGA-Type Density Functional Constructed with a Long-Range Dispersion Correction. J. Comput. Chem., 27 (2006), 1788–1799.

[142] S. Grimme, et al. A Consistent and Accurate Ab Initio Parametrization of Density Functional Dispersion Correction (DFT-D) for the 94 Elements H-Pu. J. Chem. Phys., 132 (2010), 154104.

[143] A. Tkatchenko, M Scheffler. Accurate Molecular van der Waals Interactions from Ground-State Electron Density and Free-Atom Reference Data. Phys. Rev. Lett., 102 (2009), 073005.

[144] A. D. Becke, E. R. Johnson. A Density-Functional Model of the Dispersion Interaction. J. Chem. Phys., 123 (2005), 154101.

[145] K. Berland, et al. van der Waals Forces in Density Functional Theory: A Review of the vdW-DF Method. Rep. Prog. Phys., 78 (2015), 066501.

[146] X. Ren, et al. Resolution-of-Identity Approach to Hartree-Fock, Hybrid Density Functionals, RPA, MP2, and GW with Numeric Atom-Centered Orbital Basis Functions. New J. Phys., 14(2012), 053020.

[147] W. Koch, M. C. Holthausen. *A Chemist's Guide to Density Functional Theory.* 2nd. Wiley-VCH, 2001.

[148] M. J. vanSetten, et al. GW100: Benchmarking G0W0 for Molecular Systems. J. Chem. Theo. Comput., 11 (2015), 5665–5687.